H3C认证系列教程

安全技术详解与实践 第1卷

新华三技术有限公司 / 编著

清華大學出版社
北京

内容简介

本书对网络安全基础技术进行了详细介绍，包括 TCP/IP 协议原理及其常见的安全隐患、防火墙的基础功能、用户认证与授权、防火墙安全策略、网络地址转换技术、VPN 技术、DPI 技术及应用控制技术等。本书的最大特点是理论与实践紧密结合，包括依托 H3C 防火墙及应用网关等网络安全设备精心设计的大量实验（附实验手册），可帮助读者迅速、全面地掌握相关知识和技能。

本书作为 H3C 认证系列教程之一，是为网络安全技术领域的入门者编写的。对于本科及高职院校的在校学生，本书是进入计算机网络安全技术领域的好教材。对于专业技术人员，本书是掌握计算机网络安全技术的好向导。对于普通信息技术爱好者，本书也不失为学习和了解网络安全技术的优秀参考书。

图书在版编目（CIP）数据

安全技术详解与实践. 第 1 卷/新华三技术有限公司编著. —北京：清华大学出版社，2024. 6
H3C 认证系列教程
ISBN 978-7-302-65844-3

Ⅰ. ①安… Ⅱ. ①新… Ⅲ. ①计算机网络－网络安全－教材 Ⅳ. ①TP393. 08

中国国家版本馆 CIP 数据核字(2014)第 062470 号

责任编辑：田在儒
封面设计：刘 键
责任校对：袁 芳
责任印制：宋 林

出版发行：清华大学出版社
网 址：https://www.tup.com.cn，https://www.wqxuetang.com
地 址：北京清华大学学研大厦 A 座 **邮 编**：100084
社 总 机：010-83470000 **邮 购**：010-62786544
投稿与读者服务：010-62776969，c-service@tup.tsinghua.edu.cn
质量反馈：010-62772015，zhiliang@tup.tsinghua.edu.cn
印 装 者：大厂回族自治县彩虹印刷有限公司
经 销：全国新华书店
开 本：185mm×260mm **印 张**：29 **字 数**：724 千字
版 次：2024 年 6 月第 1 版 **印 次**：2024 年 6 月第1 次印刷
定 价：89.00 元(全二册)

产品编号：097071-01

新华三人才研学中心认证培训开发委员会

顾　问　于英涛　尤学军　毕首文

主　任　李　涛

副主任　徐　洋　刘小兵　陈国华　李劲松

　　　　　邹双根　解麟猛

认证培训编委会

陈　喆　曲文娟　张东亮　朱嗣子　吴　昊

金莹莹　陈洋飞　曹　珂　毕伟飞　胡金雷

王力新　尹溶芳　郁楚凡

本书编写人员

主　　编　毕伟飞

参编人员　胡金雷　李　聪　孙轶宁

版权声明

H3C 认证系列教程

安全技术详解与实践　第 1 卷

新华三技术有限公司　编著

2024 年 6 月印刷

出版说明

随着信息技术的快速发展，网络已成为人们生活、工作的重要平台。然而互联网的普及也带来了诸多网络安全威胁，如数据泄露、网络攻击和恶意软件的传播等，对个人、企业和国家的安全构成了巨大威胁。因此，网络安全是当今社会中不可忽视的重要议题。

企业面临的挑战是如何保护机密信息，确保业务正常运行，消除安全隐患。而政府则需要加强对网络安全基础设施的防护，保护整个国家的信息安全。面对日益复杂和严峻的网络安全环境，政府和企业对安全技术人才的需求越发迫切。

随着云计算和工业互联网的快速发展，网络安全威胁正变得日益复杂和多样化。为了能够应对这些挑战，安全技术及解决方案持续发展，安全技术体系日趋庞大，网络安全技术人员需要不断地提升自身技术能力来应对网络安全威胁。

H3C 凭借自身丰富的安全产品线、安全技术和项目经验积累，出版了关于安全技术的“H3C 认证系列教程”以满足市场的需求。该系列教程涵盖了网络安全的基础知识、技术细节、案例分析等方面内容，旨在帮助读者深入了解网络安全的理论与实践，掌握解决实际安全问题的方法和策略。

该系列教程结合 H3C 最新安全产品及解决方案，提供最新的、系统而全面的网络安全知识和技术指导，可以帮助读者了解网络安全的基本概念、原理和最佳实践，掌握最新的安全技术和趋势，使企业能够更好地适应并应对新的网络安全威胁。

此外，该系列教程结合实际案例和应用经验，向读者介绍解决实际安全问题的有效方法和策略。通过对真实案例的分析，读者可以更好地理解网络安全故障的发生原因和影响，并且根据这些案例积累实际操作经验和应对策略。

H3C 希望通过这种形式探索出一个理论与实践相结合的教育方法，顺应国家提倡的“学以致用，工学结合”的教育方向，培养更多实用型的网络安全技术人员。

新华三人才研学中心认证培训开发委员会

2024 年 1 月

H3C认证简介

H3C 认证培训体系是国内第一家建立国际规范的、完整的网络技术认证体系，也是中国第一个走向国际市场的 IT 厂商认证，在产品和教材上都具有完全的自主知识产权，具有很高的技术含量。H3C 认证培训体系专注于客户技术和技能的提升，已成为当前权威的 IT 认证品牌之一。曾获得“十大影响力认证品牌”“最具价值课程”“高校网络技术教育杰出贡献奖”“校企合作奖”等数项专业奖项。

截至 2022 年年底，已有 28 万人获得各类 H3C 认证证书。H3C 认证体系是基于新华三在 ICT 业界多年实践经验所制订的技术人才标准，强调“专业务实，学以致用”。H3C 认证证书能有效证明证书获得者具备设计和实施数字化解决方案所需的 ICT 技术知识和实践技能，帮助证书获得者在竞争激烈的职业生涯中保持强有力的竞争实力。H3C 认证体系在各大院校以网络学院课程的形式存在，帮助网络学院学生进入 ICT 技术领域获得相应的能力，以实现更好的就业。

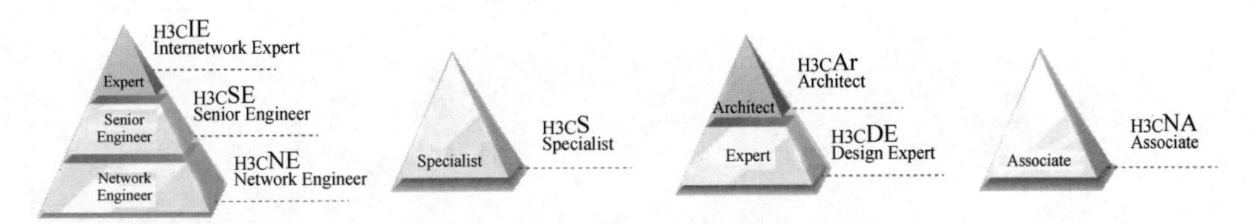

按照技术应用场合的不同，同时充分考虑客户不同层次的需求，新华三人才研学中心认证培训开发委员会为客户提供了从工程师到技术专家的技术认证和专题认证体系，以及从基础架构规划专家到解决方案架构官的架构认证体系。

前言

在数字化时代，人们的生活与工作对网络的依赖程度越来越高，包括在线支付、移动医疗、智能家居及智能制造等各个方面。因此，网络安全是维护社会稳定和人民幸福的重要保障。各国政府及企业都越来越重视安全技术人才的培养，从而也带来了安全技术人才需求量的不断增加。网络安全技术教育和人才培养已成为高等院校一项重要的战略任务。

为助力高校推进人才培养模式改革，促进人才培养与产业需求紧密衔接，深化产教融合、校企合作，H3C依托自身处于业界前沿的技术积累及多年校企合作的成功经验，本着"专业务实，学以致用"的理念，联合高校教师将产业前沿技术、项目实践与高校的教学、科研相结合，共同推出适用于高校人才培养的"H3C认证系列教程"，本系列教程注重实践应用能力的培养，以满足国家对新型ICT人才的迫切需求。

《安全技术详解与实践第1卷》与H3CNE-Security认证课程内容相对应，内容覆盖面广、由浅入深，其中包括大量与实践相关的内容，学员在学习后可具备H3CNE-Security的备考能力。

本书读者群大致包括以下几类。

(1) 本科及高职院校的在校学生。本书可作为H3C网络学院的教科书，也可作为计算机专业、电子信息相关专业学生的参考书。

(2) 公司职员。本书可用于公司进行网络安全技术的培训，帮助员工理解和熟悉各类网络应用，提升工作效率。

(3) 安全技术爱好者。本书可作为所有对网络安全技术感兴趣的爱好者学习网络安全技术的自学参考书。

《安全技术详解与实践第1卷》内容涵盖当前构建中、小型安全网络的主流技术，并针对安全设备的基础操作精心设计了相关实验，充分凸显了H3C网络学院教程的特点——专业务实，学以致用。通过对本书的学习，学员可以进行H3C防火墙、应用控制网关等网络安全设备的配置，掌握如何利用基本的网络安全技术设计和构建中、小型网络。课程经过精心设计，其结构合理、重点突出，学员可以在较短的学时内完成全部内容的学习，便于知识的连贯与理解，可以很快地进入更高一级课程的学习中。依托新华三集团强大的研发和生产能力，本书涉及的技术都有其对应的产品支撑，能够帮助学员更好地理解并掌握相关知识和技能。本书技术内容遵循国际标准，以保证良好的开放性与兼容性。

《安全技术详解与实践第1卷》分为教程和实验手册。教程包含15章内容，实验手册包含12个实验。每章后面都附有练习题，帮助学员进行自测。

第 1 篇 网络安全技术基础

第 1 章 网络安全概述

本章讲述了网络安全的基本定义。本章从 OSI 参考模型、TCP/IP 协议原理、TCP/IP 协议存在的安全隐患、TCP/IP 各层常见攻击的技术原理进行叙述，使读者对网络安全技术有一个基本的认识。

第 2 章 防火墙基础技术

本章介绍了防火墙定义、防火墙分类，以及防火墙产生的背景及发展。

第 3 章 防火墙基本功能

本章介绍了防火墙具备的基本功能，最后介绍了衡量防火墙性能的指标。

第 4 章 H3C 防火墙操作入门

本章介绍了防火墙的工作模式、防火墙的登录管理方式、防火墙的设备文件管理、防火墙的基本配置流程。

第 2 篇 网络安全关键技术

第 5 章 防火墙用户管理

本章介绍了防火墙 AAA 技术原理、防火墙的用户管理及应用。

第 6 章 防火墙安全策略

本章介绍了防火墙包过滤技术、防火墙安全域概念、防火墙报文转发原理，以及防火墙安全策略规则及配置。

第 7 章 网络地址转换技术

本章讲述了 NAT 技术背景、NAT 的分类和技术原理，通过案例讲解常见的 NAT 应用及配置、NAT 在实际情况中的灵活应用。

第 8 章 攻击防范技术

本章讲述了常见的攻击防范技术原理及防御手段，同时，介绍了攻击防范类型及其配置方法。

第 3 篇 VPN 技术

第 9 章 VPN 技术概述

本章介绍了 VPN 技术背景及原理、常见的 VPN 分类，以及主要的 VPN 技术。

第 10 章 GRE VPN

本章介绍了 GRE 隧道工作原理、GRE VPN 的特点部署时需考虑的因素及典型应用，同时介绍了 GRE VPN 配置步骤及相关的排查手段。

第 11 章 L2TP VPN

本章介绍了 L2TP 的特点、适用场合及工作原理，以及独立 LAC 模式和客户 LAC 模式的配置步骤。

第 12 章 IPSec VPN

本章介绍了 IPSec 的功能、特点、体系构成及常见场景配置举例，IPSec/IKE 的特点和基本配置。

第 13 章 SSL VPN

本章介绍了 SSL 协议基本原理、SSL VPN 架构组成、主要特点、主要功能及实现方式，以及常见的部署模式。

第 4 篇　应用安全关键技术

第 14 章　防火墙深度报文检测(DPI)技术

本章介绍了 DPI 技术的背景、技术特性以及 DPI 特性配置步骤。

第 15 章　应用控制网关介绍

本章介绍了应用控制技术的基本原理，结合 ACG1000 产品介绍了应用过滤配置、带宽管理、日志报表、用户认证等功能。

各类型设备、各版本软件的命令、操作、信息输出等均可能有所差别。若读者采用的设备型号、软件版本等与本书不同，可参考所用设备和版本的相关手册。

新华三人才研学中心

2024 年 3 月

目录

第1篇　网络安全技术基础

第2篇 网络安全关键技术

第3篇 VPN技术

第 1 篇

网络安全技术基础

第1章

网络安全概述

随着网络技术的普及,网络的安全性显得更加重要。这是因为怀有恶意的攻击者会窃取、篡改网络上的传输信息,通过网络非法入侵获取存储在远程主机上的机密信息,或者构造大量的数据报文占用网络资源,以阻止其他合法用户的正常使用等。然而,网络作为开放的信息系统必然存在诸多潜在的安全隐患,因此,网络安全技术作为一个独特的领域越来越受到人们的关注。

随着全球信息高速公路的建设和发展,个人、企业乃至整个社会对信息技术的依赖程度越来越高。一旦网络系统的安全性受到严重威胁,不仅会对个人、企业造成不可避免的损失,而且,严重时甚至会给企业、社会乃至整个国家带来巨大的经济损失。因此,提高对网络安全重要性的认识、增强防范意识、强化防范措施,不仅是各个企业、组织要重视的问题,也是保证信息产业持续稳定发展的重要保证和前提条件。

本章将帮助读者建立相对完整的网络安全理论观念、了解网络安全需求与攻击威胁,即安全技术要解决的问题,以及理解目前网络安全技术的基本架构和具体技术分类。

1.1 本章目标

学习完本章,应该能够达成以下目标。

(1) 了解 OSI 参考模型。

(2) 理解 TCP/IP 协议原理。

(3) 理解 TCP/IP 协议存在的安全隐患。

(4) 理解针对 TCP/IP 协议栈各层常见攻击的技术原理。

1.2 什么是网络安全

从本质上来讲,网络安全就是网络上的信息安全,是指网络系统的硬件、软件及其系统中的数据受到保护,不受偶然的或恶意的原因而遭到破坏、更改、泄露,系统连续、可靠、正常地运行,网络服务不中断。从广义上来讲,凡是涉及网络信息的保密性、完整性、可用性、真实性和可控性的相关技术和理论都是网络安全的研究领域。网络安全是一门涉及计算机科学、网络技术、通信技术、密码技术、信息安全技术、应用数学、数论、信息论等多种学科的综合性学科。

网络安全涉及的内容既有技术方面的问题,也有管理方面的问题,两方面相互补充,缺一不可。技术方面主要侧重于如何防范外部非法攻击,管理方面则侧重于内部人为因素的管理。如何更有效地保护重要的信息数据、提高计算机网络系统的安全性已经成为所有计算机网络应用必须考虑和必须解决的一个重要问题。本书主要基于技术的维度为学员介绍网络安全技术的基础知识。

要掌握网络安全技术首先必须对网络有一个基本的认识。下面首先介绍网络的一些基础概念,以及目前网络面临的一些安全问题。

1.3 OSI 参考模型

1.3.1 OSI 参考模型产生背景

如今,人们可以方便地使用不同厂家的设备构建计算机网络,而不需要过多考虑不同产品之间的兼容性问题。而在 OSI 参考模型出现(20 世纪 80 年代)之前,实现不同设备间的互通并不容易。这是因为在计算机网络发展的初期,许多研究机构、计算机厂商和公司都推出了自己的网络系统,如 IBM 公司的 SNA 协议、NOVELL 公司的 IPX/SPX 协议、APPLE 公司的 AppleTalk 协议,DEC 公司的 DECnet 协议,以及广泛流行的 TCP/IP 协议等。同时,各大计算机厂商针对自己的协议生产出了不同的硬件和软件。然而,这些协议和设备之间互不兼容。没有一种统一标准存在,就意味着,这些不同厂家的网络系统之间无法相互连接。

为了解决网络兼容性的问题、帮助各个厂商生产出可兼容的网络设备,国际标准化组织(International Organization for Standardization,ISO)于 1984 年提出了开放系统互联参考模型(open system interconnection reference model,OSI 参考模型)。该参考模型很快成为计算机网络通信的基础模型。

OSI 参考模型的设计目的在于构建一个所有销售商都能实现的开放网络模型,用以克服使用众多专网模型所带来的困难和低效性。它是网络技术的基础,也是分析、评判各种网络技术的依据;它揭开了网络的神秘面纱,让其有理可依、有据可循。

OSI 参考模型很重要的一个特性是其分层体系结构。分层设计的方法可以将庞大而复杂的问题转化为若干较小且易于处理的子问题。它将复杂的网络通信过程分解到各个功能层,各个功能层的设计和测试相对独立,并不依赖于操作系统或其他因素。并且,各个功能层之间也无须了解彼此的实现方法。

OSI 参考模型在设计时遵循了以下原则。

(1) 各个功能层之间有清晰的边界,便于理解。

(2) 每个功能层实现特定的功能,且不相互影响。

(3) 每个功能层是服务者又是被服务者,即其既为上一层服务,又被下一层服务。

(4) 功能层的划分有利于国际标准协议的制订。

(5) 功能层的数目需足够多,以避免各层功能重复。

OSI 参考模型具有以下优点。

(1) 提供设备间的兼容性和标准接口,使各个厂商能够设计出互操作的网络设备,促进了标准化工作,加快了数据通信网络的发展。

(2) 采用分层体系结构,各个功能层可以根据需要,独立进行修改或扩充功能。分层设计方法也可以将庞大而复杂的问题转化为若干较小且易于处理的子问题,有利于大家学习、理解数据通信网络。

1.3.2 OSI 参考模型层次结构

如图 1-1 所示,OSI 参考模型层次结构共分为七层,即 OSI 七层模型,这七个对等功能层数据统称为协议数据单元(protocol data unit,PDU)。

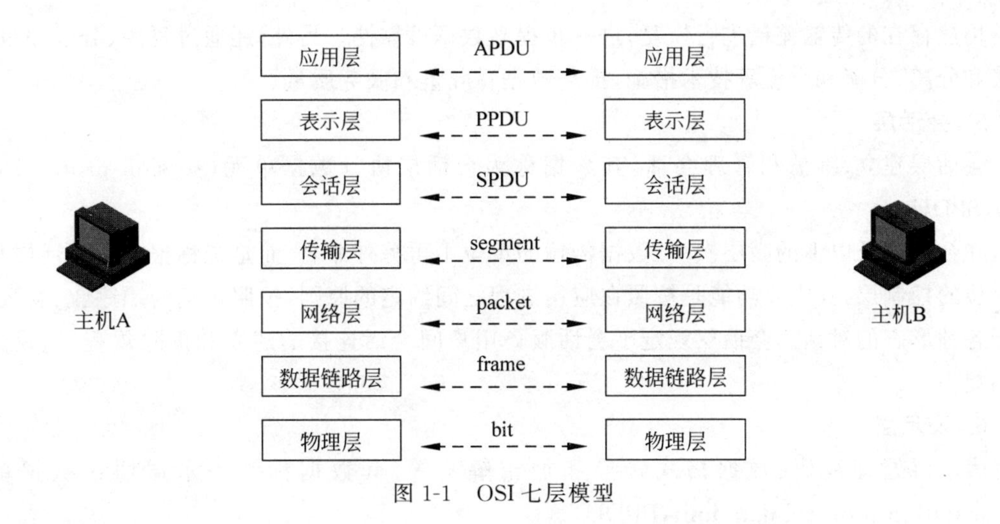

图 1-1　OSI 七层模型

1. 物理层

物理层为上层提供物理连接，实现比特流的透明传输，其数据称为比特流(bit)。

物理层并不是物理媒体本身，而是开放系统中利用物理媒体实现物理连接的功能描述和执行连接的规则。物理层所涉及的在通信信道(channel)上传输的原始比特流，是 OSI 参考模型的基础，它可实现传输数据所需要的机械、电气功能特性。它不关心单个比特流(0,1)所代表的含义，如代表地址还是应用数据，而只关注如何把比特流通过不同的物理链路传输至对端。典型的如中继器、集线器(hub)就属于物理层设备。

2. 数据链路层

数据链路层提供可靠的通过物理介质传输数据的方法，其数据称为帧(frame)。

两台终端设备之间进行通信，连接生存期内，收发两端可以进行一次或多次数据通信，每次通信都要经过建立通信联络和拆除通信联络两个过程。这种建立起来的数据收发关系称为数据链路。但是，物理媒体上传输的数据难免受到各种不可控因素的影响而产生差错，为了弥补物理层上的不足，为上层提供无差错的数据传输，就需要对数据进行检错和纠错。数据链路的建立、拆除，对数据的检错、纠错是数据链路层的基本任务。

3. 网络层

网络层寻址和路由选择，其数据称为数据包(packet)。

网络层规定了网络连接的建立和拆除规程，以及数据传输规程等，为上层提供服务。它具备以下主要功能：路由选择和中继；激活、终止网络连接；在一条数据链路上复用多条网络连接；检测与恢复；排序、流量控制；服务选择；网络管理。

网络层检查网络拓扑结构，以决定传输报文的最佳路由，转发数据包。其关键问题是确定数据包从源端到目的端如何选择路由。网络层设备通过运行路由协议(routing protocol)来计算到目的地的最佳路由，找到数据包应该转发的下一个网络设备，然后利用网络层协议封装数据包，利用传输层提供的服务把数据发送到下一个网络设备。

4. 传输层

传输层提供端到端报文的正确传输，其数据称为段(segment)。

传输层位于 OSI 参考模型的第 4 层，是端开放系统之间的数据传送控制层，主要功能是端开放系统之间数据的收妥确认。同时，还用于弥补各种通信网络的质量差异，对经过下三层之后仍然存在的传输差错进行恢复，进一步提高数据可靠性。另外，还通过复用、分段和组合、连接和分离、分流和合流等技术措施，提高数据吞吐量和服务质量。

5. 会话层

会话层建立、维护和管理会话，其数据称为会话层协议数据单元(session protocol data unit，SPDU)。

在会话层及以上的高层次中，数据传输的单位不再另外命名，而是统称报文。会话层是会话单位的控制层，其主要功能是按照在应用进程之间约定的原则，按照正确的顺序收、发数据，进行各种形态的对话。会话层规定了会话服务用户间会话连接的建立和拆除规程，以及数据传输规程。

6. 表示层

表示层处理编码、数据格式转换和加密解密等，其数据称为表示层协议数据单元(presentation protocol data unit，PPDU)。

表示层是数据表示形式的控制层，其主要功能是把应用层提供的信息转换为能够共同理解的形式，提供字符代码、数据格式、控制信息格式、加密等的统一表示。它将需要转换的数据从适合某一用户的抽象语法，转换为适合 OSI 参考模型系统内部使用的传输语法，为异种机通信提供了一种公共语言，即提供格式化的表示和转换数据服务。数据的压缩和解压缩、加密和解密等工作都由表示层负责。

7. 应用层

应用层提供应用程序间的通信，其数据称为应用层协议数据单元(application protocol data unit，APDU)。

应用层是 OSI 参考模型的最高层，是直接为应用进程提供服务的。其作用是在实现多个系统应用进程相互通信的同时，完成一系列业务处理所需的服务。应用层直接和应用程序接口，并提供常见的网络应用服务。此外，应用层也向表示层发出请求。

1.3.3 数据封装与解封装

封装(encapsulation)是指网络节点将要传输的数据用特定的协议打包后传输。多数协议通过在原有数据之前加上封装头(header)来实现封装，另外，一些协议还要在数据之后加上封装尾(trailer)，而原有数据此时便成为载荷(payload)。在发送方，OSI 七层模型的每一层都对上层数据进行封装，以保证数据能够正确无误地到达目的地；而在接收方，OSI 七层模型的每一层又对本层的封装数据进行解封装，并传送给上层，以便数据被上层所理解。

图 1-2 所示为 OSI 参考模型中数据的封装与解封装过程。首先，源主机的应用程序生成能够被对端应用程序识别的应用层数据；然后，数据在表示层加上表示层头，协商数据格式、是否加密，并转换成对端能够理解的数据格式；之后，数据在会话层又加上会话层头；以此类推，传输层加上传输层头形成段，网络层加上网络层头形成包，数据链路层加上数据链路层头形成帧；在物理层数据转换为比特流，传送到网络上。比特流到达目的主机后，也会被逐层解封装。首先，由比特流获得帧；然后，剥去数据链路层帧头获得包；之后，剥去网络层包头获得段；以此类推，最终，获得应用层数据提交给应用程序。

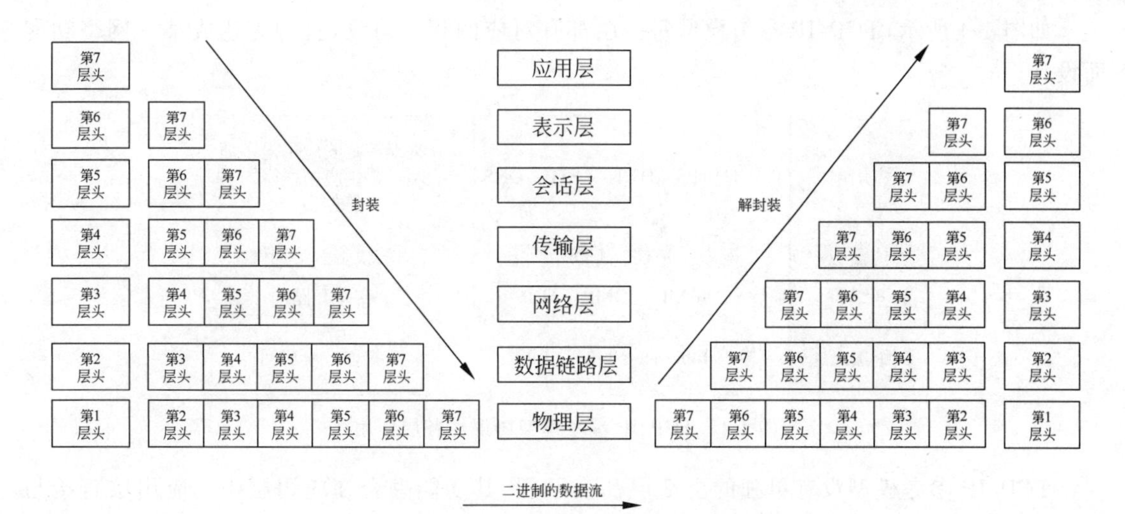

图 1-2 OSI 参考模型中数据的封装与解封装过程

1.4 TCP/IP 参考模型

1.4.1 TCP/IP 参考模型概述

OSI 参考模型的诞生为清晰地理解互联网、开发网络产品和网络设计等带来了极大的方便。但是，由于 OSI 参考模型过于复杂，难以完全实现，并且，其各层功能具有一定的重复性，效率较低，再加上，在 OSI 参考模型提出时，TCP/IP 协议已逐渐占据主导地位，因此，OSI 参考模型并没有得到广泛应用，且从未生成过完全遵守 OSI 参考模型的协议族。

TCP/IP 协议起源于 20 世纪 60 年代末期美国政府资助的一个分组交换网络研究项目，到 20 世纪 90 年代已发展成为计算机之间最常用的网络协议。这个体系结构在它的两个主要协议出现以后称为 TCP/IP 参考模型（TCP/IP reference model）。TCP/IP 参考模型具有良好的开放性和易用性，在实践中得到广泛应用，从而使 TCP/IP 协议栈成为 Internet 事实上的标准协议。

如图 1-3 所示，TCP/IP 参考模型与 OSI 参考模型的不同点在于 TCP/IP 参考模型把表示层和会话层都归入应用层，把数据链路层和物理层都归入网络接入层，所以，TCP/IP 参考模型从下至上分为网络接入层、网络层、传输层和应用层 4 层。

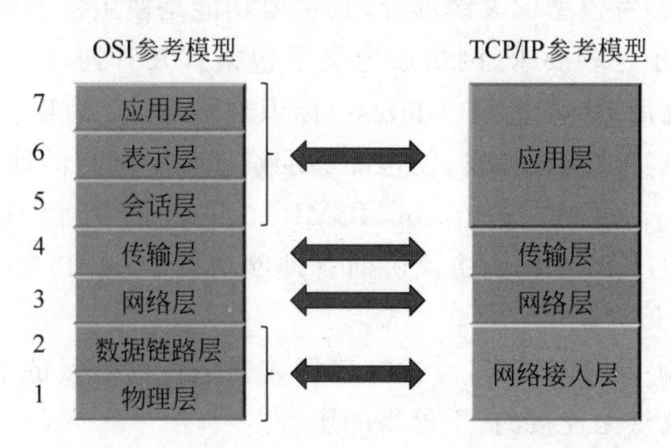

图 1-3 TCP/IP 参考模型层次结构

如图 1-4 所示，TCP/IP 参考模型每一层都有对应的相关协议，且均为达成某一网络功能而设计。

应用层	HTTPS、HTTP、FTP、DNS	处理特定的应用程序细节，提供应用程序的网络接口
传输层	TCP、UDP	提供端到端通信
网络层	ICMP、IGMP、ARP	寻址和路由
网络接入层	Ethernet、802.3、PPP	物理介质访问

图 1-4 TCP/IP 参考模型协议栈各层作用

TCP/IP 参考模型没有单独的会话层和表示层，其功能融合在应用层中。应用层直接与用户和应用程序对接，负责对软件提供接口以使程序能使用网络服务。这里的网络服务包括文件传输、文件管理、电子邮件的消息处理等。典型的应用层协议包括 Telnet、FTP、SMTP、SNMP 等。

(1) 超文本传输协议(hypertext transfer protocol，HTTP)：用来访问在 Web 服务器上的各种页面。

(2) 文件传输协议(file transfer protocol，FTP)：为文件传输提供途径，它允许数据从一台主机传输到另一台主机上。

(3) 域名服务系统(domain name system，DNS)：用于实现从主机域名到 IP 地址之间的转换。

TCP/IP 参考模型的传输层位于应用层和网络层之间，主要负责为两台主机的应用程序提供端到端的通信，使源、目的端主机上的对等实体可以进行会话。TCP/IP 参考模型的传输层协议主要包括传输控制协议(transmission control protocol，TCP)和用户数据报协议(user datagram protocol，UDP)。

(1) TCP：为应用程序提供可靠的、面向连接的通信服务，适用于要求得到响应的应用程序。目前，许多流行的应用程序均使用 TCP。

(2) UDP：提供了无连接通信，且不对传送数据包进行可靠的保证。适合一次传输少量数据，可靠性则由应用层来负责。

网络层是 TCP/IP 参考模型的关键部分，其主要功能是使主机能够将信息发往任何网络，并传送到正确目标。基于这些要求，网络层定义了包格式及其协议——互联网协议(internet protocol，IP)。网络层使用 IP 地址(IP address)标识网络节点；使用路由协议生成路由信息，并且，根据这些路由信息实现包的转发，使包能够准确地传输到目的地；使用互联网控制消息协议(internet control message protocol，ICMP)、互联网组管理协议(internet group management protocol，IGMP)这样的协议协助管理网络。TCP/IP 参考模型网络层在功能上与 OSI 参考模型网络层极为相似。

(1) IP：IP 和路由协议协同工作，寻找能够将数据包传输到目的端的最优路径。IP 不关心数据报文的内容，只提供无连接的、不可靠的服务。

(2) 地址解析协议(address resolution protocol，ARP)：把已知的 IP 地址解析为媒体访问控制地址(media access control address，MAC 地址)。

(3) ICMP：定义了网络层控制和传递消息的功能。

(4) IGMP：用于组播组成员管理。

对于网络接入层，TCP/IP 参考模型本身对网络层之下并没有严格的描述。但是，TCP/IP 参考模型主机必须使用某种下层协议连接到网络，以便进行通信。而且，TCP/IP 参考模型必须能运行在多种下层协议上，以便实现端到端、与链路无关的网络通信。TCP/IP 参考模型的网络接入层负责处理与传输介质相关的细节，为上层提供一致的网络接口。因此，TCP/IP 参考模型的网络接入层大体对应于 OSI 参考模型的数据链路层和物理层，通常包括计算机和网络设备的接口驱动程序和网络接口卡等。

TCP/IP 参考模型可以基于大部分局域网或广域网技术运行，这些协议便可以划分到网络接入层中。工作在网络接入层中的协议主要有逻辑链路控制子层(logic link control sublayer，LLC)、介质访问控制子层(media access control sublayer，MAC)。

1.4.2 IP 介绍

网络层处理数据分组在网络中的活动，如分组的路由选择。在 TCP/IP 参考模型中，网络层包括 IP、ICMP 和 IGMP。

IP 报文格式如图 1-5 所示。

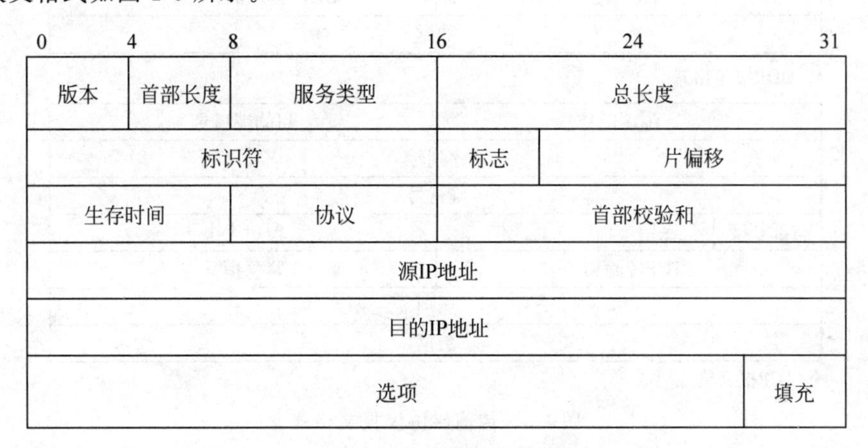

图 1-5 IP 报文格式

(1) 版本(version)：占 4b，标识 IP 封包的版本，目前使用的版本是 IPv4。

(2) 首部长度(header length)：占 4b，描述 IP 包头的长度，单位为字节(byte)。

(3) 服务类型(type of service)：占 8b，前三位定义包的优先级，后五位分别表示为时延(D)、吞吐量(T)、可靠性(R)、传输成本(M)和保留位(0)。

(4) 总长度(total length)：占 16b，以字节为单位计算的 IP 包的长度(包括头部和数据)，IP 包最大长度 65535B。

(5) 标识符(identifier)：占 16b，该字段和 flags、fragment offset 字段联合使用，对较大的上层数据报文进行分段(fragment)操作。

(6) 标志(flags)：占 3b，第 1 位不使用，第 2 位是 DF(don't fragment)位，1 表示不能对数据包分段，0 表示可分段，第 3 位是 MF(more fragments)位，1 表示后面还有分段，0 表示该数据包为最后 1 个分段数据包。

(7) 片偏移(fragment offset)：占 13b，表示该 IP 包在该组分片包中位置。

(8) 生存时间(TTL)：占 8b，数据包每经过一个路由器会将 IP 包的 TTL 值减少 1。

(9) 协议(protocol)：占 8b，标识了上层所使用的协议。和端口号类似，IP 用协议号区分上层协议；TCP 的协议号为 6；UDP 的协议号为 17。

(10) 首部校验和(head checksum)：计算 IP 头部的校验和，检查报文头部的完整性。

(11) 源 IP 地址和目的 IP 地址：标识数据包的源端设备和目的端设备。

(12) 选项(option)：这是一个可变长度的字段。

(13) 填充(padding)：因为 IP 包头长度部分的单位为 32b，所以 IP 包头的长度必须为 32b 的整数倍。因此，在选项后面，IP 会填充若干个 0，以达到 32b 的整数倍。

1.4.3 TCP 介绍

如图 1-6 所示，在 TCP/IP 参考模型中，有两个不同的传输协议：TCP 和 UDP。UDP 报文与 TCP 报文的格式有所不同，TCP 明显比 UDP 长度更长、字段更多，因此，TCP 也相应有更多的功能，如可靠性等。

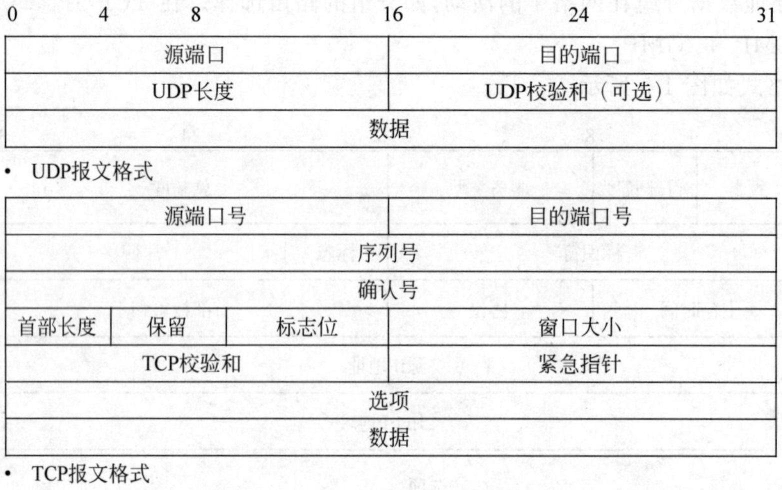

0　4　8　16　24　31

源端口	目的端口
UDP长度	UDP校验和（可选）
数据	

• UDP报文格式

源端口号			目的端口号
序列号			
确认号			
首部长度	保留	标志位	窗口大小
TCP校验和			紧急指针
选项			
数据			

• TCP报文格式

图 1-6　传输层协议报文格式

TCP 报文格式如下。

(1) 源端口号(source port)和目的端口号(destination port)：用于标识和区分源端设备和目的端设备的应用进程。

(2) 序列号(sequence number)：即发送序号。发送主机端会在 TCP 报文封装时，确定一个初始号码，后续报文序号会依次递增，接收端可以根据此序号来检测报文是否接收完整。

(3) 确认号(acknowledgement number)：即回应序号。接收端接收到的 TCP 报文通过检验确认之后，会根据发送序号产生一个回应序号，发送端根据此序号确定报文被成功接收。

(4) 首部长度：包头固定长度。如果 option 没设定，则其长度为 20B。

(5) 保留(reserved)：这是保留区间，暂时还没被使用。

(6) 标志位(U、A、P、R、S、F)：

① URG 为 1，表示紧急报文。

② ACK 为 1，表示需要回应的报文。

③ PSH 为 1，表示此报文所携带的数据会直接上传给上层应用程序而无须经过 TCP

处理。

④ RST 为 1，表示要求重传。

⑤ SYN 为 1，表示要求双方进行同步沟通。

⑥ FIN 为 1，表示传送结束。

(7) 窗口大小：称为“滑动视窗(sliding window)”。在 TCP 连接建立起来后，两端都会将窗口大小设定为初始值，发送端就会按初始值大小(如 3)向对端发送 3 个 TCP 报文，然后，窗口会往后移动 3 个报文位，填补报文发送出去之后的空缺。如果接收端能一次处理接收过来的这 3 个报文，则会告诉发送端其窗口值为 3；但是，如果接收端只能处理 2 个报文，则会告诉发送端其窗口值为 2，这时，发送端需要调整其窗口大小为 2，窗口就只会往后移动 2 个报文位，下一次只发送 2 个 TCP 报文。

(8) TCP 校验和(checksum)：当发送报文时，发送端会对报文进行计算得出一个检验值，并和报文一起发送，在接收端收到报文后，会再对报文进行计算，如果得出的值与检验值不一致，则会要求对方重发该报文。

(9) 紧急指针(urgent pointer)：如果 URG 被设定为 1，则这里会指示出紧急报文所在的位置，不过这种情形非常少见。

(10) 选项(option)：使用情况较少。当需要使用同步动作的程序(如 Telnet)在处理终端交互模式时，就会使用到 option 来指定报文的大小，远程登录协议(teletype network Telnet)使用的报文很少，但需要即时回应。option 的长度为 0b 或 32b 的整数倍，若不足，则需填充完整。

如图 1-7 所示，两个端点之间建立一次 TCP 连接，其过程如下。

(1) 请求端发送一个 SYN 报文指明客户打算连接的服务端口，以及初始序号 a。

(2) 服务器返回包含服务器初始序号的 SYN 报文作为应答。同时，将确认序号设置为请求端的初始序号加 1，对请求端的 SYN 报文进行确认。

(3) 请求端必须将确认序号设置为服务器的初始序号加 1，以对服务器的 SYN 报文进行确认。

以上 3 个报文完成一次 TCP 连接的建立，这个过程也称三次握手(three-way handshake)。

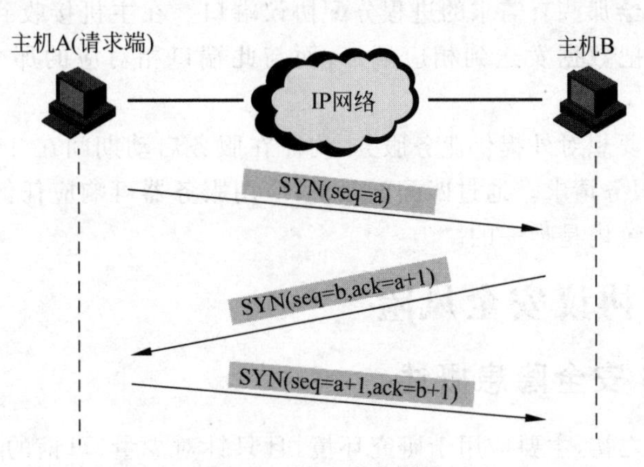

图 1-7 TCP 三次握手

TCP 作为一种可靠传输控制协议，其核心思想是既要保证数据可靠传输，又要提高传输的效率，而 TCP 三次握手(three times handshake，three-way handshake)可以满足以上要求。

1.4.4　套接字

如图 1-8 所示,套接字(socket)是支持 TCP/IP 协议的网络通信的基本操作单元,可以看作不同主机之间的进程进行双向通信的端点,简单来说,就是通信双方的一种约定,用套接字中的相关函数来完成通信过程。一个套接字由相关五元组构成,包括源 IP 地址、目的 IP 地址、协议、源端口、目的端口。

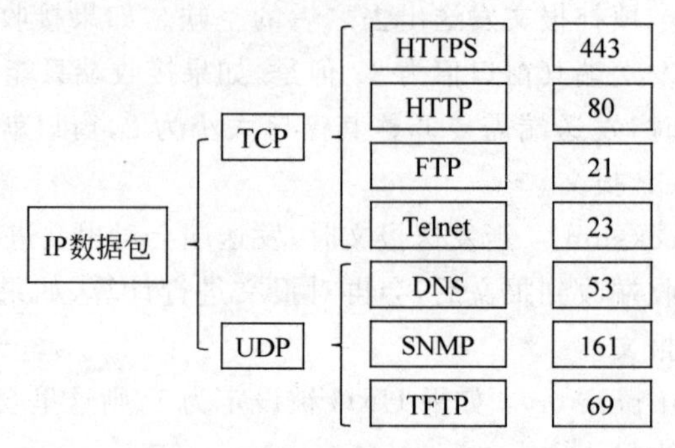

图 1-8　套接字

在通信过程中,可以用源套接字(源 IP 地址＋协议＋源端口)来唯一表示 TCP/IP 会话的源端点;可以用目的套接字(目的 IP 地址＋协议＋目的端口)来唯一表示 TCP/IP 会话的目的端点。

在 TCP 和 UDP 中,端口的作用主要是区分服务,以及在同一时间进行多个会话,因此,不同服务的端口号是不同的。端口号一般由开发厂商自行定义,但要保证在同一台服务器注册的服务端口是唯一的。在一个套接字中,端口号的编号一般遵循如下规则。

(1) 目的端口号:一般知名的应用服务,如 HTTP、FTP、Telnet 等,均会有默认的标准协议端口号。

(2) 源端口号:一般都采用 1024 及以上端口进行递增分配,但某些操作系统可能会使用更高的端口号作为其初始端口进行递增分配。

本地操作系统会给那些有需求的进程分配协议端口。在主机接收到数据后,将根据报文头部的目的端口号,把数据发送到相应端口,而与此端口相对应的那个进程将会进行数据处理。

任何应用服务器要想对外提供业务服务,均需在服务启动期间在 TCP/UDP 上进行端口注册,以便响应业务服务请求。通过匹配五元组,应用服务器可响应任何并发服务请求,且能保证每一连接在本系统内是唯一的。

1.5　TCP/IP 协议安全风险

1.5.1　IPv4 安全隐患概述

在 Internet 设计之初,主要应用于研究环境,且只针对少量、可信的用户群体,因此,网络安全问题不是主要的考虑因素。随着互联网的不断发展,TCP/IP 协议族已经成为应用最广泛的网络互联协议。但由于协议在设计之初对安全性考虑的不充分,导致协议存在着一些安全风险问题。因此,在 TCP/IP 协议栈中,绝大多数协议开始并没有提供必要的安全机制,包括以下四方面。

（1）不提供认证服务。

（2）明文传输，不提供数据保密服务。

（3）不提供数据完整性保护。

（4）不提供抗抵赖服务。

TCP/IP 协议栈中各层都有自己的协议。由于这些协议在开发之初，并未重点考虑安全因素，缺乏必要的安全机制。此外，随着各类协议应用越来越广泛，针对这些协议的安全威胁及攻击行为也越来越频繁。因此，TCP/IP 协议栈的安全问题越发突显。

如图 1-9 所示，根据各协议栈的特点，常见的安全风险及攻击手段如下。

（1）应用层的安全风险及攻击手段包括漏洞、缓冲区溢出攻击、Web 攻击、病毒、木马等。

（2）传输层的安全风险及攻击手段包括 TCP 欺骗、TCP 拒绝服务攻击、UDP 拒绝服务攻击、端口扫描等。

（3）网络层的安全风险及攻击手段包括 IP 欺骗、Smurf 攻击、ICMP 重定向和不可达攻击、IP 地址扫描攻击等。

（4）数据链路层的安全风险及攻击手段包括 MAC 地址欺骗、MAC 泛洪、ARP 欺骗等。

（5）物理层的安全风险及攻击手段包括物理破坏、线路侦听等。

图 1-9　TCP/IP 协议栈常见的安全风险及攻击手段

下面对各层中典型的安全风险及攻击手段进行分析。

1.5.2　线路侦听

在常用的网络设备中，集线器和中继器工作原理类似，都只负责比特流的转发。换句话说，从任何一个端口接收到的数据包都会转发到其他端口。因此，如果黑客的主机能够和这台设备相连，通过相关的嗅探工具，就能够获取该网络上的通信数据信息。

对于无线网络，由于数据信息由无线信号传输，攻击者很容易获取到传输信号，因此，无线网络数据的保护需要通过安全加密协议来保障。

侦听是以太网中黑客惯用的手段，是基于数据传输进行攻击的基础。发起攻击的主机使用配置为混杂模式的网卡，可以监听到同一物理网段内的所有报文。使用明文方式进行验证的协议（如 SNMP、POP3、Telnet 等），其用户名和口令会泄露；使用明文进行传输的报文，其内容会泄露，报文头部中的内容也可能被利用。

1.5.3 MAC 地址欺骗

MAC 地址用来表示互联网上每一个站点的标识符，采用十六进制数表示，共 6 字节(48b)。其中，前 3 字节是由 IEEE 的注册管理机构 RA 为不同厂家分配的代码(高位 24b)，也称"编制上唯一的标识符"(organizationally unique identifier)；后 3 字节(低位 24b)由各厂家自行指派给生产的适配器接口，称为扩展标识符。

如图 1-10 所示，MAC 地址欺骗是一种链路层攻击技术，是指攻击者将自己设备的 MAC 地址更改为受信任系统的地址，欺骗其他系统的行为。例如，针对交换机的 MAC 地址学习机制，攻击者将伪造的源 MAC 地址数据帧发送给交换机，造成交换机学习到了错误的 MAC 地址与端口的映射关系，导致交换机要发送到正确目的地的数据帧被发送到了攻击者的主机上。攻击者主机通过安装并使用相关的嗅探软件(如 Sniffer、Wireshark)，可获得相关的信息以实现进一步的攻击。

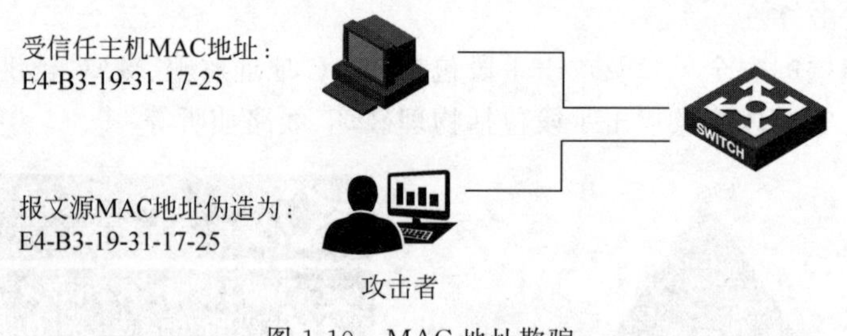

图 1-10 MAC 地址欺骗

通过在交换机上配置静态条目，绑定到正确的端口，可以避免 MAC 地址欺骗攻击的风险。

1.5.4 MAC 泛洪

在正常情况下，交换机会通过 MAC 学习机制建立 MAC 地址表项，从而使主机间的数据帧只在与主机相连接的端口之间转发，其他端口并不能接收到这些数据帧，从而降低了数据报文被侦听的风险。

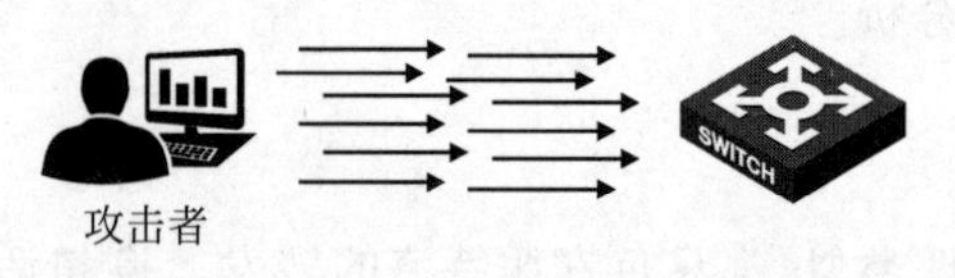

图 1-11 MAC 泛洪

如图 1-11 所示，MAC 泛洪攻击利用了交换机的 MAC 学习机制和 MAC 表项数目有限原理。攻击者通过发送大量伪造源地址的数据帧，让交换机学习到大量错误的 MAC 转发表项；在交换机的 MAC 转发表项数量达到上限后，交换机不再更新 MAC 地址表；此时，主机之间正常的数据帧进行转发时反而匹配不到转发表项，从而泛洪到 VLAN 内的所有其他端口。这样就可以实现报文侦听了。

在网络中实施 MAC 泛洪攻击，会导致网络的可用性降低。一个原因是，在部分交换机表项达到上限后，数据帧会通过 CPU 进行"软转发"，从而导致交换机的转发性能大幅下降；另一个原因是，数据帧在 VLAN 内的所有端口间泛洪，占用了大量的网络带宽。

通过在交换机上配置 MAC 地址静态表项，或者限制交换机每个端口的 MAC 地址学习数量，可以降低交换机遭受 MAC 泛洪攻击的风险。

1.5.5　ARP 欺骗

ARP 是一种将 IP 地址转换成物理地址的协议。

在以太网交换机的 ARP 实现机制中，设备只考虑如何将 IP 地址映射到 MAC 地址，而不对这种映射关系进行验证。例如，在主机收到 ARP 回应（ARP reply）报文后，它并不会去验证自己是否发送过这个 ARP 请求（ARP request）报文，而是直接将 ARP 回应报文里的 MAC 地址与 IP 对应的关系记录下来，并替换原有的 ARP 缓存表。

如图 1-12 所示，在 ARP 欺骗攻击过程中，攻击者会向被攻击主机发送伪造的 ARP 回应报文，报文中包含了一个错误的 MAC 地址与 IP 地址的映射关系。被攻击主机根据这个 ARP 回应报文，建立一个错误的映射并保存一段时间，在这段时间内，被攻击主机发出的报文就会被转发给攻击者。

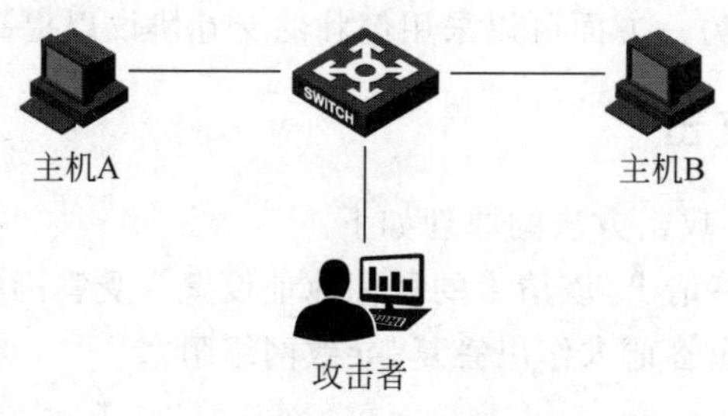

图 1-12　ARP 欺骗

如果攻击者持续其攻击行为，数据流就可能被一直误导下去。如果攻击者攻击网络出口路由器，使路由器中 ARP 表项错误，则会造成所有主机无法访问公网。如果攻击者将出口路由器 IP 和一个不存在的 MAC 地址进行映射，则会导致业务流量的请求方受到拒绝服务的攻击。

如上面分析，ARP 欺骗攻击行为会导致两种最常见的网络故障：一种是攻击主机作为“中间人”，被攻击主机的数据都会被它窃取；另一种是使被攻击主机无法访问网络。

配置 IP 和 MAC 静态绑定是防范 ARP 欺骗攻击的常用方法。在实践中，会在主机和网关上同时配置 IP 和 MAC 地址绑定，这样就可以有效地防范 ARP 欺骗攻击。

1.5.6　IP 欺骗

如图 1-13 所示，IP 欺骗是指攻击者产生伪造源 IP 地址的 IP 报文，以便冒充其他系统或发件人的身份。

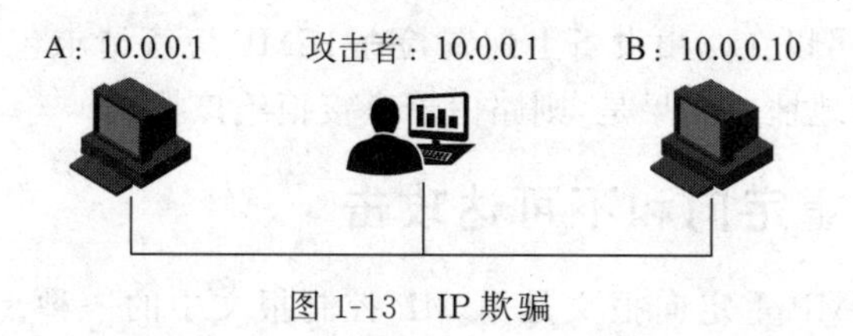

图 1-13　IP 欺骗

此外，IP 欺骗还可以使攻击者隐藏自己。例如，通过伪造自身的 IP 地址向目标系统发送恶意请求，造成目标系统受到攻击却无法确认攻击源，或者取得目标系统的信任以便获取机密信息。

IP 欺骗攻击常见于如下场景。

(1) 场景一,攻击者通过 IP 欺骗隐藏自己。这种场景常用于分布式拒绝服务攻击(distributed denial of service attack,DDoS 攻击)。攻击者在攻击过程中,随机生成大批假冒源 IP,使受害主机很难分析出真正的攻击源,从而达到攻击者隐藏自身的目的。

(2) 场景二,攻击者通过 IP 欺骗来窃取数据。例如,原本主机 A 信任主机 B,也就是主机 B 可以畅通无阻地获取主机 A 的数据资源。而攻击主机 C 为了能同样获取到主机 A 的数据,就需要伪装成主机 B 去和主机 A 通信。这时主机 C 需要做两件事,第一件事是想办法让主机 B“把嘴堵上”,不再向主机 A 发送请求,如向主机 B 发起拒绝服务攻击(denial of service attack,DoS 攻击),占用主机 B 的连接使其无法正常发出报文;第二件事是伪造包含主机 B 的源 IP 的数据包,从而假冒主机 B 和主机 A 交互以达到窃取数据的目的。

IP 欺骗的防范,一方面需要目标设备采取更强有力的认证措施(如强口令等),而不仅仅根据源 IP 就信任来访者;另一方面可以采用健壮的交互协议以提高伪装源 IP 的门槛。

1.5.7 Smurf 攻击

如图 1-14 所示,Smurf 攻击方法的原理如下。

攻击者发出 ICMP 应答请求,该请求的目标地址设置为受害网络的广播地址,这样该网络的所有主机都对此 ICMP 应答请求作出答复,导致网络阻塞。

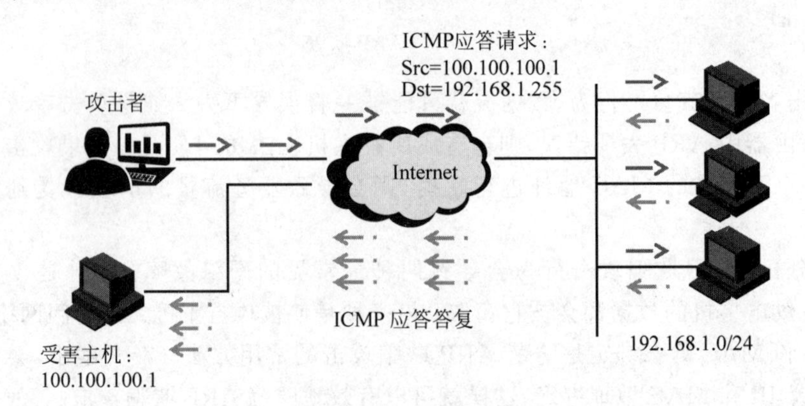

图 1-14 Smurf 攻击

此外,还有针对特定主机的 Smurf 攻击,方法是将上述 ICMP 应答请求的源地址改为受害主机的地址,最终导致受害主机雪崩。攻击报文的发送需要一定的流量和持续时间,才能真正地构成攻击。理论上讲,网络的主机越多,Smurf 攻击效果越明显。

针对 Smurf 攻击,可以在路由设备上配置检查 ICMP 应答请求包的目的地址是否为子网广播地址或子网的网络地址。如果是,则路由器直接拒绝该报文。

1.5.8 ICMP 重定向和不可达攻击

如图 1-15 所示,ICMP 重定向报文是 ICMP 控制报文中的一种。在特定的情况下,当路由器检测到一台主机使用非优化路由时,它会向该主机发送一个 ICMP 重定向报文,请求主机改变路由,路由器也会把初始数据报文向它的目的地转发。ICMP 虽然不是路由协议,但是,有时它也可以指导数据报文的流向,使数据流向正确的网关这就是 ICMP 重定向数据报文的作用。ICMP 重定向攻击是攻击机主动向受害主机发送 ICMP 重定向数据包,使受害主机数据包无法发送到正确的网关，以达到攻击的目的。ICMP 重定向攻击既可以从局域网内发起，也可以从广域网上发起。

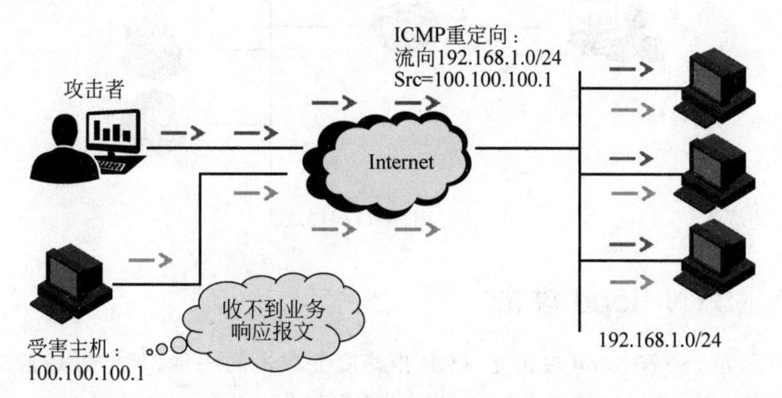

图 1-15　ICMP 重定向和不可达攻击

ICMP 不可达报文也是 ICMP 控制报文中的一种，不同的系统对 ICMP 不可达报文（类型为 3）的处理不同。有的系统在收到网络（代码为 0）或主机（代码为 1）不可达的 ICMP 报文后，对于后续发往此目的地的报文直接认为不可达，如同切断了目的地与主机的连接，攻击者可以利用这个原理造成对受害主机的攻击。

1.5.9　IP 地址扫描攻击

如图 1-16 所示，确切来讲，IP 地址扫描是一种信息获取手段，是攻击行为的前序步骤，而不是攻击者的最终目的。

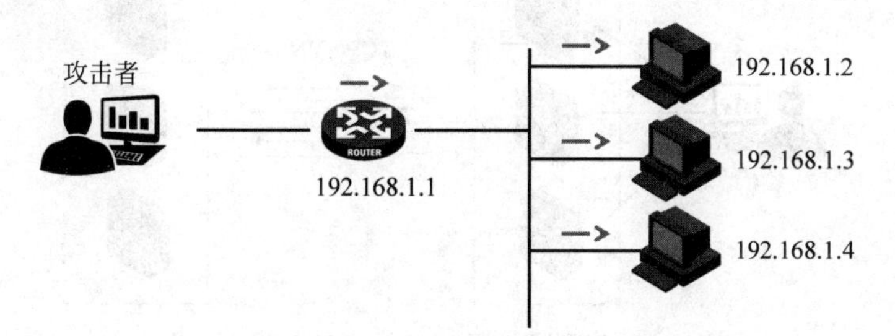

图 1-16　IP 地址扫描攻击

攻击者利用 ICMP 报文探测目的地址，或者使用 TCP/UDP 报文对一定地址发起连接，通过判断是否有应答报文，从而获取目标网络的拓扑结构和存活的系统信息，为实施下一步攻击做准备。

1.5.10　IP 端口扫描攻击

如图 1-17 所示，同 IP 地址扫描一样，IP 端口扫描（port scan）攻击也是一种信息获取手段，是攻击行为的前序步骤。

通常情况下，在攻击者获取了活动目标主机的 IP 地址后，使用专业软件向被攻击主机发送报文，尝试向一定范围内的 TCP/UDP 端口发起连接，通过收到的回应报文来确定目标主机开放的服务端口，然后针对活动目标主机开放的服务端口选择合适的攻击方式或攻击工具进行进一步攻击。

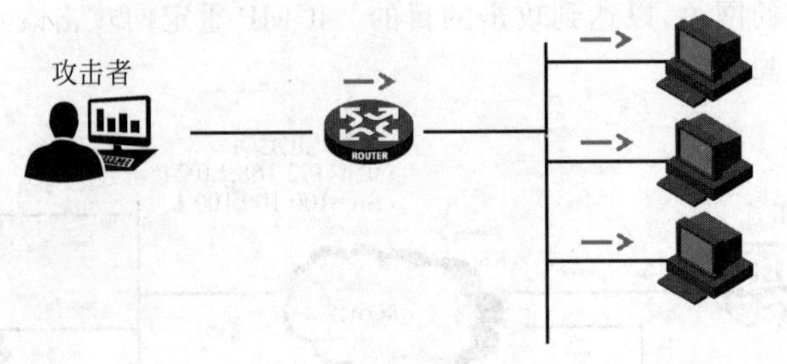

图 1-17 IP 端口扫描攻击

1.5.11 SYN flood 攻击

如图 1-18 所示，SYN flood 攻击是 TCP 拒绝服务攻击的一种，其结果是造成被攻击的主机无法正常响应的 TCP 连接请求。SYN flood 攻击过程如下。

(1) 攻击者首先控制一定数量的攻击机，俗称"肉鸡"。

(2) 攻击者控制"肉鸡"用带有 SYN 标志位的数据段启动 TCP 握手，向受害主机发送 TCP 报文。

(3) 受害主机会使用 SYN-ACK 应答，而攻击者保持静默，不进行回应，此时，受害主机上的 TCP 连接处于半连接(half open)状态。

(4) 由于主机只能支持数量有限的 TCP 半连接，在超过该数目后，新的连接就都会被拒绝，从而使受害者无法正常响应 TCP 连接，也就无法正常响应业务请求。

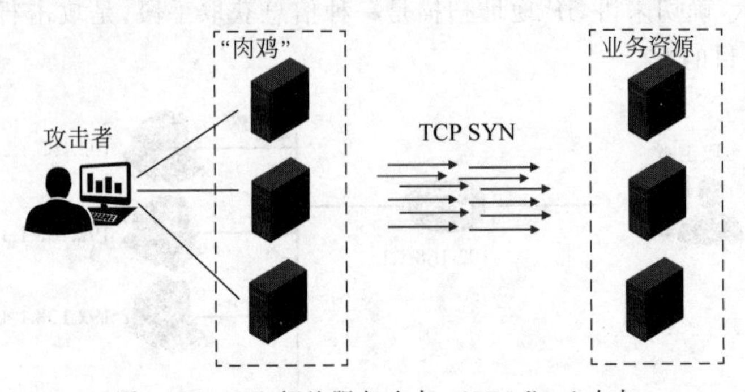

图 1-18 TCP 拒绝服务攻击：SYN flood 攻击

可以在主机上设定使主机主动关闭长时间处于半连接状态的 TCP 连接，以防止 SYN flood 攻击；或者，可以使用防火墙来阻断这种半连接。

UDP flood 攻击的原理与 SYN flood 攻击的原理有相似之处，都是通过消耗资源而使主机无法正常响应请求。

在 UDP flood 攻击中，攻击者通过向目标主机发送大量的 UDP 报文，使网络设备或服务器负担过重而不能正常向外提供服务，如图 1-19 所示。

由于 UDP 协议是无连接的传输层协议，因此，不能对其进行连接状态的检测。但是，可以通过对 UDP 报文进行主动统计和学习，分析某个主机发送 UDP 报文的规律和特征。如果存在一台主机大量发送相同、相似或以某种特定规律变化的 UDP 报文，则将其认为是攻击者。

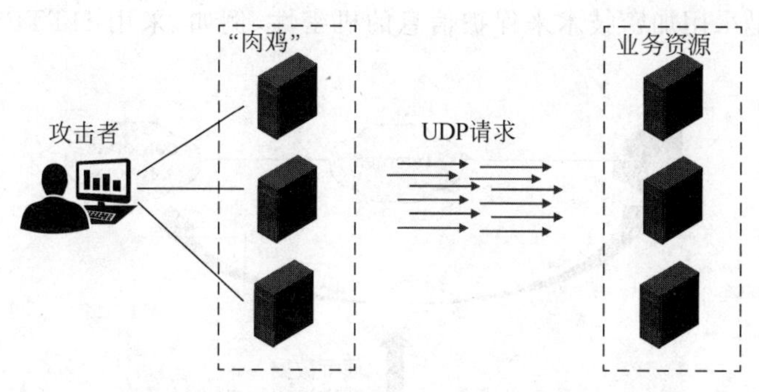

图 1-19　UDP flood 攻击(UDP 拒绝服务攻击)

1.5.12　Web 攻击

Web 攻击主要包括针对 Web 服务器的攻击和利用 Web 服务器入侵数据库。

针对 Web 服务器的攻击包括以下三种。

(1) 跨站攻击：入侵者在远程 Web 页面的 HTML 代码中插入具有恶意目的的数据，用户认为该页面是可信赖的，但是当浏览器下载该页面时，嵌入其中的脚本将被解释执行。

(2) 漏洞利用：利用 IIS/Apache 服务器的漏洞、利用 CGI 实现语言和流程的漏洞。利用 Web 服务器漏洞入侵数据库的常见攻击方法是 SQL 注入攻击。

(3) SQL 注入攻击：Web 应用程序对用户输入数据的合法性没有判断，攻击者可以在 Web 应用程序中事先定义好的查询语句的结尾上添加额外的 SQL 语句，以此来实现欺骗数据库服务器执行非授权的任意查询，从而进一步得到相应的数据信息。

1.6　网络安全威胁方式

从 1.5 节讲述的攻击方式可以看到，网络中的攻击行为可以分为主动攻击与被动攻击。

如图 1-20 所示，主动攻击主要包括对业务数据流报文首部或数据载荷部分进行假冒或篡改，以达到冒充合法用户对业务资源进行非授权访问，或者对业务资源进行 DDoS 攻击等破坏性攻击。对于此类攻击可对数据流采取分析检测手段，最终保障业务的正常运行，如数据源验证、完整性验证、防拒绝攻击技术等。

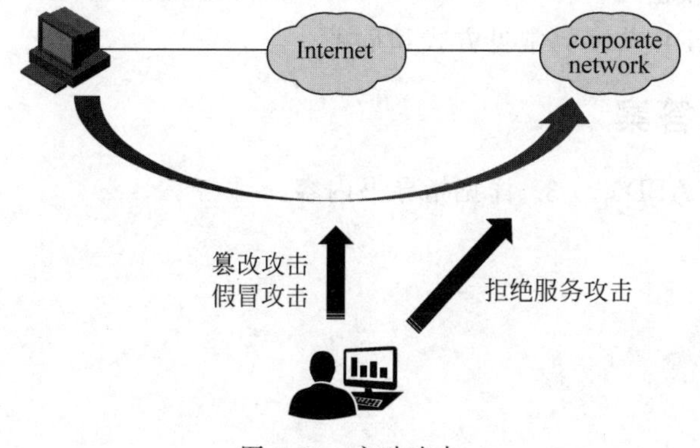

图 1-20　主动攻击

如图 1-21 所示，被动攻击的最大特点是由攻击者在数据传输过程中进行侦听，以获取机密信息。对于数据的拥有者或合法用户来说，通常无法感知到此类攻击行为。目前，针对此类攻击行为，一般都是采用加密技术来保护信息的机密性，例如，采用 HTTPS、SFTP 等应用层协议传输数据。

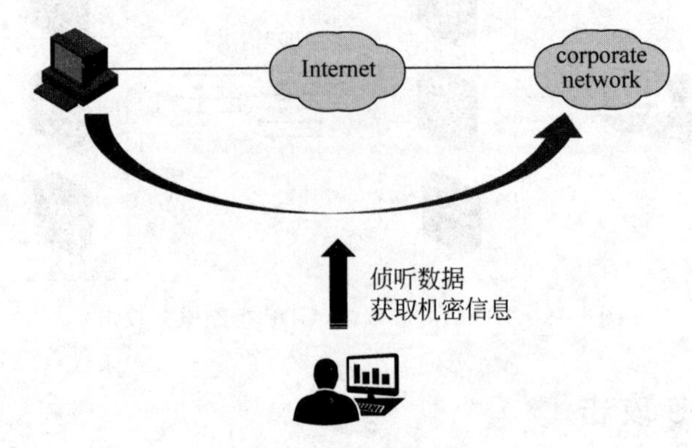

图 1-21 被动攻击

1.7 本章总结

（1）OSI 参考模型介绍。

（2）学习 TCP/IP 协议基础。

（3）TCP/IP 协议和网络安全的关系。

（4）探讨网络安全威胁方式。

1.8 习题和解答

1.8.1 习题

1. TCP/IP 参考模型分为的层次是（　　）。

   A. 网络层　　B. 物理层　　C. 传输层　　D. 应用层

   E. 网络接入层

2. 以下属于主动攻击的是（　　）。

   A. SYN flood 攻击　　B. IP 端口扫描攻击

   C. SQL 注入攻击　　D. Smurf 攻击

3. 请简单描述 ARP 欺骗的常见方式和危害。

1.8.2 习题答案

1. ACDE　　2. ABD　　3. 详见指导书内容。

第2章

防火墙基础技术

随着 Internet 的广泛应用和网络技术的不断发展,网络攻击行为出现得越来越频繁。通过一些公开的攻击软件或恶意代码,具有一般计算机常识的初学者也能完成对网络的攻击。各种网络病毒的泛滥,也增加了网络被攻击的危险。

古代构筑和在使用木质结构房屋时,为了防止火灾的发生和蔓延,人们使用坚固的石块堆砌在房屋周围作为屏障,这种防护构筑物称为"防火墙(firewall)"。为了保护网络应用的安全,人们开发出了阻止计算机之间直接通信的技术,并沿用了古代类似防护屏障功能的名词——防火墙。

2.1 本章目标

学习完本章,应该能够达成以下目标。

(1) 了解什么是防火墙。

(2) 了解防火墙分类。

(3) 了解防火墙的背景及发展。

2.2 什么是防火墙

防火墙作为维护网络安全的关键设备,在当前网络安全防范体系架构中发挥着极其重要的作用。防火墙的通用定义是:一种位于两个或多个网络之间,实施网络之间访问控制的组件集合。对于普通用户而言,所谓"防火墙",是指一种放置于本地网络和外部网络之间的防御系统,本地网络和外部网络之间交互的所有数据流都需要经过防火墙的特定规则进行处理,才能决定是否将这些数据放行,一旦发现有害数据流,防火墙就将其拦截下来,实现对本地网络的保护功能,如图 2-1 所示。

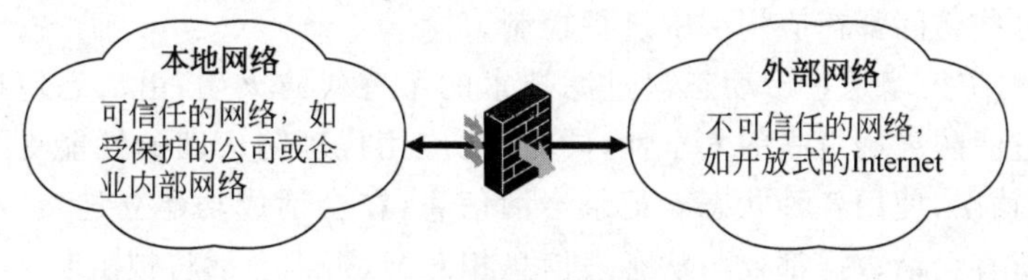

图 2-1 防火墙的介绍

防火墙作为一种由软件和硬件共同组成的高级访问控制系统,是不同网络安全区域通信流的唯一通道。在默认情况下,防火墙阻断所有通信,根据企业相关的安全策略控制(允许、拒绝、记录)进出网络的访问行为。

2.3 防火墙分类

防火墙发展至今,分类方法各式各样,目前,没有一种权威而明确的分类方法,结合本书的实际情况,介绍三种分类方式。

按照实现方式可以分为硬件防火墙和软件防火墙。

(1) 硬件防火墙是指具有防火墙功能的专业网络设备。硬件防火墙内置专用的操作系统和转发端口,其优点是转发性能强大、网络适应性强、稳定性较高,但是升级更新较为不便。

(2) 软件防火墙是指安装在主机上的防火墙软件。相对硬件防火墙而言,软件防火墙只有软件部分,所以需要准备额外的主机来安装软件,并需要多个网卡来进行数据转发。通常软件防火墙的性能受限于宿主机的性能,相对硬件防火墙要弱;另外,其网络适应性较弱,稳定性不如硬件防火墙高。但软件防火墙的优点是软件分发、更新较为方便。

按照部署方式可以分为单机防火墙和网络防火墙。

(1) 单机防火墙是指部署在单个主机上的软件防火墙。其功能较单一,安全策略分散在各个安全点上。

(2) 网络防火墙是指部署在网络中的软件或硬件防火墙。其功能复杂多样。网络防火墙部署在网络边界处,安全策略对整个网络有效。单机防火墙是网络防火墙的有益补充,但不能代替网络防火墙为内部网络所提供的全面强大的防护功能。

最典型的划分方式是按照检测技术分类,分为以下三类。

(1) 包过滤防火墙。

(2) 应用代理防火墙。

(3) 状态检测防火墙。

这三类防火墙也代表了防火墙的发展历程,下面将重点介绍。

(1) 包过滤防火墙是基于路由器的第一代防火墙,利用路由器本身的分组解析,进行分组过滤。根据配置的访问控制列表(access control list,ACL),允许一些数据包通过,同时阻拦其他数据包。ACL 规则可以根据网络层协议(如源/目的 IP)中的地址信息或传输层(如源/目的端口等)的信息设定。

(2) 应用代理防火墙是基于代理技术的第二代防火墙,代理服务作用于网络的应用层,本质是在受信网络与非受信网络之间,代替各种网络客户端执行应用层连接,即提供代理服务。非受信网络的用户在通过安全策略检查后,防火墙将代表外部用户与受信网络的服务器建立连接,转发外部用户的请求,并将真正的服务器返回的响应回送给外部用户。与包过滤防火墙不同的是,所有这些访问都在应用层中进行控制。

(3) 状态检测防火墙是基于动态包过滤技术的第三代防火墙,由动态包过滤防火墙发展而来,具有比包过滤防火墙更高的安全性,同时,比应用代理防火墙的性能更强大。状态检测防火墙工作在传输层,使用各种状态表记录会话信息,在会话成功建立连接以后,记录状态信息并实时更新,所有会话数据都要与状态表信息相匹配,否则会话将被阻断。

现代防火墙基本为上述三种类型防火墙的综合体,即采用状态检测型包过滤技术,同时,提供透明应用代理功能。

2.3.1 包过滤防火墙技术介绍

如图 2-2 所示,包过滤防火墙在网络层对数据包进行过滤,过滤的依据是系统设定的 ACL 规则。包检查并不是检查数据包的所有内容,而是只检查包头,通常检查以下几项。

（1）源 IP 地址。

（2）目的 IP 地址。

（3）TCP 或 UDP 源端口号。

（4）TCP 或 UDP 目的端口号。

（5）协议类型。

（6）ICMP 消息类型。

（7）TCP 包头中的 ACK 位。

（8）TCP 的序列号、确认号。

（9）IP 校验和。

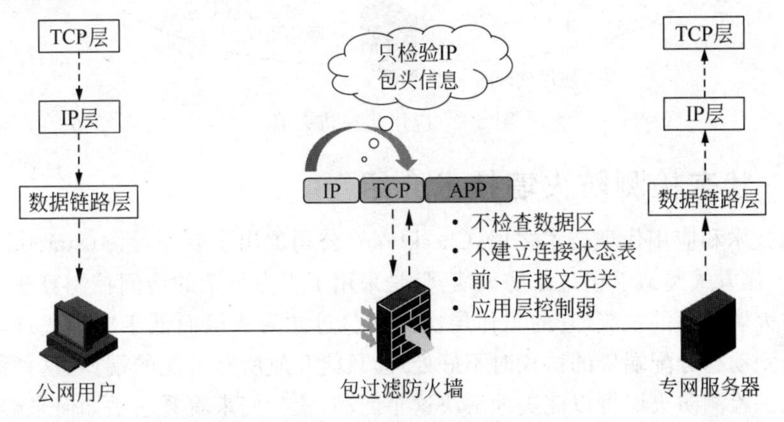

图 2-2　包过滤防火墙

包过滤防火墙的逻辑简单、易于实现，对用户透明，过滤效率高，并且价格很便宜。

包过滤防火墙的缺点主要体现在以下几个方面。

（1）随着 ACL 复杂度和长度的增加，包过滤防火墙处理性能呈指数下降趋势。

（2）静态包过滤防火墙在遇到利用动态端口的协议时会发生困难。例如，对于 FTP 协议，包过滤防火墙事先无法知道哪些端口需要打开，就需要将所有可能用到的端口都打开，这会造成不安全的隐患。

（3）难以防止 IP 欺骗。例如，攻击者可以使用假冒地址进行欺骗，通过把自己的主机 IP 地址设成一个合法主机的 IP 地址，就能很轻易地通过包过滤防火墙。

2.3.2　应用代理防火墙技术介绍

如图 2-3 所示，应用代理防火墙相当于一个应用网关，能够在应用层中继两个连接之间的特定类型的流量，所有进出网络的应用程序报文都必须通过应用网关。当某客户进程向服务器发送一份请求报文时，先经过应用网关，应用网关在应用层打开该报文，查看该请求是否合法（可根据应用层用户标识 ID 或其他应用层信息来确定）。如果请求合法，则应用网关再以客户进程的身份将请求报文转发给原始服务器，如果不合法，则报文被丢弃。

应用代理防火墙最突出的优点就是安全，内部网络和外部网络之间没有直接连接，外部主机只跟应用代理防火墙建立连接，显著增加了网络安全性。

虽然应用代理防火墙的网络安全性很高，但它是以缺乏灵活性和降低性能为代价的。在应用代理防火墙上，要使用任何新服务都必须专门设计一个相应的应用代理，每个应用都需要一个不同的应用网关。此外，在应用层转发和处理报文工作量大，处理负担比较重、处理速度受限。

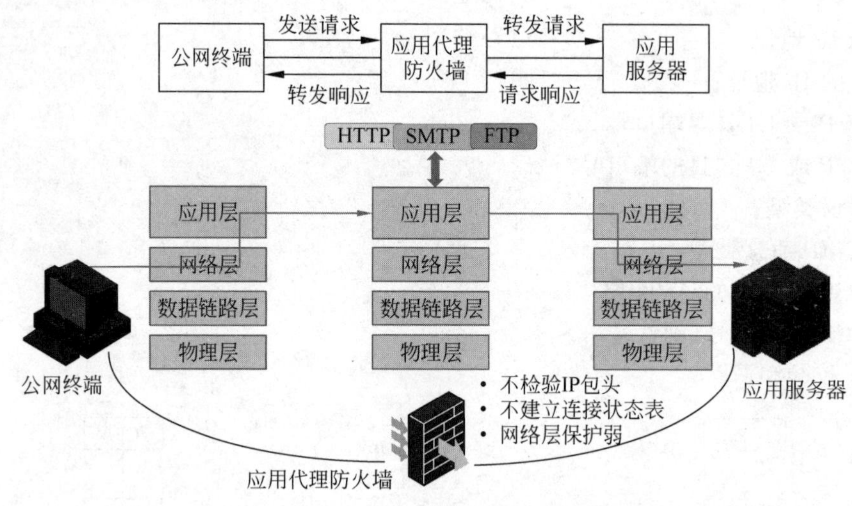

图 2-3 应用代理防火墙

2.3.3 状态检测防火墙技术介绍

继包过滤技术和应用代理技术之后，CheckPoint 公司提出了状态检测(stateful inspection)防火墙技术，其工作方式类似于包过滤防火墙，只是采用了更为复杂的访问控制算法。状态检测防火墙是目前防火墙技术的主流，它的工作层次高于包过滤防火墙而低于应用代理防火墙。包过滤防火墙在遇到动态分配端口的协议时不好处理，只能开放所有可能的端口，这种做法是有安全风险的。而状态检测防火墙可以完美地解决这个问题，让我们来看看它是如何来解决的。

当数据包到达状态检测防火墙时，状态检测引擎会检测到一个主机(host)发起的 TCP 连接初始 SYN 包，然后它就会把这个数据包中的信息与状态检测防火墙规则库进行对比。如果没有相应规则允许，那么，状态检测防火墙就会拒绝这次连接；如果有规则允许，那么，状态检测防火墙会在状态表中新建一条会话(session)记录本次交互，通常这条会话会包括此连接的源 IP 地址、源端口、目的 IP 地址、目的端口、连接时间等信息，对于 TCP 连接，它还会包含序列号和标志位等信息。

当服务器(server)回应给主机的报文到达状态检测防火墙后，状态检测防火墙会把报文中的信息与会话中的信息进行比对，如果发现报文中的信息与会话中的信息相匹配，并且符合协议规范对后续包的定义，则认为这个报文属于主机访问服务器行为的后续回应报文，直接允许这个报文通过。这样不再去接受规则的检查，提高了处理效率。如果信息不匹配，则数据包就会被丢弃或连接被拒绝，如图 2-4 所示。

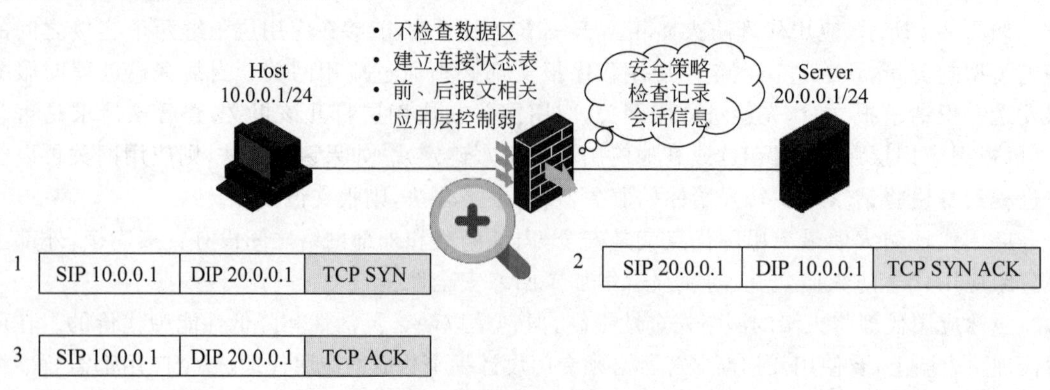

图 2-4 状态检测防火墙

状态检测防火墙将通信双方之间交互的、属于同一连接的报文都作为整体的数据流来对待。同一个数据流内的报文不再是独立的个体，而是存在互相联系的。就上面动态分配端口的问题，如 FTP 连接，由于状态检测引擎会检测到返回的数据包属于 FTP 连接的会话，所以它会动态打开端口允许返回包进入，在传输完毕后又自动关闭这个端口，这样就避免了包过滤防火墙开放所有端口的危险做法。

总体来说，状态检测防火墙具有以下优点。

(1) 性能高效：状态检测防火墙会将数据流连接状态记录下来，同一条数据流的后续包无须再进行规则检查，极大地提高了报文处理效率。

(2) 安全性好：基于状态检测机制维护的状态表是动态的，可以有选择地、动态地开通端口，减少了端口的开放时间，使网络安全性得到进一步提高。

状态检测防火墙比一般的静态包过滤防火墙更加安全，由于工作在应用层以下的传输层，工作效率也明显优于应用代理防火墙，但相对地，其对应用层的控制比较弱。

注意

会话是动态产生的，但并不会永远存在。如果长时间没有报文匹配会话，则说明通信双方已经断开了连接，不再需要该条会话。此时，为了节约系统资源，状态检测防火墙会在一段时间后删除会话，这段时间称为会话的老化时间。

2.4 防火墙发展趋势

我们所介绍的硬件防火墙都基于专用的硬件平台。防火墙技术发展至今，硬件平台也经历了四个时期的发展(见图 2-5)，下面将逐一进行介绍。

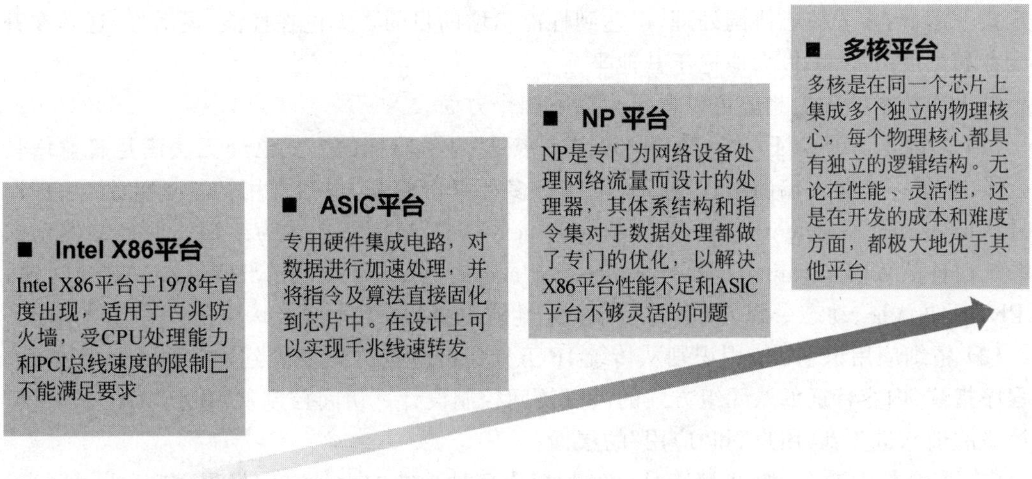

■ Intel X86平台
Intel X86平台于1978年首度出现，适用于百兆防火墙，受CPU处理能力和PCI总线速度的限制已不能满足要求

■ ASIC平台
专用硬件集成电路，对数据进行加速处理，并将指令及算法直接固化到芯片中。在设计上可以实现千兆线速转发

■ NP 平台
NP是专门为网络设备处理网络流量而设计的处理器，其体系结构和指令集对于数据处理都做了专门的优化，以解决X86平台性能不足和ASIC平台不够灵活的问题

■ 多核平台
多核是在同一个芯片上集成多个独立的物理核心，每个物理核心都具有独立的逻辑结构。无论在性能、灵活性，还是在开发的成本和难度方面，都极大地优于其他平台

图 2-5 防火墙硬件平台的发展

(1) Intel X86 平台：基于 32 位 PCI 总线的 Intel X86 平台适用于百兆防火墙，具有很高的灵活性和扩展性。32 位 PCI 总线网卡芯片与 CPU 之间的数据传输速率理论上可以达到 1000Mb/s，但是 Intel X86 平台使用的是共享总线的一种架构，如果有两块网卡同时传输数据，则平均下来每块网卡只能获得 500Mb/s 的速率。参与的网卡数量越多，获得的速率就越低，因此，实际上不能应用在千兆防火墙上。对此 Intel 公司提出了解决方案：把 32 位的 PCI

总线升级到了 PCI-E,即 PCI-Express,这样 PCI-E 4X 的总线的速度就可以达到 16Gb/s,并且,PCI-E 各个 PCI 设备之间互相独立不共享总线带宽。但是基于 Intel X86 平台的架构,从网卡到 CPU 的传输机制是采用中断的方式来实现的,当网络中出现大量的数据小包(64B)时,与相同的流量的大包相比,将产生更多的中断,此时,防火墙的吞吐量仅为相同流量大包时吞吐量的 30%～40%。

(2) ASIC 平台：Intel X86 平台最大的缺点就是小包吞吐量低,主要原因是 Intel X86 平台的中断机制,以及 Intel X86 平台所有数据都要经过主 CPU 处理,极大地占用了 CPU。基于 ASIC 平台的防火墙从根本架构设计上改进了中断机制。网卡在收到数据后,不经过主 CPU 处理,而是经过集成在系统中的 ASIC 芯片直接处理,并且将指令及算法直接固化到芯片中。这样数据不经过主 CPU 处理,不使用中断机制,明显提高了防火墙的处理性能。但随之而来的问题是,ASIC 平台的芯片功能比较单一,升级维护的开发周期比较长。ASIC 平台灵活性和扩展性也比较差,不能完成邮件过滤、病毒防护等比较复杂的功能,因此,它只能用来做功能简单的防火墙。随着网络复杂性的提高,AISC 平台难以胜任。

(3) NP 平台：NP 是专门为网络设备处理网络流量而设计的处理器,其体系结构和指令集对于数据处理都做了专门的优化,以解决 Intel X86 平台性能不足和 ASIC 平台不够灵活的问题。NP 平台的实现原理跟 ASIC 平台类似,在每一个网口上都有一个网络处理器 NPE,用以处理网口接收到的数据。网络处理器上运行的程序使用微码编程,软件实现的难度也比较大。NP 平台虽然开发周期比 ASIC 平台短,但仍然不够灵活,功能扩展上同样受限。

(4) 多核平台：采用多核处理器,在同一个芯片上集成多个独立的物理核心,每个物理核心都具有独立的逻辑结构,包括缓存单元、执行单元、指令级单元和总线接口等逻辑单元。通过高速总线、内存共享进行通信,每个物理核心都可以达到 1GHz 的主频,并可以在相对节能的方式下运行,多个核心协调处理,以达到性能倍增的目的。无论在性能、灵活性,还是在开发的成本和难度方面,都极大地优于其他平台。

防火墙技术的发展趋势可以概括为以下四个方面。

(1) 多因子身份验证：传统的“用户名＋密码”身份验证的方式已经无法满足日益增长的安全需求,下一代防火墙的用户身份验证实行多种身份验证,包括常用的本地认证、远程用户拨号认证(remote authentication dial in user service,RADIUS)、华为终端访问控制器访问控制系统(HUAWEI terminal access controller access-control system,HWTACACS)认证,以及 PKI 证书认证、动态令牌、USB key 等安全性能更高的认证方式。

(2) 精细应用识别：应用识别从传统 IP 五元组的过滤方式发展到加入身份验证信息、应用程序指纹、内容特征的八元组方式的高级访问控制设计。访问控制从“IP＋MAC＋协议”制订策略的理念进步到“用户”和“应用”的层面。

(3) 安全技术融合：防火墙产品已经朝集成多种功能的设计方向发展,包括入侵防御、防病毒、URL 过滤、应用管控等技术融合。未来更多的安全技术功能可以集中在一台防火墙上,实现对网络的立体、全方位防护。

(4) 虚拟防火墙：包括两种技术：一种是将多台防火墙虚拟化为一台防火墙的集群技术,集群的防火墙性能呈线性提升,实现多台防火墙的协同工作、统一管理和不间断维护；另一种是通过虚拟化技术将一台物理防火墙划分成多台逻辑防火墙,每台逻辑防火墙都拥有自己专属的软、硬件资源,独立运行。对于用户来说,每台逻辑防火墙就是一台独立的防火墙,方便管理和维护；对于管理者来说,可以将一台物理设备虚拟成多台逻辑设备供不同的分支机构使用,可以保护现有投资、提高组网灵活性。

2.5　本章总结

(1) 防火墙的发展背景。

(2) 防火墙的技术分类。

(3) 防火墙的技术发展。

2.6　习题和解答

2.6.1　习题

1. 按照部署方式可以将防火墙分为硬件防火墙和软件防火墙。(　　)

A. 正确　　　　B. 错误

2. 状态检测防火墙的特点有(　　)。

A. 随着 ACL 复杂度和长度的增加,处理性能呈指数下降趋势

B. 工作在传输层,使用各种状态表记录会话信息

C. 代表外部用户与受信网络的服务器建立连接,转发外部用户的请求,并将真正的服务器返回的响应回送给外部用户

D. 可以有选择地、动态地开通端口,减少了端口的开放时间

2.6.2　习题答案

1. B　　2. BD

第3章

防火墙基本功能

防火墙作为一种最常见的网络安全设备,除了需要具备路由交换功能以实现与其他网络设备的互通,通常还需要具备访问控制、网络地址转换(network address translation,NAT)、攻击防范等功能,这些功能可以帮助防火墙实现对网络的安全保护,保护内部网络免受未经授权的访问、攻击和恶意活动的影响。

3.1 本章目标

学习完本章,应该能够达成以下目标。

(1) 了解防火墙需要具备的功能。

(2) 了解防火墙的基本功能。

(3) 掌握防火墙基本功能的概念。

(4) 掌握防火墙设备性能指标。

3.2 防火墙功能介绍

如图 3-1 所示,防火墙的功能包括基本功能、入侵防御、病毒防护、上网行为管理、负载均衡和远程接入等几个方面。

(1) 基本功能:路由交换、访问控制、NAT、攻击防范、双机热备、日志审计。

(2) 入侵防御:对应用层攻击进行检测并防御的安全检测技术。

(3) 病毒防护:通过对报文的应用层信息进行检测来识别和处理病毒报文的安全机制。

(4) 上网行为管理:应用识别、内容过滤、基于应用特征的行为识别技术。

(5) 负载均衡:链路负载均衡、服务器负载均衡、智能 DNS。

(6) 远程接入:VPN 技术、高效的验证加密算法、多样的认证方式。

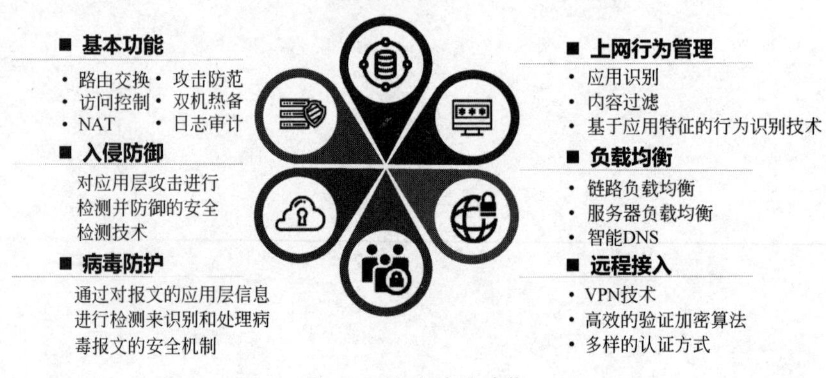

图 3-1 防火墙的功能

本章主要介绍防火墙应具备的基本功能。

3.3　路由交换功能

如图 3-2 所示，防火墙作为网络设备必须支持路由交换功能，该功能包括以下两方面。

(1) 路由功能。

① IPv4、IPv6 路由。

② 静态路由。

③ 策略路由。

④ RIP、OSPF、BGP、ISIS 等动态路由。

(2) 以太网交换功能。

① VLAN 技术。

② 支持二层、三层以太网接口。

③ STP、LLDP。

④ 以太网链路聚合。

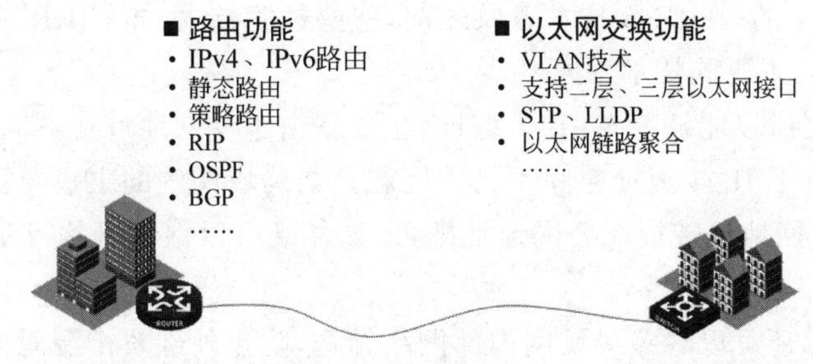

图 3-2　路由交换功能

除此之外，路由交换功能还需要支持 SNMP、NTP、Web 管理等网络管理基础功能。

3.4　访问控制功能

如图 3-3 所示，防火墙不同于路由器、交换机等网络设备，它最主要的功能是访问控制，在默认情况下，防火墙不允许报文通过。防火墙通过策略(policy)和规则(rule)的配合对流经设备数据的包头标识进行识别，允许合法数据流对特定资源的访问授权，从而控制非法用户使用资源，或者合法用户对资源的非法使用。

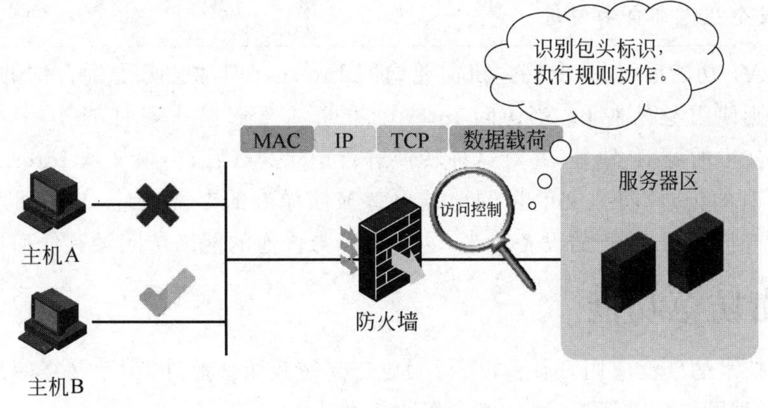

图 3-3　访问控制

防火墙实现访问控制的主要工作原理如下。

(1) 在收到报文后,防火墙先获取报文头部信息,包括 IP 层所承载的上层协议的协议号、报文的源 IP 地址、目的 IP 地址、源端口号和目的端口号。

(2) 将包头信息和用户设定的访问控制规则(由逻辑表达式构成)进行对照。

(3) 根据对照结果,按照访问控制规则里设定的动作,允许(permit)或拒绝(deny)报文的转发,以及是否记录审计日志。

(4) 如果没有规则对应,则报文默认被拒绝。

3.5 NAT 功能

随着 Internet 的迅速发展和网络应用的不断推广,IPv4 地址枯竭成为制约网络发展的瓶颈。可用的 IPv4 地址大约为 40 亿个,由于 IPv4 地址分配中的浪费,以及 IPv4 地址在世界范围内分配的严重不均衡(发达国家占用了绝大部分 IPv4 地址资源),IPv4 地址短缺的现象日趋严重。

尽管 IPv6 技术可以从根本上解决 IPv4 地址空间不足的问题,但目前,基础网络设施和网络应用都是基于 IPv4 的,在 IPv6 技术普及之前,一些过渡技术(如 CIDR、专网地址等)是解决 IPv4 地址枯竭问题最主要的技术手段。

使用专网地址之所以能够节省 IPv4 地址,主要是由于专网地址在不同局域网内可被重复利用,因此,有效缓解了 IPv4 地址空间不足的问题。当局域网内的主机要访问外部网络时,只需要通过 NAT 将专网地址转换成公网地址即可,这样既可以保证网络互通,又可以大大节约公网地址。

同时,NAT 技术还可以隐藏局域网内部网络结构,防止外部攻击源对内部服务器的攻击。

注意

专网 IP 地址是指内部网络或主机的 IP 地址,公网 IP 地址是指在 Internet 上全球唯一的 IP 地址。

RFC 1918 为专网预留出了 3 个 IP 地址块,如下所示。

A 类:10.0.0.0~10.255.255.255。

B 类:172.16.0.0~172.31.255.255。

C 类:192.168.0.0~192.168.255.255。

上述 3 个范围内的地址不会在 Internet 上被分配,因此,可以不必向 ISP 或注册中心申请,而在公司或企业内部自由使用。

在使用 NAT 功能后,仅在专网主机需要访问 Internet 时才会分配到合法的公网地址,而在内部互联时则使用专网地址。当访问 Internet 的报文经过防火墙时,会用一个合法的公网地址替换原报文中的源 IP 地址,并对这种转换进行记录;然后,当报文从 Internet 侧返回时,防火墙查询原有的记录,将报文的目的地址再替换回原来的专网地址,并送回发出请求的主机。这样,在专网侧及公网侧的设备看来,这个过程与普通的网络访问没有任何区别。

3.6 攻击防范功能

随着网络技术的广泛应用,网络攻击行为也越来越频繁。此外,由于网络应用的多样性和复杂性,使得各种网络病毒泛滥,更加剧了网络被攻击的危险。

防火墙通过分析报文的内容特征和行为特征，判断报文是否具有攻击特性。防火墙能够检测拒绝服务型、分布式拒绝服务型、扫描窥探型、畸形报文型等多种类型的攻击，并对攻击采取合理的防范措施以保护网络主机或网络设备。

3.7 双机热备功能

3.7.1 双机热备概述

在当前的组网应用中，用户对网络可靠性的要求越来越高。对于一些重要的业务入口或接入点（如企业的 Internet 接入点、银行的数据库服务器等），如何保证网络的不间断传输，成了一个急需解决的问题。如图 3-4(a)所示，防火墙作为专、公网的接入点，当设备出现故障时，便会导致专、公网之间的网络业务全部中断。在这种关键业务点上如果只使用一台设备，那么无论其可靠性多高，系统都必然要承受因单点故障而导致网络中断的风险。

于是，业界推出了传统备份组网方案来避免此风险。该方案在接入点部署多台设备形成备份，通过虚拟路由冗余协议（virtual router redundancy protocol，VRRP）或动态路由等机制进行链路切换，实现流量从一台故障设备自动切换到另一台正常工作的设备。

传统备份组网方案适用于接入点是路由器等转发设备的情况。因为经过设备的每个报文都是查找转发表进行转发，在链路切换后，后续报文的转发不受影响。但是，当接入点是状态检测防火墙等设备时，由于状态检测防火墙是基于连接状态的，当用户发起会话时，状态检测防火墙只会对会话的首包进行检查。如果首包允许通过，则会建立一个会话表项（表项里包括源 IP 地址、源端口、目的 IP 地址、目的端口等信息），只有匹配该会话表项的后续报文（包括返回报文）才能够通过状态检测防火墙。如果在链路切换后，后续报文找不到正确的表项，则会导致当前业务中断。

因此，对于状态检测防火墙，在链路切换前，必须对会话信息进行主备同步。在设备故障后能将流量切换到其他备份设备，由备份设备继续处理业务，从而保证了当前的会话不会中断。如图 3-4(b)所示，在接入点的位置部署两台防火墙，当其中一台防火墙发生故障时，数据流将被引导到另一台防火墙上继续传输。由于在流量切换之前已经进行了数据同步，所以当前业务不会中断，从而提高了网络的稳定性及可靠性。

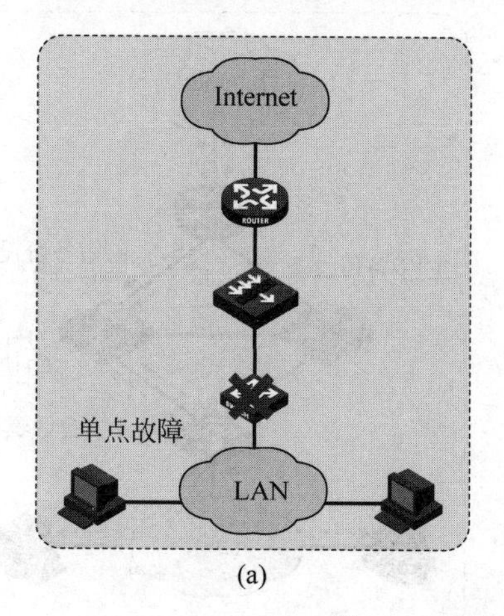

(a)

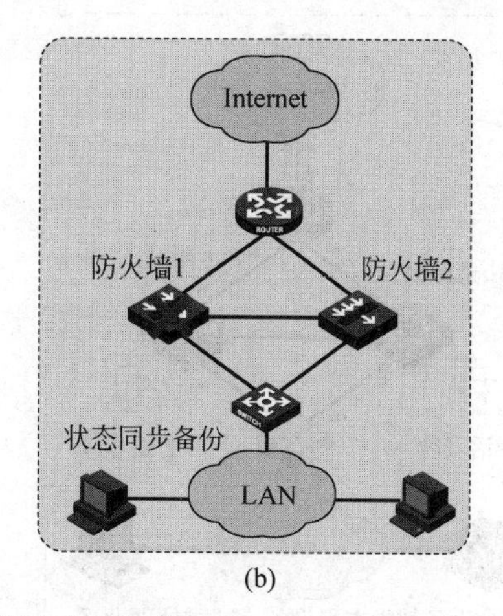

(b)

图 3-4　双机热备的产生背景

3.7.2 双机热备的工作模式

根据组网情况，双机热备有两种工作模式：主备模式和负载分担模式。在这两种模式中，设备的角色根据是否承担流量来决定，有流量经过的设备即为主用设备(master)，无流量经过的设备即为备份设备(backup)。

如图3-5所示，主备模式下的两台防火墙，其中一台作为主用设备，另一台作为备份设备。主用设备处理所有业务，并将产生的会话信息传输到备份设备进行备份；备份设备不处理业务，只用做备份。当主用设备故障时，备份设备接替主用设备处理业务，从而保证新发起的会话能正常建立，当前正在进行的会话也不会中断。

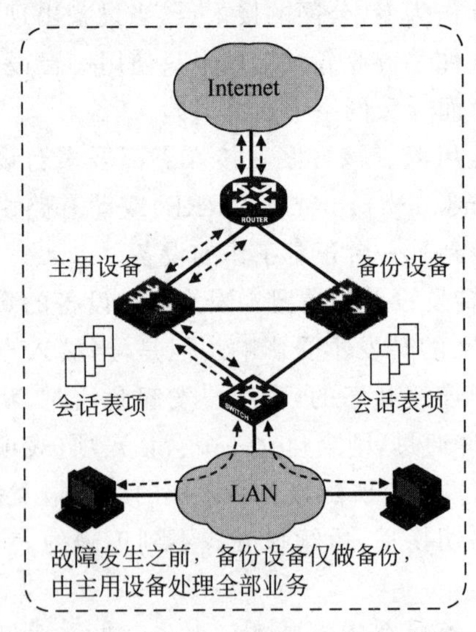

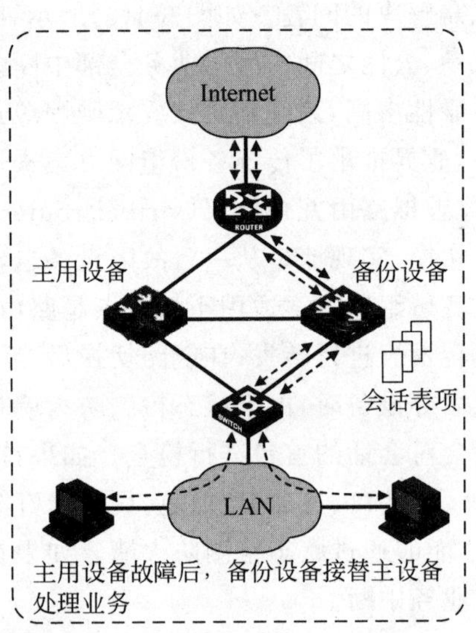

图3-5 主备模式

如图3-6所示，负载分担模式下，两台设备均为主用设备，都处理业务流量；同时，又作为另一台设备的备份设备，备份对端的会话信息。在其中一台设备故障后，另一台设备负责处理全部业务，从而保证新发起的会话能正常建立，当前正在进行的会话也不会中断。

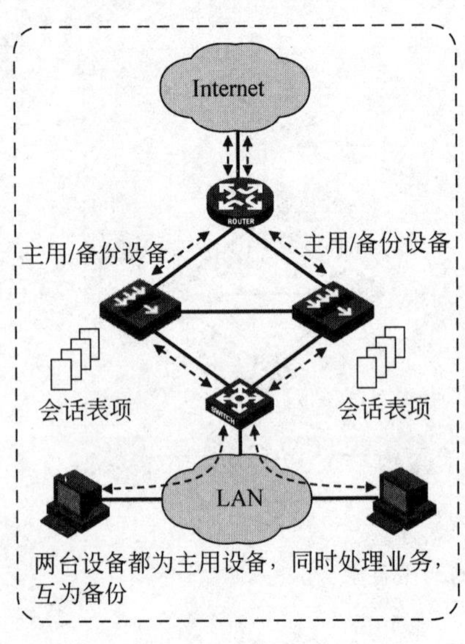

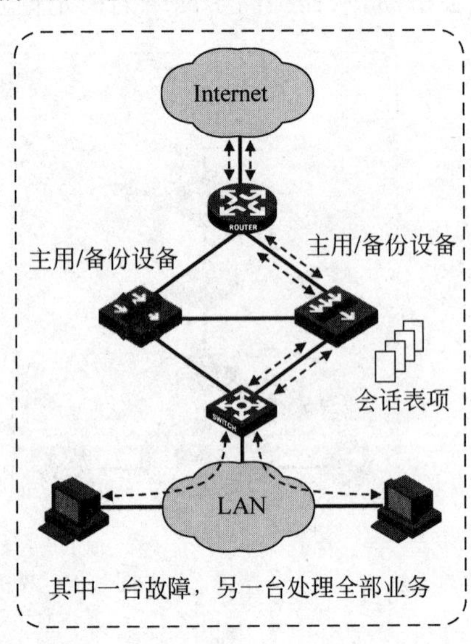

图3-6 负载分担模式

3.7.3 双机热备的实现机制

防火墙设备需要维护每条会话的状态等相关信息。当主用设备故障导致流量切换到备份设备时,要求备份设备上有正确的会话信息才能继续处理会话报文,否则,会话报文会被丢弃,从而导致会话中断。因此,当主用设备上会话建立或表项变化时,需要将相关信息同步保存到备份设备,以保证主用设备和备份设备会话表项的完全一致。防火墙能够同步的信息包括会话、NAT、ALG、ASPF、黑名单、H.323、SIP、ILS、RTSP、NBT、SQLNet 等。

会话同步的方式有批量备份和实时备份两种。

(1) 批量备份:防火墙设备在工作一段时间后,可能已经存在大量的会话表项,此时加入另一台防火墙设备,在两台设备上使用双机热备功能后,先运行的防火墙设备会将已有的会话表项一次性同步到新加入的防火墙设备,这个过程称为批量备份。

(2) 实时备份:防火墙设备在运行过程中,可能会产生新的会话表项。为了保证表项的完全一致,防火墙设备在产生新表项或表项变化后会及时备份到另一台防火墙设备,这个过程称为实时备份。

防火墙双机热备流量切换有三种方式。一是通过 VRRP 实现流量切换;二是通过动态路由实现流量切换;三是通过安全集群架构将多台防火墙虚拟为一台设备。

1. 通过 VRRP 实现流量切换

通过 VRRP 将局域网中的一组设备配置成一个备份组,这组设备在功能上就相当于一台虚拟设备。局域网内的主机只需要知道这个虚拟设备的 IP 地址,通过这个虚拟设备与其他网络进行通信。在备份组中,仅有一台设备处于活动状态,能够转发报文,称为主用设备;其余设备都处于备份状态,并随时按照优先级高低做好接替任务的准备,称为备份设备。当发现主用设备故障时,优先级次高的备份设备会当选为新的主用设备接替原主用设备工作,整个过程对用户来说是完全透明的,这就很好地实现了流量切换。

在主备模式下,设备上仅需配置一个备份组,不同防火墙在该备份组中拥有不同的优先级,优先级高的防火墙成为主用设备。如图 3-7(a)所示,防火墙 1 和防火墙 2 上创建 VRRP 备份组 1,并配置防火墙 1 的优先级高于防火墙 2。主机 A 和主机 B 的默认网关设为备份组 1 的虚拟 IP 地址 172.17.1.200/24。在防火墙 1 能正常工作的情况下,防火墙 1 承担主机 A 和主机 B 的转发任务,防火墙 2 是备份设备且处于就绪监听状态。如果防火墙 1 发生故障,则防火墙 2 成为新的主用设备,继续为主机 A 和主机 B 提供转发服务。

在负载分担模式下,设备上需要配置两个备份组,通过配置保证一台防火墙设备是备份组 1 的主用设备,另一台防火墙设备是备份组 2 的主用设备。如图 3-7(b)所示,防火墙 1 和防火墙 2 上均创建 VRRP 备份组 1 和备份组 2,并配置在备份组 1 上防火墙 1 的优先级高于防火墙 2,在备份组 2 上防火墙 2 的优先级高于防火墙 1。主机 A 的默认网关设为备份组 1 的虚拟 IP 地址 172.17.1.200/24,主机 B 的默认网关设为备份组 2 的虚拟 IP 地址 172.17.1.201/24。以此实现防火墙 1 能正常工作的情况下,主机 A 的报文通过防火墙 1 转发,主机 B 的报文通过防火墙 2 转发,防火墙 1 和防火墙 2 分担处理专网的报文流量;同时又互为备份,监听对方的状态。如果防火墙 1 发生故障,则防火墙 2 成为备份组 1 的主用设备,主机 A 和主机 B 的报文均通过防火墙 2 转发。

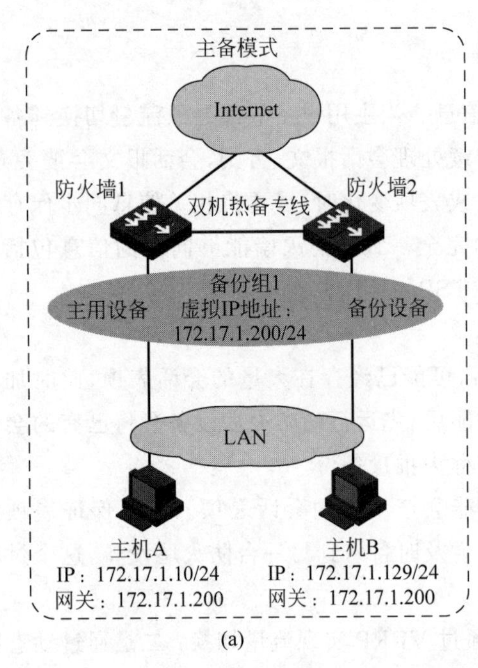

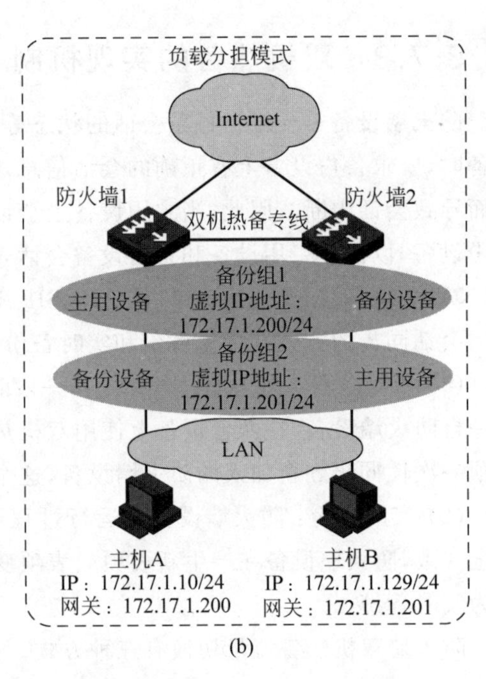

图 3-7 通过 VRRP 实现流量切换

2. 通过动态路由实现流量切换

如果网络中不同网段的两台设备 A 到 B 之间有多条通路，动态路由协议会使用算法选取最优的一条路径作为由 A 到 B 的路由。当这条通路故障时，路由协议会从剩余的可用通路中选择最优的一条通路作为新的路由，如果故障路由恢复，则又会重新启用原路由，从而动态地保证 A 与 B 之间的联通。

双机热备的工作模式是主备模式还是负载分担模式，是由组网和动态路由的配置来决定的(以下以 OSPF 为例)。

主备模式只有一台防火墙设备处于工作状态，另一台防火墙设备处于备份状态。如图 3-8 所示，路由器 A、路由器 B、防火墙 1 和防火墙 2 上均配置 OSPF 功能，处于同一个 OSPF 域，在路由器 A 和路由器 B 上均配置 G0/1 的 cost 值小于 G0/2 的 cost 值。这样，路径路由器 A-防火墙 1-路由器 B 的优先级会高于路径路由器 A-防火墙 2-路由器 B。在防火墙 1 能正常工作的情况下，专网发往公网的报文都会通过防火墙 1 转发；当防火墙 1 发生故障时，OSPF 会启用次优路由，专网发往公网的报文会通过防火墙 2 转发。

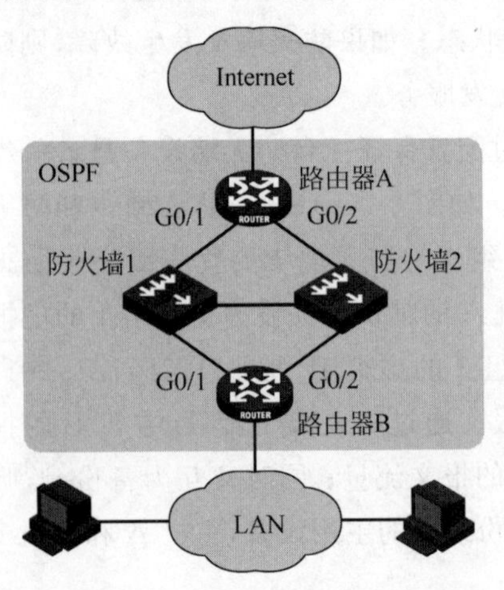

图 3-8 通过动态路由实现流量切换

负载分担模式下两台防火墙设备同时处于工作状态，并互为备份。如图 3-8 所示，路由器 A、路由器 B、防火墙 1 和防火墙 2 上均配置 OSPF 功能，处于同一个 OSPF 域，在路由器 A 和路由器 B 上都配置至少两条等价路由。因为路径路由器 A-防火墙 1-路由器 B 的优先级与路径路由器 A-防火墙 2-路由器 B 的优先级一样，所以，在防火墙 1、防火墙 2 能正常工作的情况下，防火墙 1 和防火墙 2 同时分担处理专网发往公网的报文；当防火墙 1 发生故障时，防火墙 2 会处理专网发往公网的全部报文。

3.8　日志审计功能

如图 3-9 所示，防火墙对所有流经设备的流量进行访问控制，同时记录日志信息。日志格式分为 syslog 日志和 flow 日志。

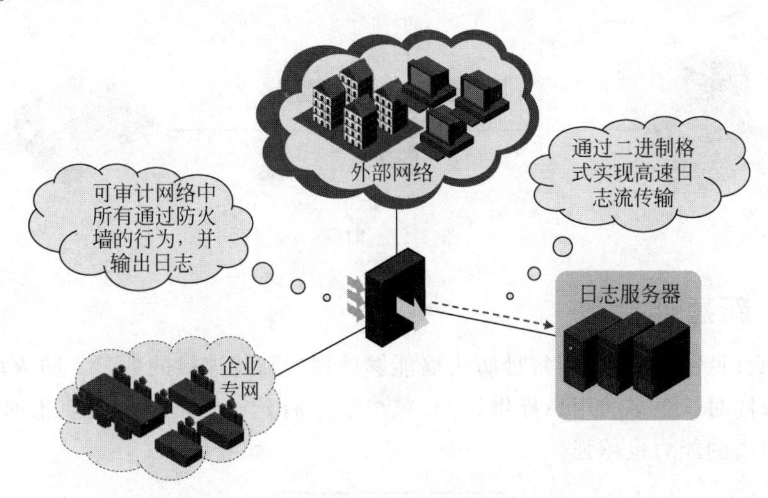

图 3-9　日志审计

syslog 日志：系统日志、操作日志、安全策略日志及攻击防范日志都采用 syslog 方式以文本格式进行输出。这些日志信息必须通过防火墙的信息中心（info-center）模块进行分类管理和输出，然后记录在本地，或者发送给日志服务器进行存储和分析。

flow 日志：可以封装成 UDP 报文直接发送到日志主机，也可以发送到信息中心封装成系统日志。用户访问网络时会产生大量 NAT 会话日志，系统日志传输格式为 ASCII 码，相较于 flow 日志的二进制格式传输效率更低，因此，NAT 日志一般都采用 flow 日志格式直接发送给日志服务器。

3.9　防火墙性能衡量指标

防火墙的 4 项基本性能指标分别是吞吐量、时延、新建连接数及并发连接数，下面逐项进行介绍。

3.9.1　吞吐量

吞吐量（见图 3-10）是指在没有帧丢失的情况下，防火墙每秒处理数据单元的比特数。在测试防火墙吞吐量的过程中，以一定速率发送一定大小的数据包，在没有数据包丢失的前提下，计算实际每秒传输的最大速率。吞吐量越大，说明防火墙数据处理能力越强。

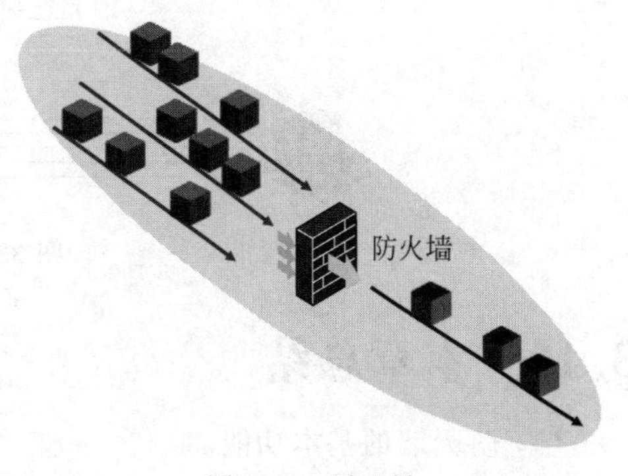

图 3-10　吞吐量

吞吐量需要对不同大小的数据包、不同方向的流量等进行测试，最终取平均值。业界一般使用 1～1.5KB 的大包来衡量防火墙对报文的处理能力。但是,网络流量很多是200B的报文,因此,在测试时还应考虑小包吞吐量。

3.9.2 时延

时延(见图3-11)是指数据包的第一个比特进入防火墙到最后一个比特从防火墙输出的时间间隔。时延的单位通常是微秒。时延越低,说明防火墙处理速度越快。

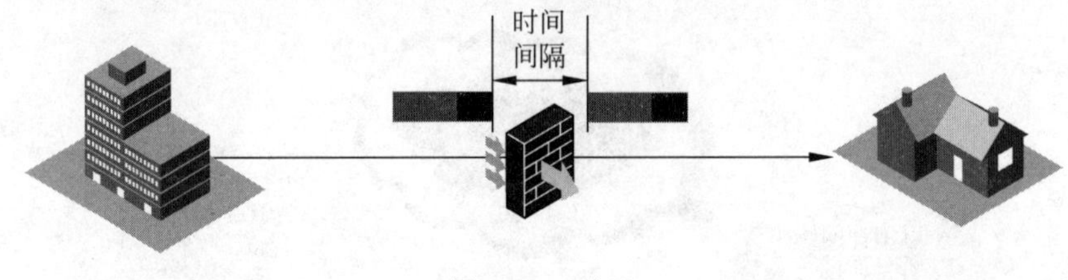

图3-11 时延

3.9.3 新建连接数

新建连接数(见图3-12)是指每秒防火墙能够处理的新建连接的数量。防火墙的新建连接数越高,就可以同时给更多的用户提供访问,减少通信时延。当网络受到攻击时,新建连接数越大,说明抗攻击的能力也越强。

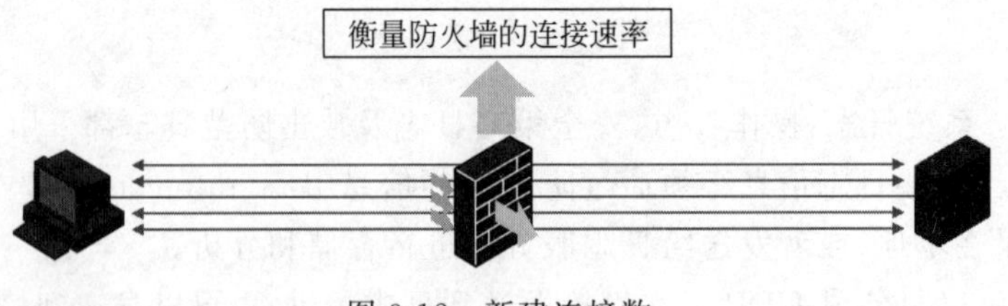

图3-12 新建连接数

3.9.4 并发连接数

并发连接数(见图3-13)是指每秒防火墙能够同时处理的连接总数。并发连接数越大,一段时间内能够允许同时上网的用户就越多。随着应用复杂化及P2P类程序的广泛应用,每个用户上网产生的连接越来越多,甚至一个用户的连接数就有可能达到上千个,这就要求防火墙的并发连接数能满足一定规模的用户需求。在防火墙的并发连接数达到上限后,新的连接请求将被防火墙拒绝。

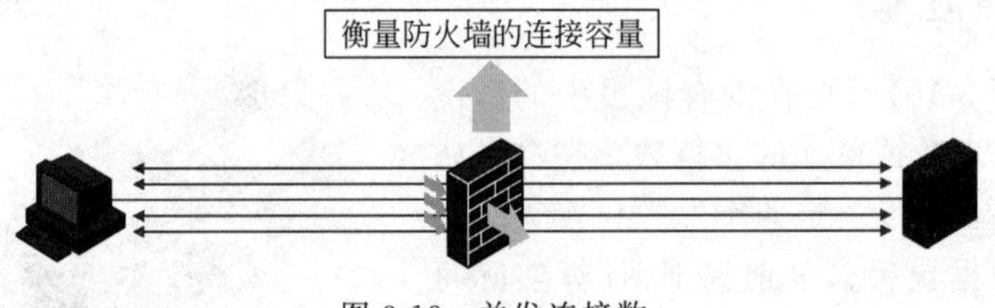

图3-13 并发连接数

3.10 本章总结

(1) 防火墙的基本功能。

(2) 防火墙的性能指标。

3.11　习题和解答

3.11.1　习题

1. 双机热备工作在(　　)下备份设备不承担任何流量。

   A. 主备模式　　　　B. 负载分担模式

2. 防火墙的性能衡量指标不包括(　　)。

   A. 吞吐量　　　　B. 并发连接数　　　　C. 新建连接数

   D. 适用带宽　　　　E. 时延

3.11.2　习题答案

1. A　　2. D

第4章

H3C防火墙操作入门

本章将以 H3C 防火墙为例，介绍防火墙设备的一些基本操作流程和方法，例如，如何登录设备，以及如何进行设备的基本配置和管理等。

4.1 本章目标

学习完本章，应该能够达成以下目标。

(1) 熟悉防火墙的工作模式。

(2) 了解并掌握防火墙的登录方式。

(3) 了解防火墙的设备文件管理。

(4) 掌握防火墙的基本配置流程。

4.2 防火墙的组网方式

防火墙的组网方式与接口的工作模式相关，防火墙的接口既可以工作在三层模式(接口具有 IP 地址)，也可以工作在二层模式(接口无 IP 地址)，对于接口而言只能选择其中一种模式工作。

4.2.1 接口工作在二层模式

防火墙作为网络设备，其本身也有路由作用，所以在为用户安装防火墙时，就需要考虑如何改动其原有的网络拓扑结构或修改连接防火墙的路由表，以适应用户的实际需要。但是，如果防火墙采用了二层模式(即透明模式)，采用无 IP 方式运行，则用户将不必重新设定和修改路由，防火墙可以直接安装和放置到网络中使用。

如图 4-1 所示，工作在二层模式的防火墙类似于一台网桥。在其接入网络时，其他网络设备(包括主机、路由器、工作站等)和所有计算机的配置(包括 IP 地址和网关)均无须改变。同时，防火墙可控制所有通过它的数据报文。这样，既增加了网络安全性，又降低了用户部署和管理的复杂程度。

在二层模式下，防火墙依据 MAC 地址表进行转发，地址表由 MAC 地址和端口两部分组成，二层模式的防火墙必须获取 MAC 地址和接口的对应关系。

当报文在二层接口间进行转发时，需要根据报文的 MAC 地址来查询出接口，此时，防火墙表现为一个透明网桥。但是，防火墙与网桥不同，防火墙接收到的 IP 报文还需要送到上层进行检测过滤等处理(不会改变 IP 报文中的源地址或目的 IP 地址)，通过检查相关表项或匹配安全策略，以确定是否允许该报文通过。此外，还要完成其他攻击防范检查。

二层模式的防火墙支持安全策略、ASPF 状态过滤、攻击防范等功能。

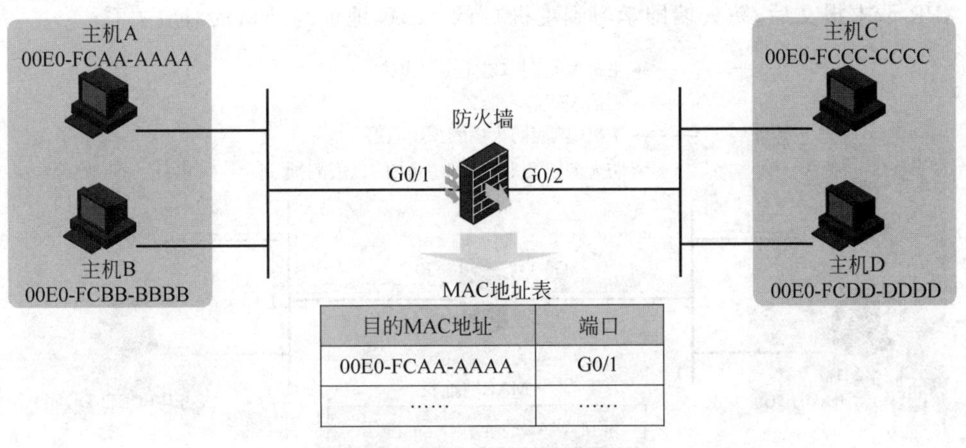

目的MAC地址	端口
00E0-FCAA-AAAA	G0/1
……	……

图 4-1　接口工作在二层模式

防火墙与物理网段相联时，会监测该物理网段上的所有以太网帧。一旦其监测到某个接口上的节点发来的以太网帧，就会提取出该帧的源 MAC 地址，并将该 MAC 地址与接收该帧的接口之间的对应关系加入 MAC 地址表中。

如图 4-2 所示，A、B、C 和 D 四个主机通过防火墙互联，主机 A 和主机 B 连接防火墙的 G0/1 接口，主机 C 和主机 D 连接防火墙的 G0/2 接口。某一时刻，当主机 A 向主机 B 发送以太网帧时，防火墙和主机 B 都将收到这个以太网帧。

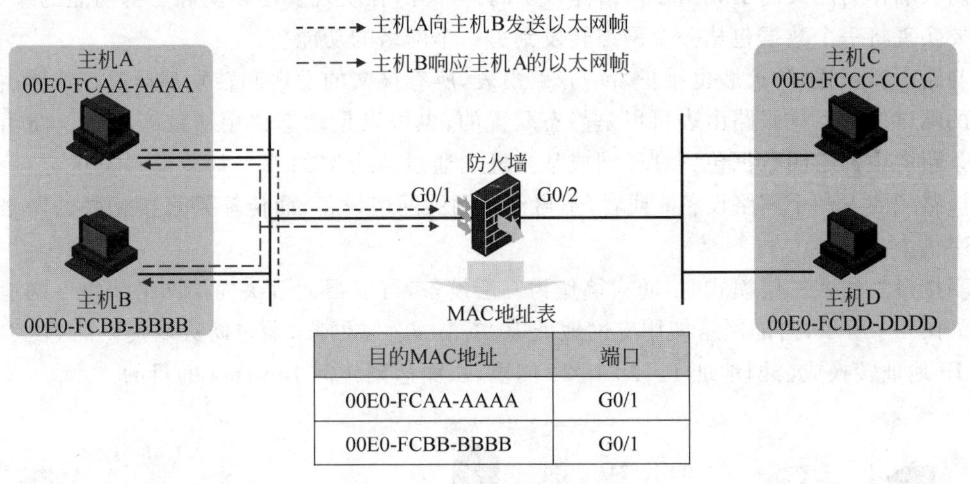

目的MAC地址	端口
00E0-FCAA-AAAA	G0/1
00E0-FCBB-BBBB	G0/1

图 4-2　MAC 地址学习

防火墙在收到这个以太网帧后，就知道主机 A 与透明模式防火墙 G0/1 相联(因为防火墙是从 G0/1 收到该帧)，于是主机 A 的 MAC 地址与透明模式防火墙 G0/1 之间的对应关系就被加入 MAC 地址表中。

在主机 B 对主机 A 的以太网帧作出响应后，防火墙也能监测到主机 B 回应的以太网帧，并知道主机 B 也是与透明模式防火墙 G0/1 相联的(因为防火墙是从 G0/1 收到该帧)，于是，主机 B 的 MAC 地址与透明模式防火墙 G0/1 之间的对应关系也被加入 MAC 地址表中。

如图 4-3 所示，如果主机 A 向主机 C 发送以太网帧，而在 MAC 地址表中未找到关于主机 C 的 MAC 地址与端口的对应关系，防火墙会如何处理呢？防火墙会广播一个 ARP 请求报文，源 MAC 地址为主机 A 的 MAC 地址，目的 MAC 地址为 FFFF-FFFF-FFFF。主机 C 在接

收到APR请求报文后，防火墙即学习到主机C的MAC地址与端口的对应关系。

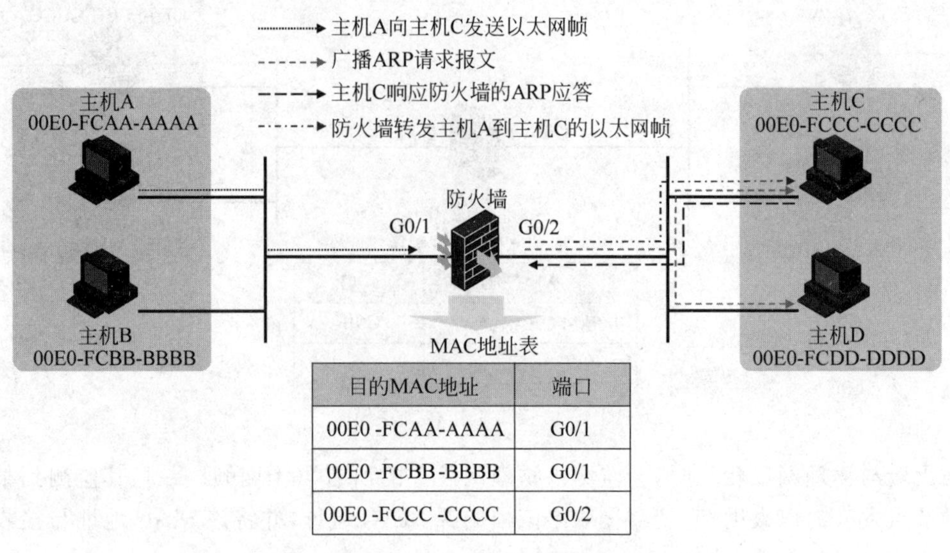

目的MAC地址	端口
00E0 -FCAA-AAAA	G0/1
00E0 -FCBB -BBBB	G0/1
00E0 -FCCC -CCCC	G0/2

图 4-3　未知单播报文的转发

4.2.2　接口工作在三层模式

防火墙作为庞大的Internet网络体系中的一部分，在实现安全检测和防御功能的基础上，也需要实现将一个数据包从一个网络转发到另一个网络的功能。

与路由器一样，防火墙也维护着一张路由表，所有报文的发送和转发都通过查找路由表从相应的端口发送。这张路由表可以是静态配置的，也可以是动态路由协议产生的。路由表中的每条路由项都指明数据包到某子网或某主机应通过防火墙的哪个物理端口发送，然后就可到达该路径的下一个网络设备；或者，不再经过别的网络设备，而传输到直接相联的网络中的目的主机。

当接口工作在三层模式时，防火墙作为三层设备，可以帮助解决内部网络使用专网地址问题。如图4-4所示，内部网络使用专网地址10.1.10.0/24网段，通过防火墙提供的NAT功能将源IP地址转换成公网地址1.1.8.0/24网段，从而达到访问Internet的目的。

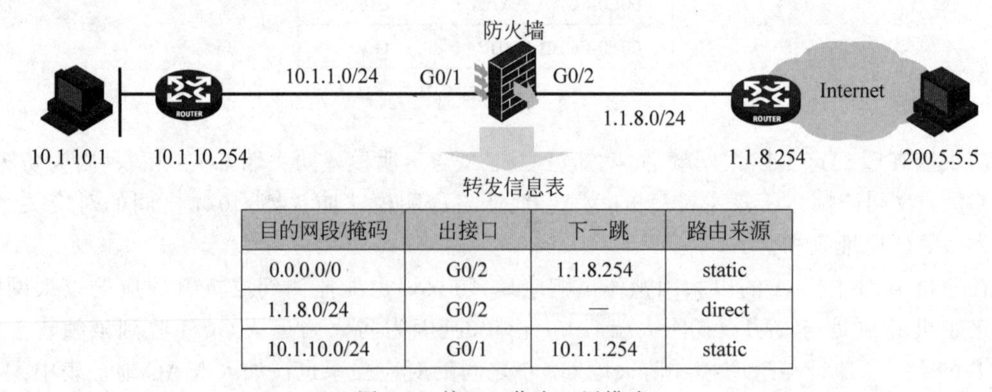

目的网段/掩码	出接口	下一跳	路由来源
0.0.0.0/0	G0/2	1.1.8.254	static
1.1.8.0/24	G0/2	—	direct
10.1.10.0/24	G0/1	10.1.1.254	static

图 4-4　接口工作在三层模式

三层模式的防火墙可以完成包过滤、NAT、ALG、ASPF、攻击防范等功能，但需要在防火墙上配置路由信息，部署防火墙时内部网络也需要进行相应的调整(内部网络用户需要更改网关、路由器需要更改路由配置等)。

注意

防火墙的接口既可以工作在三层模式,也可以工作在二层模式。对于接口而言只能选择其中一种模式,但是对于防火墙而言,可以同时支持二层模式和三层模式,即一部分接口工作在二层模式,一部分接口工作在三层模式。

4.3 登录与管理防火墙

4.3.1 防火墙登录方式

可以通过以下几种方式登录设备。

(1) 通过 Console 口登录：如图 4-5 所示,客户端用串口线缆连接设备的 Console 口登录设备。在第一次上电和配置时,用户无法进行远程访问设备,可通过 Console 口进行本地登录。此外,当设备系统无法启动时,可通过 Console 口进入底层系统 bootware 进行故障处理。

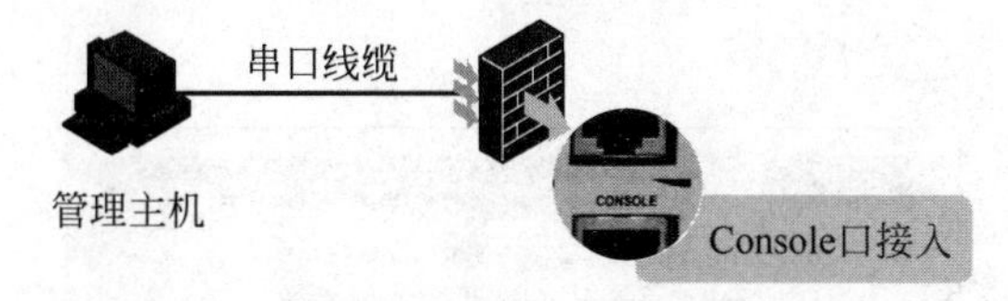

图 4-5　设备 Console 登录管理

(2) 通过 Web 登录：如图 4-6 所示,客户端通过 Web 浏览器访问设备,进行配置和管理。这适用于管理主机通过 Web 方式登录设备网管界面。

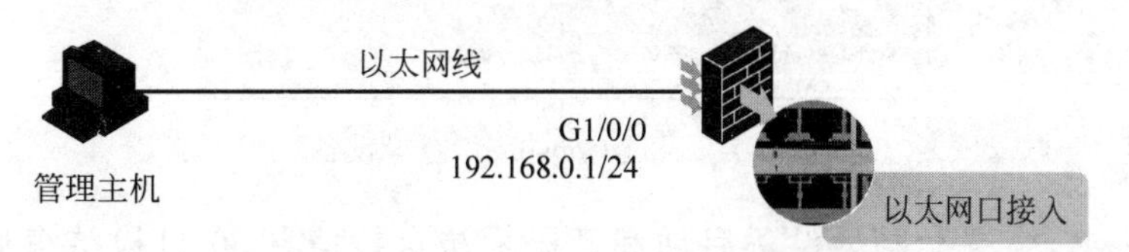

图 4-6　通过 Web/Telnet/SSH 登录管理

(3) 通过 Telnet 登录：客户端通过以太网线连接到网络上,使用 Telnet 方式登录设备,进行本地或远程的配置,目标设备根据配置的登录参数对客户端进行验证。Telnet 登录方式方便对设备进行远程管理和维护。

(4) 通过 SSH 登录：安全外壳(secure shell,SSH)是一种在不安全的网络环境中,通过加密机制和认证机制,实现安全的远程访问及文件传输等业务的网络安全协议。SSH 登录能更大限度地保证数据信息交换的安全。

(5) 通过网络管理协议登录：例如,简单网络管理协议(simple network management protocol,SNMP)是互联网中的一种网络管理标准协议,广泛应用于实现管理设备对被管理设备的访问和管理。

注意

通过 Web/Telnet/SSH 登录设备,客户端和设备以太网口的 IP 地址应在同一网段,或者保证客户端和防火墙之间路由可达。

4.3.2 通过 Console 口登录防火墙

在默认情况下,Console 口登录不需要认证,用户角色为 network-admin,可操作系统所有功能和资源。通过 Console 口进行本地登录是登录设备的最基本的方式,也是配置通过其他方式登录设备的基础。请按照以下步骤进行操作。

(1) 使用配置口电缆(产品随机附带)连接主机和设备。先将配置口电缆的 DB-9(孔)插头插入主机的 9 芯(针)串口中,再将 RJ-45 插头端插入设备的 Console 口中。

(2) 在通过 Console 口搭建本地配置环境时,需要通过超级终端或 PuTTY、SecureCRT 等终端仿真程序与设备建立连接。在打开终端仿真程序后,请按如下要求设置终端参数,如图 4-7 所示。

① 波特率:9600。

② 数据位:8。

③ 停止位:1。

④ 奇偶校验:无。

⑤ 流量控制:无。

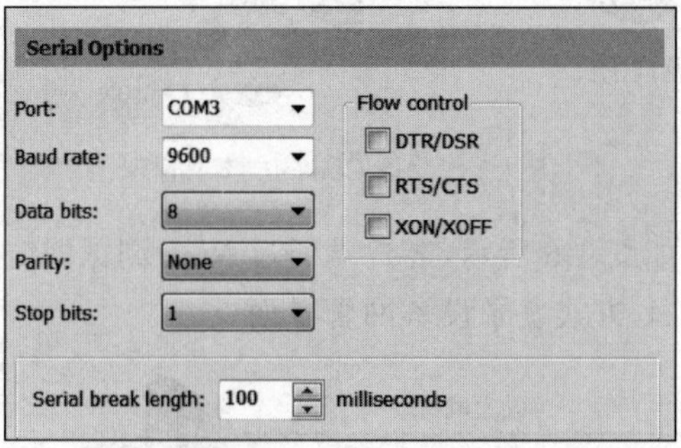

图 4-7 通过 Console 口登录设备

(3) 设备上电,终端上显示设备启动和密码算法自检信息,在自检结束后,提示用户按 Enter 键,出现命令行提示符后即可输入命令来配置设备或查看设备的运行状态,需要帮助可以随时按?键。

在默认情况下,登录时认证方式为 none,即不需要认证,用户角色为 network-admin,可以通过修改认证方式、用户角色及其他登录参数,来增加设备的安全性及可管理性。

配置通过 Console 口登录设备时的用户角色命令如下:

```
[H3C] line class console
[H3C-line-class-console] user-role network-admin
```

配置通过 Console 口登录设备时的认证方式命令如下:

```
[H3C]line console 0 1
[H3C-line-console0-1]authentication-mode none
```

4.3.3 通过 Web 登录防火墙

如图 4-8 所示,为了方便用户对网络设备进行配置和维护,设备提供 Web 功能。用户可以通过 PC 登录到设备上,使用 Web 界面直观地配置和维护设备。

图 4-8 通过 Web 方式登录设备

设备支持如下两种 Web 登录方式。

(1) HTTP 登录方式：HTTP 用来在 Internet 上传递 Web 页面信息。HTTP 位于 TCP/IP 协议栈的应用层，传输层采用面向连接的 TCP。设备同时支持 HTTP 协议 1.0 和 HTTP 协议 1.1 版本。

(2) HTTPS 登录方式：超文本传输协议的安全版本(hypertext transfer protocol secure，HTTPS)是支持安全套接层(secure sockets layer，SSL)协议的 HTTP 协议。HTTPS 通过 SSL 协议，能对客户端与设备之间交互的数据进行加密，能为设备制订基于证书属性的访问控制策略。这种登录方式提高了数据传输的安全性和完整性，保证合法客户端可以安全地访问设备，同时，禁止非法客户端访问设备，从而实现了对设备的安全管理。

在出厂配置情况下，设备的 HTTPS 功能处于开启状态，设备管理接口的 IP 地址为 192.168.0.1/24，默认用户名和密码均为 admin。管理员可以直接用以太网双绞线将 PC 和设备的管理接口连在一起，然后在浏览器的地址栏中输入"https://192.168.0.1"登录设备。

如图 4-9 所示，登录防火墙 Web 网管界面可以对 SSH 或 Telnet 服务进行配置管理。在菜单栏中选择"网络"→"服务"，弹出 SSH 对话框或 Telnet 对话框。勾选"开启"，即开启设备 SSH 或 Telnet 服务。

SSH

Stelnet服务 ☑开启
SFTP服务 ☐开启
SCP服务 ☐开启

Telnet

Telnet服务 ☑开启

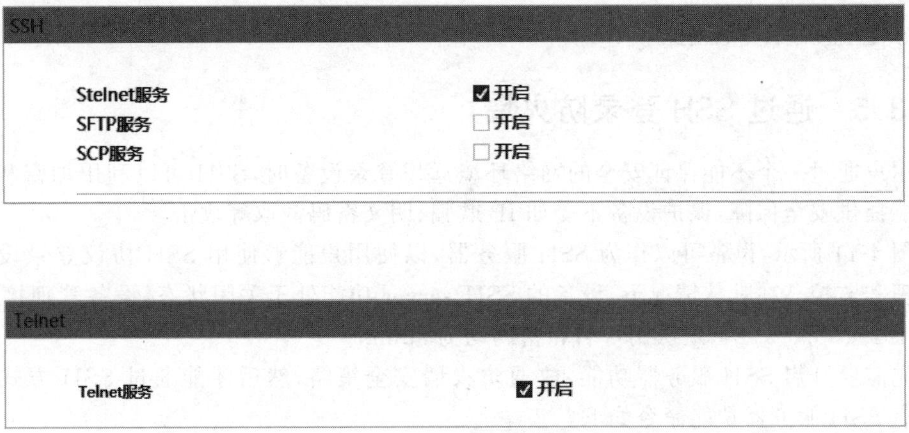

图 4-9 SSH/Telnet 登录配置管理

4.3.4 通过 Telnet 登录防火墙

如图 4-10 所示，在默认情况下，设备的 Telnet 服务器功能处于关闭状态，设备默认的管理接口的 IP 地址为 192.168.0.1/24，默认用户名和密码均为 admin，通过 Telnet 方式登录设备的认证方式为 scheme 认证(登录设备时需要进行 AAA 认证)。

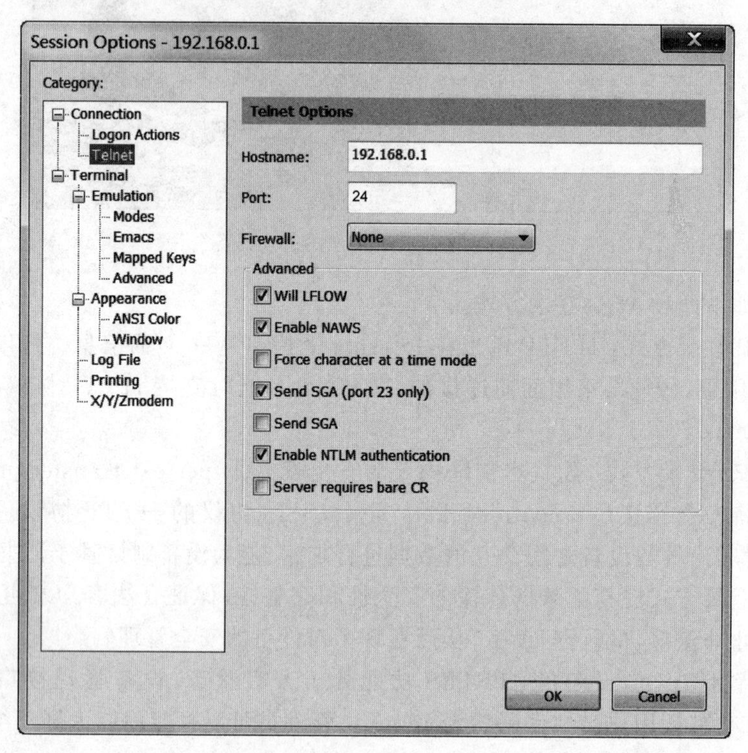

图 4-10 通过 Telnet 方式登录

首先需要通过 Console 口、Web 或 SSH 方式登录设备，开启 Telnet 服务器功能，配置从客户端到设备本地访问的安全策略，然后才能通过 Telnet 方式正常登录到设备。

开启 Telnet 服务器功能命令如下：

```
[H3C] telnet server enable
```

4.3.5 通过 SSH 登录防火墙

当用户通过一个不能保证安全的网络环境远程登录设备时，SSH 可以利用加密和强大的认证功能提供安全保障，保护设备不受如 IP 欺骗、明文密码截取等攻击。

如图 4-11 所示，设备可以作为 SSH 服务器，以便用户能够使用 SSH 协议登录设备进行远程管理和监控。在默认情况下，设备的 SSH server 功能处于关闭状态，设备管理接口的 IP 地址为 192.168.0.1/24，默认用户名和密码均为 admin。

首先需要开启 SSH 服务器功能，放通防火墙安全策略，然后才能通过 SSH 方式登录设备。开启 SSH 服务器功能命令如下：

```
[H3C] ssh server enable
```

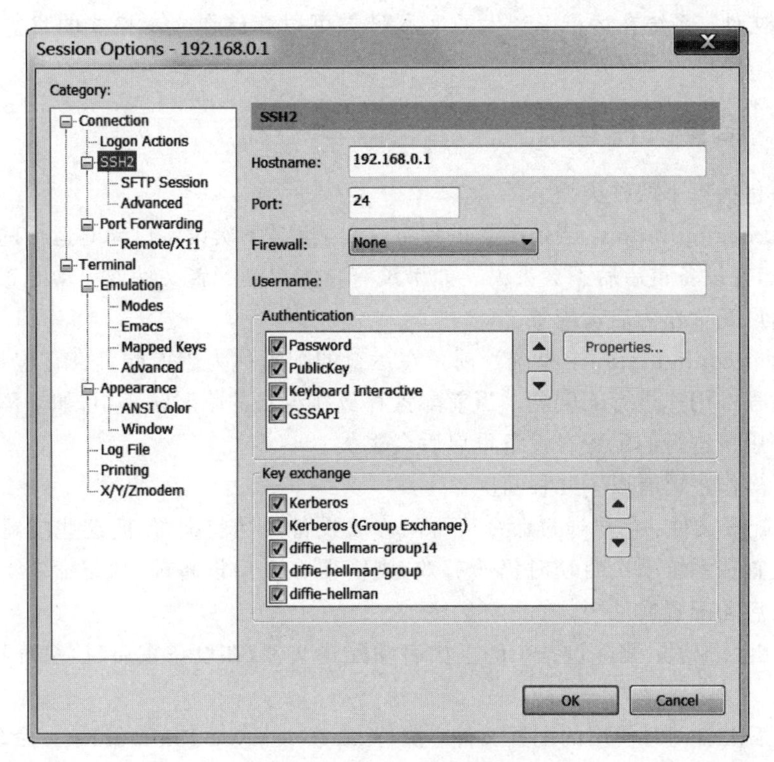

图 4-11　通过 SSH 方式登录

注意

通过 Web/Telnet/SSH 登录设备，都需要在防火墙上放通从客户端到设备本地的安全策略。H3C Comware V7 防火墙从管理口到设备本地的安全策略默认放通，即接入设备管理口通过 Web/Telnet/SSH 登录设备不需要再配置安全策略。

4.4　设备文件管理

4.4.1　设备文件系统概述

防火墙设备在启动时需要一些基本的程序和数据，在运行中也会产生一些重要数据，这些数据都以文件的方式保存在存储器中，以便调用和管理。

防火墙设备通过文件系统对这些文件进行管理和控制，并为用户提供了操作和管理文件系统的工具。在文件系统中保存的文件类型主要包括以下四种。

(1) 配置文件：配置文件是用来保存配置的文件。将当前配置保存到配置文件，以便在设备重启后，这些配置能够继续生效。使用配置文件，用户可以非常方便地查阅配置信息。而当网络中多台设备需要批量配置时，可以将相同的配置保存到配置文件，再上传或下载到所有设备，在所有设备上执行该配置文件来实现设备的批量配置。

(2) 启动软件包：设备在出厂时，已经安装了软件，下次启动会沿用本次启动使用的软件。随着软件的更新，需要定期对软件进行升级。

(3) License：License 是授权许可，是厂商对产品特性的使用范围、期限等进行授权的一种合约形式。

(4) 日志文件：系统在运行中产生的文本日志可以存储在文本格式的日志文件中，称为日志文件。

4.4.2 配置文件管理

配置文件包括以下两种类型。

(1) saved-configuration：当前配置的保存文件，也是下次设备启动时运行的配置文件，存储在设备本地，在设备重启后不会丢失。如果没有指定启动配置文件或启动配置文件损坏，则系统会使用出厂配置作为启动配置。

(2) current-configuration：系统当前正在运行的配置称为当前配置。它包括启动配置和设备在运行过程中用户进行的配置。当前配置存放在设备的临时缓存中，如果不保存，则在设备运行过程中用户进行的配置在设备重启后会丢失。

配置文件操作主要有以下几种情况。

(1) 保存配置文件：用户通过命令行可以修改设备的当前配置，而这些配置是暂时的，如果要使当前配置在系统下次启动时仍然有效，则需要在重启设备前，执行命令 save 将当前配置保存到下次启动配置文件中。

(2) 恢复出厂配置：删除设备中的下次启动配置文件，在设备重启时，系统将采用出厂配置进行初始化。

(3) 配置下次启动时使用的配置文件：执行 startup saved-configuration 命令可以配置下次启动时使用的配置文件。事实上，当执行 save 命令将当前配置保存到指定配置文件时，系统会自动把该文件设置为设备的主用下次启动配置文件。

(4) 重启设备：重启设备有两种方式。一种为硬件重启，通过断电后重新上电来重启设备。该方式对设备影响较大，如果对运行中的设备进行强制断电，则可能会造成数据丢失。一般情况下，建议不要使用这种方式。另一种为命令行重启，通过执行 reboot 命令行立即重启设备。

4.4.3 启动软件包管理

从 H3C 官网获取软件版本，将软件版本文件下载到本地，登录防火墙 Web 网管界面。

在菜单栏中选择"系统"→"升级中心"→"软件更新"命令，进入软件更新的配置页面，单击"立即升级"按钮，弹出"立即升级"对话框(见图 4-12)。

"启动文件类型"：从官网获取的版本一般为 ipe 文件，ipe 文件解压后为 bin 文件。

选择文件：选择下载好的软件版本文件。

此外，也可以通过命令行升级版本文件，升级后均需重启设备。从 H3C 官网获取软件版本，通过 FTP/TFTP 将软件版本文件上传到本地，执行 boot-loader file 命令来指定设备下次启动时使用的版本文件。

boot-loader file 命令的相关参数说明如下。

(1) *file-name*：表示软件包文件的名称，名称前需要指定存储路径。

(2) all：用来升级整个系统。

(3) slot *slot-number*：用来升级某个成员设备。

(4) main：指定该软件包为主用启动软件包，并将该软件包的名称添加到主用启动软件包列表。主用启动软件包用于下一次设备启动。

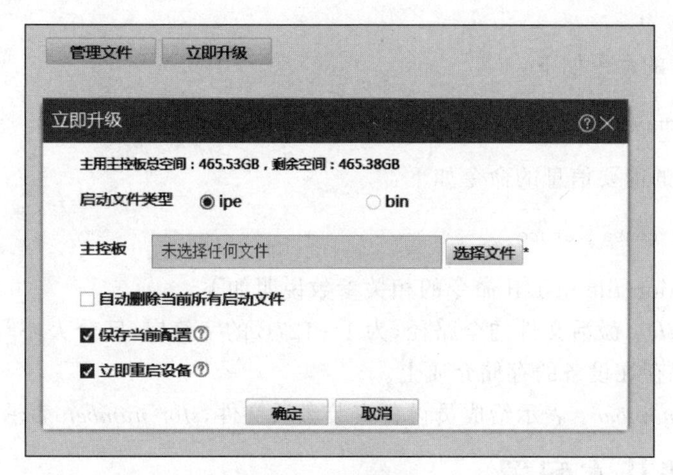

图 4-12　版本升级

4.4.4　License 管理

如图 4-13 所示，在菜单栏中选择“系统”→“License 配置”命令，进入“License 配置”页面，单击左上角的“安装”按钮，弹出“安装 License”对话框。

图 4-13　License 管理

设备的部分特性需要在获取 License 授权后才能使用。License 根据发布渠道的不同分为临时 License 和正式 License，License 的种类以 License 的描述信息为准。

临时 License 授权的特性可以使用一段时间（如 1～3 个月），临时 License 不允许迁移。

正式 License 是对特性正式授权的凭证。用户将正式 License 安装到设备上后，对特性进行正式授权，可以正常使用相应特性。

只有将 License 激活文件导入设备，完成 License 激活文件的安装，才能保证相关特性功能的正常使用和特征库的及时升级。

激活文件：登录 H3C 网站（http://www.h3c.com/cn/License），根据产品类型、授权码、SN 和 DID 文件申请激活文件。

在命令行视图下，可以执行 display license feature 命令来查看设备上哪些特性需要安装 License、是否已经安装 License，以及已安装的 License 的简要信息。如果需要使用的特性没有安装 License 或安装的 License 已经过期，则可以执行 license activation-file install 命令来安装激活文件。

安装激活文件的命令如下：

```
[H3C]license activation-file install license-file slot slot-number
```

查看 License 的简要信息的命令如下：

```
[H3C] display license feature
```

license activation-file install 命令的相关参数说明如下。

(1) *license-file*：激活文件的全路径，为 1～127B 的字符串，区分大小写。激活文件必须合法、有效，并且保存在设备的存储介质上。

(2) slot *slot-number*：表示给成员设备安装激活文件，*slot-number* 表示设备的成员编号。

4.5 防火墙基本配置

4.5.1 命令视图

命令行接口(command line interface，CLI)是用户与设备之间的文本类命令的交互界面。用户输入文本类命令，通过按 Enter 键提交设备执行相应命令，从而对设备进行配置和管理，并可以通过查看输出信息确认配置结果。

设备按功能对命令进行分类组织，功能分类与命令视图(见图 4-14)对应，当要配置某功能的某条命令时，需要先进入这条命令所在的视图。每个视图都有唯一的、含义清晰的提示符，比如，提示符[Sysname-vlan100]表示当前的命令视图为 VLAN 视图，VLAN 的编号为 100，在该视图下可对 VLAN 100 的属性进行配置。

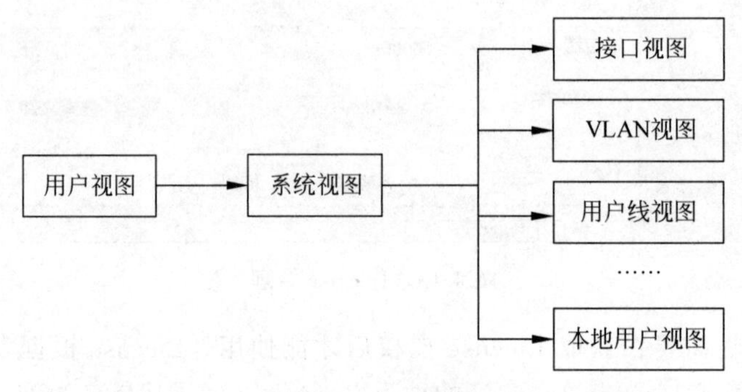

图 4-14 命令视图

用户在登录设备后，直接进入用户视图。此时，屏幕显示的提示符是：“设备名”。在用户视图下，可执行的操作主要包括查看操作、调试操作、文件管理操作、设置系统时间、重启设备、FTP 操作和 Telnet 操作等。

从用户视图可以进入系统视图。此时，屏幕显示的提示符是：“设备名”。在系统视图下，能对设备运行参数及部分功能进行配置，如配置夏令时、配置欢迎信息、配置快捷键等。

在系统视图下输入特定命令，可以进入相应的功能视图，完成相应的功能配置，比如，进入接口视图配置接口参数、进入 VLAN 视图给 VLAN 添加端口、进入用户视图配置登录用户的属性、创建本地用户并进入本地用户视图配置本地用户的属性等。在功能视图下，可能还包含子视图，比如，在 BGP 视图下还包含 BGP IPv4 单播实例视图和 BGP-VPN IPv4 单播实例视图等。

4.5.2 配置接口模式

H3C Comware V7 防火墙具有高密度的千兆及万兆接口，接口支持二层模式和三层模式。

如图 4-15 所示，在菜单栏中选择“网络”→“接口”命令，进入接口的配置页面，单击对应接口右侧“编辑”按钮，弹出“修改接口设置”对话框，选择“工作模式”进行切换。

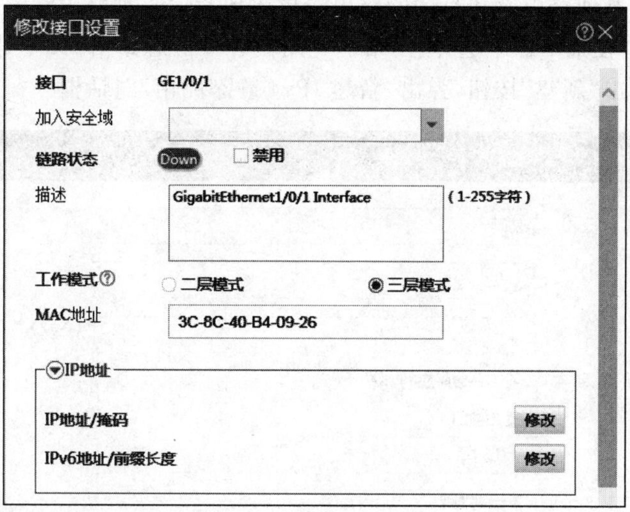

图 4-15 配置接口模式

在命令行视图下，进入接口视图后可以通过执行 port link-mode 命令进行切换。如果将工作模式设置为二层模式(bridge)，则作为一个二层以太网接口使用；如果将工作模式设置为三层模式(route)，则作为一个三层以太网接口使用。

(1) 进入系统视图的命令如下：

```
<H3C> system - view
```

(2) 进入接口视图的命令如下：

```
[H3C]interface interface - type interface - number
```

(3) 配置二层以太网接口或三层以太网接口的命令如下：

```
[H3C - GigabitEthernet1/0/1] port link - mode { bridge | route }
```

注意

在工作模式切换后，除了 shutdown 和 combo enable 命令，该以太网接口下的其他所有命令都将恢复到新模式下的默认情况。

4.5.3 配置路由

静态路由是一种特殊的路由，由管理员手工配置。当网络结构比较简单时，只需配置静态路由就可使网络正常工作。静态路由不能自动适应网络拓扑结构的变化。在网络发生故障或拓扑发生变化后，必须由网络管理员手工修改配置。

默认路由是在路由器没有找到匹配的路由表项时使用的路由。如果报文的目的地址不在路由表中且没有配置默认路由，那么，该报文将被丢弃，将向源端口返回一个 ICMP 报文报告该目的地址或网络不可达。

默认路由有以下两种生成方式。

（1）网络管理员手工配置。需要将目的地址与掩码配置为全 0(0.0.0.0 0.0.0.0)。

（2）动态路由协议生成（如 OSPF、IS-IS 和 RIP），由路由能力比较强的路由器将默认路由发布给其他路由器，其他路由器在自己的路由表里生成指向那台路由器的默认路由。

如图 4-16 所示，在菜单栏中选择“网络”→“路由”→“静态路由”命令，默认进入 IPv4 静态路由的配置页面，单击“新建”按钮，弹出“新建 IPv4 静态路由”对话框。

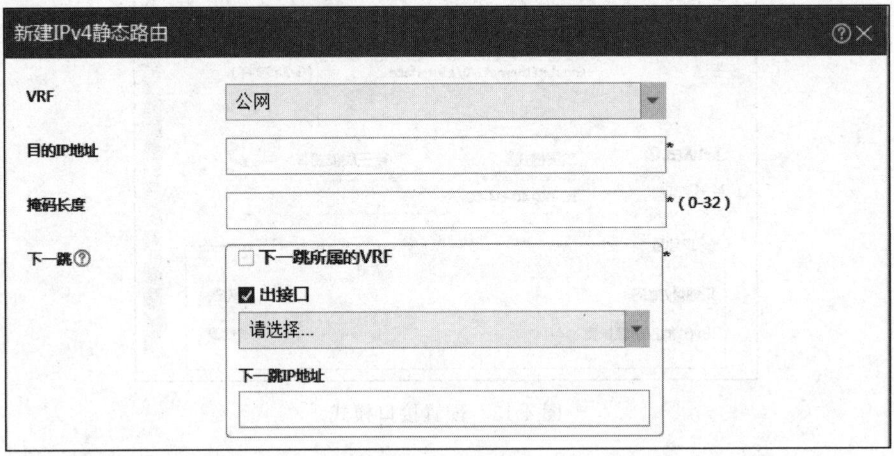

新建IPv4静态路由
VRF 公网
目的IP地址 *
掩码长度 *(0-32)
下一跳 下一跳所属的VRF *
出接口
请选择...
下一跳IP地址

图 4-16 配置路由

“目的 IP 地址”：静态路由的目的 IP 地址，采用点分十进制格式。

“掩码长度”：IP 地址掩码，取值范围为 0～32b。

“下一跳”：指定路由的下一跳的 IP 地址，采用点分十进制格式。

配置路由(CLI)示例如下。

配置静态路由的命令如下：

```
[H3C] ip route - static { dest - address { mask - length | mask } { interface - type interface - number | next - hop - address} [ preference preference ]}
```

配置默认路由的命令如下：

```
[H3C]ip route - static 0.0.0.0 { 0.0.0.0 | 0 } { interface - type interface - number | next - hop - address} [ preference preference ]
```

在命令视图下，进入系统视图配置路由，ip route-static 命令的相关参数说明如下。

（1）dest-address：静态路由的目的 IP 地址，采用点分十进制格式。

（2）mask-length/mask：IP 地址掩码，采用点分十进制格式或以整数形式表示其长度，当用整数时，取值范围为 0～32b。

（3）interface-type interface-number：指定静态路由的出接口类型和接口号。在指定静态路由的出接口类型和接口号时需要注意的事项，详见使用指导。

（4）next-hop-address：指定路由的下一跳的 IP 地址，采用点分十进制格式。

(5) **preference** preference：指定静态路由的优先级，取值范围为1～255，默认值为60。

4.5.4 防火墙基本配置流程

如图4-17所示，防火墙基本配置流程如下。

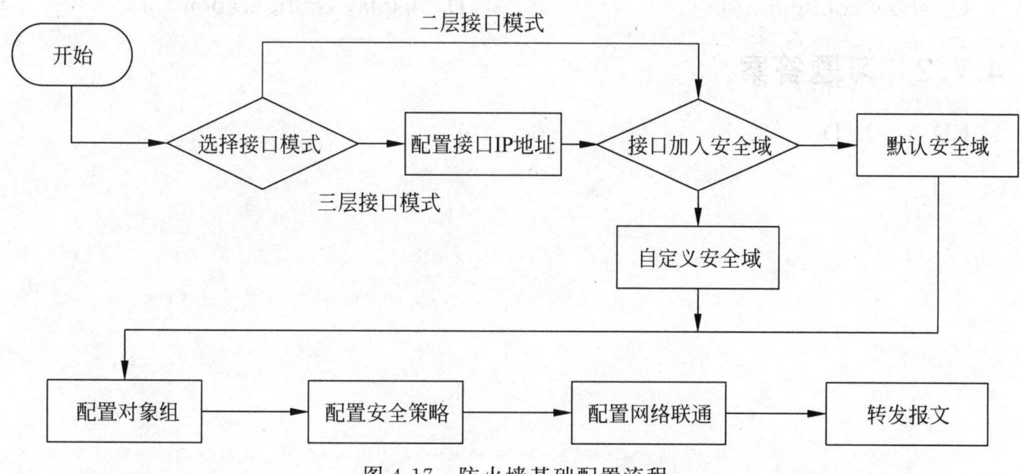

图4-17 防火墙基础配置流程

(1) 选择接口模式。在进行防火墙配置时，首先要考虑好防火墙工作在二层接口模式，还是在三层接口模式。防火墙工作在二层接口模式不需要对原来的网络进行地址重新规划与拓扑改变。防火墙工作在三层模式则需要给防火墙规划并配置接口IP地址。

(2) 接口加入安全域。不论是二层接口还是三层接口，均需要把接口加入安全域后，防火墙才会转发报文。防火墙自带默认安全域，管理员也可以自定义安全域。

(3) 配置对象组。对象组分为IPv4地址对象组、IPv6地址对象组、服务对象组和端口对象组。这些对象组可以被对象策略、ACL引用，来作为报文匹配的条件。

(4) 配置安全策略。安全策略是根据报文的属性信息对报文进行转发控制和深度报文检测(deep packet inspection，DPI)深度安全检测的安全防控策略。必须配置安全域到安全域之间的访问规则，防火墙才能实现访问，否则报文会被防火墙阻断。

(5) 配置网络联通，保证网络互联互通。

4.6 本章总结

(1) 防火墙接口可以工作在二层模式或三层模式。

(2) 防火墙支持Console口本地配置、Web登录、Telnet或SSH本地或远程配置。

(3) 防火墙对存储介质中的文件以文件系统的方式进行管理。

(4) 防火墙基本配置流程及方法。

4.7 习题和解答

4.7.1 习题

1. 要远程连接到某防火墙执行配置，可使用(　　)连接方式。

　A. Console口　　B. AUX　　C. Telnet　　D. SSH

2. 要为一个防火墙接口配置 IP 地址，应在(　　)下进行配置。

A. 用户视图　　B. 系统视图　　C. 用户接口视图　　D. 接口视图

3. 要查看防火墙设备使用的当前配置信息，可执行(　　)命令。

A. show current-configuration　　B. display current-configuration

C. show configuration　　D. display configuration

4.7.2 习题答案

1. CD　2. D　3. B

第 2 篇

网络安全关键技术

第5章

防火墙用户管理

在当前的网络环境中,除了有针对IP端口的网络安全威胁,还存在针对应用层的网络安全威胁,这也使得企业对于网络访问控制提出更高的要求。如何精确地识别出用户、保证合法用户的合法操作正常进行、阻断非法用户的非法操作已成为当前网络安全中的主要关注点。用户认证作为访问资源的第一道防线,是最基本的安全服务,基于AAA技术对用户进行认证是目前最常用的技术。

5.1 本章目标

学习完本章,应该能够达成以下目标。

(1) 理解AAA技术原理。

(2) 熟悉防火墙用户管理。

(3) 掌握防火墙用户管理的应用。

5.2 AAA技术原理

5.2.1 什么是AAA

随着Internet的发展,现在的互联网是高度商业化的网络,如何安全、有效、可靠地保护网络资源的合理使用和用户的利益,已然成为所有网络服务提供者必须解决的问题。AAA技术可以有效地解决目前面临的这些问题,为用户营造一个安全的网络服务平台,AAA分别代表认证(authentication)、授权(authorization)、计费(accounting),是网络安全的一种管理机制,提供了认证、授权、计费三种安全功能。

(1) 认证是指确认访问网络的远程用户的身份,以判断访问者是否为合法的网络用户。如果是合法用户,则允许用户访问;如果不是合法用户,则不允许用户访问。同时,系统会对这些用户的访问历史进行相关记录,以备日后进行审计。认证的动作一般包括核对用户名、密码、证书等。

(2) 授权是指对用户认证通过后可以访问的资源进行授权。授权的主要内容为用户访问权限、访问目录、用户级别等。例如,授权访客只能访问公共资源;员工可以访问公司的办公资源,而不能访问敏感资源;管理员可以访问公司的敏感资源。对于登录设备的用户来说,可以通过授权动作,实现不同级别的用户执行不同的命令,例如,低级别的用户只有查看权限,而高级别的用户可以有配置权限。

(3) 计费是指记录用户使用网络服务的过程中的所有操作,包括使用的服务类型、起始时间、数据流量等,用于收集和记录用户对网络资源的使用情况,并可以实现针对时间、流量的计费需求,也对网络起到监视作用。

5.2.2 AAA 体系结构

如图 5-1 所示，AAA 采用客户端/服务器结构，客户端运行在网络接入服务器（network access server，NAS）上，负责验证用户身份与管理用户接入，服务器上则集中管理用户信息。当用户想要通过 NAS 获得访问其他网络的权利或取得某些网络资源的权利时，首先需要通过 AAA 认证，而 NAS 就起到了验证用户的作用。NAS 负责把用户的认证、授权、计费信息透传给服务器。服务器根据自身的配置对用户的身份进行判断，并返回相应的认证、授权、计费结果。NAS 根据服务器返回的结果，决定是否允许用户访问外部网络、获取网络资源。

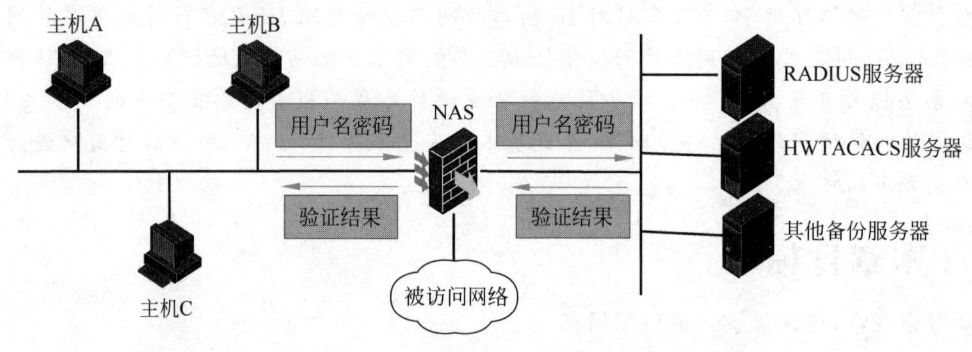

图 5-1　AAA 技术结构

整个访问过程举例如下。

（1）当用户需要访问有权限限制的资源时，首先会把用户的信息（账号和密码）发送给 NAS，NAS 上有相应的认证策略，根据认证策略将用户的信息（账号和密码）发送给认证服务器；服务器验证用户名和密码是否正确，将验证结果返回给 NAS，NAS 把结果返回给用户。如果认证通过，则用户可以进行下一步操作；如果认证失败，则用户停止访问。

（2）在认证通过后，通过授权使不同用户授权访问不同的资源，即根据用户类型访问相应授权的资源，如访问百度、Google 等。

（3）在认证通过并访问授权资源的过程中，系统会记录访问时长和该时间段所做的操作，并进行计费。

AAA 可以通过多种协议来实现，这些协议规定了 NAS 与服务器之间如何传递用户信息。目前，设备支持 RADIUS 协议、HWTACACS 协议和轻量级目录访问协议（lightweight directory access protocol，LDAP）。在实际应用中，最常使用的是 RADIUS 协议。

在常见的 AAA 基本系统结构中，管理员会部署两台服务器，用户可以根据实际需求来决定认证、授权、计费功能分别由哪种协议类型的服务器来承担。例如，可以选择 HWTACACS 服务器实现认证和授权，RADIUS 服务器实现计费。

当然，用户也可以只使用 AAA 提供的一种或两种安全服务。例如，公司只想让员工在访问某些特定资源时进行身份认证，那么，网络管理员只需要配置认证服务器就可以了。若公司希望对员工使用网络的情况进行记录，则还需要配置计费服务器。

5.2.3 AAA 认证方式

AAA 常见的认证方式分为不认证、本地认证及远端认证。

（1）不认证：信任所有用户，不对用户信息进行任何验证。

(2) 本地认证：用户的所有信息(账号、密码等)是放在本地的，即在本地接入服务器上进行认证，而不需要任何第三方服务器。

(3) 远端认证：用户的所有信息(账号、密码等)存放在远端认证服务器上，AAA 支持通过 RADIUS、HWTACACS、LDAP 等协议来实现远端认证。

AAA 本地认证与远端认证如图 5-2 所示。

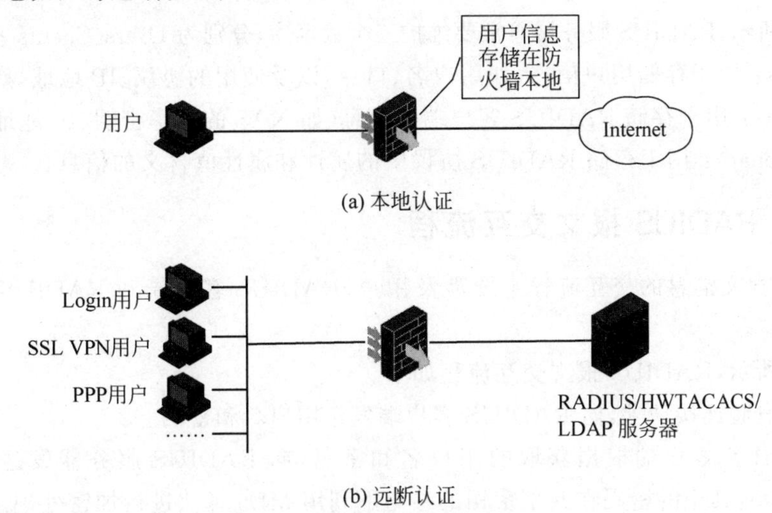

图 5-2 AAA 本地认证及远端认证

采用本地认证的优点是用法简单，无须其他设备配合；部署简单，只要网络设备正常就可以完成认证。其缺点是不利于统一用户管理，同时，用户名/密码配置在网络设备上，定期修改密码工作量较大。

采用远端认证的优点是用户管理规范。用户的管理和设备的管理分离，便于多个系统的用户名/密码统一管理；远端认证方便为多个系统服务，便于远程接入用户的用户名/密码和其他系统的登录用户名/密码统一管理；同时，远端认证便于大量用户的管理。

5.3 RADIUS 认证

5.3.1 RADIUS 协议概述

AAA 认证中最常用的协议是 RADIUS 协议。RADIUS 协议是一种分布式的、客户端/服务器结构的信息交互协议，能保护网络不受未授权访问的干扰，常用在既要求较高安全性、又允许远程用户访问的各种网络环境中。RADIUS 协议合并了认证和授权的过程，它定义了 RADIUS 的报文格式及其消息传输机制，并规定使用 UDP 作为封装 RADIUS 报文的传输层协议，UDP 端口 1812、1813 分别作为认证/授权、计费端口。

RADIUS 协议最初仅是针对拨号用户的 AAA 协议，后来随着用户接入方式的多样化发展，RADIUS 协议也适应多种用户接入方式，如以太网接入、ADSL 接入。它通过认证/授权来提供接入服务，通过计费来收集、记录用户对网络资源的使用。

RADIUS 协议可以工作在客户端/服务器工作模式下。RADIUS 客户端一般位于 NAS，可以遍布整个网络，负责将用户信息传输到指定的 RADIUS 服务器，然后根据服务器返回的信息进行相应处理(如接受/拒绝用户接入)。RADIUS 服务器一般运行在中心计算机或工作站上，维护用户的身份信息和与其相关的网络服务信息，负责接收 NAS 发送的认证、授权、计

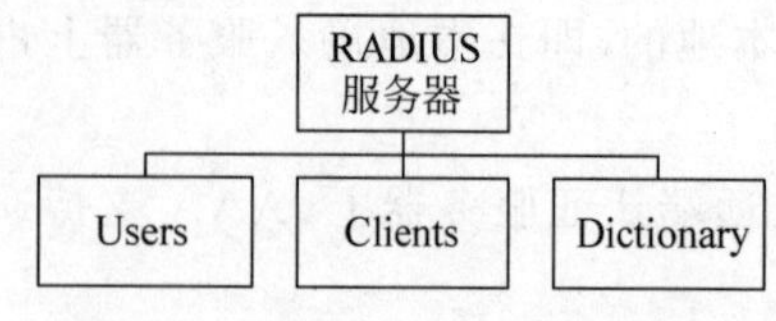

图 5-3 RADIUS 服务器的组成

费请求，并进行相应的处理，然后给 NAS 返回处理结果(如接受/拒绝认证请求)。另外，RADIUS 服务器还可以作为一个代理，以 RADIUS 客户端的身份与其他的 RADIUS 认证服务器进行通信，负责转发 RADIUS 认证和计费报文。

如图 5-3 所示，RADIUS 服务器通常要维护三个数据库，分别为 Users、Clients 和 Dictionary。

(1) Users：用于存储用户信息(如用户名、口令，以及使用的协议、IP 地址等配置信息)。

(2) Clients：用于存储 RADIUS 客户端的信息(如 NAS 的共享密钥、IP 地址等信息)。

(3) Dictionary：用于存储 RADIUS 协议中的属性和属性值含义的信息。

5.3.2 RADIUS 报文交互流程

RADIUS 报文消息的交互流程主要涉及用户、RADIUS 客户端和 RADIUS 服务器之间的交互。

如图 5-4 所示，RADIUS 报文交互流程如下。

(1) 用户发起连接请求，向 RADIUS 客户端发送用户名和密码。

(2) RADIUS 客户端根据获取的用户名和密码，向 RADIUS 服务器发送认证请求包(access-request)，其中的密码在共享密钥的参与下利用 MD5 算法进行加密处理。

(3) RADIUS 服务器对用户名和密码进行认证。如果认证成功，则 RADIUS 服务器向 RADIUS 客户端发送认证接受包(access-accept)；如果认证失败，则 RADIUS 服务器返回认证拒绝包(access-reject)。由于 RADIUS 协议合并了认证和授权的过程，因此，认证接受包中也包含了用户的授权信息。

(4) RADIUS 客户端根据接收到的认证结果接入/拒绝用户。如果允许用户接入，则 RADIUS 客户端向 RADIUS 服务器发送计费开始请求包(accounting-request)。

(5) RADIUS 服务器返回计费开始响应包(accounting-response)，并开始计费。

(6) 用户开始访问网络资源。

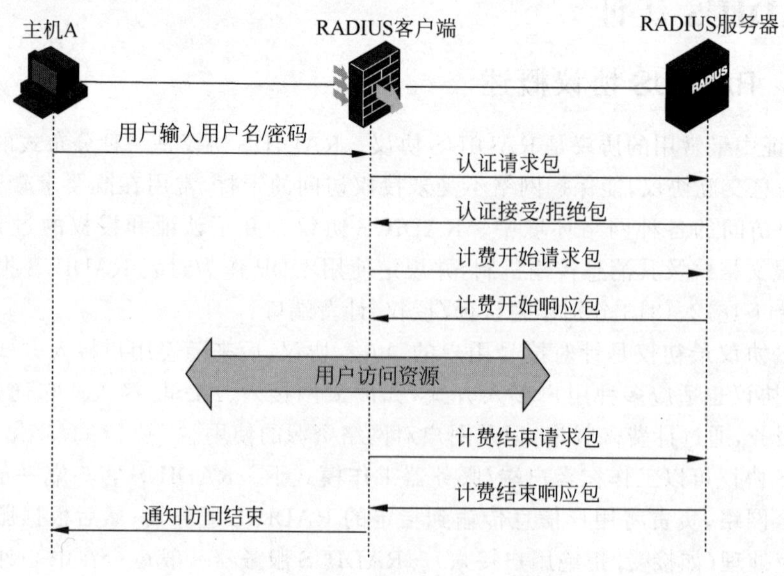

图 5-4 RADIUS 报文交互流程

(7) 用户请求断开连接，RADIUS 客户端向 RADIUS 服务器发送计费结束请求包(accounting-request)。

(8) RADIUS 服务器返回计费结束响应包(accounting-response)，并结束计费。

(9) 通知用户网络资源访问结束。

5.3.3 RADIUS 报文介绍

RADIUS 采用 UDP 报文来传输消息，通过定时器机制、重传机制、备用服务器机制，确保 RADIUS 服务器和 RADIUS 客户端之间交互消息的正确收发。

RADIUS 报文结构如图 5-5 所示，各字段的解释如下。

0 1 2 3 4 5 6 7 8 9 0 1 2 3 4 5 6 7 8 9 0 1 2 3 4 5 6 7 8 9 0 1 2

<table>
<tr><td>code</td><td>identifier</td><td>length</td></tr>
<tr><td colspan="3">authenticator</td></tr>
<tr><td colspan="3">attribute</td></tr>
</table>

图 5-5 RADIUS 报文结构

1. code 域

长度为 1B，用于说明 RADIUS 报文的类型，值为 1、2、3 表示认证报文，值为 4、5 表示计费报文。主要取值说明如表 5-1 所示。

表 5-1 code 域的主要取值说明

Code	报 文 类 型	报 文 说 明
1	access-request	方向客户端→服务器，客户端将用户信息传输到服务器，请求服务器对用户身份进行验证。该报文中必须包含 user-name 属性，可选包含 NAS-IP-address、user-password、NAS-port 等属性
2	access-accept	方向服务器→客户端，如果 access-request 报文中的所有 Attribute 值都可以接受(即认证通过)，则传输该类型报文
3	access-reject	方向服务器→客户端，如果 access-request 报文中存在任何无法被接受的 attribute 值(即认证失败)，则传输该类型报文
4	accounting-request	方向客户端→服务器，客户端将用户信息传输到服务器，请求服务器开始/停止计费。该报文中的 Acct-status-type 属性用于区分计费开始请求和计费结束请求
5	accounting-response	方向服务器→客户端，服务器通知客户端已经收到 accounting-request 报文，并且已经正确记录计费信息

2. identifier 域

长度为 1B，用于匹配请求包和响应包，以及检测在一段时间内重发的请求包。对于类型一致，并且属于同一个交互过程的请求包和响应包，该 identifier 值相同。

3. length 域

长度为 2B，表示 RADIUS 数据包(包括 code、identifier、length、authenticator 和 attribute)的长度，单位为字节。超过 length 域的字节将作为填充字符被忽略。如果接收到的包的实际长度小于 Length 域的值，则包会被丢弃。

4. authenticator 域

长度为 16B，用于验证 RADIUS 服务器的响应报文，另外，还用于用户密码的加密。authenticator 包括 request authenticator 和 response authenticator 两种类型。

5. attribute 域

不定长度，用于携带专门的认证、授权和计费信息。attribute 域可包括多个属性，每一个属性都采用(type、length、value)三元组的结构来表示。

(1) 类型(type)：表示属性的类型。

(2) 长度(length)：表示该属性(包括类型、长度和属性值)的长度，单位为字节。

(3) 属性值(value)：表示该属性的信息，其格式和内容由类型决定。

5.3.4 RADIUS 属性

attribute 字段携带认证、授权、计费信息，采用(type、length、value)三元组的结构来表示。常用 RADIUS 标准属性的介绍如表 5-2 所示。这些属性由 RFC 2865、RFC 2866、RFC 2867 和 RFC 2868 所定义。

表 5-2 常用 RADIUS 标准属性

属性编号	属性名称	描述
1	user-name	需要进行认证的用户名称
2	user-password	需要进行 PAP 方式认证的用户密码，在采用 PAP 认证方式时，该属性仅出现在 access-request 报文中
3	chap-password	需要进行 CHAP 方式认证的用户密码的消息摘要。在采用 CHAP 认证方式时，该属性出现在 access-request 报文中
4	NAS-IP-address	服务器通过不同的 IP 地址来标识不同的客户端，通常客户端采用一个本地接口的 IP 地址来唯一地标识自己，这就是 NAS-IP-address。该属性指示当前发起请求的客户端的 NAS-IP-address。该字段仅出现在 access-request 报文中
5	NAS-port	用户接入 NAS 的物理端口号
6	service-type	用户申请认证的业务类型
7	framed-protocol	用户 frame 类型业务的封装协议
8	framed-IP-address	为用户所配置的 IP 地址
11	filter-ID	访问控制列表的名称
12	framed-MTU	用户与 NAS 之间数据链路的最大传输单元(maximum transmission unit，MTU)值。例如，在 802.1X 的 EAP 方式认证中，NAS 通过 framed-MTU 值指示服务器可发送 EAP 报文的最大长度，防止 EAP 报文大于数据链路 MTU，导致报文丢失
14	login-IP-host	用户登录设备的接口 IP 地址
15	login-service	用户登录设备时采用的业务类型
18	reply-message	服务器反馈给用户的纯文本描述，可用于向用户显示认证失败的原因
26	vendor-specific	厂商自定义的专有属性。一个报文中可以有一个或多个专有属性，每个专有属性中可以有一个或多个子属性
27	session-timeout	在会话结束之前，给用户提供服务的最大时间，即用户的最大可用时长

续表

属性编号	属性名称	描述
28	idle-timeout	在会话结束之前，允许用户持续空闲的最大时间，即用户的限制切断时间
31	calling-station-ID	NAS用于向服务器告知标识用户的号码，在本公司设备提供的lan-access业务中，该字段填充的是用户的MAC地址，采用“HHHH-HHHH-HHHH”格式进行封装
32	NAS-identifier	NAS用来向服务器标识自己的名称
40	Acct-status-type	计费请求报文的类型 • 1：start • 2：stop • 3：interim-update • 4：reset-charge • 7：accounting-on(3GPP中有定义) • 8：accounting-off (3GPP中有定义) • 9～14：reserved for tunnel accounting • 15：reserved for failed
45	Acct-authentic	用户采用的认证方式，包括RADIUS协议、local域及remote
60	CHAP-challenge	在CHAP认证中，由NAS生成的用于MD5算法计算的随机序列
61	NAS-port-type	NAS认证用户的端口的物理类型 • 15：以太网 • 16：所有种类的ADSL • 17：cable(有线电视电缆) • 19：WLAN-IEEE 802.11 • 201：VLAN • 202：ATM 如果在ATM或以太网端口上还划分VLAN，则该属性值为201
79	EAP-message	用于封装EAP报文，实现RADIUS协议对EAP认证方式的支持
80	message-authenticator	用于对认证报文进行认证和校验，防止非法报文欺骗。该属性在RADIUS协议中支持使用EAP认证方式
87	NAS-port-ID	用字符串来描述的认证端口信息

5.3.5 RADIUS配置

配置RADIUS以方案(scheme)为单位来进行。RADIUS方案中定义了设备和RADIUS服务器之间进行信息交互所必需的一些参数，主要包括RADIUS服务器的IP地址、UDP端口号、报文共享密钥、服务类型等。RADIUS配置步骤如下。

(1) 创建RADIUS方案。

在进行RADIUS的其他配置之前，必须先创建RADIUS方案，并进入其视图。系统最多支持配置16个RADIUS方案。一个RADIUS方案可以同时被多个互联网服务提供商(internet service provider，ISP)域引用。创建RADIUS方案的命令如下：

```
[H3C]radius scheme radius - scheme - name
```

(2) 配置主、从认证/授权服务器的IP地址和端口号。

由于 RADIUS 服务器的授权信息是随认证应答报文发送给 RADIUS 客户端的，RADIUS 的认证和授权功能由同一台服务器实现，因此，RADIUS 认证服务器相当于 RADIUS 认证/授权服务器。通过在 RADIUS 方案中配置 RADIUS 认证服务器，指定设备在对用户进行 RADIUS 认证时与哪些服务器进行通信。配置 RADIUS 认证服务器的命令如下：

```
[H3C-radius-name]primary { accounting | authentication } ip-address [ port-number ]
```

一个 RADIUS 方案中最多允许配置 1 个主认证服务器和 16 个从认证服务器。当主认证服务器不可达时，设备根据从认证服务器的配置顺序由先到后查找状态为 active 的从认证服务器，并与其交互。建议在不需要备份的情况下，只配置主 RADIUS 认证服务器即可。

在实际组网环境中，可以指定一台服务器既作为某个 RADIUS 方案的主认证服务器，又作为另一个 RADIUS 方案的从认证服务器。

（3）配置 RADIUS 报文的共享密钥。

配置 RADIUS 报文的共享密钥的命令如下：

```
[H3C-radius-name] key { accounting | authentication }{ cipher | simple }string
```

RADIUS 客户端与 RADIUS 服务器使用 MD5 算法，并在共享密钥的参与下生成验证字，接受方根据收到报文中的验证字来判断对方报文的合法性。只有在共享密钥一致的情况下，彼此才能接收对方发来的报文，并做出响应。

由于设备优先采用配置 RADIUS 认证/计费服务器时指定的报文共享密钥，因此，本配置中指定的 RADIUS 报文共享密钥仅在配置 RADIUS 认证/计费服务器时未指定相应密钥的情况下使用。

注意

在同一个方案中，指定的主认证/授权服务器和从认证/授权服务器的 IP 地址不能相同，并且，各个从认证/授权服务器的 IP 地址也不能相同，否则将提示配置不成功。如果计费开始请求过程中使用命令修改或删除了正在使用的主计费服务器，则设备在与当前服务器通信超时后，将会重新按照优先级顺序开始依次查找状态为 active 的服务器进行通信。如果在线用户正在使用的计费服务器被删除，则设备将无法发送用户的实时计费请求和计费结束请求，且计费结束报文不会被缓存到本地，这将造成对用户计费的不准确。

5.3.6 RADIUS 配置示例

如图 5-6 所示，专网用户登录防火墙时需要进行 RADIUS 认证。

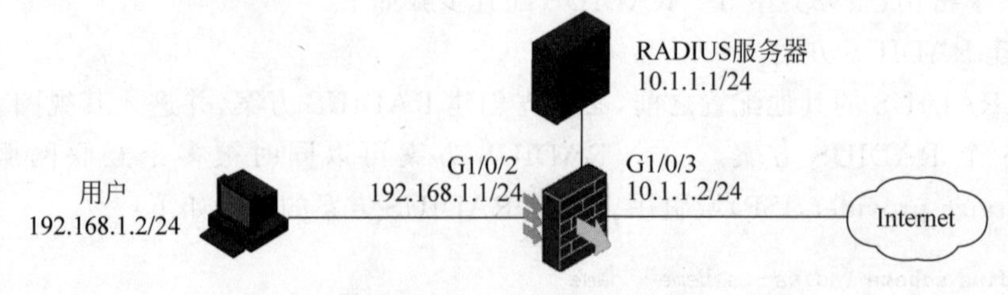

图 5-6 RADIUS 配置示例

首先设置用户使用用户登录设备的认证方式为 AAA 认证；然后创建 RADIUS 方案，指定认证服务器；最后创建在当前 ISP 域下的登录用户的认证、授权和计费方法。

防火墙 RADIUS 配置示例命令如下：

```
[H3C] line vty 0 63
[H3C-line-vty0-63] authentication-mode scheme
[H3C] radius scheme rad
[H3C-radius-rad] primary authentication 10.1.1.1 1812
[H3C-radius-rad] key authentication simple expert
[H3C] domain bbb
[H3C-isp-bbb] authentication login radius-scheme rad
[H3C-isp-bbb] authorization login radius-scheme rad
[H3C-isp-bbb] accounting login none
```

5.4 HWTACACS 认证

5.4.1 HWTACACS 协议概述

HWTACACS 是在 TACACS(RFC 1492)的基础上进行了功能增强的安全协议。该协议与 RADIUS 协议类似，采用客户端/服务器模式实现 NAS 与 HWTACACS 服务器之间的通信。

HWTACACS 协议主要用于点对点协议(point-to-point protocol,PPP)和虚拟专用拨号网络(virtual private dial-up network,VPDN)接入用户及终端用户的认证、授权和计费。其典型应用是对需要登录到 NAS 设备上进行操作的终端用户进行认证、授权，以及对终端用户执行的操作进行记录。设备作为 HWTACACS 的客户端，将用户名和密码发给 HWTACACS 服务器进行验证，用户在验证通过并得到授权之后，可以登录到设备上进行操作，HWTACACS 服务器上会记录用户对设备执行过的命令。

HWTACACS 协议与 RADIUS 协议都实现了认证、授权和计费功能，它们有很多相似点。例如，结构上都采用客户端/服务器模式；都使用共享密钥对传输的用户信息进行加密；都有较好的灵活性和扩展性。但两者也有很多区别，主要区别在可靠性、安全性等方面，两者的主要区别如表 5-3 所示。

表 5-3 RADIUS 协议与 HWTACACS 协议的比较

RADIUS 协议	HWTACACS 协议
使用 UDP，网络传输效率更高	使用 TCP，网络传输更可靠
只对验证报文中的密码字段进行加密	除了 TACACS+报文头以外，对报文主体全部进行加密
协议报文比较简单，认证和授权结合，难以分离	协议报文较复杂，认证和授权分别在不同的安全服务器上实现
不支持对设备的配置命令进行授权使用，用户在登录设备后可以使用的命令行由用户级别决定	支持对设备的配置命令进行授权使用，用户可使用的命令行受到用户级别和 AAA 授权的双重限制

5.4.2 HWTACACS报文交互流程

HWTACACS认证大多数应用在需要授权功能的场合,如Telnet登录管理用户的命令行授权功能。所以,在此以Telnet用户登录为例,来说明整个认证、授权、计费过程中报文交互流程(见图5-7)。

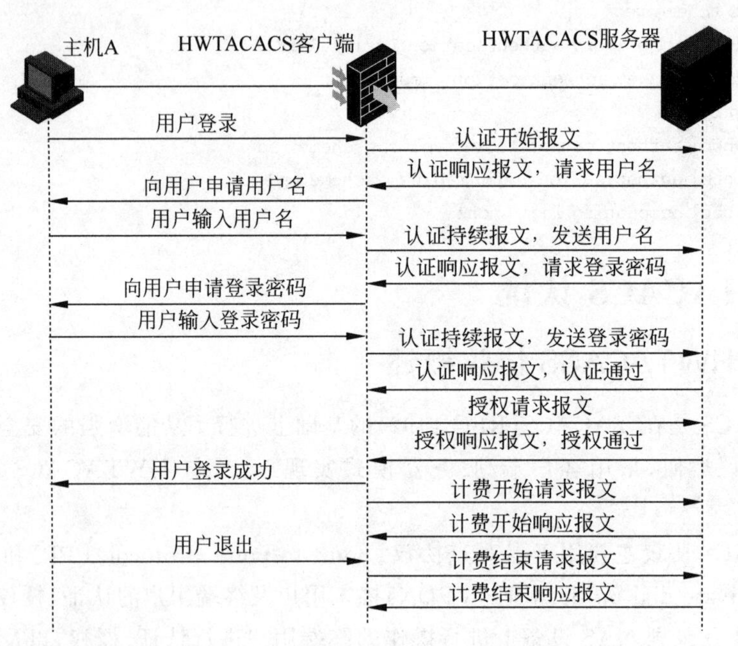

图5-7 Telnet用户登录时HWTACACS报文交互流程

(1) 用户请求登录设备。

(2) HWTACACS客户端在收到请求后,向HWTACACS服务器发送认证开始报文。

(3) HWTACACS服务器发送认证响应报文,请求用户名。

(4) HWTACACS客户端在收到认证响应报文后,向用户申请用户名。

(5) 用户输入用户名。

(6) HWTACACS客户端在收到用户名后,向HWTACACS服务器发送认证持续报文,其中包括用户名。

(7) HWTACACS服务器发送认证响应报文,请求登录密码。

(8) HWTACACS客户端在收到认证响应报文后,向用户申请登录密码。

(9) 用户输入登录密码。

(10) HWTACACS客户端在收到登录密码后,向HWTACACS服务器发送认证持续报文,其中包括登录密码。

(11) 如果认证成功,则HWTACACS服务器发送认证响应报文,指示用户通过认证。

(12) HWTACACS客户端向HWTACACS服务器发送授权请求报文。

(13) 如果授权成功,则HWTACACS服务器发送授权响应报文,指示用户通过授权。

(14) HWTACACS客户端收到授权响应报文,向用户输出设备的配置界面,允许用户登录。

(15) HWTACACS客户端向HWTACACS服务器发送计费开始请求报文。

(16) HWTACACS 服务器发送计费响应报文,指示计费开始请求报文已经收到。

(17) 用户请求断开连接。

(18) HWTACACS 客户端向 HWTACACS 服务器发送计费结束请求报文。

(19) HWTACACS 服务器发送计费结束响应报文,指示计费结束请求报文已经收到。

5.4.3 HWTACACS 配置

HWTACACS 的命令行配置步骤如下。

(1) 在进行其他相关配置前,首先要创建 HWTACACS 方案,并进入其视图。

创建 HWTACACS 方案的命令如下:

```
[H3C]hwtacacs scheme hwtacacs - scheme - name
```

系统最多支持配置 16 个 HWTACACS 方案。1 个 HWTACACS 方案可以同时被多个 ISP 域引用。

(2) 配置主认证、授权、计费服务器的 IP 地址和端口号。

通过在 HWTACACS 方案中配置 HWTACACS 认证/授权/计费服务器,指定设备在对用户进行 HWTACACS 认证/授权/计费时与哪个服务器进行通信。配置 HWTACACS 认证/授权/计费服务器的命令如下:

```
[H3C - hwtacacs - name]primary {accounting | authentication | authorization} ip - address [ port - number ]
```

一个 HWTACACS 方案中最多允许配置 1 个主认证/授权/计费服务器和 16 个从认证/授权/计费服务器。当主认证/授权/计费服务器不可达时,设备根据从认证/授权/计费服务器的配置顺序由先到后查找状态为 active 的从认证/授权/计费服务器,并与其交互。建议在不需要备份的情况下,只配置主 HWTACACS 认证/授权/计费服务器即可。

在实际组网环境中,可以指定一台服务器既作为某个 HWTACACS 方案的主认证/授权/计费服务器,又作为另一个 HWTACACS 方案的从认证/授权/计费服务器。

在同一个方案中指定的主认证/授权/计费服务器和从认证/授权/计费服务器的 IP 地址、端口号和 VPN 参数不能完全相同。若服务器位于 VPN 专网中,为保证 HWTACACS 报文被发送到指定的专网服务器,则必须指定服务器所属的 VPN 实例名称。该命令指定的服务器所属的 VPN 比 HWTACACS 方案所属的 VPN 优先级高。

只有当设备与认证/授权/计费服务器没有报文交互时,才允许删除认证/授权/计费该服务器。在认证/授权/计费服务器删除后,只对之后的认证/授权/计费过程有影响。

(3) 配置共享密钥。

配置共享密钥的命令如下:

```
[H3C - hwtacacs - name]key { accounting | authentication | authorization } { cipher | simple } string
```

HWTACACS 客户端与 HWTACACS 服务器使用 MD5 算法,并在共享密钥的参与下加密 HWTACACS 报文。只有在密钥一致的情况下,彼此才能接收对方发来的报文,并做出响应。

由于设备优先采用配置 HWTACACS 认证/授权/计费服务器时指定的报文共享密钥,因此,本配置中指定的 HWTACACS 报文共享密钥仅在配置 HWTACACS 认证/授权/计费服务器时未指定相应密钥的情况下使用。

5.4.4 HWTACACS 配置示例

如图 5-8 所示,专网用户登录防火墙时需要进行 HWTACACS 认证。

首先设置用户使用用户登录设备的认证方式为 AAA 认证;然后创建 HWTACACS 方案,指定认证/授权/计费服务器;最后创建在当前 ISP 域下的登录用户的认证、授权和计费方法。

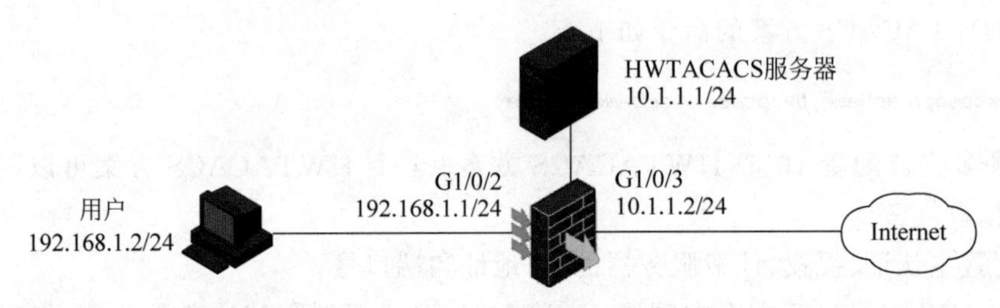

图 5-8 HWTACACS 配置示例

防火墙 HWTACACS 配置示例命令如下:

```
[H3C] line vty 0 63
[H3C - line - vty0 - 63] authentication - mode scheme
[H3C] hwtacacs scheme hwtac
[H3C - hwtacacs - hwtac] primary authentication 10.1.1.1 49
[H3C - hwtacacs - hwtac] primary authorization 10.1.1.1 49
[H3C - hwtacacs - hwtac] primary accounting 10.1.1.1 49
[H3C - hwtacacs - hwtac] key authentication simple expert
[H3C - hwtacacs - hwtac] key authorization simple expert
[H3C - hwtacacs - hwtac] key accounting simple expert
[H3C] domain bbb
[H3C - isp - bbb] authentication login hwtacacs - scheme hwtac
[H3C - isp - bbb] authorization login hwtacacs - scheme hwtac
[H3C - isp - bbb] accounting login hwtacacs - scheme hwtac
```

5.5 LDAP 认证

5.5.1 LDAP 协议概述

LDAP 是一种目录访问协议,用于提供跨平台的、基于标准的目录服务。它是在 X.500 协议的基础上发展起来的,继承了 X.500 协议的优点,并对 X.500 协议在读取、浏览和查询操作方面进行了改进,适合于存储那些不经常改变的数据。LDAP 的典型应用是用来保存系统中的用户信息,如 Microsoft 的 Windows 操作系统就使用了 Active Directory Server(一种 LDAP 服务器软件)来保存操作系统的用户、用户组等信息,用于用户登录 Windows 时的认证和授权,如图 5-9 所示。

LDAP 使用目录记录并管理系统中的组织信息、人员信息及资源信息。目录按照树型结构组织,由多个条目(entry)组成的。条目是具有识别名(distinguishedname,DN)的属性(attribute)集合。属性用来承载各种类型的数据信息,如用户名、密码、邮件、计算机名、联系

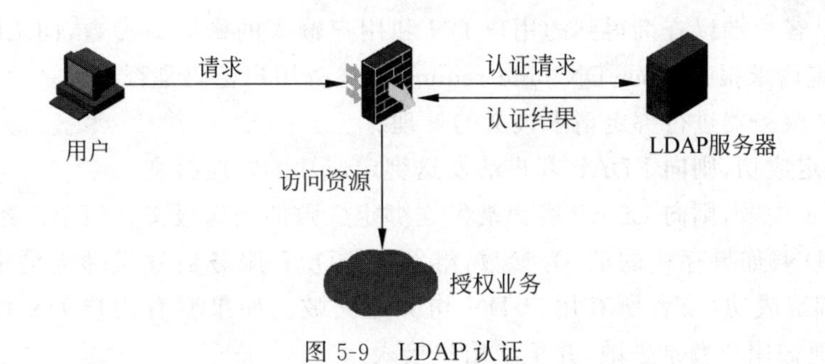

图 5-9 LDAP 认证

电话等。LDAP 基于客户端/服务器结构提供目录服务功能，所有的目录信息数据存储在 LDAP 服务器上。目前，Microsoft 的 Active Directory Server、IBM 的 Tivoli Directory Server 和 Sun 的 Sun ONE Directory Server 都是常用的 LDAP 服务器软件。

AAA 可以使用 LDAP 对用户提供认证和授权服务。LDAP 中定义了多种操作来实现 LDAP 的各种功能，用于认证和授权的操作主要为绑定和查询。绑定操作的作用有两个。一是与 LDAP 服务器建立连接，并获取 LDAP 服务器的访问权限；二是用于检查用户信息的合法性。查询操作就是构造查询条件，并获取 LDAP 服务器的目录资源信息的过程。

在使用 LDAP 进行认证时，其基本的工作流程如下。

(1) LDAP 客户端使用 LDAP 服务器管理员 DN 与 LDAP 服务器进行绑定，与 LDAP 服务器建立连接，并获得查询权限。

(2) LDAP 客户端使用认证信息中的用户名构造查询条件，在 LDAP 服务器指定的根目录下查询此用户，得到用户的 DN。

(3) LDAP 客户端使用用户 DN 和用户密码与 LDAP 服务器进行绑定，检查用户密码是否正确。

使用 LDAP 的授权过程与认证过程相似，首先必须通过与 LDAP 服务器进行绑定，建立与服务器的连接，然后在此连接的基础上通过查询操作得到用户的授权信息。与认证过程稍有不同的是，授权过程不仅会查询用户 DN，还会同时查询相应的 LDAP 授权信息。

5.5.2 LDAP 认证信息交互流程

用户在登录时，LDAP 认证信息交互流程大致如下(见图 5-10)。

(1) 用户发起连接请求，向 LDAP 客户端发送用户名和密码。

(2) LDAP 客户端在收到请求后，与 LDAP 服务器建立 TCP 连接。

(3) LDAP 客户端以管理员 DN 和管理员 DN 密码为参数，向 LDAP 服务器发送管理员绑定请求报文(administrator bind request)获得查询权限。

(4) LDAP 服务器进行绑定请求报文的处理。如果绑定成功，则向 LDAP 客户端发送绑定成功的响应报文。

(5) LDAP 客户端以输入的用户名为参数，向 LDAP 服务器发送用户 DN 查询请求报文(user DN search request)。

(6) LDAP 服务器在收到查询请求报文后，根据报文中的查询起始地址、查询范围及过滤条件，对用户 DN 进行查找。如果查询成功，则向 LDAP 客户端发送查询成功的响应报文。查询得到的用户 DN 可以是 1 个或多个。

(7) LDAP 客户端以查询得到的用户 DN 和用户输入的密码为参数,向 LDAP 服务器发送用户 DN 绑定请求报文(user DN bind request),检查用户密码是否正确。

(8) LDAP 服务器进行绑定请求报文的处理。

① 如果绑定成功,则向 LDAP 客户端发送绑定成功的响应报文。

② 如果绑定失败,则向 LDAP 客户端发送绑定失败的响应报文。LDAP 客户端以下一个查询到的用户 DN(如果存在的话)为参数,继续向 LDAP 服务器发送绑定请求报文,直至有 1 个用户 DN 绑定成功,或者所有用户 DN 均绑定失败。如果所有用户 DN 均绑定失败,则 LDAP 客户端通知用户登录失败,并拒绝用户接入。

(9) LDAP 客户端保存绑定成功的用户 DN,并进行授权处理。如果设备采用 LDAP 授权方案,则进行用户授权交互流程。

(10) 在授权成功之后,LDAP 客户端通知用户登录成功。

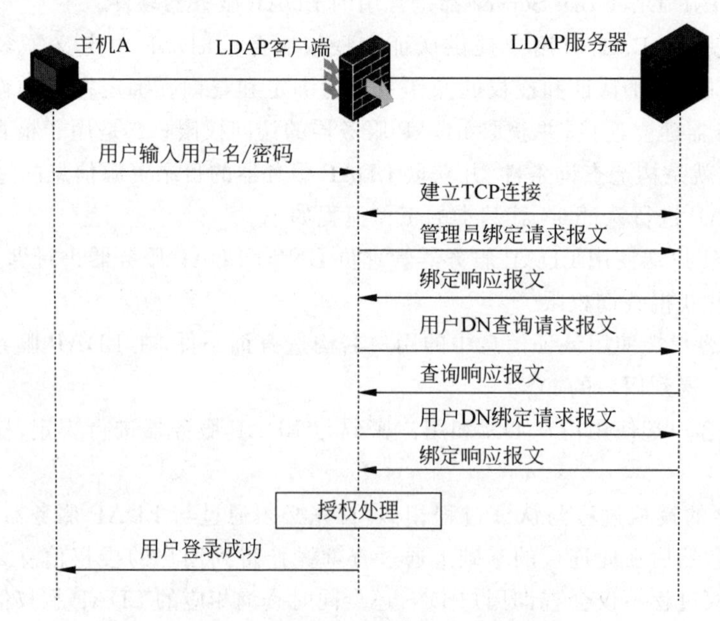

图 5-10 LDAP 认证信息交互流程

5.5.3 LDAP 授权信息交互流程

用户登录时,LDAP 授权信息交互流程大致如下(见图 5-11)。

(1) 用户发起连接请求,向 LDAP 客户端发送用户名和密码。

(2) LDAP 客户端在收到请求后,进行认证处理。如果设备采用 LDAP 认证方案,则按照之前 LDAP 认证信息交互流程进行 LDAP 认证。在 LDAP 认证流程完成后,如果已经和该 LDAP 授权服务器建立了绑定关系,则直接转到步骤(6),否则转到步骤(4);如果设备采用非 LDAP 认证方案,则执行其他协议的认证处理流程,然后转到步骤(3)。

(3) LDAP 客户端与 LDAP 服务器建立 TCP 连接。

(4) LDAP 客户端以管理员 DN 和管理员 DN 密码为参数,向 LDAP 服务器发送管理员绑定请求报文获得查询权限。

(5) LDAP 服务器进行绑定请求报文的处理。如果绑定成功,则向 LDAP 客户端发送绑定成功的响应报文。

（6）LDAP 客户端以输入的用户名为参数（如果用户认证使用的是相同的 LDAP 服务器，则以保存的绑定成功的用户 DN 为参数），向 LDAP 服务器发送授权查询请求报文。

（7）LDAP 服务器在收到查询请求报文后，根据报文中的查询起始地址、查询范围、过滤条件，以及 LDAP 客户端关心的 LDAP 属性，对用户信息进行查找。如果查询成功，则向 LDAP 客户端发送查询成功的响应报文。

（8）在授权成功后，LDAP 客户端通知用户登录成功。

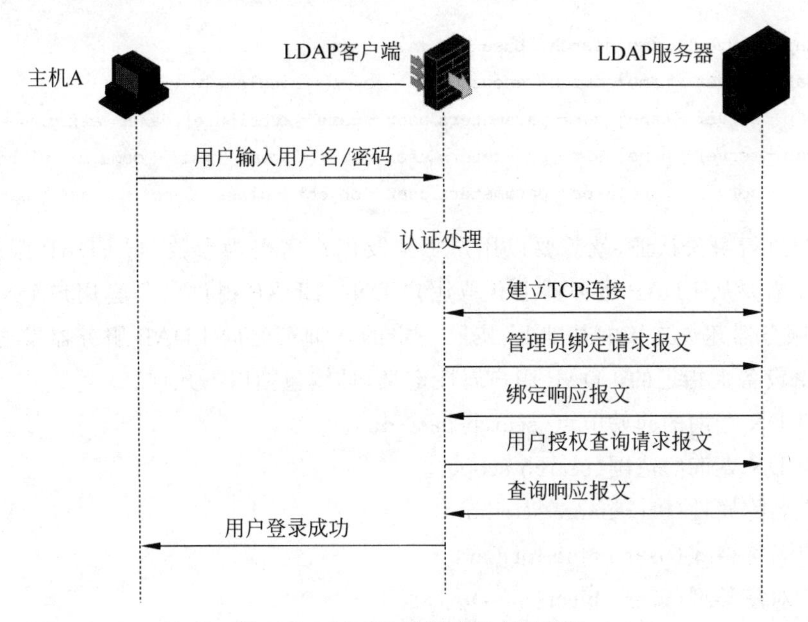

图 5-11　LDAP 授权信息交互流程

5.5.4　LDAP 的命令行配置

LDAP 的命令行配置步骤如下。

（1）创建 LDAP 服务器，并配置服务器的 IP 地址和端口号。

创建 LDAP 服务器的命令如下：

```
[H3C]ldap server server - name
```

配置 LDAP 服务器的命令如下：

```
[H3C - ldap - server - name] {ip ip - address | ipv6 ipv6 - address } [ port port - number ]
```

配置 LDAP 服务器 IP 地址及端口号时，需保证设备上的 LDAP 服务端口与 LDAP 服务器上使用的端口设置一致。

如果更改 IP 地址和端口号，则只对更改后进行的 LDAP 认证生效。在 LDAP 服务器命令视图下，仅能同时存在一个 IPv4 地址类型的 LDAP 服务器或一个 IPv6 地址类型的 LDAP 服务器。如果多次执行配置命令，则最后一次执行的命令生效。

（2）配置 LDAP 认证过程中绑定服务器所使用的用户 DN 和用户密码，该用户具有管理员权限。

配置用户 DN 的命令如下：

```
[H3C-ldap-server-name]login-dn dn-string
```

配置用户密码的命令如下：

```
[H3C-ldap-server-name]login-password{ciper|simple} password
```

配置的管理员权限的用户 DN 必须与 LDAP 服务器上管理员的 DN 一致。

(3) 配置 LDAP 用户属性参数。

```
[H3C-ldap-server-name]search-base-dn base-dn
[H3C-ldap-server-name]search-scope { all-level | single-level }
[H3C-ldap-server-name]user-parameters user-name-attribute{ name-attribute | cn | uid }
[H3C-ldap-server-name]user-parameters user|name-format { with-domain | without-domain }
[H3C-ldap-server-name]user-parameters user-object-class object-class-name
```

要对用户进行身份认证，就需要以用户 DN 及用户密码为参数，与 LDAP 服务器进行绑定，因此，首先需要从 LDAP 服务器上获取用户 DN。LDAP 提供了一套用户 DN 查询机制，在与 LDAP 服务器建立连接的基础上，按照一定的查询策略向 LDAP 服务器发送查询请求。该查询策略由设备上指定的 LDAP 用户属性定义，具体包括以下几项。

(1) 用户 DN 查询的起始节点(search-base-dn)。

(2) 用户 DN 查询的范围(search-scope)。

(3) 用户名称属性(user-name-attribute)。

(4) 用户名称格式(user-name-format)。

(5) 用户对象类型(user-object-class)。

LDAP 服务器上的目录结构可能具有很深的层次，如果从根目录进行用户 DN 的查找，则耗费的时间将会较长，因此，必须配置用户查找的起始点 DN，以提高查找效率。

(4) 创建 LDAP 方案。

命令如下：

```
[H3C]ldap scheme ldap-scheme-name
```

系统最多支持配置 16 个 LDAP 方案。1 个 LDAP 方案可以同时被多个 ISP 域引用。

(5) 指定 LDAP 认证/授权服务器。

指定 LDAP 认证服务器的命令如下：

```
[H3C-ldap-name]authentication-server server-name
```

指定 LDAP 授权服务器的命令如下：

```
[H3C-ldap-name]authorization-server server-name
```

在 1 个 LDAP 方案命令视图下，仅能指定 1 个 LDAP 认证/授权服务器，多次执行本命令，最后一次执行的命令生效。

5.5.5 LDAP 的 Web 配置

通过 Web 配置 LDAP 与命令行方式思路一致，下面仅展示下关键步骤。

在菜单栏中选择“对象”→“用户”→“认证管理”→LDAP→“LDAP 方案”命令，单击“新建”按钮，弹出“新建 LDAP 方案”对话框，进行相应的配置，如图 5-12 所示。

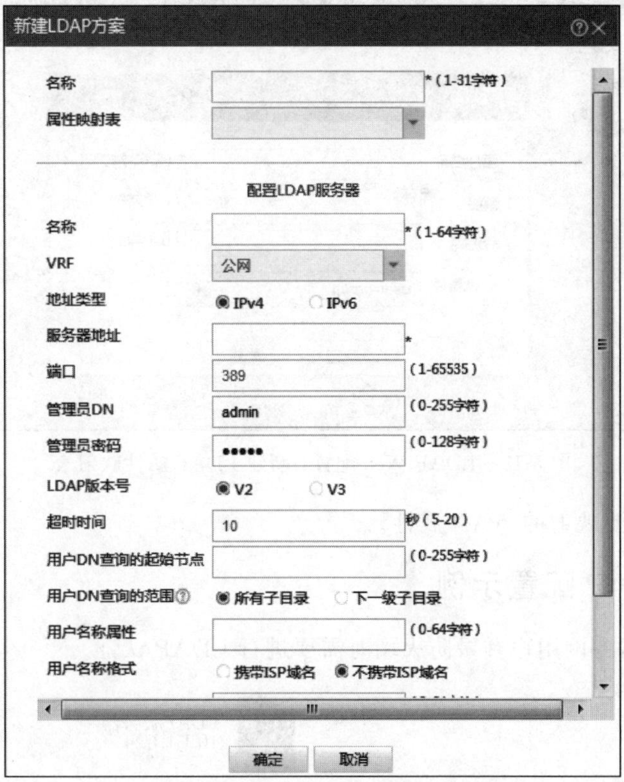

图 5-12　LDAP Web 配置：新建 LDAP 方案

“名称”：LDAP 方案的名称。

“名称”：LDAP 服务器的名称。

“地址类型”：LDAP 服务器的地址类型。

“服务器地址”：LDAP 服务器的地址。

“端口”：LDAP 服务器所使用的端口号。

“管理员 DN”：具有管理员权限的用户 DN。

“管理员密码”：具有管理员权限的用户密码。

“LDAP 版本号”：LDAP 认证中所支持的 LDAP 的版本号。

“超时时间”：LDAP 服务器连接超时时间。

“用户 DN 查询的起始节点”：用户查询的起始点 DN。

“用户 DN 查询的范围”：用户 DN 的查询范围。

“用户名称属性”：用户名的属性类型。

“用户名称格式”：发送给 IDAP 服务器的用户名格式。

在菜单栏中选择“对象”→“用户”→“认证管理”→LDAP→“LDAP 属性映射表”命令，单击“新建”按钮，弹出“新建 LDAP 属性”对话框，进行相应的配置，如图 5-13 所示。

“属性名称”：LDAP 属性映射名称。

“前缀”：LDAP 属性字符串中的某内容前缀。

“分隔符”：LDAP 属性字符串中的内容分隔符。

新建LDAP属性映射表

名称 *（1-31字符）

属性

⊕ 新建 ✕

属性名

新建LDAP属性

属性名称 *（1-63字符）

前缀 （0-7字符）

分隔符 （0-1字符）

AAA属性 user-group

确定 取消

确定 取消

图 5-13 LDAP Web 配置：新建 LDAP 属性映射表

“AAA 属性”：要映射的 AAA 属性。

5.5.6 LDAP 配置示例

如图 5-14 所示，专网用户登录防火墙时需要进行 LDAP 认证。

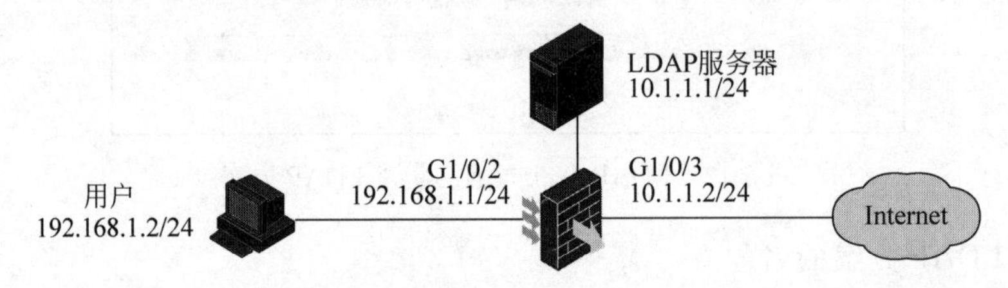

图 5-14 LDAP 配置示例

首先设置用户使用用户登录设备的认证方式为 AAA 认证；然后创建 LDAP 服务器，配置 LDAP 服务器 IP 地址，以及配置具有管理员权限的用户属性、配置用户属性参数、创建 LDAP 方案、指定认证服务器；最后创建在当前 ISP 域下的登录用户的认证、授权和计费方法。

防火墙 LDAP 配置示例命令如下：

```
[H3C] line vty 0 63
[H3C - line - vty0 - 63] authentication - mode scheme
[H3C] ldap server ldap1
[H3C - ldap - server - ldap1] ip 10.1.1.1
[H3C - ldap - server - ldap1] login - dn cn = administrator, cn = users, dc = ldap, dc = com
[H3C - ldap - server - ldap1] login - password simple admin! 123456
[H3C - ldap - server - ldap1] search - base - dn dc = ldap, dc = com
[H3C] ldap scheme ldap1 - shml
[H3C - ldap - ldap - shml] authentication - server ldap1
[H3C] domain bbb
[H3C - isp - bbb] authentication login ldap - scheme ldap1 - shml
[H3C - isp - bbb] authorization login none
[H3C - isp - bbb] accounting login none
```

5.6 防火墙用户管理及应用

5.6.1 本地用户分类

防火墙的本地用户是指，在本地设备上设置的一组用户属性的集合。该集合以用户名和用户类型为用户的唯一标识。

本地用户分为以下两类。

(1) 设备管理用户，主要包括 FTP、HTTP、HTTPS、Telnet、SSH、Terminal 等用户。

(2) 网络接入用户，主要包括 DVPN、Portal、PPP 等用户。

设备管理用户供设备管理员登录设备使用，网络接入用户供本地用户通过设备访问网络服务。为使某个请求网络服务的用户可以通过本地认证，需要在设备上的本地用户数据库中添加相应的表项。

5.6.2 防火墙用户管理

NAS 对用户的管理是基于 ISP 域的，每个用户都属于一个 ISP 域。一般情况下，用户所属的 ISP 域是由用户登录时提供的用户名所决定的，如图 5-15 所示。

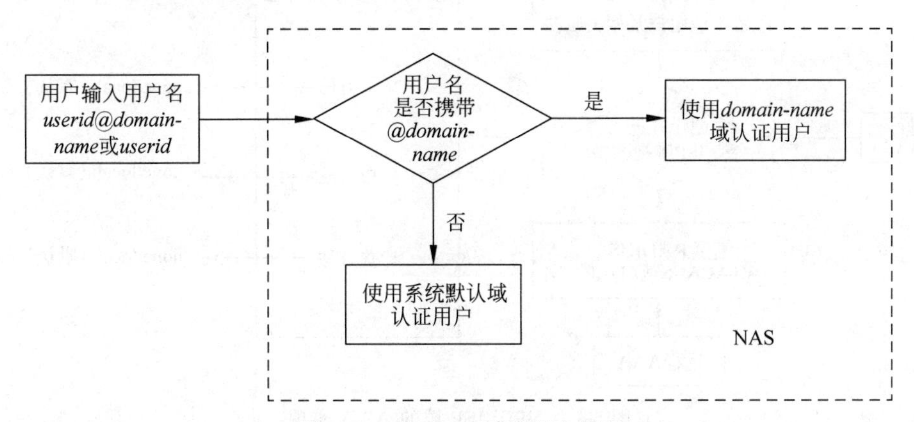

图 5-15 基于 ISP 域的用户管理

为便于对不同接入方式的用户进行区分管理，提供更为精细，且有差异化的认证、授权、计费服务，AAA 将用户划分为几个类型。

(1) login 用户：登录设备用户，如 SSH 用户、Telnet 用户、FTP 用户、终端接入用户(即从 Console 口登录的用户)。

(2) Web 用户：使用 HTTP 或 HTTPS 服务登录设备 Web 界面的用户。

(3) Portal 接入用户。

(4) PPP 接入用户。

(5) IKE 用户：使用 IKE 扩展认证的用户。

(6) SSL VPN 接入用户。

其中，login 用户和 Web 用户属于设备管理类用户，Portal 用户、PPP 用户、SSL VPN 用户属于接入类用户。

对于某些接入方式，用户最终所属的 ISP 域可由该相应的认证模块所提供的命令行来指定，用于满足一定的用户认证管理策略。

如图 5-16 所示，在作为 AAA 客户端的接入设备(实现 NAS 功能的网络设备)上，AAA 的基本配置思路如下。

(1) 配置 AAA 方案：根据不同的组网环境，配置相应的 AAA 方案。

① 本地认证：由 NAS 自身对用户进行认证、授权和计费。需要配置本地用户，即 local user 的相关属性，包括手动添加用户的用户名和密码等。

② 远程认证：由远程 AAA 服务器来对用户进行认证、授权和计费。需要配置 RADIUS、HWTACACS 或 LDAP 方案。

(2) 配置实现 AAA 的方法：在用户所属的 ISP 域中分别指定实现认证、授权、计费的方法。其中，远程认证、授权、计费方法中均需要引用已经配置的 RADIUS、HWTACACS 或 LDAP 方案。

① 认证方法：可选择不认证(none)、本地认证(local)或远程认证(scheme)。

② 授权方法：可选择不授权(none)、本地授权(local)或远程授权(scheme)。

③ 计费方法：可选择不计费(none)、本地计费(local)或远程计费(scheme)。

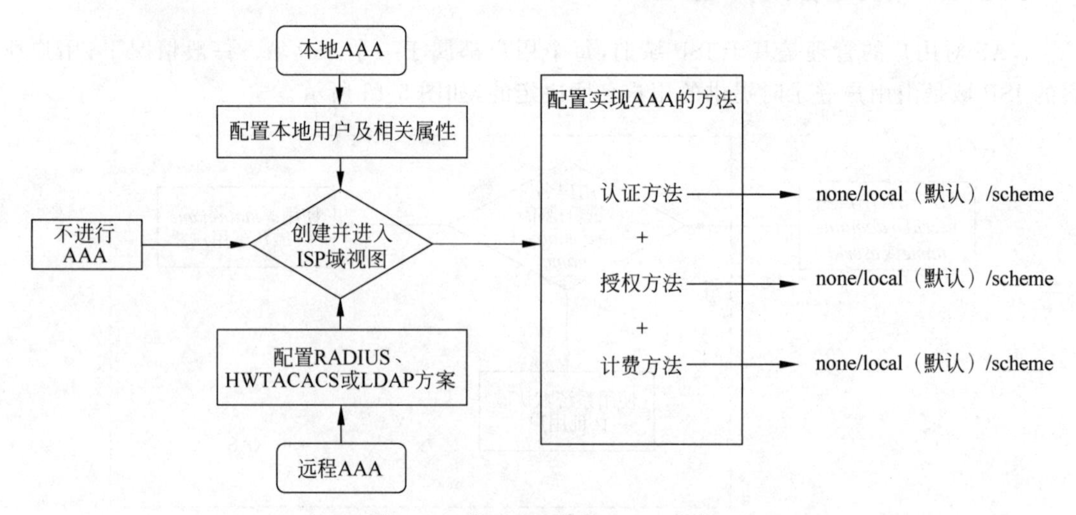

图 5-16 基于 ISP 域的 AAA 实现

5.6.3 用户管理配置

1. 本地用户配置

使用如下命令来创建一个本地用户并指定用户类型：

```
[H3C]local-user user-name [ class { manage | network } ]
```

用户类型包括如下内容。

(1) manage：设备管理类用户，用于登录设备，对设备进行配置和监控。此类用户可以提供 FTP、HTTP、HTTPS、Telnet、SSH、Terminal 服务。

(2) network：网络接入类用户，用于通过设备接入网络，访问网络资源。

使用如下命令来设置用户密码。

```
[H3C-luser-network-user-name]password { cipher| simple } password
[H3C-luser-manage-user-name] password [ { hash | simple } password ]
```

在本地用户视图下，使用如下命令来配置相应的服务类型及所属的用户组等。

```
[H3C-luser-network-user-name]service-type{ ike| portal| ppp | sslvpn}
[H3C-luser-manage-user-name]service-type { ftp | { http | https | ssh | telnet | terminal } }
[H3C-luser-network-user-name]group group-name
[H3C-luser-manage-user-name] group group-name
```

2. 用户组配置

为了简化本地用户的配置，增强本地用户的可管理性，这里引入用户组的概念。用户组是指一个本地用户属性的集合，某些需要集中管理的属性可在用户组中统一配置和管理，用户组内的所有本地用户都可以继承这些属性。目前，在用户组中可以管理的用户属性为授权属性。

每个新增的本地用户都默认属于一个系统自动创建的用户组 system，且继承该组的所有属性。本地用户所属的用户组可以通过本地用户视图下的 group 命令来进行修改。

使用如下命令来创建一个用户组并进入用户组视图，配置用户组的授权属性。

```
[H3C]user-group group-name
[H3C-ugroup-group-name]authorization-attribute{ acl acl-number | callback-number callback-number | idle-cut minute | ip-pool ipv4-pool-name | ipv6-pool ipv6-pool-name | ipv6-prefix ipv6-prefix prefix-length | { primary-dns| secondary-dns} { ip ip-address | ipv6 ipv6-address } | session-timeout minutes | sslvpn-policy-group group-name | url url-string | vlan vlan-id | vpn-instance vpn-instance-name | work-directory directory-name }
```

其中，主要参数如下。

(1) **acl** *acl-number*：指定本地用户的授权 ACL。其中，*acl-number* 为授权 ACL 的编号，取值范围为 2000～5999。本地用户在认证成功后，将授权仅可以访问符合指定 ACL 规则的网络资源。

(2) **idle-cut** *minute*：设置本地用户的闲置切断时间。其中，*minute* 为设定的闲置切断时间，取值范围为 1～120，单位为分钟。如果用户在线后连续闲置的时长超过该值，设备会强制该用户下线。

(3) **ip-pool** *ipv4-pool-name*：指定本地用户的 IPv4 地址池信息。本地用户在认证成功后，将允许使用该 IPv4 地址池分配地址。其中，*ipv4-pool-name* 表示地址池名称，为 1～63B 的字符串，不区分大小写。

(4) **primary-dns ip** *ip-address*：指定本地用户的主 DNS 服务器的 IPv4 地址。本地用户在认证成功后，将授权使用该主 DNS 服务器。

(5) **session-timeout** *minutes*：设置本地用户的会话超时时间。其中，*minutes* 为设定的会话超时时间，取值范围为 1～1440，单位为分钟。如果用户在线时长超过该值，设备会强制该用户下线。

(6) **sslvpn-policy-group** *group-name*：指定本地用户所引用的 SSL VPN 策略组名，其中，*group-name* 为 1～31B 的字符串，不区分大小写。

(7) **vlan** *vlan-id*：指定本地用户的授权 VLAN。其中，*vlan-id* 为 VLAN 编号，取值范围为 1～4094。本地用户在认证成功后，将授权仅可以访问指定 VLAN 内的网络资源。

(8) **vpn-instance** *vpn-instance-name*：指定本地用户所在的 VPN 实例。其中，*vpn-instance-name* 表示 VPN 实例名称，为 1～31B 的字符串，不区分大小写。本地用户在认证成功后，将允许访问指定 VPN 中的网络资源。

3. AAA 认证配置

创建 ISP 域，命令如下：

```
[H3C]domain isp-name
```

配置当前 ISP 域默认的认证方法，命令如下：

```
[H3C-isp-isp-name]authentication default{ hwtacacs-scheme hwtacacs-scheme-name [ radius-scheme radius-scheme-name ] [ local] [ none] | ldap-scheme ldap-scheme-name [local] [ none] | local[ none] | none| radius-scheme radius-scheme-name [ hwtacacs-scheme hwtacacs-scheme-name ] [ local] [ none] }
```

在多 ISP 域的应用环境中，不同 ISP 域的用户有可能接入同一台设备。而且，各 ISP 域用户的用户属性(如用户名及密码构成、服务类型及权限等)有可能不相同，因此，有必要通过设置 ISP 域将它们进行区分，并为每个 ISP 域单独配置一套 AAA 方案及 ISP 域的相关属性。

对于设备来说，每个接入用户都属于一个 ISP 域。在系统中最多可以配置 16 个 ISP 域，包括 1 个系统默认存在的名称为 system 的 ISP 域。如果某个用户在登录时没有提供 ISP 域名，系统将把它归于默认的 ISP 域。系统默认的 ISP 域可以手工修改为一个指定的 ISP 域。

用户在认证时，设备将按照如下先后顺序为其选择认证域：接入模块指定的认证域→用户名中指定的 ISP 域→系统默认的 ISP 域。其中，仅部分接入模块支持指定认证域，如 Portal。如果根据以上原则决定的认证域在设备上不存在，但设备上为未知域名的用户指定了 ISP 域，则最终使用该指定的 ISP 域认证，否则用户将无法认证。

注意

一个 ISP 域在被配置为默认的 ISP 域后，将不能删除，必须首先执行命令 **undo domain default enable** 将其修改为非默认 ISP 域，然后才可以删除。系统默认存在的 system 域只能修改，不能删除。

另外，在配置前，需要做好如下准备工作。

(1) 确定要配置的接入方式或服务类型。AAA 可以对不同的接入方式和服务类型配置不同的认证方案。

(2) 确定是否为所有的接入方式或服务类型配置默认的认证方法，默认的认证方法对所有接入用户都起作用，但其优先级低于为具体接入方式或服务类型配置的认证方法。

在当前 ISP 域中，配置设备的不同类型用户的认证方法如下。

配置当前 ISP 域 login 用户的认证方法，命令如下：

```
[H3C-isp-isp-name]authentication login{ hwtacacs-scheme hwtacacs-scheme-name [ radius-scheme radius-scheme-name ] [ local] [ none] | ldap-scheme ldap-scheme-name [ local] [ none] | local[ none] | none| radius-scheme radius-scheme-name [ hwtacacs-scheme hwtacacs-scheme-name ] [ local] [ none] }
```

配置当前 ISP 域 Portal 用户的认证方法，命令如下：

```
[H3C-isp-isp-name] authentication portal { ldap-scheme ldap-scheme-name [ local ] [ none ] | local [ none ] | none | radius-scheme radius-scheme-name [ local ] [ none ] }
```

配置当前 ISP 域 PPP 用户的认证方法，命令如下：

```
[H3C-isp-isp-name] authentication ppp { hwtacacs-scheme
```

```
hwtacacs - scheme - name[ radius - scheme radius - scheme - name ] [ local] [ none] | local[ none ]
| none | radius - scheme radius - scheme - name [ hwtacacs - scheme hwtacacs - scheme - name ]
[ local ] [ none ] }
```

配置当前 ISP 域 SSL VPN 用户的认证方法，命令如下：

```
[H3C - isp - isp - name] authentication sslvpn { ldap - scheme ldap - scheme - name [ local ] [ none ]
| local [ none ] | none | radius - scheme radius - scheme - name [ local ] [ none ] }
```

在配置时，可以指定多个备选的认证方法，在当前的认证方法无效时，按照配置顺序尝试使用备选的认证方法完成认证。

4. AAA 授权配置

创建 ISP 域，命令如下：

```
[H3C]domain isp - name
```

配置当前 ISP 域默认的授权方法，命令如下：

```
[H3C - isp - isp - name]authorization default { hwtacacs - scheme hwtacacs - scheme - name [ radius -
scheme radius - scheme - name ] [ local ] [ none ] | local [ none ] | none | radius - scheme radius -
scheme - name [ hwtacacs - scheme hwtacacs - scheme - name ] [ local ] [ none ] }
```

注意

目前，设备暂不支持使用 LDAP 进行授权。在一个 ISP 域中，只有 RADIUS 授权方法和 RADIUS 认证方法引用了相同的 RADIUS 方案，RADIUS 授权才能生效。若 RADIUS 授权未生效或 RADIUS 授权失败，则用户认证会失败。

另外，在配置前，需要做好如下准备工作。

(1) 确定要配置的接入方式或服务类型，AAA 可以按照不同的接入方式和服务类型进行 AAA 授权的配置。

(2) 确定是否为所有的接入方式或服务类型配置默认的授权方法，默认的授权方法对所有接入用户都起作用，但其优先级低于为具体接入方式或服务类型配置的授权方法。

在当前 ISP 域中，配置设备的不同类型用户的授权方法如下。

配置当前 ISP 域 login 用户的授权方法，命令如下：

```
[H3C - isp - isp - name]authorization login { hwtacacs - scheme hwtacacs - scheme - name [ radius -
scheme radius - scheme - name ] [ local ] [ none ] radius - scheme radius - scheme - name [ hwtacacs -
scheme hwtacacs - scheme - name ] [ local ] [ none ] }
```

配置当前 ISP 域 Portal 用户的授权方法，命令如下：

```
[H3C - isp - isp - name] authorization portal {local [ none ] | none | radius - scheme radius -
scheme - name [ local ] [ none ] }
```

配置当前 ISP 域 PPP 用户的授权方法，命令如下：

```
[H3C - isp - isp - name] authorization ppp { hwtacacs - scheme
hwtacacs - scheme - name[ radius - scheme radius - scheme - name ] [ local ] [ none ] | local [ none ]
| none| radius - scheme radius - scheme - name [ hwtacacs - scheme hwtacacs - scheme - name ]
[ local ] [ none ] }
```

配置当前 ISP 域 SSL VPN 用户的授权方法，命令如下：

[H3C-isp-isp-name]**authorization sslvpn** { **ldap-scheme** *ldap-scheme-name* [**local**] [**none**] | **local** [**none**] | **none** | **radius-scheme** *radius-scheme-name* [**local**] [**none**] }

在配置时,可以指定多个备选的授权方法,在当前的授权方法无效时,按照配置顺序尝试使用备选的授权方法完成授权。

5. AAA 计费配置

创建 ISP 域,命令如下:

[H3C]**domain** *isp-name*

配置当前 ISP 域默认的计费方法。

[H3C-isp-isp-name]**accounting default** { **hwtacacs-scheme** *hwtacacs-scheme-name* [**radius-scheme** *radius-scheme-name*] [**local**] [**none**] | **local** [**none**] | **none** | **radius-scheme** *radius-scheme-name* [**hwtacacs-scheme** *hwtacacs-scheme-name*] [**local**] [**none**] }

注意

不支持对 FTP 类型 login 用户进行计费。本地计费仅用于配合本地用户视图下的 **access-limit** 命令,来实现对本地用户连接数的限制功能。

另外,在配置前,需要做好如下准备工作。

(1) 确定要配置的接入方式或服务类型,AAA 可以按照不同的接入方式和服务类型进行 AAA 计费的配置。

(2) 确定是否为所有的接入方式或服务类型配置默认的计费方法,默认的计费方法对所有接入用户都起作用,但其优先级低于为具体接入方式或服务类型配置的计费方法。

在当前 ISP 域中,配置不同类型用户的计费方法如下。

配置当前 ISP 域 login 用户的计费方法,命令如下:

[H3C-isp-isp-name]**accounting login** { **hwtacacs-scheme** *hwtacacs-scheme-name* [**radius-scheme** *radius-scheme-name*] [**local**] [**none**] **radius-scheme** *radius-scheme-name* [**hwtacacs-scheme** *hwtacacs-scheme-name*] [**local**] [**none**] }

配置当前 ISP 域 Portal 用户的计费方法,命令如下:

[H3C-isp-isp-name] accounting portal {local [none] | none | radius-scheme *radius-scheme-name* [local] [none] }

配置当前 ISP 域 PPP 用户的计费方法,命令如下:

[H3C-isp-isp-name] accounting ppp { hwtacacs-scheme
hwtacacs-scheme-name[**radius-scheme** *radius-scheme-name*] [**local**] [**none**] | **local** [**none**] | **none** | **radius-scheme** *radius-scheme-name* [**hwtacacs-scheme** *hwtacacs-scheme-name*] [**local**] [**none**] }

配置当前 ISP 域 SSL VPN 用户的计费方法,命令如下:

[H3C-isp-isp-name]**accounting sslvpn** { **ldap-scheme** *ldap-scheme-name* [**local**] [**none**] | **local** [**none**] | **none** | **radius-scheme** *radius-scheme-name* [**local**] [**none**] }

在配置时,可以指定多个备选的计费方法,在当前的计费方法无效时,按照配置顺序尝试使用备选的计费方法完成计费。

5.6.4 管理员用户认证流程及配置

管理员用户主要用于管理设备，其认证方式支持不认证、本地认证和远端认证，认证流程与前面讲到的基于 ISP 域实现 AAA 认证流程一致。

如图 5-17 所示，需要配置防火墙实现对登录防火墙的 SSH 用户进行本地认证和授权，并授权该用户具有用户角色 network-admin。其基本配置思路如下。

(1) 通过配置静态或动态路由，使终端和设备之间的路由可达。

(2) 在防火墙上配置相关接口加入安全域，并放通相应的安全策略。

(3) 在设备上开启 SSH 服务。

(4) 在设备上配置服务类型为 SSH 的用户，并配置认证和授权方式为本地。

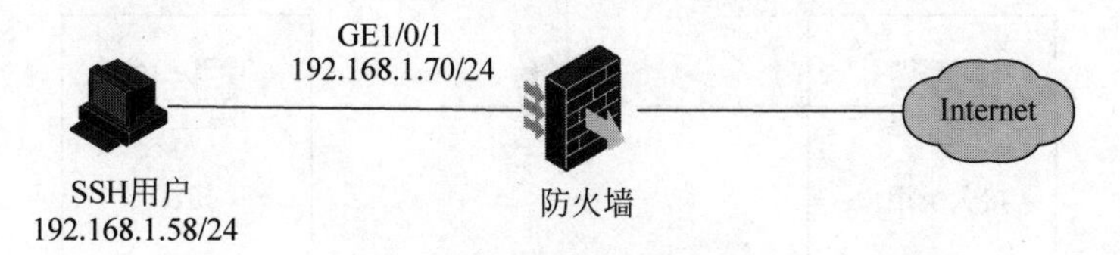

图 5-17 管理员用户的本地认证和授权配置示例

在此仅展示通过使用命令行方式来实现上述需求，具体步骤如下。

(1) 在接口视图下，配置接口 GE1/0/1 的 IP 地址，SSH 用户将通过该地址连接防火墙，命令如下：

```
[H3C] interface gigabitethernet 1/0/1
[H3C - GigabitEthernet1/0/1] ip address 192.168.1.70 255.255.255.0
```

(2) 在系统视图下，创建本地 RSA 及 DSA 密钥对，命令如下：

```
[H3C] public - key local create rsa
[H3C] public - key local create dsa
```

(3) 在系统视图下，使能 SSH 服务器功能，并创建设备管理类本地用户 ssh，用户密码为明文 123456TESTplat&!，授权用户角色为 network-admin。

```
[H3C] ssh server enable
[H3C] local - user ssh class manage
[H3C - luser - manage - ssh] service - type ssh
[H3C - luser - manage - ssh] password simple 123456TESTplat&!
[H3C - luser - manage - ssh] authorization - attribute user - role network - admin
```

(4) 设置 SSH 用户登录的认证方式为 AAA 认证，命令如下：

```
[H3C] line vty 0 63
[H3C - line - vty0 - 63] authentication - mode scheme
[H3C - line - vty0 - 63] quit
```

(5) 在系统视图下，创建 ISP 域 bbb，并为 login 用户配置 AAA 认证方法为本地认证和本地授权。

```
[H3C] domain bbb
[H3C - isp - bbb] authentication login local
```

```
[H3C-isp-bbb] authorization login local
```

5.6.5 接入类用户的认证流程及配置

接入类用户主要是指通过设备访问服务的用户，该类用户认证方式支持不认证、本地认证和远端认证。当采用远端认证时，主要有RADIUS、HWTACACS和LDAP认证。

接入类用户的认证和授权如图5-18所示。

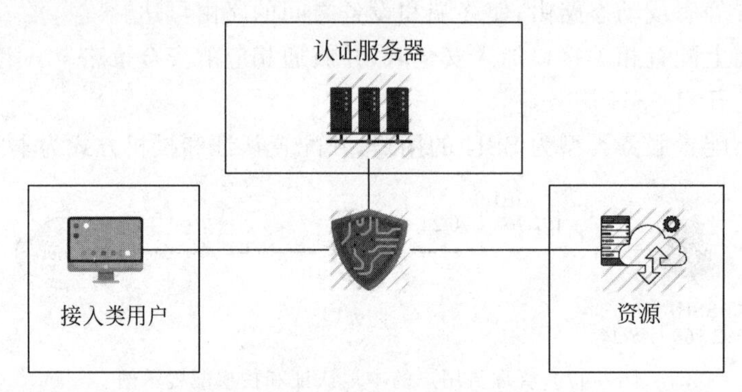

图5-18 接入类用户的认证和授权

如图5-19所示，防火墙为SSL VPN网关设备，连接公网用户和企业专网VPN。用户通过防火墙可以以IP接入方式安全地访问VPN内的服务器。防火墙通过RADIUS服务器采用远程认证/授权方式对用户进行认证/授权。

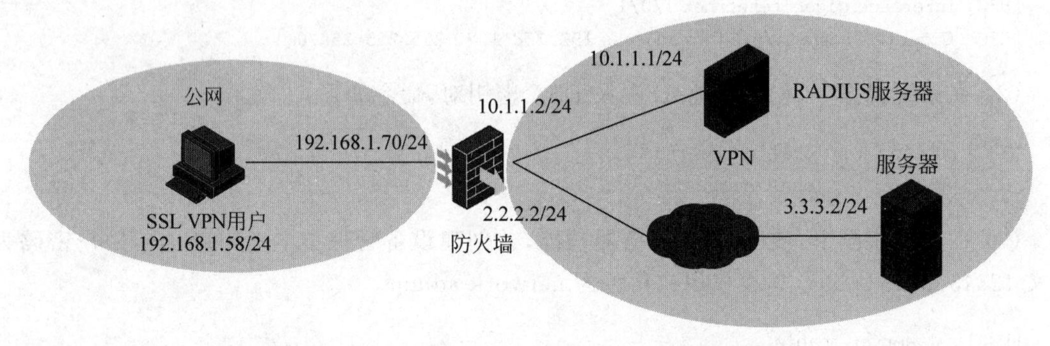

图5-19 接入类用户的RADIUS认证和授权配置示例

其基本配置思路如下。

(1) 通过配置静态或动态路由，使专、公网之间的路由可达。

(2) 在防火墙上配置相关接口加入安全域，并放通相应的安全策略。

(3) 在设备上配置相应的接入类用户组，认证类型为RADIUS认证。

(4) 在设备侧进行SSL VPN相关配置。

在此仅展示通过使用命令行方式来实现上述需求，具体步骤如下。

(1) 在接口视图下，配置接口GE1/0/1的IP地址，SSL VPN用户将通过该地址连接防火墙，命令如下：

```
[H3C] interface gigabitethernet 1/0/1
[H3C-GigabitEthernet1/0/1] ip address 192.168.1.70 255.255.255.0
```

(2) 配置接口 GE1/0/2 及 GR1/0/3 的 IP 地址，设备将通过该地址与认证服务器通信，命令如下：

```
[H3C] interface gigabitethernet 1/0/2
[H3C - GigabitEthernet1/0/2] ip address 10.1.1.2 255.255.255.0
[H3C] interface gigabitethernet 1/0/3
[H3C - GigabitEthernet1/0/2] ip address 2.2.2.2 255.255.255.0
```

(3) 配置 Radius 方案 rscheme，指定认证服务器和授权服务器地址均为 10.1.1.1，认证和授权的共享密钥均为 123456，发送给 RADIUS 服务器的用户名格式为不携带 ISP 域名，命令如下：

```
[H3C] radius scheme rscheme
[H3C - radius - rscheme] primary authentication 10.1.1.1
[H3C - radius - rscheme] primary accounting 10.1.1.1
[H3C - radius - rscheme] accounting - on enable
[H3C - radius - rscheme] key authentication simple 123456
[H3C - radius - rscheme] key accounting simple 123456
[H3C - radius - rscheme] user - name - format without - domain
```

(4) 配置用户组 group1，授权给该用户组的策略组为 pgroup，命令如下：

```
[H3C] user - group group1
[H3C - ugroup - group1] authorization - attribute sslvpn - policy - group pgroup
```

(5) 配置 ISP 域 domain1，指定用户授权属性为用户组 group1，认证、授权和计费使用的 RADIUS 方案为 rscheme，命令如下：

```
[H3C] domain domain1
[H3C - isp - domain1] authorization - attribute user - group group1
[H3C - isp - domain1] authentication sslvpn radius - scheme rscheme
[H3C - isp - domain1] authorization sslvpn radius - scheme rscheme
[H3C - isp - domain1] accounting sslvpn radius - scheme rscheme
```

注意

由于不同环境下，RADIUS 服务器种类各不相同，在此不再列出 RADIUS 服务器上面的配置。

5.6.6 网络接入类用户的认证流程及配置

网络接入类用户的认证和授权如图 5-20 所示。

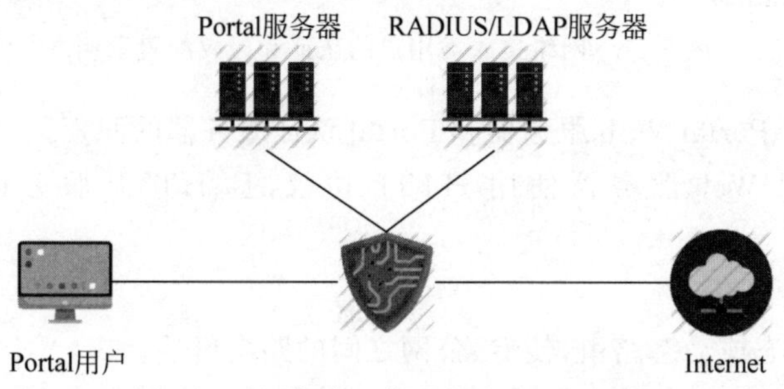

图 5-20 网络接入类用户的认证和授权

网络接入类用户主要是指 Portal 用户，属于接入类用户的一种。Portal 认证通常也称 Web 认证，即通过 Web 页面接受用户输入的用户名和密码，对用户进行身份认证，以达到对用户访问进行控制的目的。在采用 Portal 认证的网络中，当未认证用户上网时，接入设备强制用户登录到特定站点，用户可以免费访问其中的服务；当用户需要使用互联网中的其他信息时，必须在 Portal Web 服务器提供的网站上进行 Portal 认证，只有在认证通过后才可以使用这些互联网中的设备或资源。

Portal 由六个基本要素组成：认证客户端、接入设备、Portal 认证服务器、Portal Web 服务器、AAA 服务器和安全策略服务器。

Portal 的基本交互流程如下。

(1) 当未认证用户访问网络时，在 Web 浏览器地址栏中输入一个互联网地址，那么此 HTTP 或 HTTPS 请求在经过接入设备时，会被重定向到 Portal Web 服务器的 Web 认证主页上。用户也可以主动登录 Portal Web 服务器的 Web 认证主页。若需要使用 Portal 的安全扩展认证功能，则用户必须使用 H3C iNode 客户端。

(2) 用户在认证主页或认证对话框中输入认证信息后提交，Portal Web 服务器会将用户的认证信息传输给 Portal 认证服务器，由 Portal 认证服务器处理并转发给接入设备。

(3) 接入设备与 AAA 服务器交互进行用户的认证、授权和计费。

(4) 在认证通过后，如果未对用户采用安全策略，则接入设备会打开用户与互联网的通路，允许用户访问互联网；如果对用户采用了安全策略，则认证客户端、接入设备与安全策略服务器交互，在用户的安全检测通过后，安全策略服务器根据用户的安全性授权用户访问非受限资源。目前，通过访问 Web 页面进行的 Portal 认证不能对用户实施安全策略检查，安全策略检查功能的实现需要与 H3C iNode 客户端配合。

注意

无论是 Web 客户端还是 H3C iNode 客户端发起的 Portal 认证，均能支持 Portal 认证穿越 NAT，即 Portal 客户端位于专网、Portal 认证服务器位于公网。

如图 5-21 所示，Portal 用户与防火墙直接相联，采用直接方式的 Portal 认证。用户通过手工配置或 DHCP 获取到的一个公网 IP 地址进行认证，只有在通过 Portal 认证后，才可以使用此 IP 地址访问非受限的互联网资源。

图 5-21 网络接入类用户的认证和授权配置示例

防火墙同时承担 Portal Web 服务器和 Portal 认证服务器的职责。

配置本地 Portal Web 服务器使用 HTTP 协议，且 HTTP 服务侦听的 TCP 端口号为 2331。

其基本配置思路如下。

(1) 通过配置静态或动态路由，使专、公网之间的路由可达。

(2) 在防火墙上配置相关接口加入安全域，并放通相应的安全策略。

（3）在设备上配置相应的网络接入类用户组，认证类型为本地认证。

（4）在设备上配置 Portal Web 服务器。

在此仅展示通过使用命令行方式来实现上述需求，具体步骤如下。

（1）配置接口 GE1/0/1 的 IP 地址，防火墙将通过该地址与互联网通信；配置接口 GE1/0/2 的 IP 地址，Portal 用户将通过该地址连接防火墙，命令如下：

```
[H3C] interface gigabitethernet 1/0/1
[H3C - GigabitEthernet1/0/1] ip address 192.168.0.100 255.255.255.0
[H3C] interface gigabitethernet 1/0/2
[H3C - GigabitEthernet1/0/2] ip address 2.2.2.1 255.255.255.0
```

（2）创建并进入名称为 dm1 的 ISP 域，配置 ISP 域使用本地认证，命令如下：

```
[H3C] domain dm1
[H3C - isp - dm1] authentication portal local
[H3C - isp - dm1] authorization portal local
[H3C - isp - dm1] accounting portal local
```

（3）配置系统默认的 ISP 域 dm1，所有网络接入类用户共用此默认域的认证和计费方式，命令如下：

```
[H3C] domain default enable dm1
```

（4）配置 Portal Web 服务器的 URL 为 http://192.168.0.100:2331/portal（Portal Web 服务器的 URL 可配置为开启 Portal 认证的接口的 IP 地址，或者除 127.0.0.1 以外的 loopback 接口的 IP 地址），命令如下：

```
[H3C] portal web - server newpt
[H3C - portal - websvr - newpt] url http://192.168.0.100:2331/portal
```

（5）在接口 GE1/0/2 上开启直接方式的 Portal 认证，并引用 Portal Web 服务器 newpt，命令如下：

```
[H3C] interface gigabitethernet 1/0/2
[H3C - GigabitEthernet1/0/2] portal enable method direct
[H3C - GigabitEthernet1/0/2] portal apply web - server newpt
```

（6）创建本地 Portal Web 服务器，进入本地 Portal Web 服务器视图，并指定使用 HTTP 协议和认证客户端交互认证信息，命令如下：

```
[H3C] portal local - web - server http
```

（7）配置本地 Portal Web 服务器提供的默认认证页面文件为 abc.zip（设备的存储介质的根目录下必须已存在该认证页面文件，否则此功能不生效），命令如下：

```
[H3C - portal - local - webserver - http] default - logon - page abc.zip
```

（8）配置本地 Portal Web 服务器的 HTTP 服务侦听的 TCP 端口号为 2331，命令如下：

```
[H3C - portal - local - webserver - http] tcp - port 2331
```

5.7 本章总结

(1) 了解用户认证背景。

(2) 理解 AAA 技术原理。

(3) 熟悉防火墙用户管理。

(4) 掌握防火墙用户管理的应用。

5.8 习题和解答

5.8.1 习题

1. 用户认证方式可以分为不认证、本地认证和远端认证。(　　)

   A. 正确　　B. 错误

2. 用户 AAA 授权方式不包括(　　)。

   A. 不授权　　B. 本地授权　　C. 远端授权　　D. 管理员授权

3. 用户 AAA 计费方式不包括(　　)。

   A. 不计费　　B. 本地计费　　C. 远端计费　　D. 按流量计费

4. 下面关于用户授权和计费说法正确的是(　　)。

   A. 对不同用户赋予不同的权限,限制用户可以使用的服务

   B. 管理员授权办公用户才能对服务器中的文件进行访问和打印操作,而其他临时访客不具备此权限

   C. 只要用户通过授权,用户就可以使用内部的所有资源

   D. 记录用户在使用网络服务过程中的所有操作,包括使用的服务类型、起始时间、数据流量等,用于收集和记录用户对网络资源的使用情况,并可以实现针对时间、流量的计费需求,对网络起到监视作用

5. 下面(　　)配置可以实现 Telnet 用户的 AAA 认证。

   A. [H3C-line-vty0-63] authentication-mode none

   B. [H3C-line-vty0-63] authentication-mode local

   C. [H3C-line-console0] authentication-mode scheme

   D. [H3C-line-vty0-63] authentication-mode scheme

5.8.2 习题答案

1. A　　2. D　　3. D　　4. ABD　　5. D

第6章

防火墙安全策略

防火墙安全策略是为防火墙设定的一系列规则和策略，用于保护网络系统免受未经授权的访问、攻击和恶意活动的影响。这些规则和策略定义了防火墙如何过滤和管理网络流量，以确保网络的安全性。防火墙安全策略是根据报文的属性信息对报文进行转发控制和DPI深度安全检测的防控策略，是防火墙的一个重要特性。

6.1 本章目标

学习完本章，应该能够达成以下目标。

(1) 理解防火墙包过滤技术。

(2) 理解防火墙安全域。

(3) 理解防火墙报文转发原理。

(4) 掌握防火墙安全策略规则及配置。

6.2 包过滤技术

6.2.1 什么是包过滤技术

在包过滤技术出现之前，网络管理员总是面临着这样的困境：他们必须设法拒绝那些不希望的访问连接，同时，又要允许那些正常的访问连接。虽然他们有一些安全技术手段，如用户认证等，但这些手段对于基本的通信流量过滤缺乏灵活性。

如图6-1所示防火墙提供了基本的通信流量过滤能力，如通过ACL进行数据包过滤。对于需要转发的数据包，首先获取包头信息(包括源地址、目的地址、源端口和目的端口等)，然后与设定的策略进行比较，根据比较的结果对数据包进行相应的处理(允许通过或直接丢弃)。

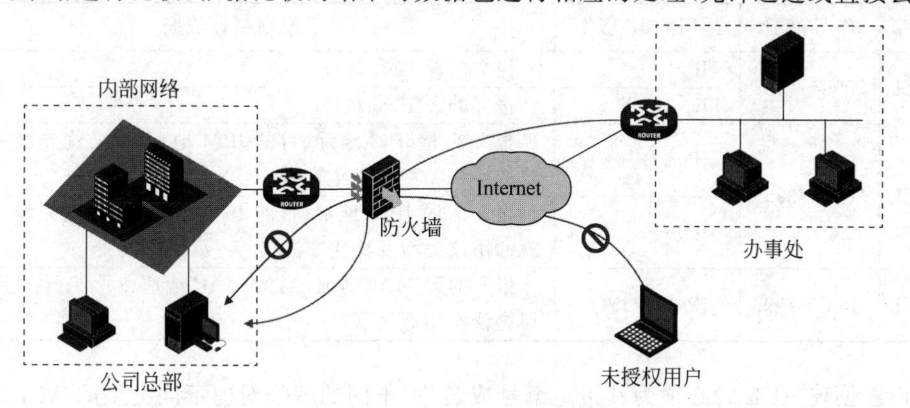

图6-1 包过滤技术

ACL是实现包过滤技术的基础，其作用是定义报文匹配规则。在防火墙端口接收到报文后，随即根据当前端口上应用的ACL规则对报文字段进行分析，在识别出特定的报文后，根据预先设定的策略允许或禁止该报文通过。

如图6-2所示，包过滤技术能够通过报文的源MAC地址、目的MAC地址、源IP地址、目的IP地址、源端口号、目的端口号、上层协议等信息组合定义网络中的数据流，其中，源IP地址、目的IP地址、源端口号、目的端口号、上层协议就是在状态检测防火墙中经常提到的五元组，也是组成TCP/UDP连接非常重要的五个元素。

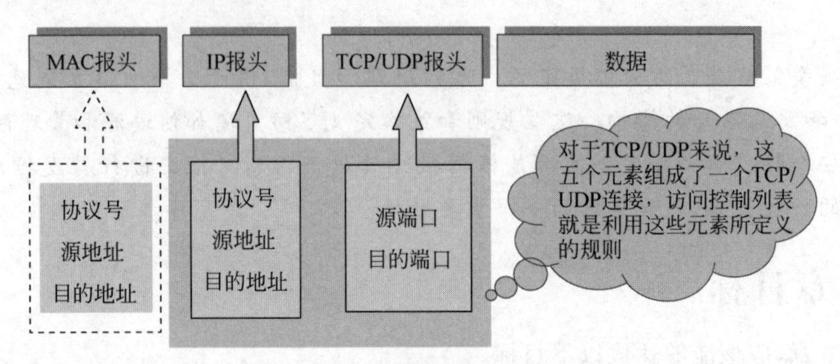

图6-2 包过滤技术的基础

ACL是一条或多条规则的集合，用于识别报文流。这里的规则是指描述报文匹配条件的判断语句，报文匹配条件可以是报文的源地址、目的地址、端口号等。网络设备依照这些规则识别出特定的报文，并根据预先设定的策略对其进行处理。

ACL可以应用在多个领域，其中最基本的就是应用ACL进行报文过滤。此外，ACL还可应用于如路由、安全、QoS等业务中。

说明

ACL本身只能识别报文，而无法对识别出的报文进行处理，对这些报文的具体处理方式由应用ACL的业务模块来决定。

6.2.2 ACL分类

根据ACL序号来区分不同的ACL，可以分为以下几种类型，如表6-1所示。

表6-1 ACL分类

ACL类型	编号范围	适用的IP版本	规则制订依据
基本ACL	2000～2999	IPv4	报文的源IPv4地址
		IPv6	报文的源IPv6地址
高级ACL	3000～3999	IPv4	报文的源IPv4地址、目的IPv4地址、报文优先级、IPv4承载的协议类型及特性等信息
		IPv6	报文的源IPv6地址、目的IPv6地址、报文优先级、IPv6承载的协议类型及特性等信息
二层ACL	4000～4999	IPv4和IPv6	报文的源MAC地址、目的MAC地址、802.1p优先级、链路层协议类型等信息

用户在创建ACL时必须为其指定编号或名称，不同的编号对应不同类型的ACL，在ACL创建完成后，用户就可以通过指定编号或名称的方式来应用和编辑该ACL。

1. 基本 ACL

基本 ACL 只根据源 IP 地址信息制订匹配规则，对报文进行相应的分析处理。基本 ACL 的序号取值范围为 2000～2999。

如图 6-3 所示，管理员想要实现办公楼和宿舍楼用户允许访问 Internet，而实验楼用户拒绝访问 Internet。在这种情况下，由于不同用户的 IP 地址不同，因此，可以用基本 ACL 来区别不同用户发出的数据。

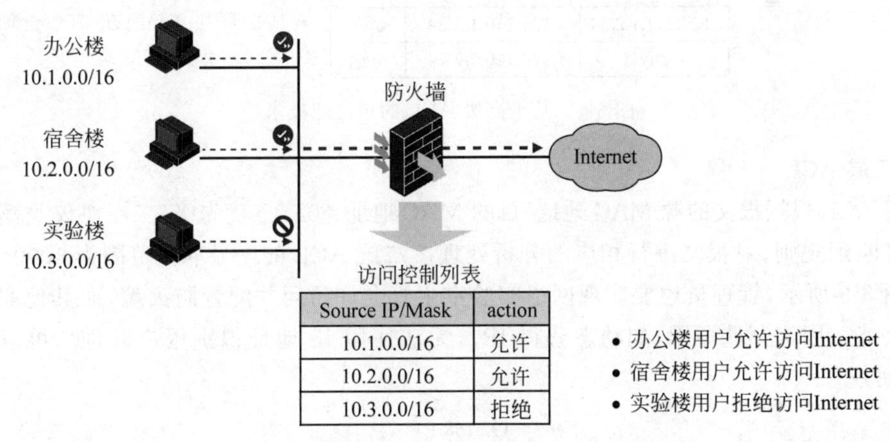

图 6-3 基于基本 ACL 的包过滤技术

办公楼用户的 IP 地址为 10.1.0.0/16，当其发送到 Internet 的数据报文到达防火墙时，防火墙根据报文中的源 IP 地址信息，匹配所配置的基本 ACL，发现动作是允许，因此，允许报文通过；而实验楼用户的 IP 地址为 10.3.0.0/16，当其发送到 Internet 的数据报文到达防火墙时，防火墙根据报文中的源 IP 地址信息，匹配所配置的基本 ACL，发现动作是拒绝，因此，丢弃报文。

2. 高级 ACL

高级 ACL 根据报文的源 IP 地址信息、目的 IP 地址信息、IP 承载协议的类型、协议的特性（如 TCP 或 UDP 的源端口、目的端口、TCP 标记、ICMP 的消息类型、消息码等）等信息来制订匹配规则。

高级 IPv4 ACL 支持对以下 3 种报文优先级进行分析处理。

(1) 服务类型(type of service，ToS)优先级。

(2) IP 优先级。

(3) 差分服务编码点(differentiated services code point，DSCP)优先级。

高级 ACL 定义比基本 ACL 定义具有更准确、更丰富、更灵活的匹配规则。高级 ACL 的序号取值范围为 3000～3999。

如图 6-4 所示，管理员想要实现财务部门员工允许访问工资查询服务器，而其他部门员工拒绝访问工资查询服务器。在这种情况下，因为希望更精确地识别不同用户的不同数据流，因此，可以用高级 ACL 来实现。

财务部门员工的 IP 地址为 129.111.1.2/24，当其发送到工资查询服务器(129.110.1.2/24)的数据报文到达防火墙时，防火墙根据报文中的源 IP 地址与目的 IP 地址信息，匹配所配置的高级 ACL，发现动作是允许，因此，允许报文通过；而其他用户发送的到工资查询服务器(129.110.1.2/24)的数据报文则被防火墙拒绝。

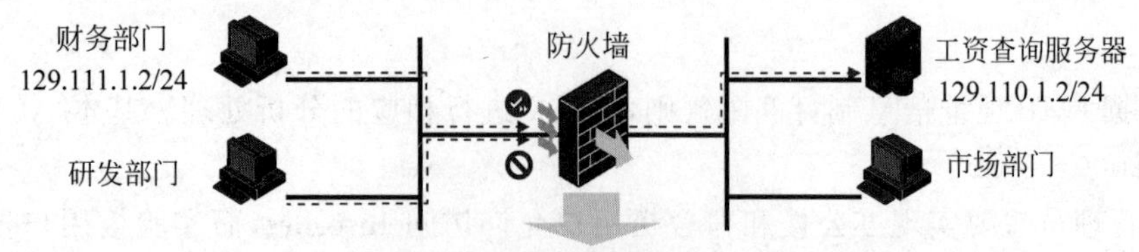

访问控制列表

Source IP/Mask	Destination IP/Mask	action
129.111.1.2/24	129.110.1.2/24	允许
any	129.110.1.2/24	拒绝

- 财务部门员工允许访问工资查询服务器
- 其他部门员工拒绝访问工资查询服务器

图 6-4 基于高级 ACL 的包过滤技术

3. 二层 ACL

二层 ACL 根据报文的源 MAC 地址、目的 MAC 地址、802.1p 优先级、二层协议类型等二层信息制订匹配规则，对报文进行相应的分析处理。二层 ACL 的序号取值范围为 4000～4999。

如图 6-5 所示，管理员想要实现网络实验室主管允许访问并配置防火墙，而其他职员拒绝访问防火墙。因为某些原因(如动态获得 IP)，无法使用 IP 地址识别用户，因此，可以用二层 ACL 来实现。

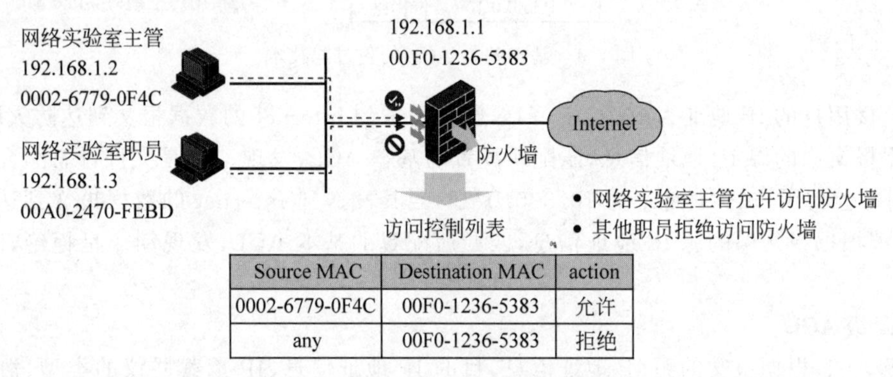

Source MAC	Destination MAC	action
0002-6779-0F4C	00F0-1236-5383	允许
any	00F0-1236-5383	拒绝

图 6-5 基于二层 ACL 的包过滤技术

网络实验室主管所使用电脑的 MAC 地址为 0002-6779-0F4C，当其发送的数据到达防火墙时，防火墙根据数据中的源 MAC 地址与目的 MAC 地址信息，匹配所配置的二层 ACL，发现动作是允许，因此，允许报文通过；而其他职员发送的数据则被防火墙拒绝。

4. 其他 ACL

如图 6-6 所示，用户可能有这样的需求：一些 ACL 规则需要在某个或某些特定时间段内生效，而在其他时间段则不利用它们进行报文过滤，即通常所说的按时间段过滤。这时，用户就可以先配置一个或多个时间段，然后在相应的规则下通过时间段名称引用该时间段，这条规则只在该指定的时间段内生效，从而实现基于时间段的 ACL 过滤。

对时间段的配置有如下两种情况。

(1) 周期时间段：采用每周周几的形式，例如，每周一的 8:30—18:00。

(2) 绝对时间段：采用从起始时间到结束时间的形式，例如，2009 年 1 月 1 日 0 点 0 分—12 月 31 日 24 点 0 分。

在上面的例子中，拒绝其他部门在上班时间(8:30—18:00)访问工资查询服务器(IP 地址为 129.110.1.2/24)，而财务部门(IP 地址为 129.111.1.2/24)不受限制，允许随时访问。

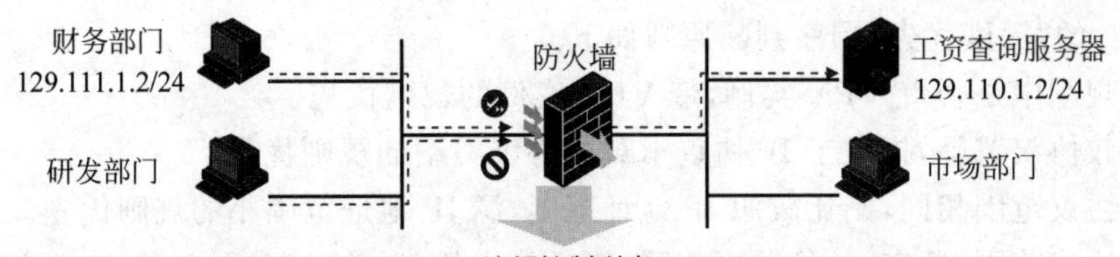

Source IP/Mask	Destination IP/Mask	Time Range	action
129.111.1.2/24	129.110.1.2/24	—	允许
any	129.110.1.2/24	周一至周五 8:30—18:00	拒绝

- 财务部门任何时候都允许访问工资查询服务器
- 其他所有部门在上班时间拒绝访问工资查询服务器

图 6-6 基于时间段的包过滤

6.2.3 ACL 规则的匹配顺序

在一个 ACL 中可以包含多条规则，而每条规则都指定不同的报文匹配选项，这些规则可能存在重复或矛盾的地方，在将一个报文和 ACL 的规则进行匹配的时候，到底采用哪些规则呢？这里就需要确定规则的匹配顺序。

ACL 支持如下两种匹配顺序，如图 6-7 所示。

(1) 配置顺序：按照用户配置规则的先后顺序进行规则匹配。

(2) 自动排序：按照“深度优先”的顺序进行规则匹配。

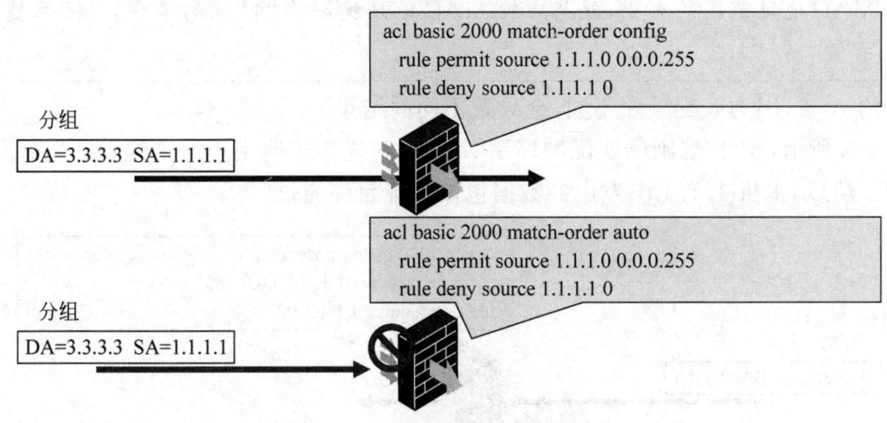

图 6-7 ACL 规则的匹配顺序

基本 ACL 的“深度优先”顺序判断原则如下。

(1) 先看规则中是否带 VPN 实例，带 VPN 实例的规则优先。

(2) 再比较源 IP 地址范围，源 IP 地址范围小的规则优先。

(3) 如果源 IP 地址范围相同，则先配置的规则优先。

说明

通配符掩码又称反向掩码，以点分十进制表示，并以二进制的“0”表示“匹配”、“1”表示“不关心”，这恰好与子网掩码的表示方法相反。例如，C 类子网 192.168.1.0 对应的子网掩码为 255.255.255.0，而通配符掩码则为 0.0.0.255。此外，通配符掩码中的“0”或“1”可以是不连续的，这样可以更加灵活地进行匹配，例如，0.255.0.255 就是一个合法的通配符掩码。

高级 ACL 的“深度优先”顺序判断原则如下。

(1) 先看规则中是否带 VPN 实例,带 VPN 实例的规则优先。

(2) 再比较协议范围,指定了 IP 协议承载的协议类型的规则优先。

(3) 如果协议范围相同,则比较源 IP 地址范围,源 IP 地址范围小的规则优先。

(4) 如果协议范围、源 IP 地址范围相同,则比较目的 IP 地址范围,目的 IP 地址范围小的规则优先。

(5) 如果协议范围、源 IP 地址范围、目的 IP 地址范围相同,则比较四层端口号(TCP/UDP 端口号)范围,四层端口号范围小的规则优先。

(6) 如果上述范围都相同,则先配置的规则优先。

二层 ACL 的“深度优先”顺序判断原则如下。

(1) 先比较源 MAC 地址范围,源 MAC 地址范围小(即掩码中“1”位的数量多)的规则优先。

(2) 如果源 MAC 地址范围相同,则比较目的 MAC 地址范围,目的 MAC 地址范围小(即掩码中“1”位的数量多)的规则优先。

(3) 如果源 MAC 地址范围、目的 MAC 地址范围相同,则先配置的规则优先。

说明

比较 IPv4 地址范围的大小,就是比较 IPv4 地址通配符掩码中“0”位的多少:“0”位越多,范围越小。比较 IPv6 地址范围的大小,就是比较 IPv6 地址前缀的长短:前缀越长,范围越小。比较 MAC 地址范围的大小,就是比较 MAC 地址掩码中“1”位的多少:“1”位越多,范围越小。

相同的 ACL,因为匹配顺序不同,会导致不同的结果。

如图 6-8 所示,ACL 规则的匹配顺序是 config,系统会按照用户配置规则的先后顺序进行规则匹配。所以,主机 1.1.1.1 发出的数据包被系统允许通过。

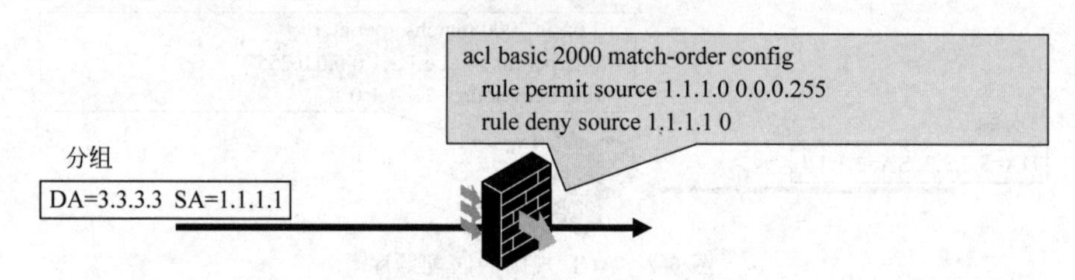

图 6-8 按配置顺序匹配数据包示例

如图 6-9 所示,虽然 ACL 规则和数据包与图 6-8 所示的示例完全相同,但因为匹配顺序是 auto,系统会按照“深度优先”顺序判断原则来匹配。数据包将优先匹配 IP 地址范围小的第二条规则,所以,防火墙会丢弃源 IP 地址是 1.1.1.1 的数据包。

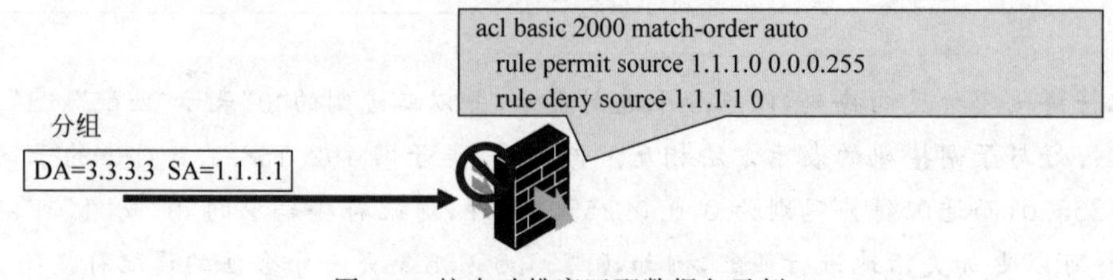

图 6-9 按自动排序匹配数据包示例

6.2.4 ACL 包过滤配置任务

ACL 包过滤配置任务包括以下几种。

(1) 设置包过滤的默认动作。

默认动作用来定义对未匹配到访问控制列表数据包的处理方式,即在没有规则去判定用户数据包是否可以通过的时候,默认动作可定义包过滤采取的策略是允许还是拒绝该数据包通过。系统默认的动作是 permit,即没有命中匹配规则的数据报文被转发。设置包过滤的默认动作,命令如下:

```
[H3C]packet - filter default deny
```

(2) 根据需要选择合适的 ACL 分类。

不同的 ACL 分类其所能配置的报文匹配条件是不同的,应该根据实际情况的需要来选择合适的 ACL 分类。比如,如果包过滤只需要过滤来自特定网络的 IP 报文,则选择基本 ACL 就可以了;如果需要过滤上层协议应用,则需要用到高级 ACL。

(3) 创建规则,设置匹配条件及相应的动作(permit/deny)。

要注意定义正确的通配符掩码以命中需要匹配的 IP 地址范围;选择正确的协议类型、端口号来命中需要匹配的上层协议应用;并给每条规则选择合适的动作。如果一条规则不能满足需求,则需要配置多条规则,并注意规则之间的排列顺序。

(4) 在路由器的接口应用 ACL,并指明是对入接口还是出接口的报文进行过滤。

只有在路由器的接口上应用 ACL,包过滤才会生效。另外,对于接口来说,可分为入接口的报文和出接口的报文,所以,还需要指明是对哪个方向的报文进行过滤。

下面介绍下不同类型 ACL 的配置方法。

1. 基本 ACL 配置

配置基本 ACL 的具体步骤如下。

(1) 创建 ACL,并进入 ACL 视图。配置命令如下:

```
[H3C]acl [ ipv6 ] basic { acl - number | name acl - name } [ match - order { auto | config } ]
```

说明

如果指定的 ACL 已存在,则直接进入 ACL 视图。

---

(2) 创建 ACL 规则,这里以 IPv4 为例,配置 IPv4 的规则命令如下:

```
[H3C - acl - ipv4 - basic - 2000] rule [ rule - id ] { deny | permit } [ counting | fragment | logging
| source { object - group address - group - name | source - address source - wildcard | any } | time -
range time - range - name | vpn - instance vpn - instance - name ] *
```

在默认情况下,IPv4 基本 ACL 内不存在任何规则。

下面以如下需求配置举例。“为 IPv4 基本 ACL 2000 创建规则如下:仅允许来自 10.0.0.0/8、172.17.0.0/16 和 192.168.1.0/24 网段的报文通过,而拒绝来自其他所有网段的报文通过。”

设备上配置的命令如下:

```
<H3C> system - view
```

```
[H3C] acl basic 2000
[H3C-acl-ipv4-basic-2000] rule permit source 10.0.0.0 0.255.255.255
[H3C-acl-ipv4-basic-2000] rule permit source 172.17.0.0 0.0.255.255
[H3C-acl-ipv4-basic-2000] rule permit source 192.168.1.0 0.0.0.255
[H3C-acl-ipv4-basic-2000] rule deny source any
```

在系统视图下，执行 undo acl 命令可以删除指定或全部 ACL。

2. 高级 ACL 配置

配置高级 ACL 的具体步骤如下。

(1) 创建 ACL，并进入 ACL 视图。配置命令如下：

```
[H3C] acl [ ipv6 ] advanced { acl-number | name acl-name } [ match-order { auto | config } ]
```

说明

如果指定的 ACL 已存在，则直接进入 ACL 视图。

---

(2) 创建一条规则，这里以 IPv4 高级 ACL 为例。配置命令如下：

```
[H3C-acl-ipv4-adv-3000] rule [ rule-id ] { deny | permit } protocol [ { { ack ack-value | fin fin-value | psh psh-value | rst rst-value | syn syn-value | urg urg-value } * | established } | counting | destination { object-group address-group-name | dest-address dest-wildcard | any } | destination-port { object-group port-group-name | operator port1 [ port2 ] } | { dscp dscp | { precedence precedence | tos tos } * } | fragment | icmp-type { icmp-type [ icmp-code ] | icmp-message } | logging | source { object-group address-group-name | source-address source-wildcard | any } | source-port { object-group port-group-name | operator port1 [ port2 ] } | time-range time-range-name | vpn-instance vpn-instance-name ] *
```

在默认情况下，IPv4 高级 ACL 内不存在任何规则。

下面以如下需求配置举例。“为 IPv4 高级 ACL 3000 创建规则如下：允许 129.9.0.0/16 网段内的主机与 202.38.160.0/24 网段内主机的 WWW 端口(端口号为 80)建立连接。”

设备上配置的命令如下：

```
[H3C] acl advanced 3000
[H3C-acl-ipv4-adv-3000] rule permit tcp source 129.9.0.0 0.0.255.255 destination 202.38.160.0 0.0.0.255 destination-port eq 80
```

3. 二层 ACL 配置

配置二层 ACL 的具体步骤如下。

(1) 创建 ACL，并进入 ACL 视图。配置命令如下：

```
[H3C] acl mac { acl-number | name acl-name } [ match-order { auto | config } ]
```

说明

如果指定的 ACL 已存在，则直接进入 ACL 视图。

---

(2) 创建一条规则。配置命令如下：

```
[H3C-acl-mac-4000] rule [ rule-id ] { deny | permit } [ cos dot1p | counting | dest-mac dest-address dest-mask | { lsap lsap-type lsap-type-mask | type protocol-type protocol-type-mask } | source-mac source-address source-mask | time-range time-range-name ] *
```

在默认情况下，二层 ACL 内不存在任何规则。

下面以如下需求配置举例。"为二层 ACL 4000 创建规则如下：允许 ARP 报文通过，但拒绝 RARP 报文通过。"

设备上配置的命令如下：

```
[H3C] acl mac 4000
[H3C-acl-mac-4000] rule permit type 0806 ffff
[H3C-acl-mac-4000] rule deny type 8035 ffff
```

4. 接口启用包过滤

只有将 ACL 应用在接口上才能实现 ACL 包过滤的功能。

对于防火墙而言，只能在接口的入方向应用 ACL 包过滤，即数据包进入防火墙的方向。配置命令如下：

```
[H3C-GigabitEthernet1/0/0] packet-filter [ ipv6 | mac ] { acl-number | name acl-name } inbound
```

下面以如下需求配置举例。"应用 IPv4 基本 ACL 2001 对接口 GE1/0/1 收到的报文进行过滤，并对过滤的报文进行统计。"

设备上配置的命令如下：

```
[H3C] interface gigabitethernet 1/0/1
[H3C-GigabitEthernet1/0/1] packet-filter 2001 inbound
```

6.3 安全域

6.3.1 安全域的定义

传统防火墙的策略配置通常是围绕报文入接口、出接口展开的。随着防火墙的不断发展，已经逐渐摆脱了只连接公网和专网的角色，出现了专网、公网、非军事区(demilitarized zone，DMZ)的模式，并向着提供高端口密度的方向发展。一台高端防火墙通常能够提供十几个以上的物理接口，同时连接多个逻辑网段。在这种组网环境中，传统基于接口的策略配置方式需要为每一个接口配置安全策略，这给网络管理员带来了极大的负担，安全策略的维护工作量成倍增加，从而也增加了因为配置引入网络安全风险的概率。

和传统防火墙基于接口的策略配置方式不同，业界主流防火墙通过围绕安全域(security zone)来配置安全策略的方式解决上述问题。

说明

DMZ 这一术语源于军方，是指介于严格的军事管制区和松散的公共区域之间的一种有着部分管制的区域。安全域中引用这一术语，指代一个逻辑上和物理上都与内部网络和外部网络分离的区域。通常在部署网络时，将那些需要被公共访问的设备(如 Web 服务器、FTP 服务器等)放置于此。

安全域是防火墙区别于普通网络设备的基本特征之一，按照安全级别的不同将业务分成若干区域，实现安全策略的分层管理。如图 6-10 所示，可以将连接到校园网内部不同网段的四个接口(如教学楼、办公楼、实验楼和宿舍楼)加入信任(trust)域，连接服务器区的接口加入 DMZ，而连接公网 Internet 的接口加入不信任(untrust)域，这样网络管理员只需要部署这三个域之间的安全策略即可。同时，如果后续网络变化，则只需要调整相关域内的接口，而安

全策略不需要修改。由此可见,通过引入安全域的概念,不但简化了策略的维护复杂度,同时,也实现了网络业务和安全业务的分离。

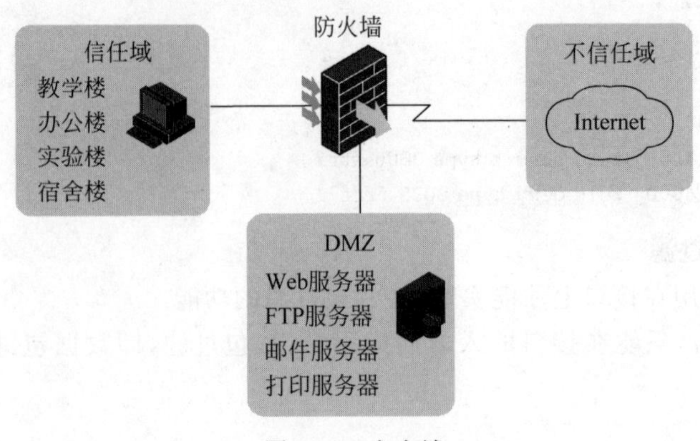

图 6-10 安全域

6.3.2 安全域的划分

安全域按照接口划分,可以包含三层普通物理接口和逻辑接口,也可以包含二层物理VLAN接口。划分到同一个安全域中的接口通常在安全策略控制中具有一致的安全需求。

如图 6-11 所示,安全域是一个或多个接口的集合,防火墙通过安全域来划分网络,在将接口划分到安全域后,通过接口就把安全域和网络关联起来。通常说某个安全域,就可以表示该安全域中接口所连接的网络。

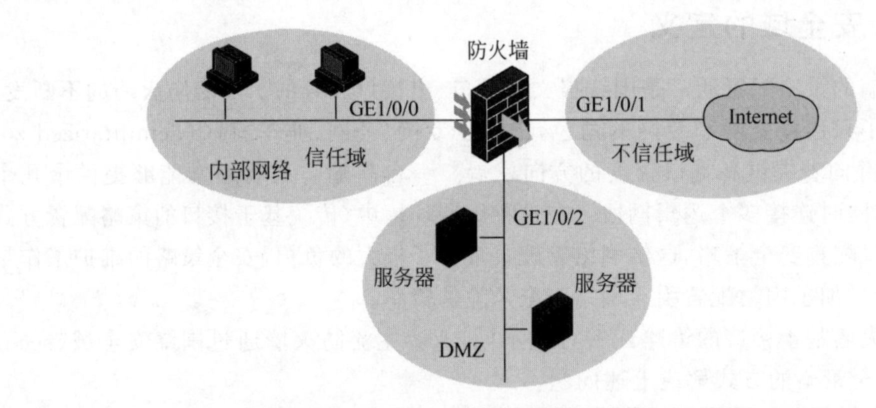

图 6-11 安全域与接口关系

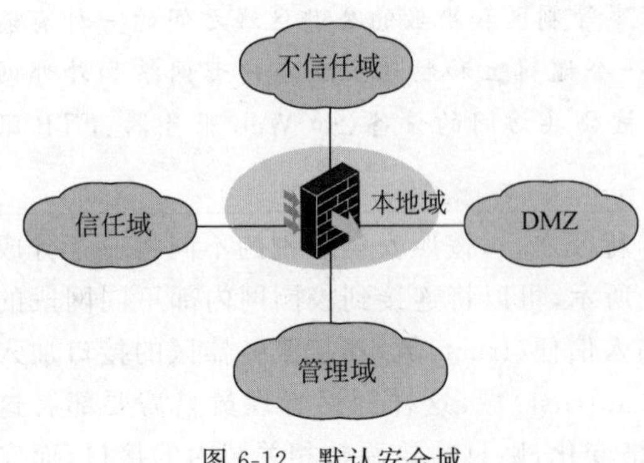

图 6-12 默认安全域

如图 6-12 所示,设备自动创建以下默认安全域:local 域、trust 域、DMZ、management 域和 untrust 域。

安全域名称不同,对应的功能也有区别。

(1) 本地(local)域:就是防火墙本身的区域。local 域中不能添加任何接口,但防火墙上所有接口本身都隐含属于 local 域。

(2) 管理(management)域:除了 Console 控制接口对设备进行配置以外,如果防火墙设备可以通过Web界面配置，则需要一根双绞线连接到管理接口，此时，需要把管理接口加入到management域。

(3) 信任(trust)域：通常用来定义内部用户所在的网络，也可以理解为应该是防护最严密的区域。

(4) 不信任(untrust)域：通常用来定义公网等不安全的网络，用于网络入口线的接入。

(5) DMZ：DMZ可以理解为一个不同于公网或专网的特殊网络区域，DMZ内通常放置一些不含机密信息的公用服务器，如Web、Mail、FTP等，这样来自公网的访问者可以访问DMZ中的服务，但不能接触到存放在专网中的公司机密或私人信息等。即使DMZ中的服务器受到破坏，也不会对专网中的机密信息造成影响。

6.3.3　安全域的访问规则

在默认情况下(除管理域)所有安全域之间均不能互访、同安全域之间的终端也无法互访，在安全域之间互访必须使用安全策略来实现。

创建安全域后，设备上各接口的报文转发需遵循以下规则。

(1) 一个安全域中的接口与一个不属于任何安全域的接口之间的报文，会被丢弃。

(2) 属于同一个安全域的各接口之间的报文默认会被丢弃，例如，trust域与trust域的各接口之间的报文默认是拒绝的。

(3) 安全域之间的报文由安全控制策略进行安全检查，并根据检查结果放行或丢弃。若安全控制策略不存在或不生效，则报文会被丢弃。

(4) 非安全域的接口之间的报文会被丢弃。例如，报文如需经过接口转发，则把接口加入相应的安全域是前提条件，然后，配置安全控制策略放行该报文。

(5) 目的地址或源地址为本机的报文，默认会被丢弃。若该报文与安全控制策略匹配，则由安全控制策略进行安全检查，并根据检查结果放行或丢弃。

安全域的成员接口除了物理接口以外，还包括VLAN接口、tunnel接口、VT接口、SSL VPN-AC接口等逻辑接口。

6.3.4　安全域的配置

配置安全域的具体步骤如下。

(1) 创建安全域，并进入安全域视图。配置命令如下：

```
[H3C]security - zone name zone - name
```

当首次执行创建安全域的命令时，系统会自动创建以下默认安全域：local域、trust域、DMZ、management域和untrust域。

(2) 向安全域中添加成员。

在创建安全域后，需要给安全域添加成员。默认的安全域中没有接口，需要手工向其添加接口，而且默认安全域不能被删除。安全域的成员类型包括以下几种。

① 三层接口：包括三层以太网接口、三层以太网子接口和其他三层逻辑接口。在配置该成员后，该接口收发的所有报文将由安全域下配置的安全控制策略来处理。

② 二层接口和VLAN：在配置该成员后，该接口收发的、携带了指定VLAN tag的报文，将由安全域下配置的安全控制策略来处理。

③ VLAN：在配置该成员后，携带了指定 VLAN tag 的报文，将由安全域下配置的安全控制策略来处理。

④ IPv4 子网/IPv6 子网：在配置该成员后，系统会判断报文的源 IPv4/IPv6 地址和目的 IPv4/IPv6 地址是否属于该子网范围。如果属于该范围，则交给安全域下配置的安全控制策略来处理。

说明

当报文根据不同的成员类型，匹配到不同的安全域时，匹配优先顺序从高到低依次为 IP 子网→接口及 VLAN，匹配过程中，在匹配到某一成员类型后，将不再继续往下进行匹配。在默认 context 下，除 management 域外，其他安全域中没有接口，需要手工向其添加接口。

向安全域中添加三层接口成员，配置命令如下：

```
[H3C-security-zone-test]import interface layer3-interface-type layer3-interface-number
```

向安全域中添加二层接口成员，配置命令如下：

```
[H3C-security-zone-test] import interface layer2-interface-type layer2-interface-number
vlan vlan-list
```

向安全域中添加 VLAN 成员，配置命令如下：

```
[H3C-security-zone-test] import vlan vlan-list
```

向安全域中添加 IPv4 子网成员，配置命令如下：

```
[H3C-security-zone-test] import ip ip-address { mask-length | mask } [ vpn-instance vpn-
instance-name ]
```

向安全域中添加 IPv6 子网成员，配置命令如下：

```
[H3C-security-zone-test] import ipv6 ipv6-address prefix-length [ vpn-instance vpn-
instance-name ]
```

6.3.5 安全域的显示与维护

在完成安全域相关配置后，在任意视图下，执行 display security-zone 命令可以显示所有安全域的配置情况，通过查看显示信息验证配置的效果。

执行 display security-zone［name *zone-name*］命令可以用来显示某个安全域的信息。以下是输出示例。

```
<H3C> display security-zone name myZone
Name: myZone
Members:
Service path 2
Service path 2 reversed
GigabitEthernet1/0/3
GigabitEthernet1/0/4
GigabitEthernet1/1/1 in VLAN 3
GigabitEthernet1/1/5 in VLAN 7
```

输出命令中各参数描述如表 6-2 所示。

表 6-2 命令显示信息描述

字 段	描 述
Name	安全域名称
Members	安全域成员,包括以下几种取值。 • 三层接口名称 • 二层以太网接口名称和所属的 VLAN 编号 • 公网中的 IP 子网 • 公网中的 IPv6 子网 • VPN 中的 IP 子网 • VPN 中的 IPv6 子网 • 服务链编号 • 反向标记的服务链编号 • None,该安全域中没有任何成员

6.4 防火墙报文转发原理

6.4.1 会话的定义

防火墙在收到数据时根据报文传输的方向、携带的 IP 地址、端口等信息将数据分成不同的流(flow)。流是一个单方向的概念,根据报文所携带的三元组或五元组唯一标识。

根据 IP 层协议的不同,流分为以下四大类。

(1) TCP 流:通过五元组(源 IP 地址、源端口、目的 IP 地址、目的端口、协议)唯一标识。

(2) UDP 流:通过五元组(源 IP 地址、源端口、目的 IP 地址、目的端口、协议)唯一标识。

(3) ICMP 流:通过三元组(源 IP 地址、目的 IP 地址、协议) + ICMP type + ICMP code 唯一标识。

(4) RAW IP 流:不属于上述协议的,通过三元组(源 IP 地址、目的 IP 地址、协议)标识。

会话(session)是一个双向概念,一个会话通常关联两个方向的流,一个为会话发起方(initiator),另外一个为会话响应方(responder)。通过会话所属的任一方向的流特征都可以唯一确定该会话及其方向。

防火墙在建立连接时,会为每个连接构造一个会话。会话详细记录了每一个连接的发起方和响应方的 IP 地址、协议、端口、收发的报文数,以及会话的状态、老化时间等内容。通过会话对连接的状态进行跟踪和管理,以后的数据传输都基于会话状态进行处理,根据会话状态信息动态地决定数据包是否允许或拒绝通过,以便阻止恶意入侵。

6.4.2 会话的创建与拆除

不同的数据流具有不同的会话状态和会话创建机制。防火墙收到第一个数据包的时候开始创建会话,然后根据后续报文进行会话状态的切换,最终达到一个稳定的状态。

如图 6-13 所示,对于 TCP 数据流,防火墙在收到第一个 SYN 报文后开始创建会话,三次握手完成后会话进入一个稳定的状态,然后就可以传输数据了。当通信双方关闭 TCP 连接时,防火墙开始拆除会话。

对于 ICMP、UDP 及其他应用的数据流,防火墙在收到发起方的第一个报文后开始建立会话,收到响应方回应的报文后会话进入稳定的状态。另外,防火墙的会话有一个老化时间,

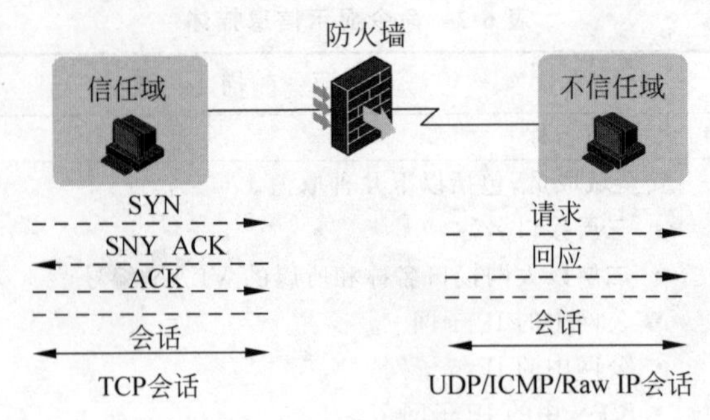

图 6-13 会话的创建

在收到报文后会对老化时间进行更新，当老化时间减小到 0 还没有收到报文时，防火墙将该会话拆除。

如图 6-14 所示，当客户端向服务器发起连接请求报文时，系统会创建一个会话表项。该表项中记录了一个会话所对应的请求报文信息和回应报文信息，包括源 IP 地址/源端口号、目的 IP 地址/目的端口号、传输层协议类型、应用层协议类型、会话的协议状态等。

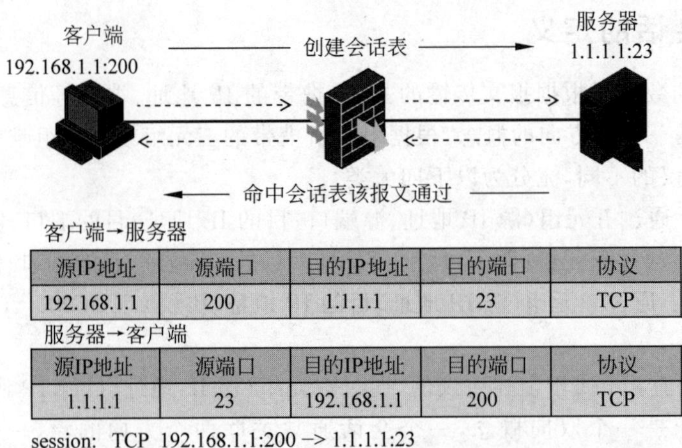

客户端→服务器

源IP地址	源端口	目的IP地址	目的端口	协议
192.168.1.1	200	1.1.1.1	23	TCP

服务器→客户端

源IP地址	源端口	目的IP地址	目的端口	协议
1.1.1.1	23	192.168.1.1	200	TCP

图 6-14 会话表项

当客户端 192.168.1.1 源端口 200 向服务器 1.1.1.1 的目的端口 23 发起连接时，会创建会话表项 session: TCP 192.168.1.1:200->1.1.1.1:23，在服务器回应的报文命中会话表后，报文通过。

对于多通道协议（特指在部分应用协议中，客户端与服务器之间需要在已有连接的基础上协商新的连接来完成一个应用），会话管理还会根据协议的协商情况，创建一个或多个（由具体的应用协议决定）关联表项，用于关联属于同一个应用的不同会话。关联表项在多通道协议协商的过程中创建，在完成对多通道协议的支持后即被删除。

如图 6-15 所示，当一个 TCP 会话的两个连续报文到达防火墙的时间间隔大于该会话的老化时间时，为保证网络的安全性，防火墙将从会话表中删除相应的会话信息。这样，在后续报文到达防火墙后，防火墙将丢弃该报文，导致连接中断。在实际的网络环境中，某些特殊的业务数据流的会话信息需要长时间不被老化。

针对进入 TCP-EST 状态的 TCP 会话，防火墙可以根据需要将符合指定特征的 TCP 会话设置为长连接会话。长连接会话的老化时间不会随着状态的变迁而更改，可以将其设置得

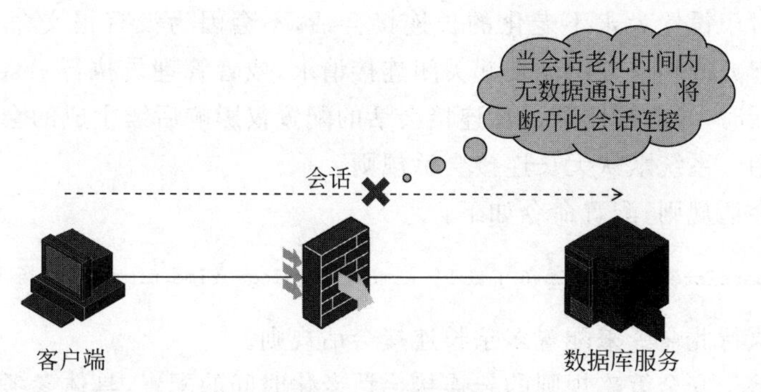

图 6-15　会话的拆除

比普通会话的老化时间更长，或者设置成永不老化。被设置成永不老化的长连接会话，只有当会话的发起方或响应方主动发起关闭连接请求，或者管理员手动删除该会话时，才会被删除。

6.4.3　会话的配置

会话管理支持的配置包括协议状态的会话老化时间、应用层协议的会话老化时间、长连接会话规则，以及删除会话、会话业务热备份和会话统计等。这些配置可根据实际应用需求选择进行，配置无先后顺序的要求，相互不关联。

根据会话所处协议状态来设置会话表项的老化时间。处于某协议状态的会话，如果在该协议状态老化时间内未被任何报文匹配，则会由于老化而被系统自动删除。

配置协议状态会话老化时间，配置命令如下：

```
[H3C]session aging-time state { fin | icmp-reply | icmp-request | rawip-open | rawip-ready |
syn | tcp-close | tcp-est | tcp-time-wait | udp-open | udp-ready } time-value
```

说明

当会话数目过多时，建议不要将协议状态老化时间设置得过短；否则，会造成设备响应速度过慢。

对于进入稳定状态的会话（TCP 会话进入 tcp-est 状态，UDP 会话进入 udp-ready 状态），还可以根据会话所属的应用层协议或应用设置老化时间。此类会话表项如果在一定时间内未被任何报文匹配，则会按照设置的应用层协议或应用会话的老化时间老化。对于进入稳定状态的其他应用层协议的会话表项，则仍然遵循协议状态的会话的老化时间进行老化。

配置应用层协议或应用会话的老化时间，配置命令如下：

```
[H3C] session aging-time application application-name time-value
```

说明

当会话数目过多时，建议不要将应用层协议会话的老化时间设置得过短；否则，会造成设备响应速度过慢。老化时间的修改需要结合实际的使用场景，避免过大或过小，从而影响会话协议报文的正常交互。例如，FTP 的会话老化时间若小于 FTP 保活报文发送的间隔，则会造成 FTP 连接无法正常建立。

长连接老化时间仅在 TCP 会话进入稳定状态（TCP-EST 状态）时生效。当 TCP 会话处于稳定状态时，长连接老化时间具有最高的优先级，其次为应用层协议老化时间，最后为协议

状态老化时间。对于设置为永不老化的长连接会话，不会因为没有报文命中而因老化删除。只有当会话的发起方或响应方主动发起关闭连接请求，或者管理员执行 reset session table 命令手动删除该会话时，才会被删除。长连接会话的配置仅影响后续生成的会话，对于已经生效的会话不产生作用。系统默认无长连接会话规则。

配置长连接会话规则，配置命令如下：

```
[H3C]session persistent acl [ ipv6 ] acl-number [ aging-time time-value ]
```

可通过多次执行此命令来配置多条长连接会话规则。

系统还支持基于安全策略规则的长连接会话老化时间的配置，具体参考 6.5 节。

6.4.4 会话的显示和维护

开启软件快速转发的会话统计功能，配置命令如下：

```
[H3C]session statistics enable
```

在开启软件快速转发的会话统计功能后，设备将对经软件快速转发(包括收到和发送)的基于会话的业务报文数目和报文字节数进行统计。基于单播会话的报文统计信息可通过执行 display session table 命令查看；基于单播报文类型的报文统计信息可通过执行 display session statistics 命令查看；基于组播会话的报文统计信息可通过执行 display session table multicast 命令查看；基于组播报文类型的报文统计信息可通过执行 display session statistics multicast 命令查看。

执行 **display session table ipv4** 命令可以显示 IPv4 单播会话表项信息。以下是输出示例。

```
<H3C> display session table ipv4
Slot 1:
Initiator:
  Source      IP/port: 192.168.1.18/1877
  Destination IP/port: 192.168.1.55/22
  DS-Lite tunnel peer: -
  VPN instance/VLAN ID/Inline ID: -/-/-
  Protocol: TCP(6)
  Inbound interface: GigabitEthernet1/0/1
  Source security zone: Trust
Initiator:
  Source      IP/port: 192.168.1.18/1792
  Destination IP/port: 192.168.1.55/2048
  DS-Lite tunnel peer: -
  VPN instance/VLAN ID/Inline ID: -/-/-
  Protocol: ICMP(1)
  Inbound interface: GigabitEthernet1/0/1
  Source security zone: Trust
Total sessions found: 2
```

从输出示例中可以看出，设备上共有两条会话信息。

执行 display session table ipv4 verbose 命令可以显示 IPv4 单播会话表项的详细信息。以下是输出示例。

```
<H3C> display session table ipv4 verbose
Slot 1:
Initiator:
  Source      IP/port: 192.168.1.18/1877
  Destination IP/port: 192.168.1.55/22
  DS-Lite tunnel peer: -
  VPN instance/VLAN ID/Inline ID: -/-/-
  Protocol: TCP(6)
  Inbound interface: GigabitEthernet1/0/1
  Source security zone: Trust
Responder:
  Source      IP/port: 192.168.1.55/22
  Destination IP/port: 192.168.1.18/1877
  DS-Lite tunnel peer: -
  VPN instance/VLAN ID/Inline ID: -/-/-
  Protocol: TCP(6)
  Inbound interface: GigabitEthernet1/0/2
  Source security zone: Local
State: TCP_SYN_SENT
Application: SSH
Start time: 2011-07-29 19:12:36  TTL: 28s
Initiator->Responder:          1 packets        48 bytes
Responder->Initiator:          0 packets         0 bytes

Initiator:
  Source      IP/port: 192.168.1.18/1792
  Destination IP/port: 192.168.1.55/2048
  DS-Lite tunnel peer: -
  VPN instance/VLAN ID/Inline ID: -/-/-
  Protocol: ICMP(1)
  Inbound interface: GigabitEthernet1/0/1
  Source security zone: Trust
Responder:
  Source      IP/port: 192.168.1.55/1792
  Destination IP/port: 192.168.1.18/0
  DS-Lite tunnel peer: -
  VPN instance/VLAN ID/Inline ID: -/-/-
  Protocol: ICMP(1)
  Inbound interface: GigabitEthernet1/0/2
  Source security zone: Local
State: ICMP_REQUEST
Application: OTHER
Start time: 2011-07-29 19:12:33  TTL: 55s
Initiator->Responder:          1 packets        60 bytes
Responder->Initiator:          0 packets         0 bytes

Total sessions found: 2
```

display session table 命令显示信息描述如表 6-3 所示。

表 6-3 display session table 命令显示信息描述

字 段	描 述
Initiator	发起方到响应方的连接对应的会话信息
Responder	响应方到发起方的连接对应的会话信息
Source IP/port	源 IP 地址/源端口号
Destination IP/port	目的 IP 地址/目的端口号
DS-Lite tunnel peer	DS-Lite 隧道对端地址。当会话不属于任何 DS-Lite 隧道时，本字段显示为“-”，此功能暂不支持
VPN instance/VLAN ID/Inline ID	会话所属的 VPN 多实例/二层转发时会话所属的 VLAN ID/二层转发时会话所属的 INLINE。未指定的参数则显示为“-”
Protocol	传输层协议类型，取值包括 DCCP、ICMP、ICMPv6、Raw IP、SCTP、TCP、UDP、UDP-Lite 括号中的数字表示协议号
Inbound interface	报文的入接口
Source security zone	源安全域，即入接口所属的安全域。若入接口不属于任何安全域，则显示为“-”
State	会话状态
Application	应用层协议类型，取值包括 FTP、DNS 等，OTHER 表示未知协议类型，其对应的端口为非知名端口
Start time	会话创建时间
TTL	会话剩余存活时间，单位为秒
Initiator->Responder	发起方到响应方的报文数、报文字节数
Responder->Initiator	响应方到发起方的报文数、报文字节数
Total sessions found	当前查找到的会话表项总数

在会话管理的维护过程中，有时需要重置会话表项。在用户视图下，执行 reset 命令可以删除 IPv4 单播会话表项，命令如下：

```
<H3C> reset session table ipv4
```

执行 display session statistics 命令可以用来显示单播会话统计信息。以下是输出示例。

```
<H3C> display session statistics
Current sessions: 3
          TCP sessions:                 0
          UDP sessions:                 0
         ICMP sessions:                 3
       ICMPv6 sessions:                 0
     UDP - Lite sessions:               0
         SCTP sessions:                 0
         DCCP sessions:                 0
        RAWIP sessions:                 0

          DNS sessions:                 0
          FTP sessions:                 0
          GTP sessions:                 0
         H323 sessions:                 0
```

```
       HTTP sessions:              0
        ILS sessions:              0
       MGCP sessions:              0
        NBT sessions:              0
       PPTP sessions:              0
        RSH sessions:              0
       RTSP sessions:              0
       SCCP sessions:              0
        SIP sessions:              0
       SMTP sessions:              0
     SQLNET sessions:              0
        SSH sessions:              0
     TELNET sessions:              0
       TFTP sessions:              0
      XDMCP sessions:              0

History average sessions per second:
     Past hour: 1
     Past 24 hours: 0
     Past 30 days: 0
History average session establishment rate:
     Past hour: 0/s
     Past 24 hours: 0/s
     Past 30 days: 0/s

Current relation-table entries: 0

Session establishment rate: 0/s
        TCP:              0/s
        UDP:              0/s
       ICMP:              0/s
     ICMPv6:              0/s
   UDP-Lite:              0/s
       SCTP:              0/s
       DCCP:              0/s
      RAWIP:              0/s

Received TCP      :            0 packets           0 bytes
Received UDP      :          118 packets       13568 bytes
Received ICMP     :          105 packets        8652 bytes
Received ICMPv6   :            0 packets           0 bytes
Received UDP-Lite :            0 packets           0 bytes
Received SCTP     :            0 packets           0 bytes
Received DCCP     :            0 packets           0 bytes
Received RAWIP    :            0 packets           0 bytes
```

从输出示例中可以看出,系统当前的会话总数为 3 条。

display session statistics 命令显示信息描述如表 6-4 所示。

表 6-4 display session statistics 命令显示信息描述

字　段	描　述
Current sessions	系统当前的总会话数
TCP sessions	系统当前的 TCP 会话数
UDP sessions	系统当前的 UDP 会话数
ICMP sessions	系统当前的 ICMP 会话数
ICMPv6 sessions	系统当前的 ICMPv6 会话数
UDP-Lite sessions	系统当前的 UDP-Lite 会话数
SCTP sessions	系统当前的 SCTP 会话数
DCCP sessions	系统当前的 DCCP 会话数
RAWIP sessions	系统当前的 RAW IP 会话数
DNS sessions	系统当前的 DNS 会话数
FTP sessions	系统当前的 FTP 会话数
GTP sessions	系统当前的 GTP 会话数
H323 sessions	系统当前的 H323 会话数
HTTP sessions	系统当前的 HTTP 会话数
ILS sessions	系统当前的 ILS 会话数
MGCP sessions	系统当前的 MGCP 会话数
NBT sessions	系统当前的 NBT 会话数
PPTP sessions	系统当前的 PPTP 会话数
RSH sessions	系统当前的 RSH 会话数
RTSP sessions	系统当前的 RTSP 会话数
SCCP sessions	系统当前的 SCCP 会话数
SIP sessions	系统当前的 SIP 会话数
SMTP sessions	系统当前的 SMTP 会话数
SQLNET sessions	系统当前的 SQLNet 会话数
SSH sessions	系统当前的 SSH 会话数
TELNET sessions	系统当前的 Telnet 会话数
TFTP sessions	系统当前的 TFTP 会话数
XDMCP sessions	系统当前的 XDMCP 会话数
History average sessions per second	会话数的历史统计信息，以当前时间为基准
Past hour	最近 1 小时内每秒系统会话数的平均值
Past 24 hours	最近 1 天内每秒系统会话数的平均值
Past 30 days	最近 30 天内每秒系统会话数的平均值
History average session establishment rate	新建会话速率的历史统计信息，以当前时间为基准
Past hour	最近 1 小时内系统新建会话速率的平均值
Past 24 hours	最近 1 天内系统新建会话速率的平均值
Past 30 days	最近 30 天内系统新建会话速率的平均值
Current relation-table entries	总关联表项个数
Session establishment rate	系统创建会话的速率，以及创建各协议会话的速率
Received TCP	系统当前收到的 TCP 报文数、报文字节数
Received UDP	系统当前收到的 UDP 报文数、报文字节数
Received ICMP	系统当前收到的 ICMP 报文数、报文字节数
Received ICMPv6	系统当前收到的 ICMPv6 报文数、报文字节数
Received UDP-Lite	系统当前收到的 UDP-Lite 报文数、报文字节数

续表

字　段	描　述
Received SCTP	系统当前收到的 SCTP 报文数、报文字节数
Received DCCP	系统当前收到的 DCCP 报文数、报文字节数
Received RAW IP	系统当前收到的 RAW IP 报文数、报文字节数

在会话管理的维护过程中，有时需要重置会话统计信息。在用户视图下，执行 reset 命令可以删除单播会话统计信息，命令如下：

```
<H3C> reset session statistics
```

6.4.5　防火墙报文转发流程

报文的转发流程(见图 6-16)如下。

(1) 首先判断是否匹配当前会话表或关联表，若匹配，则直接查找二、三层转发表项后转发。

(2) 若未匹配会话表或关联表，则判断报文是否匹配安全策略。

(3) 若匹配到安全策略，且过滤动作为允许，则查找二、三层转发表项后转发，并创建会话表；否则，丢弃报文，并不创建会话表。

(4) 若未匹配到安全策略，则按默认策略进行处理。

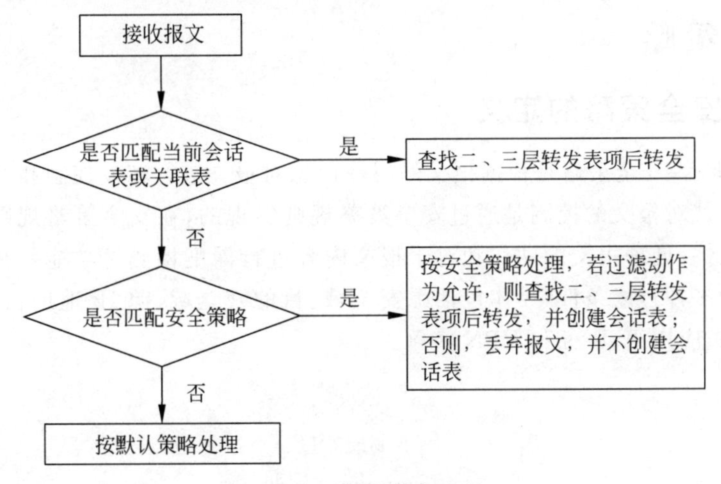

图 6-16　报文转发流程

对于已经存在会话表的报文的检测过程比没有会话表的报文要短得多。在通常情况下，通过对一条连接的首包进行检测，并建立会话后，该条连接的绝大部分报文都不再需要重新检测。这就是状态检测防火墙的“状态检测机制”相对于包过滤防火墙的“逐包检测机制”的改进之处。这种改进使状态检测防火墙在检测和转发效率上有很大提升。

如图 6-17 所示，设备在接收报文后，会先进行预处理，然后再按是本地报文还是转发报文进行不同的处理。报文处理顺序具体如下。

(1) 设备在接收报文后，会经过阶段一的预处理，报文的处理顺序从上到下分别为互联网安全协议(internet protocol security，IPSec)预处理、攻击防范、包过滤、入方向 NAT、LB inbound、入方向 QoS。

(2) 设备在完成对报文阶段一的预处理后，进行查找转发表。

(3) 报文阶段二预处理，主要进行 PBR、出方向 LB 的转发策略匹配。

(4) 如果报文类型是转发报文，则报文在出接口发送分片前，按照匹配顺序从安全策略、出方向 NAT、APR 应用识别、出方向 IPSec 进行发送处理；如果报文类型是本地报文，则报文在出接口发送分片前，按照匹配顺序从安全策略、攻击防范进行处理。

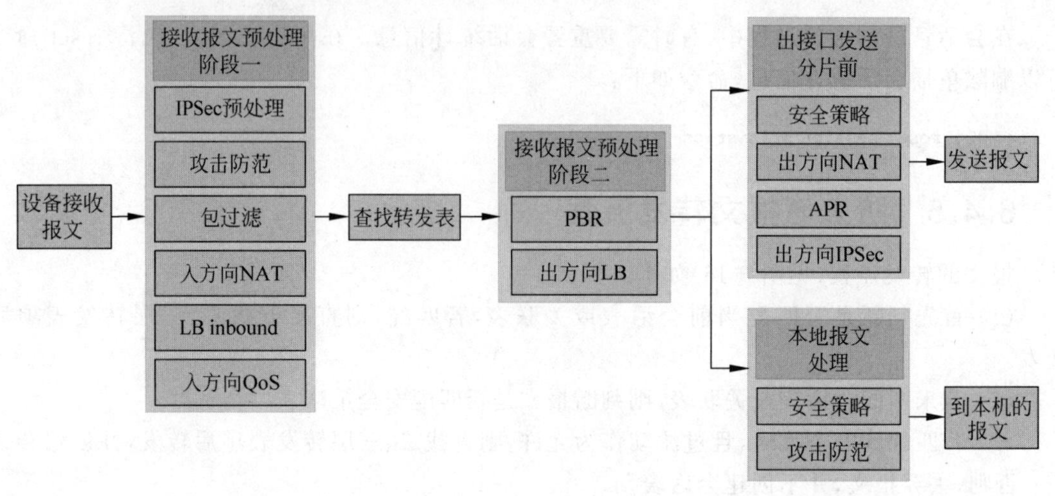

图 6-17 模块转发流程

6.5 安全策略

6.5.1 安全策略的定义

如图 6-18 所示，安全策略是根据报文的属性信息对报文进行转发控制和 DPI 深度安全检测的防控策略。其对报文的控制是通过安全策略规则实现的，在安全策略规则中可以设置匹配报文的过滤条件、处理报文的动作和对于报文内容进行深度检测等功能。在每条安全策略规则中均可配置多种过滤条件，具体包括源安全域、目的安全域、源 IP 地址、目的 IP 地址、用户、用户组、应用、应用组、服务和 VPN 实例。

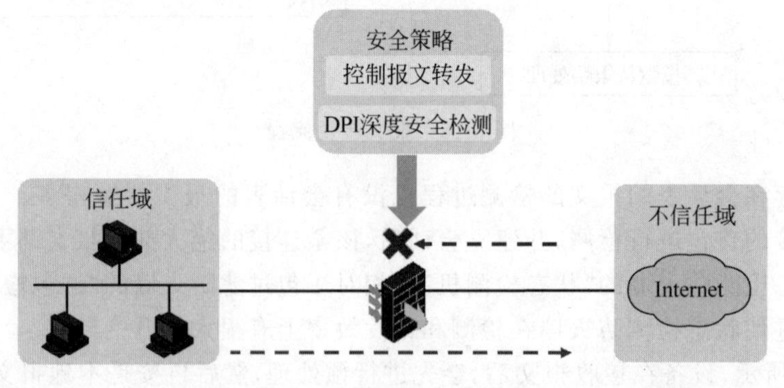

图 6-18 什么是安全策略

防火墙安全策略的主要作用是控制专网访问公网的权限、控制专网不同安全级别的子网之间的访问权限等。同时，也能够对设备本身的访问进行控制，例如，限制哪些 IP 地址可以通过 Telnet 和 Web 等方式登录设备，控制网管服务器、NTP 服务器等与设备的互访等。

6.5.2　安全策略的发展历程

如图 6-19 所示，H3C 防火墙安全策略的发展主要经历了 3 个阶段：基于 ACL 的域间策略阶段、融合 UTM 的对象策略阶段、一体化安全策略阶段。

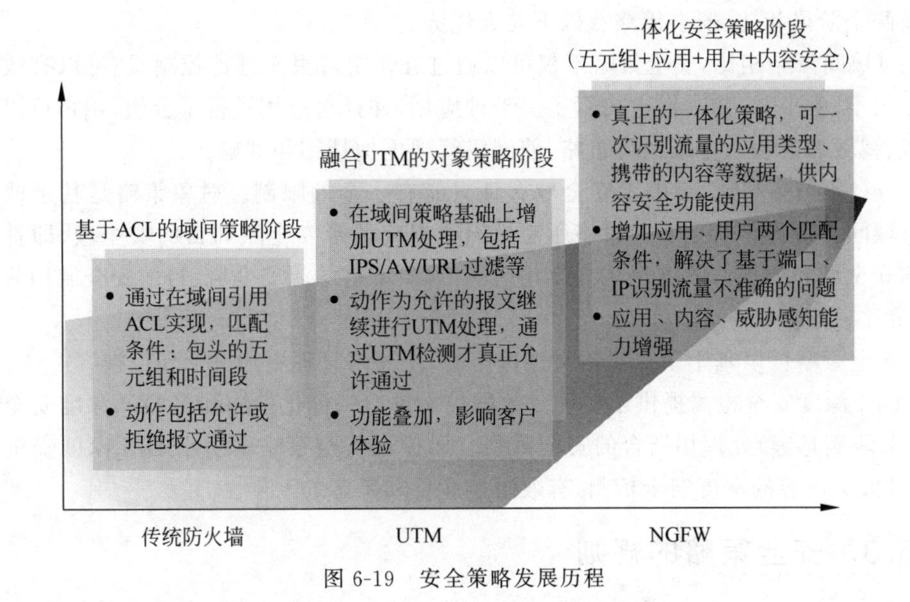

图 6-19　安全策略发展历程

H3C 防火墙安全策略的发展历程有以下几个特点。

(1) 针对报文的匹配条件越来越精细。从传统的基于 ACL 包过滤的五元组发展到下一代防火墙基于用户、应用、内容来识别报文，识别能力越来越强。

(2) 动作越来越多。从简单的允许或拒绝报文通过到对报文进行 DPI 深度安全检查。

(3) 配置方式也在不断改进。从配置 ACL 到配置一体化安全策略，易于理解，简单便捷。

下面逐一对安全策略发展历程中的三个阶段进行介绍。

第一阶段：基于 ACL 的域间策略阶段。

域间策略是基于 ACL 在安全域之间实现数据流识别功能。域间策略在一对源安全域和目的安全域之间维护一个 ACL，该 ACL 中可以配置一系列的匹配规则，以识别出特定的报文，然后根据预先设定的操作允许或拒绝该报文通过。

域间策略通过引用资源管理中的地址资源和服务资源，来根据报文的源 IP 地址、目的 IP 地址、源 MAC 地址、目的 MAC 地址、IP 承载协议的类型和协议的特性(如 TCP 或 UDP 的源端口/目的端口、ICMP 协议的消息类型/消息码)等信息制订匹配规则。每条规则还可以通过引用资源管理中的时间段资源，来指定这条规则在该时间段定义的时间范围内有效。

第二阶段：融合 UTM 的对象策略阶段。

对象策略是一种安全策略，它基于全局进行配置，可以应用于域间实例。在域间实例上应用对象策略可实现对数据流的检查，并根据检查结果允许或拒绝其通过。对象策略由条件、动作和 UTM 策略组成。在安全策略的条件中，出现了服务集的概念，代替了协议和端口。

第三阶段：一体化安全策略阶段。

安全策略是根据报文的属性信息对报文进行转发控制和 DPI 深度安全检测的防控策略。其规则过滤条件包括源安全域、目的安全域、源 IP 地址、目的 IP 地址、用户、用户组、应用、应用组、服务和 VPN 实例。

其一体化主要体现在如下两个方面：一是配置一体化，如入侵防御 IPS、防病毒 AV、URL 过滤、数据过滤等安全功能都可以在安全策略中引用安全配置文件来实现，降低了配置难度；二是业务处理上的一体化，安全策略对报文进行一次检测，并行处理，提升了系统性能。

与前两个阶段相比，安全策略有以下几大优势。

(1) 与域间策略相比，安全策略不仅可以通过五元组对报文进行控制，还可以有效区分协议上承载的不同应用。防火墙上内置了上千种应用，并针对应用进行了分组，用户可以基于网页的游戏、视频和购物等分别制订策略，使网络管理更加精细和准确。

(2) 与对象策略相比，突破了安全域有且只能有一个的限制。对象策略是基于域间实例配置的。域间实例用于指定对象策略所需检测数据流的源安全域和目的安全域，即首个报文要进入的安全域和要离开的安全域。换句话说，对象策略的源安全域、目的安全域均只能配置一个，配置比较烦琐。

(3) 安全策略可以基于用户对报文进行控制，使网络管理更加灵活和可视。

(4) DPI 深度安全检测提供了一种对数据报文进行一体化检测和多 DPI 深度安全检测业务(如 IPS、防病毒等)处理相结合的安全机制。通过在安全策略中引用 DPI 深度安全检测业务，实现对报文内容的深度安全检测，有效阻止病毒和黑客的入侵。

6.5.3 安全策略的规则

安全策略对报文的控制是通过安全策略规则实现的，规则中可以设置匹配报文的过滤条件、处理报文的动作和对报文内容进行深度安全检测等功能。安全策略中的每条规则都有唯一的名称和编号标识。名称必须在创建规则时由用户手工指定；而编号既可以手工指定，也可以由系统自动分配。每条规则中均可以配置多种过滤条件，具体包括源安全域、目的安全域、源 IP 地址、目的 IP 地址、用户、用户组、应用、应用组、服务和 VPN 实例。规则的动作包括允许或拒绝通过。其中，对允许通过的报文可以选择是否进行 DPI 深度安全检测。

安全策略规则示例如图 6-20 所示。

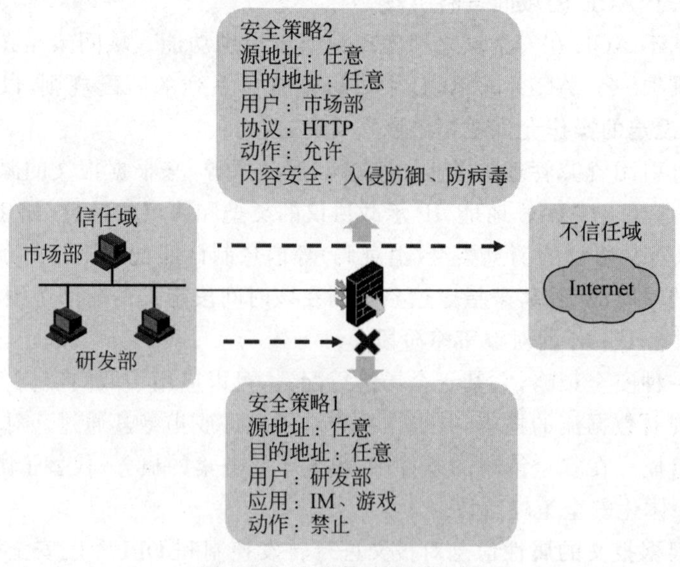

图 6-20 安全策略规则示例

如图 6-21 所示，安全策略中可同时配置多种过滤条件，具体包括源安全域、目的安全域、源 IP 地址、目的 IP 地址、用户、应用、应用组、服务和时间段等。在每种过滤条件中(除 VPN 实例以外)，均可以配置多个匹配项，比如，源安全域过滤条件中可以指定多个源安全域等。

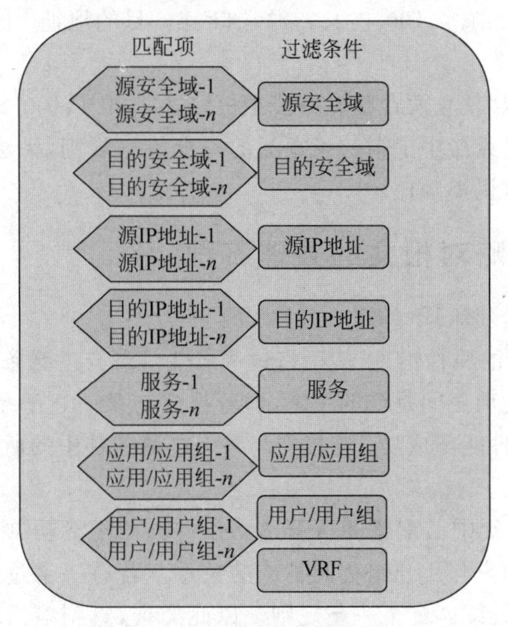

图 6-21　规则的过滤条件

每个过滤条件被匹配成功的条件：过滤条件的任何一个匹配项被匹配成功即可。

一条策略被匹配成功的条件：该条策略中已配置的所有过滤条件必须均被匹配成功，但是对于应用和应用组只需匹配一项即可。

若安全策略规则中未配置任何过滤条件，则该规则将匹配所有报文；若规则中已引用对象组的内容为空，则该规则将不能匹配任何报文。

6.5.4　安全策略的匹配顺序

如图 6-22 所示，安全策略之间是存在顺序的，设备默认按照安全策略规则的创建顺序对报文进行匹配，先创建的安全策略规则先匹配。如果报文命中了某条安全策略，则会执行该安全策略中的动作，或允许通过或拒绝通过，不会再继续向下查找；如果报文没有命中某条安全策略，则会继续向下查找；如果没有匹配到任何策略，则按默认拒绝处理。

序号	用户	时间	应用	默认动作	深度防御	带宽管理
1		any	any		——	≥20Mbps
2		work			IPS、DLP	≥50Mbps
3		work			——	——

图 6-22　安全策略规则的匹配顺序

因此，基于上述实现方式，配置安全策略还是有一定讲究的，在配置安全策略时要遵循“先精细，后粗犷”的原则。具体来说就是，先配置匹配范围小、条件精确的安全策略，后配置匹配范围大、条件宽泛的安全策略，然后按照此顺序配置每条规则。

举个具体的示例：企业 FTP 服务器地址为 100.1.1.1，办公区 IP 地址为 100.2.1.0/24，要求禁止两台临时办公主机(100.2.1.1、100.2.1.2)访问FTP服务器。如下这样配置有什么问题?

规则1：源地址100.2.1.0/24,源端口any,目的地址10.1.1.1,目的端口21的报文pass。

规则2：源地址100.2.1.1、100.2.1.2,源端口any,目的地址10.1.1.1,目的端口21的报文drop。

这样配置将无法实现"禁止两台临时办公主机(100.2.1.1、100.2.1.2)访问FTP服务器"的需求,因为这两个IP已经命中了第一条宽泛的安全策略规则,无法再命中第二条安全策略规则。所以两条策略需要调换顺序。

6.5.5 安全策略对报文的处理流程

安全策略对报文的处理流程(见图6-23)如下。

(1) 首先识别出报文的属性信息,然后将这些属性信息与过滤条件中的匹配项进行匹配。每种过滤条件的多个匹配项之间是或的关系,即若报文与某一过滤条件中的任意一项匹配成功,则报文与此条过滤条件匹配成功；若报文与某一过滤条件中的所有项都匹配失败,则报文与此条过滤条件匹配失败。

(2) 若报文与某条规则中已配置的所有过滤条件都匹配成功,则报文与此条规则匹配成功,但是应用与应用组、用户与用户组之间是或的关系。若有一个过滤条件不匹配,则报文与此条规则匹配失败,报文继续匹配下一条规则。以此类推,直到最后一条规则,若报文还未与规则匹配成功,则设备会丢弃此报文。

(3) 若报文与某条规则匹配成功,则结束此匹配过程,并对此报文执行规则中配置的动作。若规则的动作为"拒绝",则设备会丢弃此报文；若规则的动作为"允许",则设备继续对报文做下一步处理。

(4) 设备继续判断规则中是否引用了DPI深度安全检测业务(即规则中是否配置了profile命令)。若引用了DPI深度安全检测业务,则会对此报文进行DPI深度安全检测；若未引用DPI深度安全检测业务,则直接允许此报文通过。

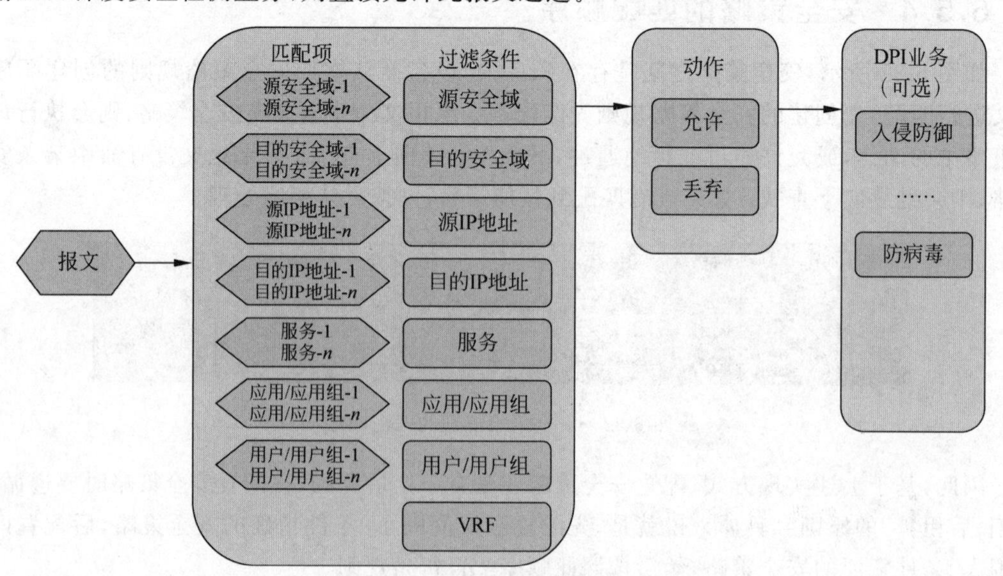

图6-23 安全策略对报文的处理流程

安全策略加速功能用来提高安全策略规则的匹配速度。当有大量用户同时通过设备新建连接时，若安全策略内包含大量规则，则此功能可以提高规则的匹配速度，保证网络通畅；若安全策略加速功能失效，则规则匹配的过程将会很长，导致用户建立连接的时间过长，同时，也会占用系统大量的CPU资源。

在安全策略加速功能生效后，安全策略加速功能仅对此功能生效之前的规则生效，且报文仅匹配已加速成功的规则，不匹配未加速的规则。使用激活规则的安全策略加速功能，可以使后续新增或修改规则的安全策略加速功能生效。安全策略加速功能的激活规则有以下两种。

(1) 手动激活：是指在新增或修改规则后，手动执行命令，使这些规则的安全策略加速功能生效。

(2) 自动激活：是指在安全策略中停止操作的20s后，系统会自动激活这些规则的安全策略加速功能。这种方式能够避免出现因忘记手工激活规则，而导致新增或修改的规则不生效的问题。

网络中的一些业务需要经过防火墙转发，还有一些业务是需要防火墙自身参与处理的。例如，管理员会登录到防火墙上进行管理、Internet上的设备或用户会与防火墙建立VPN，防火墙和路由器之间会运行OSPF、路由协议等。这些业务如果想要正常运行，则必须在防火墙上配置相应的安全策略，允许防火墙接收各个业务的报文。

6.5.6 安全策略的基本配置

在配置安全策略之前，需要完成的配置包括创建安全域、配置接口并加入安全域、配置对象、配置DPI深度安全检测业务(可选)、配置DPI深度安全检测应用profile、配置安全策略、激活DPI深度安全检测业务并保存配置、激活安全策略加速功能。

安全策略配置思路(见图6-24)具体表述如下。

(1) 管理员应首先明确需要划分哪几个安全域，接口如何连接，分别加入哪些安全域。

(2) 管理员选择根据“源地址”或“用户”来区分企业员工。

(3) 先确定每个用户组的权限，然后再确定特殊用户的权限，包括用户所处的源安全域和源地址、用户需要访问的目的安全域和目的地址、用户能够使用哪些服务和应用、用户的网络访问权限在哪些时间段生效等。如果想允许某种网络访问，则配置安全策略的动作为“允许”；如果想拒绝某种网络访问，则配置安全策略的动作为“拒绝”。

(4) 确定对哪些通过防火墙的流量进行内容安全检测，进行哪些内容安全检测。

(5) 将以上步骤规划出的安全策略的参数一一列出，并将所有安全策略按照先精确(条件细化的、特殊的策略)再宽泛(条件为大范围的策略)的顺序排序。在配置安全策略时，需要按照此顺序进行配置。

1. 配置对象组

对象组分为IPv4地址对象组、IPv6地址对象组、服务对象组和端口对象组。这些对象组可以被对象策略、ACL引用，作为报文匹配的条件。

(1) IPv4地址对象组内可以配置IPv4地址对象，地址对象与IPv4地址或用户绑定，用于匹配报文中的IPv4地址或报文所属的用户。

(2) IPv6地址对象组内可以配置IPv6地址对象，地址对象与IPv6地址或用户绑定，用于匹配报文中的IPv6地址或报文所属的用户。

(3) 端口对象组内可以配置端口对象，端口对象与协议端口号绑定，用于匹配报文中的协议端口号。

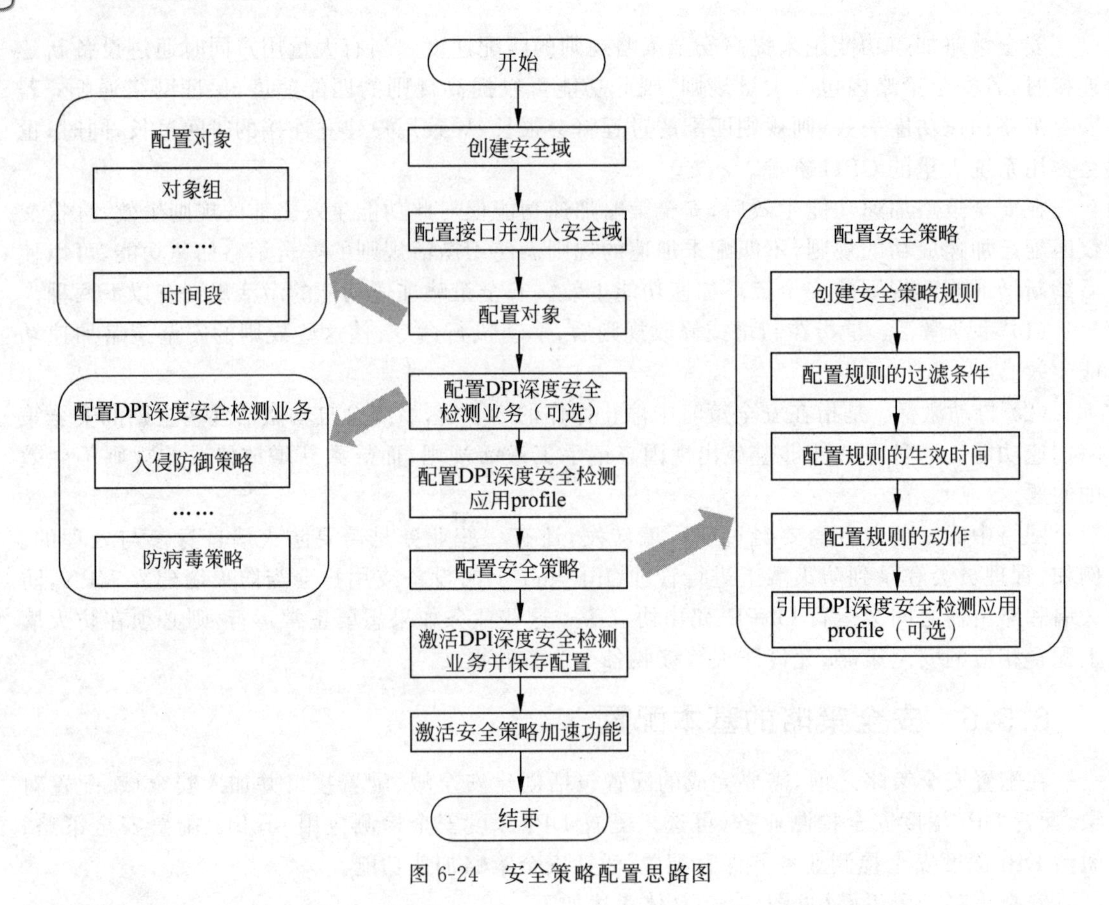

图 6-24 安全策略配置思路图

(4) 服务对象组内可以配置服务对象，服务对象与协议类型及协议的特性绑定（协议特性，如 TCP 或 UDP 的源端口/目的端口、ICMP 协议的消息类型/消息码等），用于匹配报文中的上层承载协议。

配置 IPv4 地址对象组的具体步骤如下。

(1) 创建 IPv4 地址对象组，并进入对象组视图，命令如下：

```
[H3C]object-group ip address object-group-name
```

在默认情况下，存在系统默认对象组。

(2) 创建 IPv4 地址对象，命令如下：

```
[H3C-obj-grp-ip-I1][ object-id ] network { host { address ip-address | name host-name } | subnet ip-address { mask-length | mask | wildcard wildcard } | range ip-address1 ip-address2 | group-object object-group-name | user user-name [ domain domain-name ] | user-group user-group-name [ domain domain-name ] }
```

说明

在默认情况下，对象组内不存在任何对象。当创建对象指定 ID 时，如果指定 ID 的对象不存在，则创建一条新的对象；如果指定 ID 的对象已存在，则对原对象进行修改。新创建或修改的对象不能与已有对象的内容完全相同；否则，该命令执行失败，并提示出错。

图 6-25 所示为通过 Web 方式配置 IPv4 地址对象组的方法。选择“对象”类型，配置相关

地址和“排除地址”，在配置完成后，单击“确定”按钮。

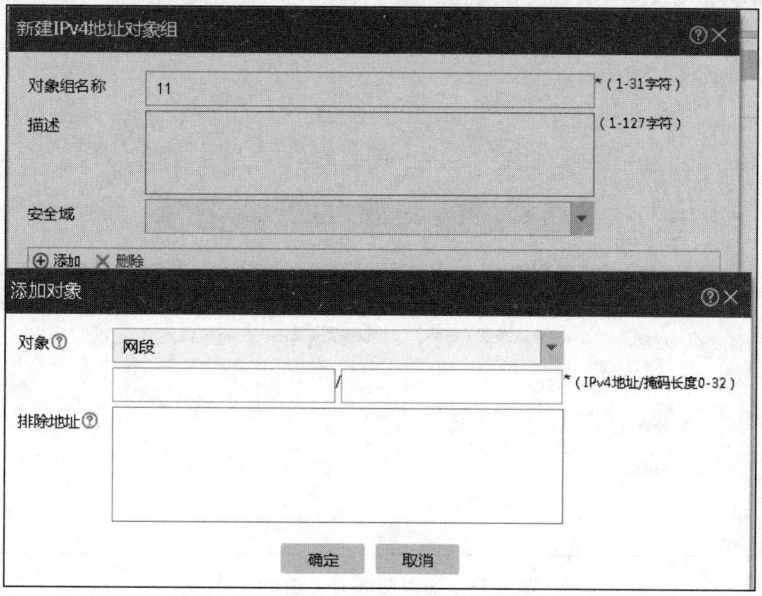

图 6-25　配置 IPv4 地址对象组(Web)

配置服务对象组的具体步骤如下。

(1) 创建服务对象组，并进入对象组视图，命令如下：

```
[H3C] object-group service object-group-name
```

说明

在默认情况下，存在系统默认对象组。

(2) 创建服务对象，命令如下：

```
[H3C-obj-grp-service-1] [ object-id ] service { protocol [ { source { { eq | lt | gt } port |
range port1 port2 } | destination { { eq | lt | gt | } port | range port1 port2 } } * | icmp-type
icmp-code | icmpv6-type icmpv6-code ] | group-object object-group-name }
```

图 6-26 所示为通过 Web 方式配置服务对象组的方法。选择“对象”类型，配置相关参数，在配置完成后，单击“确定”按钮。

2. 配置时间段

时间段(time range)定义了一个时间范围。用户通过创建一个时间段，并在某业务中将其引用，就可以使该业务在此时间段定义的时间范围内生效。但如果一个业务所引用的时间段尚未配置或已被删除，则该业务将不会生效。

在一个时间段中，可以使用以下两种方式定义时间范围。

(1) 周期时间段：表示以一周为周期(如每周一的 8:00—12:00)循环生效的时间段。

(2) 绝对时间段：表示在指定时间范围内(如 2015 年 1 月 1 日 8 点—2015 年 1 月 3 日 18 点)生效的时间段。

执行 time-range 命令创建一个时间段，来描述一个特定的时间范围。如果指定的时间段已经创建，则本命令可以修改时间段的时间范围。配置时间段，命令如下：

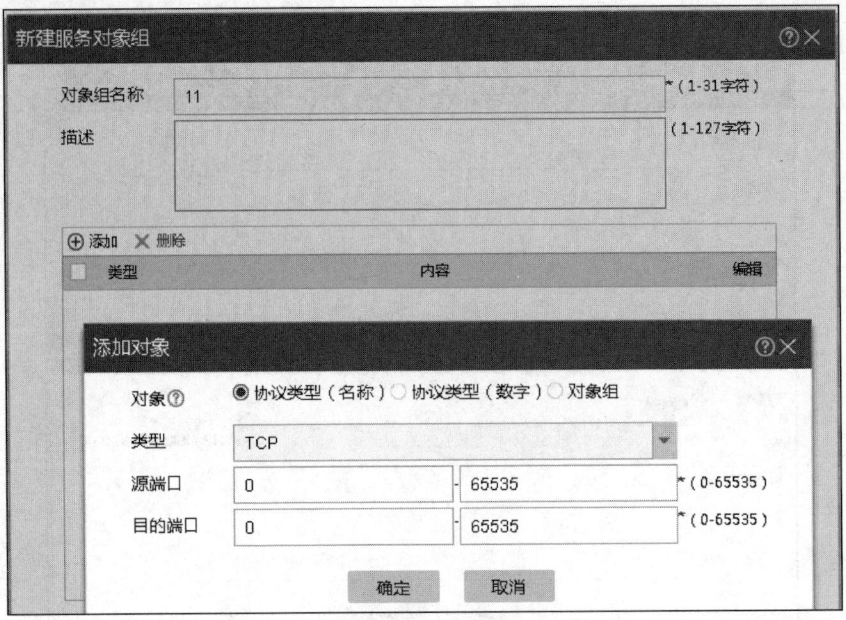

新建服务对象组

对象组名称 11 *(1-31字符)

描述 (1-127字符)

⊕添加 ✕删除

类型 内容 编辑

添加对象

对象 ◉协议类型(名称) ○协议类型(数字) ○对象组

类型 TCP

源端口 0 - 65535 *(0-65535)

目的端口 0 - 65535 *(0-65535)

确定 取消

图 6-26　配置服务对象组(Web)

[H3C] **time - range** *time - range - name* { *start - time* **to** *end - time days* [**from** *time1 date1*] [**to** *time2 date2*] | **from** *time1 date1* [**to** *time2 date2*] | **to** *time2 date2* }

图 6-27 所示为通过 Web 方式配置时间段的方法。配置时间段“名称”,选择“周期时间段”或“绝对时间段”,单击对应的“新建”按钮,然后添加相应的时间段,在配置完成后,单击“确定”按钮。

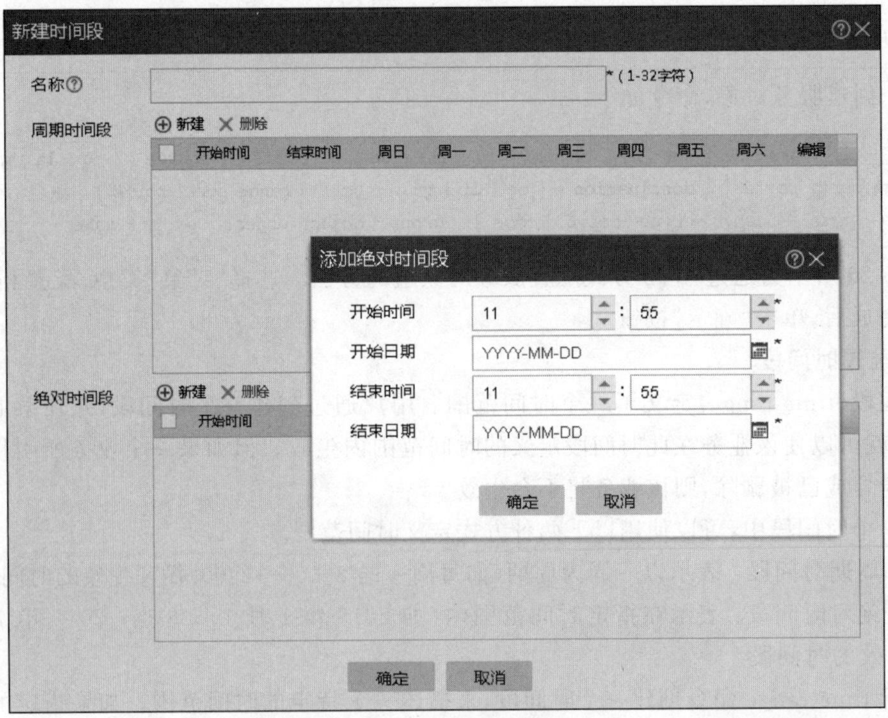

新建时间段

名称 *(1-32字符)

周期时间段 ⊕新建 ✕删除

开始时间 结束时间 周日 周一 周二 周三 周四 周五 周六 编辑

添加绝对时间段

开始时间 11 : 55 *

开始日期 YYYY-MM-DD *

结束时间 11 : 55 *

结束日期 YYYY-MM-DD *

确定 取消

绝对时间段 ⊕新建 ✕删除

开始时间

确定 取消

图 6-27　配置时间段(Web)

3. 配置安全策略规则

说明

在默认情况下,安全策略中不存在规则,设备接收到的所有报文均会被丢弃。因此,为使设备能够正常处理报文,必须在安全策略中配置相应的安全策略规则。当设备接收的报文(如动态路由协议报文、隧道报文和 VPN 报文等)需要本地处理时,需配置安全策略规则以保证相应安全域与 local 域之间的报文互通。

配置安全策略规则的具体步骤如下。

进入安全策略视图,配置命令如下:

```
[H3C]security-policy { ip | ipv6 }
```

创建安全策略规则,并进入安全策略规则视图,配置命令如下:

```
[H3C-security-policy-ip]{ rule-id | name name } *
```

在默认情况下,不存在安全策略规则。

说明

当安全策略规则中未配置任何过滤条件时,该规则将匹配所有报文。若安全策略规则中已引用对象组的内容为空,则此规则将不能匹配任何报文。

配置安全策略规则的过滤条件,具体步骤如下。

配置源安全域,命令如下:

```
[H3C-security-policy-ip-P1-R1] source-zone source-zone-name
```

配置目的安全域,命令如下:

```
[H3C-security-policy-ip-P1-R1] destination-zone destination-zone-name
```

配置源 IP 地址,命令如下:

```
[H3C-security-policy-ip-P1-R1] source-ip object-group-name
```

配置目的 IP 地址,命令如下:

```
[H3C-security-policy-ip-P1-R1] destination-ip object-group-name
```

配置服务,命令如下:

```
[H3C-security-policy-ip-P1-R1] service { object-group-name | any }
```

配置应用,命令如下:

```
[H3C-security-policy-ip-P1-R1] application application-name
```

配置应用组,命令如下:

```
[H3C-security-policy-ip-P1-R1] app-group app-group-name
```

配置用户,命令如下:

```
[H3C-security-policy-ip-P1-R1]user username
```

配置用户组,命令如下:

```
[H3C-security-policy-ip-P1-R1]user-group user-group-name
```

配置安全策略规则生效的时间,命令如下:

```
[H3C-security-policy-ip-P1-R1]time-range time-range-name
```

在默认情况下,不限制安全策略规则生效的时间。

配置安全策略规则动作,命令如下:

```
[H3C-security-policy-ip-P1-R1]action { drop | pass }
```

在默认情况下,安全策略规则动作是丢弃。

图 6-28 所示为通过 Web 方式配置安全策略的方法。在"新建安全策略"对话框中配置"名称"、安全域、匹配条件等安全策略参数。安全策略的参数除匹配条件以外,还支持"记录日志""会话老化时间"等参数的配置。

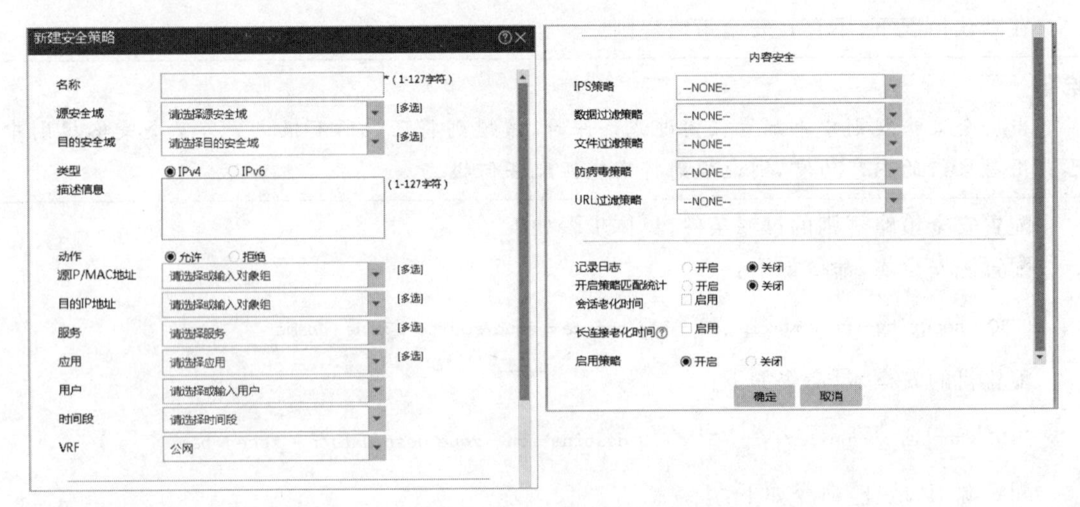

图 6-28 配置安全策略(Web)

4. 配置安全策略加速功能

设备上的安全策略加速功能默认开启,且不能手动关闭。但是,如下几种情况会导致安全策略加速功能失效。

(1) 在激活安全策略加速功能时,若内存资源不足,则会导致安全策略加速失效。

(2) 若安全策略规则中指定的 IP 地址对象组中包含排除地址和通配符掩码,则会导致安全策略加速功能失效。

(3) 在安全策略加速失效后,设备无法对报文进行快速匹配,但仍可以进行原始的慢速匹配。为使新增或修改的规则可以对报文进行匹配,必须激活安全策略加速功能。在激活安全策略加速功能时比较消耗内存资源,不建议频繁激活安全策略加速功能。建议在所有安全策略规则配置和修改完成后,统一执行 accelerate enhanced enable 命令。若安全策略规则中包含用户或用户组,则此条安全策略规则失效,将无法匹配任何报文。在安全策略规则中引用对象的内容发生变化后,也需要重新激活安全策略加速功能。

配置安全策略加速功能的具体步骤如下。

(1) 进入安全策略视图,配置命令如下:

```
[H3C]security - policy { ip | ipv6 }
```

(2) 激活安全策略加速功能，配置命令如下：

```
[H3C - security - policy - ip]accelerate enhanced enable
```

6.5.7　安全策略配置示例

如图 6-29 所示，安全策略基于 IP 地址的典型配置示例如下。

(1) 某公司内的各部门之间通过防火墙设备实现互联，该公司的工作时间为每周工作日的 8:00—18:00。

(2) 通过配置安全策略规则，允许总裁办公室在任意时间、财务部在工作时间通过 HTTP 访问财务数据库服务器的 Web 服务，而拒绝其他部门在任何时间、财务部在非工作时间通过 HTTP 访问该服务器的 Web 服务。

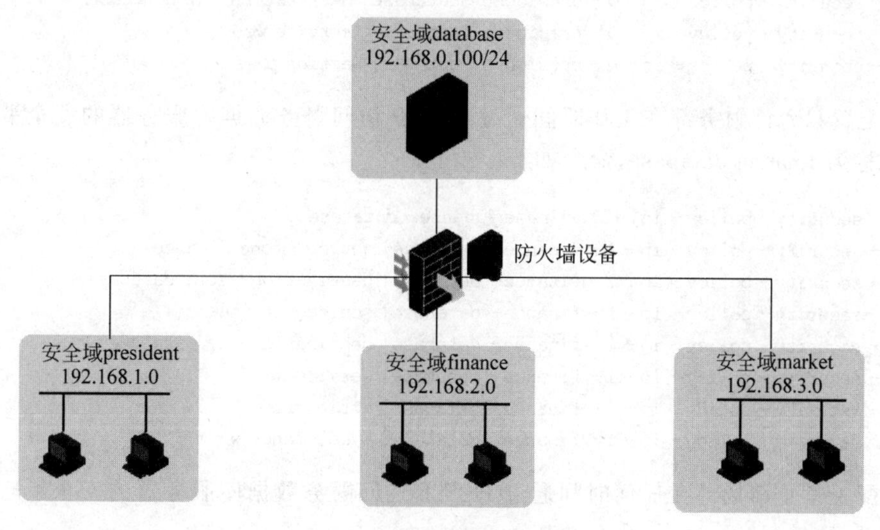

图 6-29　安全策略配置示例

下面仅以命令行方式介绍配置过程。

(1) 在防火墙上，配置安全域和 IP 地址对象，命令如下：

```
[H3C] time - range work 08:00 to 18:00 working - day
[H3C] security - zone name database
[H3C - security - zone - database] import interface gigabitethernet 1/0/1
[H3C] security - zone name president
[H3C - security - zone - database] import interface gigabitethernet 1/0/2
[H3C] security - zone name finance
[H3C - security - zone - database] import interface gigabitethernet 1/0/3
[H3C] security - zone name market
[H3C - security - zone - database] import interface gigabitethernet 1/0/4
[H3C] object - group ip address database
[H3C - obj - grp - ip - database] network subnet 192.168.0.0 24
[H3C] object - group ip address president
[H3C - obj - grp - ip - president] network subnet 192.168.1.0 24
[H3C] object - group ip address finance
[H3C - obj - grp - ip - finance] network subnet 192.168.2.0 24
```

```
[H3C] object - group ip address market
[H3C - obj - grp - ip - market] network subnet 192.168.3.0 24
```

(2) 配置服务对象组,命令如下:

```
[H3C] object - group service web
[H3C - obj - grp - service - web] service 6 destination eq 80
```

(3) 配置允许总裁办公室在任意时间通过 HTTP 访问财务数据库服务器的安全策略规则,其规则名称为 president-database,命令如下:

```
[H3C] security - policy ip
[H3C - security - policy - ip] rule 0 name president - database
[H3C - security - policy - ip - 0 - president - database] source - zone president
[H3C - security - policy - ip - 0 - president - database] destination - zone database
[H3C - security - policy - ip - 0 - president - database] source - ip president
[H3C - security - policy - ip - 0 - president - database] destination - ip database
[H3C - security - policy - ip - 0 - president - database] service web
[H3C - security - policy - ip - 0 - president - database] action pass
```

(4) 配置只允许财务部在工作时间通过 HTTP 访问财务数据库服务器的安全策略规则,其规则名称为 finance-database,命令如下:

```
[H3C - security - policy - ip] rule 1 name finance - database
[H3C - security - policy - ip - 1 - finance - database] source - zone finance
[H3C - security - policy - ip - 1 - finance - database] destination - zone database
[H3C - security - policy - ip - 1 - finance - database] source - ip finance
[H3C - security - policy - ip - 1 - finance - database] destination - ip database
[H3C - security - policy - ip - 1 - finance - database] service web
[H3C - security - policy - ip - 1 - finance - database] action pass
[H3C - security - policy - ip - 1 - finance - database] time - range work
```

(5) 配置禁止市场部在任何时间通过 HTTP 访问财务数据库服务器的安全策略规则,其规则名称为 market-database,命令如下:

```
[H3C - security - policy - ip] rule 2 name market - database
[H3C - security - policy - ip - 2 - market - database] source - zone market
[H3C - security - policy - ip - 2 - market - database] destination - zone database
[H3C - security - policy - ip - 2 - market - database] source - ip market
[H3C - security - policy - ip - 2 - market - database] destination - ip database
[H3C - security - policy - ip - 2 - market - database] service web
[H3C - security - policy - ip - 2 - market - database] action drop
```

(6) 激活安全策略加速功能。

```
[H3C - security - policy - ip] accelerate enhanced enable
```

6.5.8 安全策略的显示与调试

执行 display security-policy ip 命令可以显示安全策略的配置信息。以下是输出示例。

```
<H3C> display security - policy ip
Security - policy ip
```

```
rule 0 name der (Inactive)
 action pass
 profile er
 vrf re
 logging enable
 counting enable
 time - range dere
 track positive 23
 session aging - time 5000
 session persistent aging - time 2400
 source - zone trust
 destination - zone trust
 source - ip erer
 destination - ip client1
 service ftp
 app - group ere
 application 110Wang
 user der
 user - group ere
```

从输出示例中可以看出，安全策略共有一条规则，其 rule id 为 0，规则名称为 der。其规则定义为允许用户 der 和用户组 ere，源 IP 为 erer 的地址对象组，目的 IP 为 client1 的地址对象组从 trust 域到 trust 域访问 ftp 服务和 ere 应用组。

display security-policy 命令显示信息如表 6-5 所示。

表 6-5　display security-policy 命令显示信息描述

字　段	描　述
rule id name rule-name	规则的 ID 和名称
action pass	规则动作，其取值如下内容。 • pass：表示允许报文通过 • drop：表示拒绝报文通过，丢弃报文
profile app-profile-name	引用 DPI 深用安全检测应用 profile
vrf vrf-name	VPN 多实例的名称
logging enable	开启对符合规则过滤条件的报文记录日志信息功能
counting enable	开启安全策略规则匹配统计功能
time-range time-range-name	此规则生效的时间段
track negative 1 (Active)	安全策略规则生效状态与 track 项的 negative 状态关联，且此规则的状态为 Active，规则的生效状态取值包括如下内容。 • Active：表示生效状态 • Inactive：表示禁用状态
track positive 1 (Inactive)	安全策略规则生效状态与 track 项的 positive 或 notready 状态关联，且此规则的状态为 Active，规则的生效状态取值包括如下内容。 • Active：表示生效状态 • Inactive：表示禁用状态
session aging-time time-value	安全策略规则中设置的会话老化时间，单位为秒

续表

字　段	描　述
session persistent aging-time time-value	规则中设置的长连接会话老化时间,单位为小时
source-zone zone-name	安全策略规则配置源安全域作为过滤条件
destination-zone zone-name	安全策略规则配置目的安全域作为过滤条件
source-ip object-group-name	安全策略规则配置源 IP 地址作为过滤条件
destination-ip object-group-name	安全策略规则配置目的 IP 地址作为过滤条件
service object-group-name	安全策略规则配置服务作为过滤条件
app-group app-group-name	安全策略规则配置应用组作为过滤条件
application application-name	安全策略规则配置应用作为过滤条件
user user-name	安全策略规则配置用户作为过滤条件
user-group user-group-name	安全策略规则配置用户组作为过滤条件

执行 display security-policy statistics 命令可以显示安全策略的统计信息。以下是输出示例。

```
<H3C> display security-policy statistics ip rule abc
IPv4 security policy rule: abc
Action: pass (5 packets, 1000 bytes)
```

从输出示例中可以看出,安全策略规则匹配了 5 个报文。

display security-policy statistics 命令显示信息如表 6-6 所示。

表 6-6　display security-policy statistics 命令显示信息描述

字　段	描　述
IPv4 security policy rule name	IPv4 安全策略规则,名称为 name
Action	安全策略规则动作,其取值包括如下内容。 • pass：表示允许报文通过 • drop：表示拒绝报文通过,丢弃报文
x packets, y bytes	安全策略规则匹配 x 个报文,共 y B(本字段仅在配置安全策略规则配置了 counting enable 或 logging enable 命令时显示；当未匹配任何报文时,不显示本字段)

在安全策略的维护过程中,有时需要重置安全策略的统计信息,配置命令如下：

```
<H3C> reset security-policy statistics
```

6.6　本章总结

(1) 包过滤技术。

(2) 安全域。

(3) 防火墙报文转发原理。

(4) 防火墙安全策略。

6.7 习题和解答

6.7.1 习题

1. 防火墙的 ACL 分为(　　)。

A. 基本 ACL　　B. 高级 ACL　　C. 二层 ACL　　D. 物理层 ACL

2. 防火墙上默认安全域有(　　)。

A. trust 域　　B. untrust 域　　C. DMZ

D. management 域　E. local 域

3. 设备上所有接口都属于 local 域。(　　)

A. 正确　　B. 错误

4. 安全策略的发展经历了(　　)三个阶段。

A. 基于 ACL 的域间策略阶段　　B. 融合 UTM 的对象策略阶段

C. 一体化安全策略阶段　　D. 包过滤阶段

5. 管理员在 trust 域和 untrust 域之间依次配置了如下两条安全策略,请分析这样配置有什么问题。

安全策略 1:拒绝目的地址为 172.16.0.0/24 的报文通过。

安全策略 2:允许目的地址为 172.16.0.100 的报文通过。

6. 安全策略都有哪些维度的匹配条件?

6.7.2 习题答案

1. ABC　　2. ABCDE　　3. A　　4. ABC

5. 安全策略采用顺序匹配,导致目的地址为 172.16.0.100 的报文会匹配安全规则 1 而被阻断,因此,需要把条件更精确的安全策略 2 放在前面使其生效。

6. 与包过滤相比,安全策略不仅可以通过五元组对报文进行控制,还可以基于应用、用户进行控制。

第7章

网络地址转换技术

2015年负责北美洲IPv4地址分配的美国网络号码注册机构(American Registry for Internet Numbers,ARIN)宣布最后的IPv4地址被分配出去,这标志着,北美洲在继亚洲、欧洲及拉丁美洲之后正式耗尽其供应的IPv4地址。

IPv4地址使用32位编码方案,理论上可以提供43亿个地址。在互联网发展的早期,普通家庭还没有计算机,如此庞大的地址规模看起来是取之不尽、用之不竭的。然而,随着普通计算机成本的降低和万维网的出现,Internet出现了井喷式的发展,大量的普通用户涌入Internet中,IPv4地址被不断消耗,IPv4地址不够用的问题,在20世纪90年代已经初见端倪。进入21世纪,智能终端的高速发展进一步加剧了IPv4地址的消耗,最终,IPv4地址被消耗殆尽。

IPv4地址耗尽,为什么现在还可以正常上网?这要归功于网络地址转换技术,简称NAT技术。IPv4地址分为专网地址和公网地址。公网地址用于Internet上的主机之间互相通信,由互联网数字分配机构(The Internet Assigned Numbers Authority,IANA)统一管理分配;专网地址用于局域网内部的主机之间互相通信,任何人可以自由使用和分配。NAT技术的作用就是在局域网的出口将专网地址转换为公网地址,使得专网主机可以共享公网地址访问Internet,进而缓解公网地址的消耗。

虽然NAT技术的出现缓解了公网地址的消耗,然而这也只是治标不治本。随着智能终端和物联网技术的出现,Internet用户在不断增加,终端之间跨Internet的互访越来越频繁,IPv4地址的匮乏会成为Internet发展的阻碍。要从根本上解决这个问题,就需要提供更大的地址空间。IPv6技术相对于IPv4技术提供了几乎用之不竭的地址空间,可以保证有足够的IP地址用来分配。尽管其当前的发展并不是很迅速,但是,可以相信,当IPv4地址资源越发捉襟见肘,IPv6才是Internet发展的未来。

NAT相关的RFC文档可以参阅:RFC 2663、RFC 3022、RFC 3027等。

7.1 本章目标

学习完本章,应该能够达成以下目标。

(1) 了解NAT的技术背景。

(2) 理解NAT的技术原理和技术分类。

(3) 配置常见NAT应用。

(4) 在实际网络中,灵活选择适当的NAT技术。

7.2 NAT 概述

7.2.1 NAT 的技术背景

“当初我以为这只是一项实验，而且，用 43 亿个 IP 地址来做实验已经够了。”他说，“谁会知道到底需要多大的空间呢？”

——“互联网之父”文顿·瑟夫

在 IPv4 中，32 位的地址结构提供了大约 43 亿个地址，其中，有 12％的 D 类地址和 E 类地址不能作为全球唯一单播地址被分配使用，还有 2％的地址是不能使用的特殊地址。互联网地址分配机构在 2011 年 2 月已将其 IPv4 地址空间段的最后两个“/8”地址组分配出去。这一事件标志着区域互联网注册机构(Regional Internet Registry，RIR)可用 IPv4 地址空间中“空闲池”的干涸。在 2014 年 4 月，美国互联网号码注册机构宣布开始分配其库存的最后可用的“/8”地址组。截至 2019 年 11 月 25 日 15 时 35 分(欧洲时间)，负责英国、欧洲、中东地区和部分中亚地区互联网资源分配的欧洲网络协调中心宣布，全球所有 43 亿个 IPv4 地址已全部分配完毕，这意味着，没有更多的 IPv4 地址可以分配给 ISP 和其他大型网络基础设施提供商。这个时间比预计的 2021 年所有 IPv4 地址空间彻底耗尽的时间大幅提前，趋势及预测如图 7-1 所示。

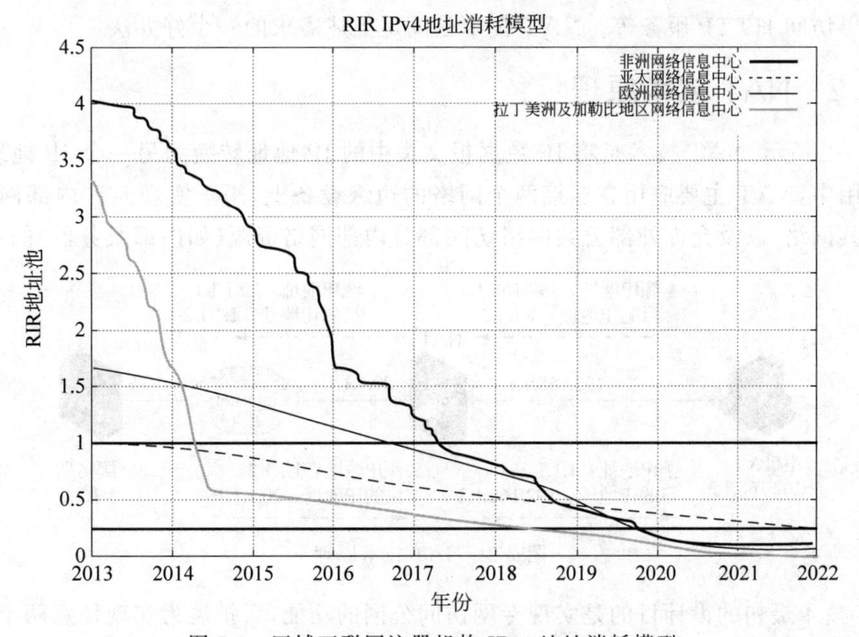

图 7-1　区域互联网注册机构 IPv4 地址消耗模型

Internet 用户数量的激增使得 IPv4 地址日趋紧张，而被认为是 IPv4 技术替代者的 IPv6 技术迟迟没有大范围的推广应用。人们设计了多种技术和办法来缓解 IPv4 地址的消耗，这也是即使今天 IPv4 地址已经全部耗尽，但仍然可以正常上网的原因所在。被广泛使用的技术有无类域间路由(classless inter-domain routing，CIDR)、可变长子网掩码(variable length subnet mask，VLSM)和网络地址转换。

RFC 1918 规定，IPv4 单播地址中预留 3 个专网地址段：10.0.0.0/8、172.16.0.0/12、192.168.0.0/16，这 3 个地址段可以供使用者任意分配，但是不能在公网上路由。其他的单播地址作为公网地址由 Inter NIC 统一管理和分配，任何组织或个人需要提出申请才能使用。

公网地址范围如下。

(1) 1.0.0.0～9.255.255.255 & 11.0.0.0～126.255.255.255。

(2) 128.0.0.0～172.15.255.255 & 172.32.0.0～191.255.255.255。

(3) 192.0.0.0～192.167.255.255 & 192.169.0.0～223.169.255.255。

专网地址范围如下。

(1) A 类：10.0.0.0～10.255.255.255。

(2) B 类：172.16.0.0～172.31.255.255。

(3) C 类：192.168.0.0～192.168.255.255。

在企业网络中可以使用专网地址进行组网，尤其是在公网地址稀缺的情况下。采用专网地址的好处是可以任意分配巨大的专网地址空间，而无须征得 IANA 的同意。但专网地址在 Internet 上是无法路由的，如果采用专网地址的网络需要访问 Internet，则必须在网络的出口处部署 NAT 设备，将专网地址转换成公网地址。

NAT 技术的出现，主要目的是解决 IPv4 地址匮乏的问题。另外，NAT 屏蔽了专网用户的真实地址，也提高了专网用户的安全性。如果企业全网采用公网地址，则企业外部节点与内部节点就可以直接进行通信。而从企业网络内部与外部互相访问的实际情况来看，大部分企业希望对内部主动访问外部实施比较宽松的限制，而对外部主动访问内部实施严格的限制，如只允许外界访问 HTTP 服务等。NAT 技术是满足上述需求的一个好办法。

7.2.2 NAT 技术原理

如图 7-2 所示，NAT 技术是将 IP 数据报文头中的 IP 地址转换为另一个 IP 地址的过程。在实际应用中，NAT 主要应用在连接两个网络的边缘设备上，用于实现允许内部网络用户访问外部公共网络，以及允许外部公共网络访问部分内部网络资源(如内部服务器)的目的。

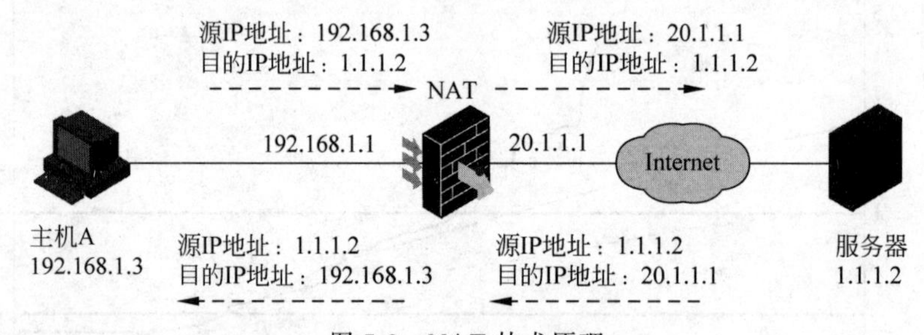

图 7-2 NAT 技术原理

NAT 技术最初的设计目的是实现专网访问公网的功能，后扩展为实现任意两个网络之间进行访问时的地址转换应用。

如图 7-3 所示，网络被划分为两个部分，专网和公网。专网即企业内部局域网，专网中的主机相互之间使用专网地址进行通信，公网侧所有的节点都使用公网地址进行通信。在公网和专网中间部署防火墙。防火墙作为 NAT 设备，在其上配置有地址池，防火墙将专网访问公网的流量中的源地址通过 NAT 技术转换为地址池中的地址，实现专网主机访问公网 IP 的需求。

NAT 技术相关的术语解释如下。

(1) 公网：使用公网地址进行路由的网络，一般指 Internet 网络。在 NAT 场景中，公网

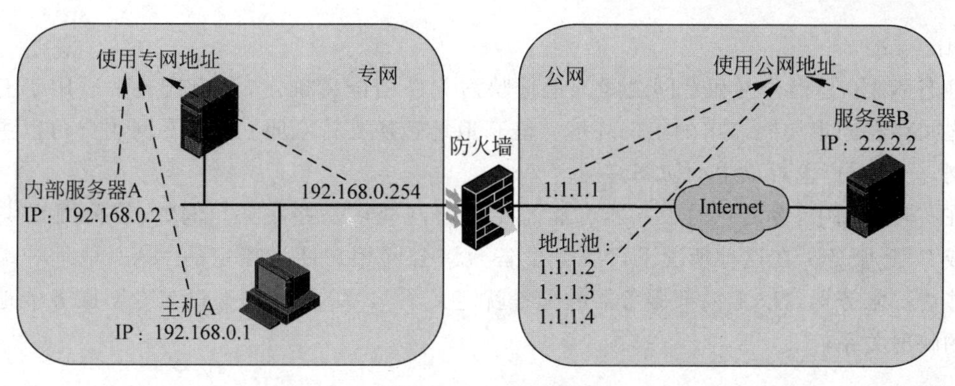

图 7-3　NAT 组网

是不需要进行 NAT 处理的一方，在这种场景下，公网也称全局网络或外网。相应地，公网节点使用的 IPv4 地址称为公网地址或全局地址。

(2) 专网：独立于公网的网络，其成员节点上的 IP 地址在公网路由不可达。在 NAT 场景中也指需要进行 NAT 转换的一方。在这种场景下，专网也称本地网络或内网。相应地，专网节点使用的 IP 地址称为专网地址或本地地址。

(3) NAT 设备：NAT 设备作为专网和公网之间直接的桥梁，一方面提供了专网地址转换公网地址的功能，另一方面对公网屏蔽了专网，增强了内部网络的安全性。NAT 设备一般用防火墙或有 NAT 功能的路由器搭载，后续的介绍都基于防火墙展开。

(4) NAT 地址池：在一般情况下，NAT 地址池是公网地址的集合。动态 NAT 场景下，专网终端访问公网时，NAT 设备会从地址池中挑选地址将专网终端的专网地址转换为公网地址。

7.2.3　NAT 技术分类

根据 NAT 功能进行分类，可以将 NAT 分为静态 NAT、动态 NAT、内部服务器形式的 NAT。动态 NAT 又可以根据其转换方式分为一对一映射(not port address translation，NO-PAT)模式、多对一映射(port address translation，PAT)模式、easy IP 模式。

动态地址转换是指内部网络和外部网络之间的地址映射关系，在建立连接时动态产生。该模式通常适用于内部网络有大量用户需要访问外部网络的组网环境。动态地址转换存在以下 3 种转换模式。

(1) NO-PAT 模式下，一个公网地址同一时间只能分配给一个专网地址进行地址转换，不能同时被多个专网地址共用。当使用某公网地址的专网用户停止访问公网时，NAT 会将其占用的公网地址释放，并分配给其他专网用户使用。在该模式下，NAT 设备只对报文的 IP 地址进行 NAT 转换，同时，会建立一个 NO-PAT 表项用于记录 IP 地址映射关系，并可支持所有 IP 的报文。

(2) PAT 模式下，一个 NAT 地址可以同时分配给多个专网地址共用。在该模式下，NAT 设备需要对报文的 IP 地址和传输层端口同时进行转换，且只支持 TCP、UDP 和 ICMP 查询报文。

(3) easy IP 模式下，NAT 转换时直接使用设备上接口的 IP 地址作为 NAT 地址。设备上接口的地址可通过 DHCP 或 PPPoE 等协议动态获取。因此，对于支持 easy IP 的 NAT 配置，不直接指定 NAT 地址，而是指定对应的接口或当前接口。从某种意义上来看，easy IP 模式的 NAT 可以看作在地址池中只有一个地址(即接口地址)的 PAT 模式的 NAT 地址转换模式(outbound)。

静态 NAT 是指公网和专网之间的地址映射关系由配置确定,该模式通常适用于专网与公网之间存在固定访问需求的组网环境。静态地址转换支持双向互访:专网用户可以主动访问公网,公网用户也可以主动访问专网。

在实际应用中,专网中的服务器可能需要对公网提供一些服务。例如,给公网提供 Web 服务或 FTP 服务。在这种情况下,NAT 设备允许公网用户通过指定的 NAT 地址和端口访问这些内部服务器,NAT 内部服务器的配置就定义了 NAT 地址和端口与专网服务器地址和端口的映射关系。

7.2.4 NAT 技术的优缺点

NAT 技术的优点有以下几方面。

(1) 专网内部的通信利用专网地址。如果专网需要与公网通信或访问外部资源,则可通过将大量的专网地址转换成少量的公网地址来实现,这在一定程度上缓解了 IPv4 地址空间日益枯竭的压力。

(2) 地址转换可以利用端口信息。通过同时转换公网地址与传输层端口号,使得多个专网用户可共用一个公网地址与公网通信,节省了公网地址。

(3) 通过静态映射,不同的内部服务器可以映射到同一个公网地址。外部用户可通过公网地址和端口访问不同的内部服务器,同时,还隐藏了内部服务器的真实 IP 地址,从而防止外部对内部服务器乃至专网的攻击。

(4) 方便网络管理。例如,在专网服务器迁移时,无须过多配置的改变,仅仅通过调整内部服务器的映射表就可将这一变化体现出来。

一方面,NAT 技术满足了专网地址和公网地址的映射。这对于发起方是友好的,它隐藏了自身真实的 IP 地址,提高了自身的安全性。但是,对于接收端和中间传输设备来说,它们收到的都是 NAT 之后的地址,无法对真实的终端地址进行溯源,在发生网络攻击后,定位攻击源会更加困难。

另一方面,如图 7-4 所示,在动态 NAT 场景中终端主机之间无法实现双向互访。尤其对于多通道的协议,在控制通道建立后,反向建立数据通道在很多情况下是非常困难的。在 7.8 小节将介绍 NAT ALG 技术,该技术解决了部分多通道协议 NAT 转换的问题,但仍然无法覆盖所有有此需求的协议和应用,这也是 NAT 的一个缺点。

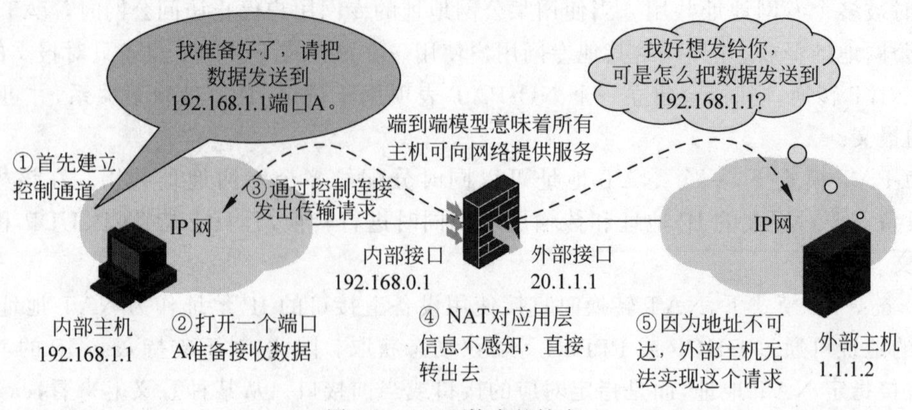

图 7-4 NAT 技术的缺点

7.3 动态 NAT(NO-PAT 模式)

7.3.1 动态 NAT(NO-PAT 模式)原理

NO-PAT 也称 basic NAT,是最简单的一种地址转换方式,它只对数据包的 IP 层参数进行转换。

在该模式下,一个公网地址同一时间只能分配给一个专网地址进行地址转换,不能同时被多个专网地址共用,只转换 IP,不转换端口信息。当使用某公网地址的专网用户停止访问公网时,NAT 会将其占用的公网地址释放,并分配给其他专网用户使用。在该模式下,NAT 设备只对报文的 IP 地址进行 NAT 转换,同时,会建立一个 NO-PAT 表项用于记录 IP 地址的映射关系,并可支持所有 IP 的报文。

如图 7-5 所示,专网中的主机 A(192.168.0.1)要访问公网上的服务器(2.2.2.2),防火墙位于专网和公网的交界处提供 NAT 服务,NAT 地址池为 1.1.1.2～1.1.1.4。

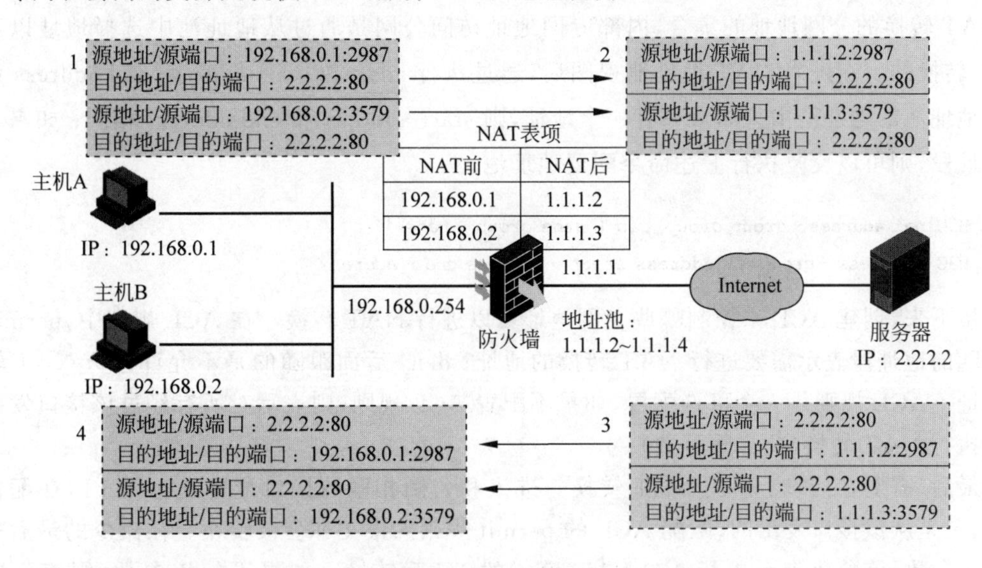

图 7-5 动态 NAT(NO-PAT 模式)实现

主机 A 访问服务器的过程具体步骤如下。

(1) 主机 A 发送一个目的地址是 2.2.2.2、源地址是 192.168.0.1 的报文给网关 192.168.0.254。防火墙在收到报文后根据路由表查找目的地址是 2.2.2.2 的路由,然后,将报文转发给对应的出接口。由于出接口上配置了 NAT,因此,防火墙将该报文的源地址 192.168.0.1 转换为公网地址。

(2) 防火墙从地址池(1.1.1.2～1.1.1.4)中查找到第一个可用的公网地址 1.1.1.2,然后,将该报文的源地址 192.168.0.1 转换为 1.1.1.2,在地址转换完成后将源地址是 1.1.1.2、目的地址是 2.2.2.2 的报文从公网口发出。同时,在防火墙上生成一个 NAT 表项,该表项记录专网地址 192.168.0.1 和公网地址 1.1.1.2 的映射关系。

(3) 服务器收到源地址是 1.1.1.2、目的地址是 2.2.2.2 的报文进行处理。在处理完报文后,回复源地址是 2.2.2.2、目的地址是 1.1.1.2 的响应报文。

(4) 防火墙在收到来自服务器2.2.2.2的响应报文后，发现目的地址在NAT地址池中，于是查找映射关系表，将目的地址1.1.1.2转换为192.168.0.1，然后，根据路由将报文从对应的接口发出，发送给主机A。主机A收到源地址是2.2.2.2、目的地址是192.168.0.1的响应报文，整个NAT过程结束。

如果此时图7-5中主机B也对服务器发起了访问请求，则请求在报文到达防火墙时，防火墙会从地址池中挑选一个可用地址用于提供NAT转换。由于1.1.1.2被主机A占用，所以防火墙挑选1.1.1.3作为主机B的公网地址，进行NAT转换，并生成对应的NAT表项，记录专网地址192.168.0.2和公网地址1.1.1.3的映射关系。

7.3.2 配置动态NAT(NO-PAT模式)

1. 命令行配置

在配置NO-PAT模式的动态NAT时，首先，需要配置一个地址池。该地址池是用于提供NAT转换的公网地址的集合，内部专网地址访问公网是通过从地址池中选择地址以实现NAT转换的。在进入NAT地址池视图后，通过执行address start-address end-address命令指定地址池的地址范围。如果只有一个地址，则start-address和end-address相同；如果有多个地址段，则可以反复执行上述命令配置地址池。

```
[H3C]nat address-group group-id [ name group-name ]
[H3C-address-group-1]address start-address end-address
```

接下来，创建ACL来控制哪些专网地址可以进行NAT转换。在ACL规则中，permit后面跟随的地址段表示需要进行NAT转换的地址；deny后面跟随的是不允许进行NAT转换的地址。ACL规则是一个可选配置，如果不配置ACL规则，则表示对所有经过该接口发出的流量执行NAT转换(此步骤可选)。

最后，需要在接口上启用NAT转换。进入和公网相联的接口配置动态NAT，在配置完成后，凡是从该接口发出的、匹配ACL的permit规则的报文都会被转换。在命令的最后加上no-pat参数，该参数表示进行NO-PAT模式的NAT转换。如果不加该参数，则表示进行PAT模式的NAT转换。

```
[H3C]interface interface-type { interface-number | interface-number.subnumber }
[H3C-interface]nat outbound [ ipv4-acl-number | name ipv4-acl-name ] address-group
{ group-id | name group-name } no-pat
```

2. Web配置

Web配置与命令行配置的思路一致，在配置NAT之前，首先要创建和专网主机、服务器对应IP地址的地址对象组，并为相应接口配置IP地址，将专网口加入trust域，将公网口加入untrust域，详细步骤在此不做展示，仅展示与NAT配置相关的具体步骤。

(1) 配置安全策略，如放通对应IP地址从trust域到untrust域的安全策略。

如图7-6所示，源地址是专网主机的专网IP地址，因为专网访问公网的流量会先进行安全策略处理后，再到出接口匹配NAT。

(2) 如图7-7所示，创建地址组，将地址组成员加入地址组中。

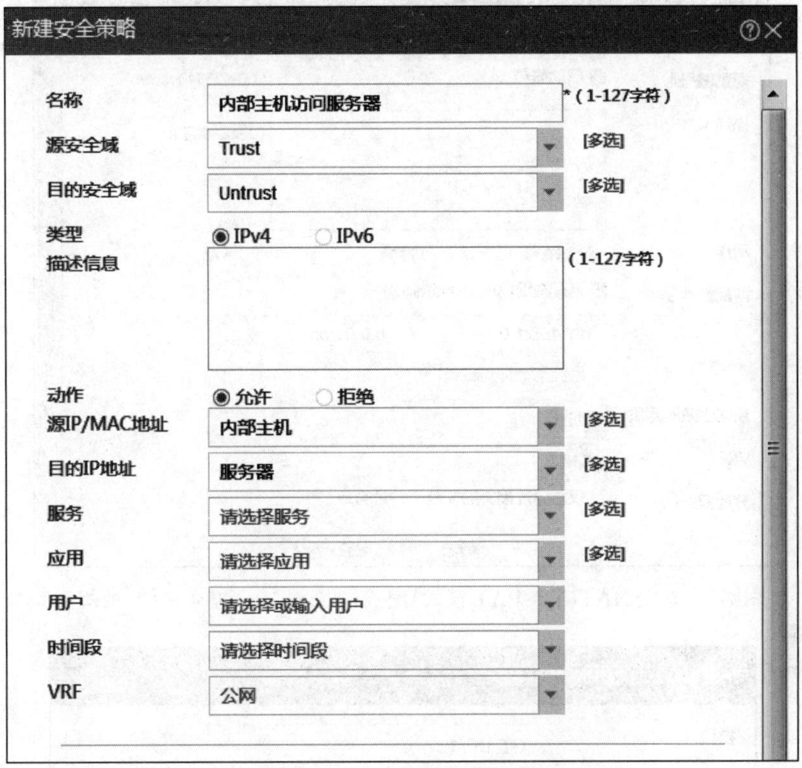

新建安全策略

名称 内部主机访问服务器 * (1-127字符)
源安全域 Trust [多选]
目的安全域 Untrust [多选]
类型 ◉IPv4 ○IPv6
描述信息 (1-127字符)
动作 ◉允许 ○拒绝
源IP/MAC地址 内部主机 [多选]
目的IP地址 服务器 [多选]
服务 请选择服务 [多选]
应用 请选择应用 [多选]
用户 请选择或输入用户
时间段 请选择时间段
VRF 公网

图 7-6 动态 NAT(NO-PAT 模式)配置:“新建安全策略”

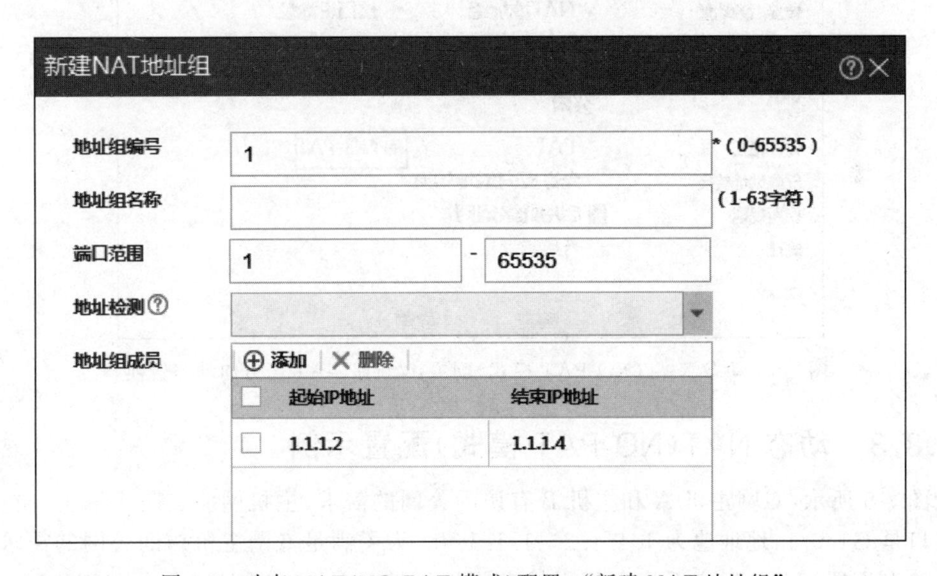

图 7-7 动态 NAT(NO-PAT 模式)配置:“新建 NAT 地址组”

(3) 如图 7-8 所示,创建一条 ACL 规则,用于匹配需要做 NAT 的数据流。

(4) 如图 7-9 所示,配置 NAT 动态地址转换策略,通常将动态 NAT 应用在公网接口上,选择转换模式需要选择为 NO-PAT。

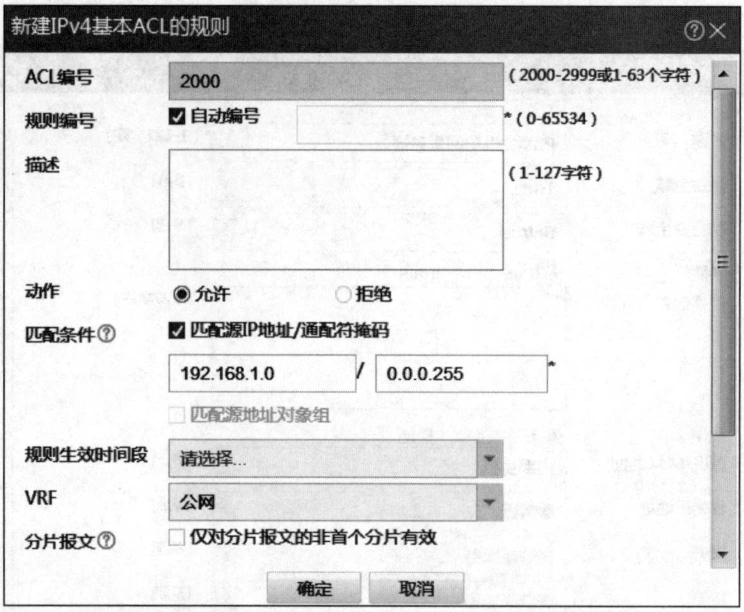

新建IPv4基本ACL的规则

ACL编号 2000 (2000-2999或1-63个字符)
规则编号 自动编号 *(0-65534)
描述 (1-127字符)
动作 允许 拒绝
匹配条件 匹配源IP地址/通配符掩码
192.168.1.0 / 0.0.0.255 *
匹配源地址对象组
规则生效时间段 请选择...
VRF 公网
分片报文 仅对分片报文的非首个分片有效
确定 取消

图 7-8 动态 NAT(NO-PAT 模式)配置:"新建 IPv4 基本 ACL 的规则"

新建NAT出方向动态转换

接口 GE1/0/1 *
ACL 2000
转换后源地址 NAT地址组 接口IP地址
1 *
VRF 公网
转换模式 PAT NO-PAT
反向地址转换 允许反向地址转换
启用规则 启用此条规则
统计 开启统计
确定 取消

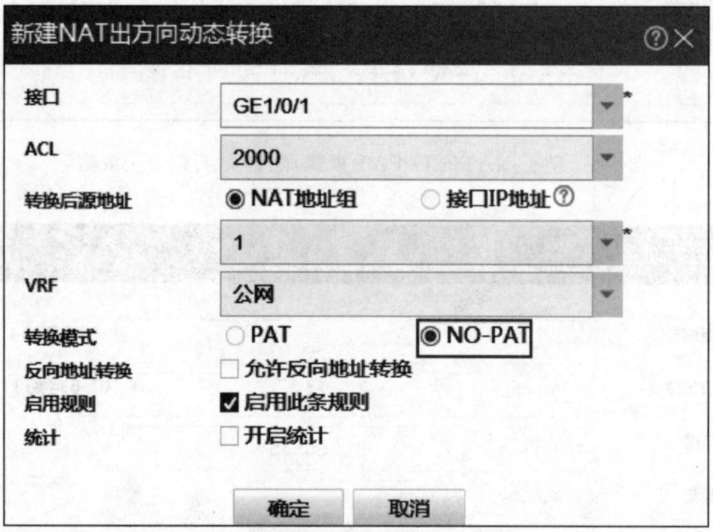

图 7-9 动态 NAT(NO-PAT 模式)配置:"新建 NAT 出方向动态转换"

7.3.3 动态 NAT(NO-PAT 模式)配置示例

如图 7-5 所示,专网主机 A 和主机 B 有访问公网的需求,主机网关在防火墙上,防火墙的公网接口是 G1/0/1,地址池为 1.1.1.2~1.1.1.4。为了满足专网主机访问公网的需求,需要在防火墙上配置 NAT,以实现将内部主机专网地址转换为公网地址。在此仅以 CLI 形式介绍下配置思路。

首先,为各个接口配置相应的 IP 地址,配置路由。将专网口加入 trust 域,将公网口加入 Untrust 域。

```
#配置地址对象
[H3C]object - group ip address Host
```

```
[H3C-obj-grp-ip-Host]network subnet 192.168.1.0 255.255.255.0
[H3C]object-group ip address Server
[H3C-obj-grp-ip-Server]network host address 2.2.2.2
#配置安全域,并将接口加入安全域.
[H3C]security-zone name trust
[H3C-security-zone-Trust]import interface GigabitEthernet 1/0/2
[H3C]security-zone name untrust
[H3C-security-zone-Untrust]import interface GigabitEthernet 1/0/1
```

配置安全策略,放通对应 IP 地址从 trust 域到 untrust 域的安全策略,需要注意的是,源地址是专网主机的专网 IP 地址,因为专网访问公网的流量会先进行安全策略处理才到出接口匹配 NAT。

```
#配置专网主机访问公网服务器的安全策略
[H3C]security-policy ip
[H3C-security-policy-ip]rule nameHost-Server
[H3C-security-policy-ip-6-Host-Server] source-zone trust
[H3C-security-policy-ip-6-Host-Server] destination-zone untrust
[H3C-security-policy-ip-6-Host-Server] source-ip Host
[H3C-security-policy-ip-6-Host-Server] destination-ip Server
[H3C-security-policy-ip-6-Host-Server] action pass
```

创建 ACL 2000 定义 rule 规则匹配专网网段 192.168.0.1/24,创建地址池 1 将 1.1.1.2～1.1.1.4 加入地址池中。进入公网口 GE1/0/1 将 NAT 配置下发在该接口上。

```
#配置 ACL
[H3C]acl basic 2000
[H3C-acl-ipv4-basic-2000]rule permit source 192.168.1.0 0.0.0.255
#配置地址组
[H3C]nat address-group 1
[H3C-address-group-1]address 1.1.1.2 1.1.1.4
#配置 NO-PAT 方式转换
[H3C]interface GigabitEthernet 1/0/1
[H3C-GigabitEthernet1/0/1]nat outbound 2000 address-group 1 no-pat
```

从主机 A 访问服务器的流量先到防火墙查路由从 GE1/0/1 口发出,又因为 GE1/0/1 口配置了动态 NAT,同时,主机 A 的地址在 ACL 2000 允许的范围内,所以防火墙从地址池中取出一个地址用来做 NAT 转换,将源地址由 192.168.0.1 替换为 1.1.1.2,生成一个 192.168.0.1 和 1.1.1.2 的 NAT 映射关系表。从服务器返回的流量命中映射表,将目的地址由 1.1.1.2 转换为 192.168.0.1。

最后一步配置有 no-pat 参数,该参数表示做 no-pat 转换,即一对一形式的地址转换,只转换 IP 不转换端口。虽然这种 NAT 方式实现了专网地址访问公网的目的,但是由于专网与公网的一一对应关系,并没有解决公网地址匮乏的问题。接下来我们介绍的 PAT 模式的动态 NAT 就解决了这个问题。

7.4 动态 NAT(PAT 模式)

7.4.1 动态 NAT(PAT 模式)原理

在 basic NAT 中,专网地址与公网地址存在一一对应的关系,即一个公网地址在同一时刻只能被分配给一个专网地址。它只解决了公网和专网的通信问题,并没有解决公网地址不足的问题。

动态 NAT 的 PAT 模式也称网络地址端口转换（network address port translation，NAPT），在该模式下，一个 NAT 地址可以同时分配给多个专网地址共用。在该模式下，NAT 设备需要对报文的 IP 地址和传输层端口同时进行转换，且只支持 TCP、UDP 和 ICMP 查询报文。

如图 7-10 所示，专网中的主机 A(192.168.0.1)要访问公网上的服务器(2.2.2.2：80)，防火墙位于专网和公网的交界处提供 NAT 服务，NAT 地址池为 1.1.1.2。

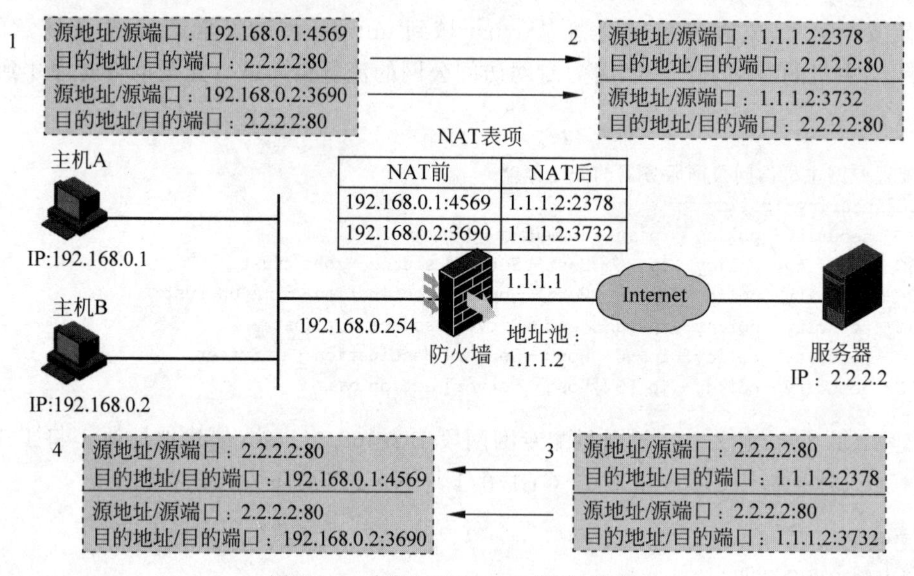

图 7-10 动态 NAT(PAT 模式)实现

主机 A 访问服务器的过程具体步骤如下。

(1) 主机 A 发送一个目的地址/目的端口是 2.2.2.2:80、源地址/源端口是 192.168.0.1:4569 的报文给网关 192.168.0.254。防火墙在收到报文后根据路由表查找目的地址是 2.2.2.2 的路由，然后，将报文转发给对应的出接口。由于出接口上配置了 NAT，因此，防火墙将该报文的源地址/源端口 192.168.0.1:4569 转换为公网地址/公网端口。

(2) 防火墙从地址池(1.1.1.2)中查找到第一个可用的公网地址 1.1.1.2，然后，将该报文的源地址 192.168.0.1 转换为 1.1.1.2，源端口 4569 转换为 2378，在地址/端口转换完成后将源地址/源端口是 1.1.1.2:2378、目的地址/目的端口是 2.2.2.2:80 的报文从公网口发出。同时，在防火墙上生成一个 NAT 表项，该表项记录了专网地址/专网端口 192.168.0.1:4569 和公网地址/公网端口 1.1.1.2:2378 的映射关系。

(3) 服务器对收到源地址/源端口是 1.1.1.2:2378、目的地址/目的端口是 2.2.2.2:80 的报文进行处理。服务器在处理完报文后，回复源地址/源端口是 2.2.2.2:80、目的地址/目的端口是 1.1.1.2:2378 的响应报文。

(4) 防火墙在收到来自服务器 2.2.2.2 的响应报文后，发现目的地址在 NAT 地址池中，于是查找映射关系表，将目的地址/目的端口 1.1.1.2:2378 转换为 192.168.0.1:4569，然后，根据路由将报文从对应的接口发出，发送给主机 A。主机 A 收到源地址/源端口是 2.2.2.2:80、目的地址/目的端口是 192.168.0.1:4569 的响应报文，整个 NAT 过程结束。

与此同时，如果主机 B 也访问服务器的端口 80，那么在流量到达防火墙以后，根据路由表将该流量发送到公网口匹配 NAT。防火墙会选取一个未被使用的地址和端口作为主机 B 转换后的地址和端口，生成对应的映射关系表项(192.168.0.2:3690↔1.1.1.2:3732)，回程报文命中NAT表项进行转换。

通过PAT模式，同一个公网地址可以被多个专网地址复用，极大地节省了公网地址。

7.4.2 配置动态NAT(PAT模式)

1. 命令行配置

PAT模式的动态NAT在配置上和NO-PAT模式的配置一样，首先要配置一个公网地址池，为专网用户动态分配公网地址和公网端口。地址池是一些连续的公网IP地址集合。地址池的配置通过执行nat address-group命令完成。

```
[H3C]nat address-group group-id [ name group-name ]
[H3C-address-group-]address start-address end-address
```

然后要配置一个ACL，用于筛选出“需要被NAT转换的报文”。最后要在通向公网的出接口上配置ACL与NAT地址池的关联。这一步通过执行nat outbound命令实现。

```
[H3C]interface interface-type { interface-number | interface-number.subnumber }
[H3C-interface]nat outbound [ ipv4-acl-number | name ipv4-acl-name ] address-group
{ group-id | name group-name }
```

PAT模式与NO-PAT模式的配置区别在于，前者使用nat outbound命令时不加no-pat关键字，表示允许端口转换；而后者加no-pat关键字，表示拒绝端口转换。

2. Web配置

如图7-11所示，PAT模式与NO-PAT模式的Web配置也基本一致，最大的区别在于，当端口启用NAT策略时，转换模式选择PAT模式，而不是NO-PAT模式。

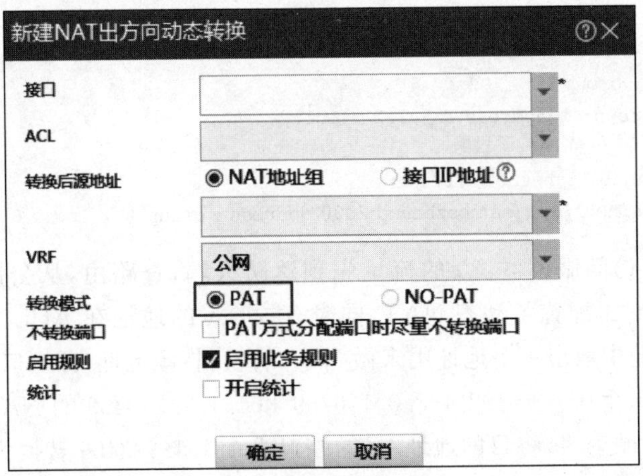

图7-11 配置动态NAT(PAT模式)：“新建NAT出方向动态转换”

7.4.3 动态NAT(PAT模式)配置示例

如图7-10所示，专网主机A和主机B有访问公网的需求，主机网关在防火墙上，防火墙的公网接口是GE1/0/1，地址池只有一个地址1.1.1.2。为了满足专网主机访问公网的需求，需要在防火墙上配置NAT，以实现将内部主机专网地址转换为公网地址的目的。在此仅以CLI形式介绍配置思路。

首先，为各个接口配置相应的IP地址，配置路由，配置对象组，将专网口加入trust域，将公网口加入untrust域。

```
#配置地址对象组
[H3C]object-group ip address 内部主机
[H3C-obj-grp-ip-内部主机]network subnet 192.168.0.0 255.255.255.0
[H3C]object-group ip address 服务器
[H3C-obj-grp-ip-服务器]network host address 2.2.2.2
#配置安全域,并将接口加入安全域。
[H3C]security-zone name trust
[H3C-security-zone-Trust]import interface GigabitEthernet 1/0/2
[H3C]security-zone name untrust
[H3C-security-zone-Untrust]import interface GigabitEthernet 1/0/1
```

放通从trust域到untrust域的安全策略。

```
#配置安全策略
[H3C]security-policy ip
[H3C-security-policy-ip]rule name 内部主机访问服务器
[H3C-security-policy-ip-6-内部主机访问服务器]source-zone trust
[H3C-security-policy-ip-6-内部主机访问服务器]destination-zone untrust
[H3C-security-policy-ip-6-内部主机访问服务器]source-ip 内部主机
[H3C-security-policy-ip-6-内部主机访问服务器]destination-ip 服务器
[H3C-security-policy-ip-6-内部主机访问服务器]action pass
```

创建ACL 2000定义rule规则匹配专网地址192.168.0.1/24，创建地址池1将1.1.1.2加入该地址池中。进入公网口GE1/0/1将NAT配置下发在该接口上。

```
#配置ACL
[H3C]acl basic 2000
[H3C-acl-ipv4-basic-2000]rule permit source 192.168.0.0 0.0.0.255
#配置地址组
[H3C]nat address-group 1
[H3C-address-group-1]address 1.1.1.2 1.1.1.2
#配置PAT方式转换
[H3C]interface GigabitEthernet 1/0/1
[H3C-GigabitEthernet1/0/1]nat outbound 2000 address-group 1
```

从主机A:6789访问服务器:80的流量先到达防火墙，查路由，从公网口GE1/0/1发出，又因为公网口GE1/0/1配置了动态NAT，同时，主机A的地址在ACL 2000允许的范围内，因此，防火墙从地址池中取出一个地址用来做NAT转换，将源地址/源端口由192.168.0.1:6789替换为1.1.1.2:3459，生成一个192.168.0.1:6789和1.1.1.2:3459的NAT映射关系表。从服务器返回的流量命中映射表，将目的地址/目的端口由1.1.1.2:3459转换为192.168.0.1:6789，在转换完成后，防火墙将该流量从GE1/0/2转发出去。主机B访问公网的流量也会进行同样的转换，并且生成映射关系表，由映射关系表指导回程报文的转换。

7.5 动态NAT(easy IP模式)

7.5.1 动态NAT(easy IP模式)原理

在标准的动态NAT(PAT模式)配置中，需要创建公网地址池，也就是必须预先得到确定的公网IP地址范围。而在拨号接入这类常见的上网方式中，公网IP地址是由运营商方面动态分配的，无法事先确定，标准的动态 NAT(PAT 模式)无法为其做地址转换。要解决这个问题，就要引入 easy IP 模式。

在 easy IP 模式下，NAT 转换时直接使用设备公网接口的 IP 地址作为 NAT 地址。设备公网接口的 IP 地址可通过 DHCP 或 PPPoE 等协议动态获取，因此，对于支持 easy IP 的 NAT 配置，不直接指定 NAT 地址，而是指定对应的接口或当前接口。从某种意义上来看，easy IP 模式的 NAT 可以看作地址池只有一个地址(即接口地址)的 PAT 模式的 NAT outbound。

如图 7-12 所示，专网中的主机 A(192.168.0.1)要访问公网上的服务器(2.2.2.2：80)，防火墙位于专网和公网的交界处提供 NAT 服务，在防火墙的公网口上使用 easy IP 模式。

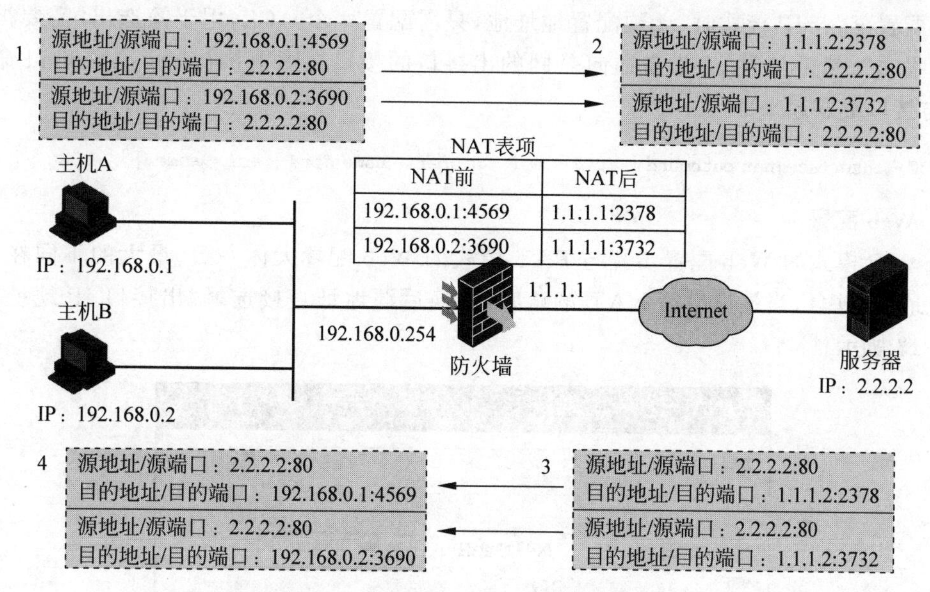

图 7-12　动态 NAT(easy IP 模式)实现

主机 A 访问服务器的过程具体步骤如下。

(1) 主机 A 发送一个目的地址/目的端口是 2.2.2.2:80、源地址/源端口是 192.168.0.1:4569 的报文给网关 192.168.0.254。防火墙在收到报文后根据路由表查找目的地址是 2.2.2.2 的路由，然后，将报文转发给对应的出接口。由于出接口上配置了 NAT，因此，防火墙将该报文的源地址/源端口 192.168.0.1:4569 转换为公网地址/公网端口。

(2) 防火墙使用接口地址 1.1.1.1 作为目的地址，然后将该报文的源地址 192.168.0.1 转换为 1.1.1.1，源端口 4569 转换为 2378，在地址/端口转换完成后，将源地址/源端口是 1.1.1.1:2378、目的地址/目的端口是 2.2.2.2:80 的报文从公网口发出。同时，在防火墙上生成一个 NAT 表项，该表项记录了专网地址/专网端口 192.168.0.1:4569 和公网地址/公网端口 1.1.1.1:2378 的映射关系。

(3) 服务器对收到源地址/源端口是 1.1.1.1:2378、目的地址/目的端口是 2.2.2.2:80 的报文进行处理。服务器在处理完报文后，回复源地址/源端口是 2.2.2.2:80、目的地址/目的端口是 1.1.1.1:2378 的响应报文。

(4) 防火墙在收到来自服务器 2.2.2.2 的响应报文后，发现目的地址在 NAT 地址池中，于是查找映射关系表，将目的地址/目的端口 1.1.1.1:2378 转换为 192.168.0.1:4569，然后，根据路由将报文从对应的接口发出，发送给主机 A。主机 A 收到源地址/源端口是 2.2.2.2:80、目的地址/目的端口是 192.168.0.1:4569 的响应报文，整个 NAT 过程结束。

与此同时，如果主机 B 也访问服务器的端口 80，那么在流量到达防火墙以后，根据路由表将该流量发送到公网口匹配 NAT。防火墙会使用接口地址，然后选取一个未被使用的接口地址的端口作为主机 B 转换后的地址和端口，生成对应的映射关系表项（192.168.0.2:3690 ↔ 1.1.1.1:3732），回程报文命中 NAT 表项进行转换。

7.5.2 配置动态 NAT（easy IP 模式）

1. 命令行配置

在配置 Easy IP 模式时，无须配置地址池，只需配置一个 ACL，用于筛选出“需要被 NAT 转换的报文”，然后在 NAT 设备通向公网的出接口的接口视图下执行 nat outbound 命令，将 ACL 与接口关联起来即可。

```
[H3C-interface]nat outbound [ ipv4-acl-number | name ipv4-acl-name ]
```

2. Web 配置

easy IP 模式的 Web 配置步骤与 PAT 模式的 Web 配置大体一致，最大的不同在于不用配置地址池，并且，当端口启动 NAT 策略时，转换后源地址直接选择“出接口 IP 地址”即可，如图 7-13 所示。

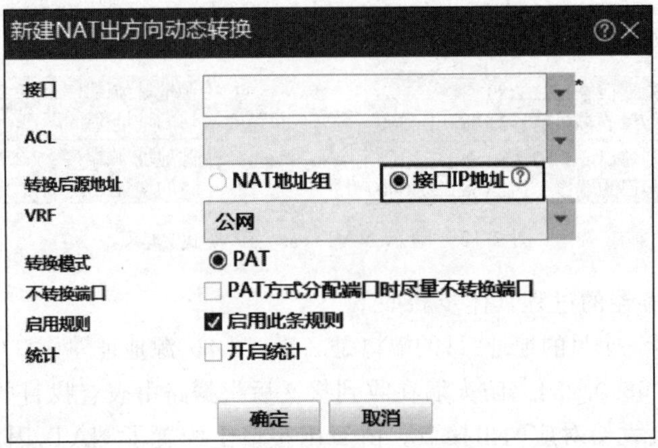

新建NAT出方向动态转换
接口
ACL
转换后源地址 ○NAT地址组 ◉接口IP地址
VRF 公网
转换模式 ◉PAT
不转换端口 ☐PAT方式分配端口时尽量不转换端口
启用规则 ☑启用此条规则
统计 ☐开启统计
确定 取消

图 7-13 配置动态 NAT（easy IP 模式）：“新建 NAT 出方向动态转换”

7.5.3 动态 NAT（easy IP 模式）配置示例

如图 7-12 所示，内网主机 A 和主机 B 有访问公网的需求，主机网关在防火墙上，防火墙的公网口是 GE1/0/1，接口地址为 1.1.1.1。为了满足专网主机访问公网的需求，需要在防火墙上配置 easy IP 模式将内部主机专网地址转换为公网地址。

首先，为各个接口配置相应的 IP 地址，配置路由，创建地址对象组，将专网口加入 trust 域，将公网口加入 untrust 域。

```
#配置地址对象组
[H3C]object-group ip address 内部主机
[H3C-obj-grp-ip-内部主机]network subnet 192.168.0.0 255.255.255.0
```

```
[H3C]object - group ip address 服务器
[H3C - obj - grp - ip - 服务器]network host address 2.2.2.2
#配置安全域,并将接口加入安全域。
[H3C]security - zone name trust
[H3C - security - zone - Trust]import interface GigabitEthernet 1/0/2
[H3C]security - zone name untrust
[H3C - security - zone - Untrust]importinterface GigabitEthernet 1/0/1
```

放通从 trust 域到 untrust 域的安全策略。

```
[H3C]security - policy ip
[H3C - security - policy - ip]rule name 内部主机访问服务器
[H3C - security - policy - ip - 6 - 内部主机访问服务器] source - zone trust
[H3C - security - policy - ip - 6 - 内部主机访问服务器] destination - zone untrust
[H3C - security - policy - ip - 6 - 内部主机访问服务器] source - ip 内部主机
[H3C - security - policy - ip - 6 - 内部主机访问服务器] destination - ip 服务器
[H3C - security - policy - ip - 6 - 内部主机访问服务器] action pass
```

创建 ACL 2000 定义 rule 规则匹配内网网段 192.168.0.1/24。进入公网口 GE1/0/1 将 easy IP 配置下发在该接口上。

```
#配置 ACL
[H3C]acl basic 2000
[H3C - acl - ipv4 - basic - 2000]rule permit source 192.168.0.0 0.0.0.255
#配置 easy IP 方式转换
[H3C]interface GigabitEthernet 1/0/1
[H3C - GigabitEthernet1/0/1]nat outbound 2000
```

从主机 A:6789 访问服务器:80 的流量到达防火墙,查路由从 GE1/0/1 接口发出,因为 GE1/0/1 接口配置了 easy IP 模式,同时,主机 A 的地址在 ACL 2000 允许的范围内,因此,防火墙使用 GE1/0/1 的接口地址做 NAT 转换,将源地址/源端口由 192.168.0.1:6789 替换为 1.1.1.1:3459,生成一个 192.168.0.1:6789 和 1.1.1.1:3459 的 NAT 映射关系表。从服务器返回的流量命中映射表,将目的地址/目的端口由 1.1.1.1:3459 转换为 192.168.0.1:6789,在转换完成后,防火墙将该流量从 GE1/0/2 转发出去。主机 B 访问公网的流量也会进行同样的转换,并且生成映射关系表,由映射关系表指导回程报文的转换。

7.6 NAT server

7.6.1 NAT server 原理

由 basic NAT 和动态 NAT PAT 模式的工作原理可见,NAT 表项由专网主机主动向公网主机发起访问而触发建立,而公网主机无法主动向专网主机发起连接。因此,NAT 隐藏了专网结构,具有屏蔽内部主机的作用。

但是在实际应用中,专网中的服务器可能需要对公网提供一些服务,如给公网提供 Web 服务或 FTP 服务。在这种情况下,常规的 NAT 就无法满足要求了。为了满足公网客户端访问专网内部服务器的需求,需要引入 NAT server(内部服务器)模式,将专网地址/专网端口静态映射成公网地址/公网端口,以供公网客户端访问。

如图 7-14 所示,专网中有一台服务器对外提供 Web 服务,公网主机向内部服务器发起访问。在防火墙上配置了内部服务器,访问专网服务器的流量到达防火墙命中 NAT server 的目的地址/目的端口，进行NAT转换，将目的地址/目的端口转换为内部服务器的专网地址/专网端口，从服务器返回的流量命中NAT表项，将源地址/源端口转换为公网IP地址/公网端口。在防火墙上有目的地址/目的端口1.1.1.5:80到专网地址/专网端口192.168.0.1:80的映射关系。

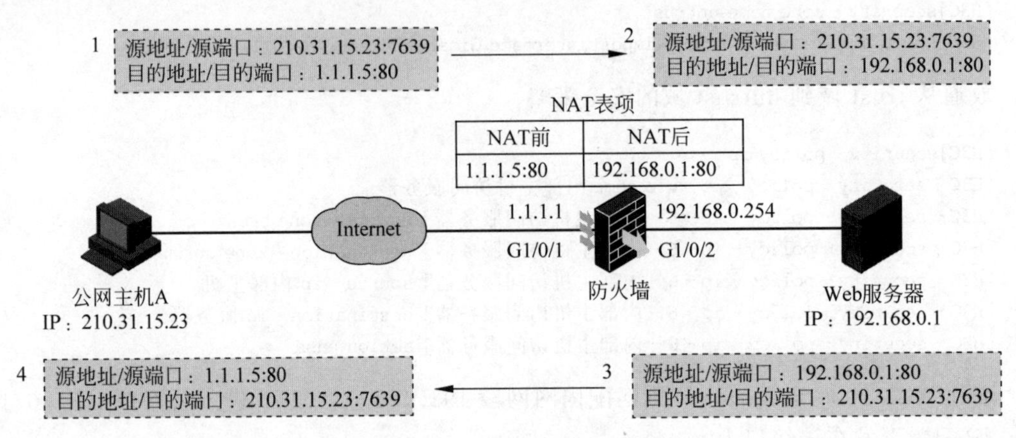

图7-14 NAT server的实现

整个转发过程具体步骤如下。

(1) 公网主机210.31.15.23访问目的地址/目的端口为1.1.1.5:80的流量(210.31.15.23:7639→1.1.1.5:80)经过公网到达出口防火墙的公网端口。

(2) 流量从公网端口进入时命中NAT server，进行NAT转换，将目的地址/目的端口由1.1.1.5:80转换为192.168.0.1:80，并查找路由进行转发。

(3) 流量到达Web服务器经过应用层处理后对公网主机进行回应，数据包从服务器发出(192.168.0.1:80→210.31.15.23:7639)。

(4) 服务器的响应数据包从专网端口到达防火墙，命中映射关系表将源地址/源端口由192.168.0.1:80转换为1.1.1.5:80，转换完成的流量(1.1.1.5:80→210.31.15.23:7639)发送到公网主机。

NAT server模式的NAT通过建立公网地址/公网端口和专网服务器专网地址/专网端口的固定映射关系，使得公网访问专网服务器的流量能够被路由到专网服务器。另外，NAT转换对外屏蔽了专网服务器的真实IP，提高了网络安全性。

7.6.2 NAT server配置

1. 命令行配置

在配置NAT server时，需要指定协议类型、公网IP地址/公网端口、专网IP/专网端口，这些配置通过在通向公网的出接口的接口视图下执行nat server命令实现。

```
[H3C] nat server [ protocol pro-type ] global global-address [ global-port ] inside local-address [ local-port ]
```

nat server可以是地址到地址的映射，在这种情况下，专网地址/专网端口和目的地址/目的端口一一对应；也可以是地址加端口形式的映射，在这种情况下，只允许公网主机访问特定的专网服务器，而且专网端口和目的端口不需要相同，比如，内部服务端口是80，映射的目的端口可以是8080。

2. Web 配置

新建 NAT server 策略，指定出接口，指定专网地址/专网端口的对应关系，然后“启用规则”即可，如图 7-15 所示。

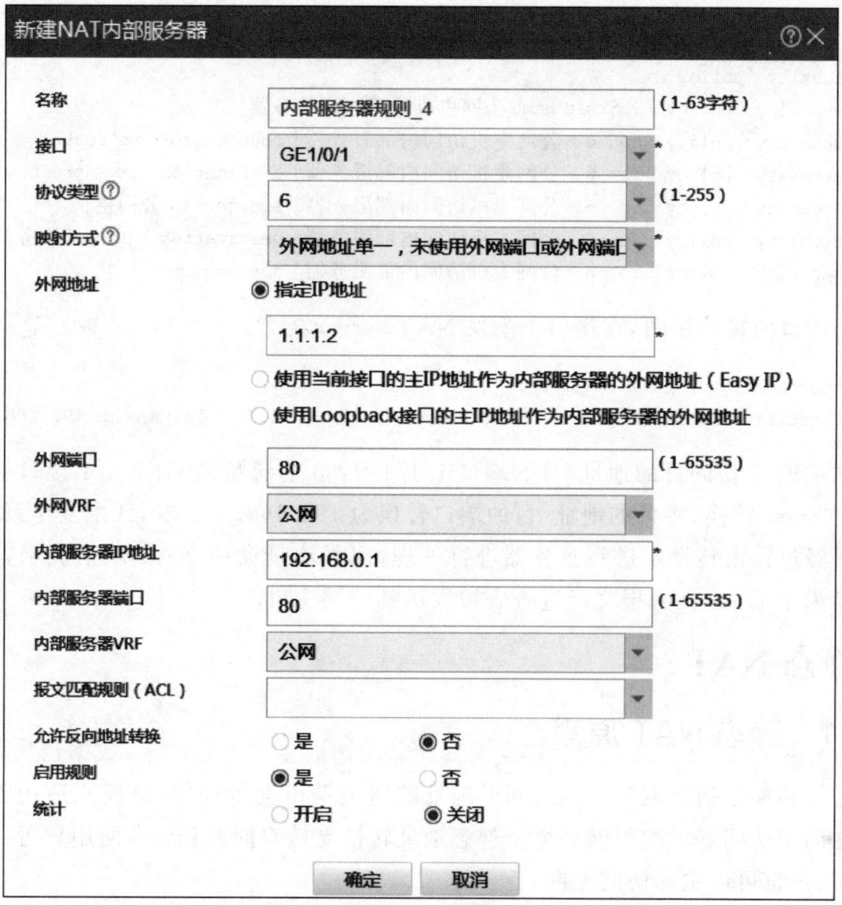

新建NAT内部服务器

名称　内部服务器规则_4　（1-63字符）
接口　GE1/0/1 *
协议类型　6　（1-255）
映射方式　外网地址单一，未使用外网端口或外网端口 *
外网地址　◉ 指定IP地址
1.1.1.2 *
○ 使用当前接口的主IP地址作为内部服务器的外网地址（Easy IP）
○ 使用Loopback接口的主IP地址作为内部服务器的外网地址
外网端口　80　（1-65535）
外网VRF　公网
内部服务器IP地址　192.168.0.1 *
内部服务器端口　80　（1-65535）
内部服务器VRF　公网
报文匹配规则（ACL）
允许反向地址转换　○ 是　◉ 否
启用规则　◉ 是　○ 否
统计　○ 开启　◉ 关闭
确定　取消

图 7-15　Web 配置 NAT server：“新建 NAT 内部服务器”

7.6.3 NAT server 配置示例

如图 7-14 所示，专网中有一台 Web 服务器 192.168.0.1，该服务器需要使用公网地址 1.1.1.2 的端口 80 对公网提供 Web 服务，需要在防火墙上配置 NAT server 将专网 Web 服务映射到公网，使得公网主机 A 可以访问到该 Web 服务。

首先，为各个接口分配 IP 地址，配置地址对象组，将接口加入对应的安全域。

```
#配置地址对象组
[H3C]object - group ip address 内部服务器
[H3C - obj - grp - ip - 内部主机]network host address 192.168.0.1
[H3C]object - group ip address 公网主机
[H3C - obj - grp - ip - 服务器] network host address 210.31.15.23
#配置安全域,并将接口加入安全域。
[H3C]security - zone name trust
[H3C - security - zone - Trust]import interface GigabitEthernet 1/0/2
[H3C]security - zone name untrust
```

```
[H3C-security-zone-Untrust]importinterface GigabitEthernet 1/0/1
```

放通对应的安全策略。这里需要注意的是,如果需要写明可以访问的目的地址,则这里的目的地址应该是内部服务器的专网地址。因为,在接口入方向,NAT 的处理是在安全策略之前的,在进行 NAT 转换后,才会进行安全策略的匹配。

```
[H3C]security-policy ip
[H3C-security-policy-ip]rule name 公网主机访问内部服务器
[H3C-security-policy-ip-6-公网主机访问内部服务器] source-zone untrust
[H3C-security-policy-ip-6-公网主机访问内部服务器] destination-zone trust
[H3C-security-policy-ip-6-公网主机访问内部服务器] source-ip 公网主机
[H3C-security-policy-ip-6-公网主机访问内部服务器] destination-ip 内部服务器
[H3C-security-policy-ip-6-公网主机访问内部服务器] action pass
```

进入公网口的接口视图,在接口上下发 NAT server 配置。

```
[H3C]interface GigabitEthernet 1/0/1
[H3C-GigabitEthernet1/0/1]nat server protocol tcp global 1.1.1.2 80 inside 192.168.0.1 80
```

从公网主机 A 访问目的地址/目的端口 1.1.1.2:80 的流量从 GE1/0/1 接口进入防火墙进行 NAT server 转换,将目的地址/目的端口转换为 192.168.0.1:80,匹配安全策略,被安全策略放行。经过路由转发发送到服务器进行处理,回程流量命中 NAT 映射表项,将源地址/源端口转换为 1.1.1.2:80,报文经过查表被发送到公网主机。

7.7 静态 NAT

7.7.1 静态 NAT 原理

静态地址转换是指公网和专网之间的地址映射关系由配置确定,该模式适用于专网与公网之间存在固定访问需求的组网环境。静态地址转换支持双向互访:专网用户可以主动访问公网,公网用户也可以主动访问专网。

如图 7-16 所示,专网一台服务器对外提供服务,使得公网主机可以通过公网地址访问专网服务器,另外,该服务器需要有一个固定的地址去访问公网上的一台服务器。基于此需求,在网络出口设备上配置静态 NAT,将 Web 服务器 A 地址 192.168.0.1 和目的地址 1.1.1.5 对应,满足专网、公网互访的需求。

从公网主机 A 访问 Web 服务器 A 的流量转发过程,具体步骤如下。

(1) 公网主机 A 发送请求访问服务器的端口 80(210.31.15.23:7639→1.1.1.5:80),流量通过公网到达防火墙。

(2) 由于在防火墙的公网口使用了静态 NAT 功能,该流量命中静态 NAT,进行 NAT 转换。将目的地址/目的端口由 1.1.1.5: 80 转换为 192.168.0.1: 80。转换后的流量 Web 服务器(210.31.15.23:7639→192.168.0.1:80)经过路由转发被发送到 Web 服务器 A。

(3) Web 服务器 A 对流量进行处理,响应包流量(192.168.0.1:80→210.31.15.23:7639)发送给公网主机 A。

(4) 返程流量到达防火墙命中 NAT 映射表项,将源地址/源端口转化为 1.1.1.5:80,然后将流量(1.1.1.5:80→210.31.15.23:7639)从公网口发送给公网主机 A。

Web 服务器 A 也有主动访问公网服务器的需求,因此,从 Web 服务器 A 访问 Web 服务

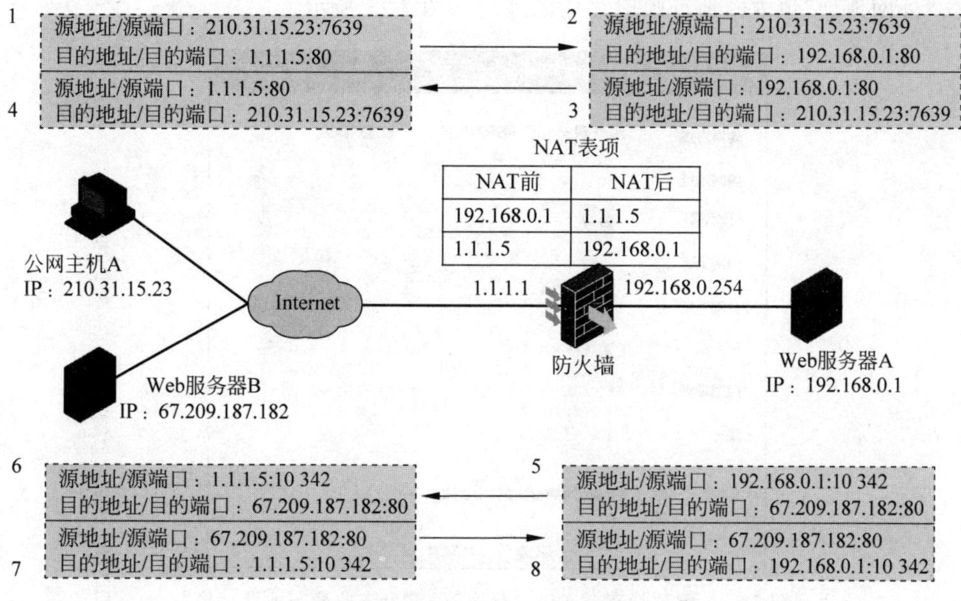

图 7-16 静态 NAT 的实现

器 B 也需要进行 NAT 转换，在静态 NAT 场景下的转换过程，具体步骤如下。

(1) Web 服务器 A 发送请求访问 Web 服务器 B 的端口 80(192.168.0.1:10 342→67.209.187.182:80)，流量到达出口防火墙。

(2) 防火墙查路由，将流量转发到出接口。由于在出接口使用了关于该地址的静态 NAT，流量命中静态 NAT，进行 NAT 转换，将源地址/源端口由 192.168.0.1:10 342 转换为 1.1.1.5:10 342。

(3) 转换后的流量经由公网口发送到 Web 服务器 B，Web 服务器 B 对流量进行处理，将响应包流量(67.209.187.182:80→1.1.1.5:10 342)发送给 Web 服务器 A。

(4) 防火墙收到 Web 服务器 B 返回的数据包，数据包在入接口命中 NAT 映射表项，将目的地址/目的端口转换为 192.168.0.1:10 342，响应流量(67.209.187.182:80→192.168.0.1:10 342)被发送给 Web 服务器 A。

7.7.2 静态 NAT 配置

1. 命令行配置

静态 NAT 的配置和其他方式 NAT 的差别，在于静态 NAT 的具体配置是在全局上进行配置的，配置完成后，在公网接口上使用 NAT static 即可。

在全局视图下，进行静态 NAT 映射关系的配置。

```
[H3C]nat static outbound local - ip global - ip
```

进入接口视图，在接口下使能静态 NAT。

```
[H3C]interface interface - type interface - number
[H3C - interface] nat static enable
```

2. Web 配置

请注意创建静态 NAT 映射策略，转换方式选择“一对一”转换，“内网地址”填内部服务器的地址,"外网地址"填内网地址映射之后的地址如图 7-17 所示。

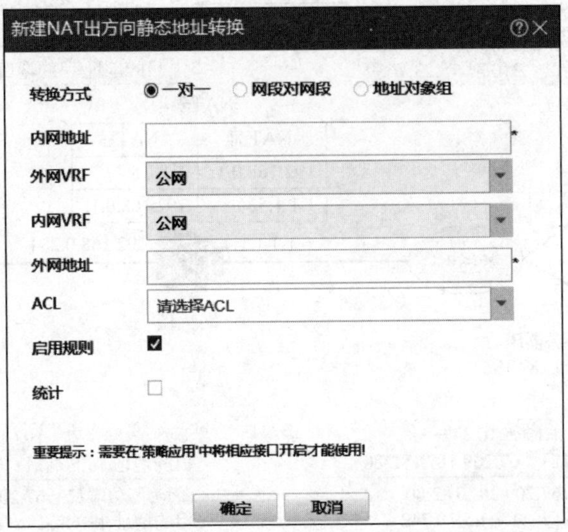

新建NAT出方向静态地址转换

转换方式 ◉一对一 ○网段对网段 ○地址对象组
内网地址 *
外网VRF 公网
内网VRF 公网
外网地址 *
ACL 请选择ACL
启用规则 ☑
统计 ☐

重要提示:需要在"策略应用"中将相应接口开启才能使用!

确定 取消

图 7-17 配置静态 NAT:"新建 NAT 出方向静态地址转换"

在策略设置完成后,需在对应的接口下启用静态 NAT,如图 7-18 所示。

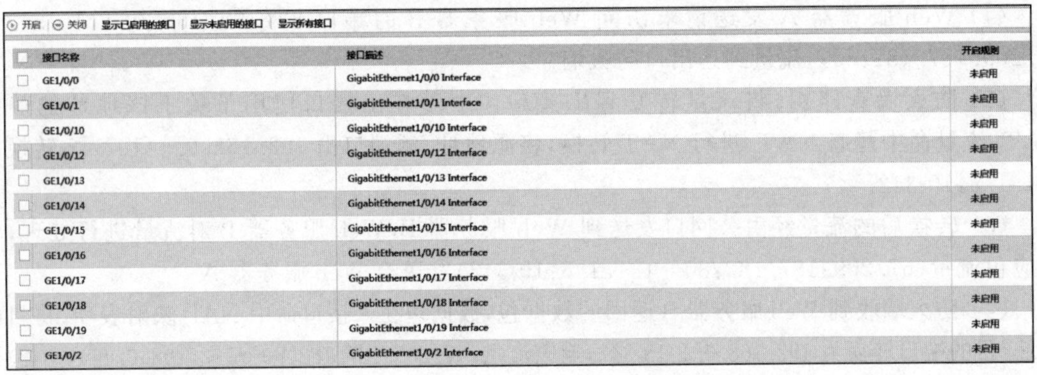

开启 关闭 显示已启用的接口 显示未启用的接口 显示所有接口

接口名称	接口描述	开启规则
GE1/0/0	GigabitEthernet1/0/0 Interface	未启用
GE1/0/1	GigabitEthernet1/0/1 Interface	未启用
GE1/0/10	GigabitEthernet1/0/10 Interface	未启用
GE1/0/12	GigabitEthernet1/0/12 Interface	未启用
GE1/0/13	GigabitEthernet1/0/13 Interface	未启用
GE1/0/14	GigabitEthernet1/0/14 Interface	未启用
GE1/0/15	GigabitEthernet1/0/15 Interface	未启用
GE1/0/16	GigabitEthernet1/0/16 Interface	未启用
GE1/0/17	GigabitEthernet1/0/17 Interface	未启用
GE1/0/18	GigabitEthernet1/0/18 Interface	未启用
GE1/0/19	GigabitEthernet1/0/19 Interface	未启用
GE1/0/2	GigabitEthernet1/0/2 Interface	未启用

图 7-18 配置静态 NAT:端口启用策略

7.7.3 静态 NAT 配置示例

如图 7-16 所示,专网服务器 192.168.0.1 需要使用公网地址 1.1.1.5 的端口 80 对外提供 Web 服务,同时,专网服务器也有访问公网服务器的需求。因此,在网络的出口部署一台防火墙作为出口 NAT 设备,且需要在防火墙上配置 NAT,以满足专网、公网的互访需求。

在此仅以 CLI 配置方式为例介绍静态 NAT 配置方法。首先为设备各个接口配置地址,配置路由。然后创建关于内部服务器、公网主机、公网服务器的地址对象组,将接口加入对应的安全域中。具体配置命令如下:

```
#配置地址对象组
[H3C]object-group ip address 内部服务器
[H3C-obj-grp-ip-内部服务器]network host address 192.168.0.1
[H3C]object-group ip address 公网主机
[H3C-obj-grp-ip-公网主机] network host address 210.31.15.23
```

```
[H3C]object-group ip address 公网服务器
[H3C-obj-grp-ip-公网服务器]network host address 67.209.187.182
#配置安全域,并将接口加入安全域。
[H3C]security-zone name trust
[H3C-security-zone-Trust]import interface GigabitEthernet 1/0/2
[H3C]security-zone name untrust
[H3C-security-zone-Untrust]importinterface GigabitEthernet 1/0/1
```

创建两条安全策略,其中,一条匹配从外到内的流量,源是公网主机,目的是专网服务器,专网服务器地址需配置为专网地址。

```
[H3C]security-policy ip
[H3C-security-policy-ip]rule name 公网主机访问内部服务器
[H3C-security-policy-ip-6-公网主机访问内部服务器] source-zone untrust
[H3C-security-policy-ip-6-公网主机访问内部服务器] destination-zone trust
[H3C-security-policy-ip-6-公网主机访问内部服务器] source-ip 公网主机
[H3C-security-policy-ip-6-公网主机访问内部服务器] destination-ip 内部服务器
[H3C-security-policy-ip-6-公网主机访问内部服务器] action pass
```

另外一条匹配从内到外的流量,放通专网服务器到公网的访问。

```
[H3C]security-policy ip
[H3C-security-policy-ip]rule name 内部服务器访问公网服务器
[H3C-security-policy-ip-7-内部服务器访问公网服务器]source-zone trust
[H3C-security-policy-ip-7-内部服务器访问公网服务器]destination-zone untrust
[H3C-security-policy-ip-7-内部服务器访问公网服务器]source-ip 内部服务器
[H3C-security-policy-ip-7-内部服务器访问公网服务器]destination-ip  公网服务器
[H3C-security-policy-ip-7-内部服务器访问公网服务器]action pass
```

在全局视图配置专网 192.168.0.1 和公网 1.1.1.5 的静态映射关系,进入公网接口 GE1/0/1 执行 nat static enable 命令使用静态 NAT。

```
#全局视图下配置静态 NAT
[H3C]nat static outbound192.168.0.1 1.1.1.5
#在公网口使用静态 NAT
[H3C-GigabitEthernet1/0/1]nat static enable
```

静态 NAT 适用于有双向互访需求的场景。由于静态 NAT 公网地址和专网地址之间有一一对应的关系,只对 IP 进行转换而不转换端口,因此,静态 NAT 可以支持 IP 层及以上的协议的运行。

7.8　NAT ALG

7.8.1　NAT ALG 原理

传统 NAT(basic NAT 和动态 NAT 的 PAT 模式)只能识别并修改 IP 报文中的 IP 地址和 TU port 信息,不能修改报文内部携带的信息,因此,对于一些在 IP 报文载荷(payload)中内嵌的网络底层信息(IP 地址或 TU 端口等)的协议,如 FTP、H.323、SIP 等,是无法正确转换的。

应用层网关(application level gateway,ALG)是传统 NAT 的增强特性。它能够识别应用层协议内嵌的网络底层信息,在转换 IP 地址和 TU port 的同时,对应用层数据中的网络底层信息进行正确转换。

例如，FTP 应由 FTP 客户端与 FTP 服务器之间建立的数据连接和控制连接共同实现，而数据连接使用的地址和端口由控制连接协商报文中的载荷信息决定，这就需要 ALG 利用 NAT 的相关转换配置完成载荷信息的转换，以保证后续数据连接的正确建立。

ALG 根据端口号识别协议类型，然后通过解析应用层数据报文，将报文中涉及专网主机的 IP 地址/端口修改为公网 IP 地址/公网端口，实现完整的 NAT 转换，在防火墙上生成 NAT ALG 表项，指导报文匹配。

7.8.2 NAT ALG 的实现

如图 7-19 所示，专网主机 A192.168.0.1 从 FTP 服务器 2.2.2.2 上下载数据，专网主机先发起连接(192.168.0.1:10632→2.2.2.2:21)，在防火墙上做了动态 NAT，流量经过防火墙将源 IP 地址/源端口转换为(1.1.1.2:6930→2.2.2.2:21)，返程流量命中映射关系表，进行相应的转换(参见动态 NAT 实现部分)，数据通道建立完成。如果专网主机要从服务器上下载资源，专网主机会主动选择一个端口号，通过控制通道将相应的 IP 地址/端口传递给服务器端。该流量命中 NAT，因为防火墙上启用了 NAT ALG 功能，ALG 模块会对目的端口是 21 的流量进行解析。当检测到流量中的源地址/源端口 192.168.0.1:12 378 时，防火墙将 192.168.0.1 修改为 1.1.1.2，将端口 12 378 修改为 6931。应用层数据携带(1.1.1.2:6931)发送到服务器，服务器接收后使用自身的端口 20 连接 1.1.1.2:6931。当流量(2.2.2.2:20→1.1.1.2:6931)到达防火墙时，命中 ALG 表项进行处理，将目的 1.1.1.2:6931 修改为 192.168.0.1:12 378 发送到专网主机，数据通道建立成功后开始正常进行文件下载。

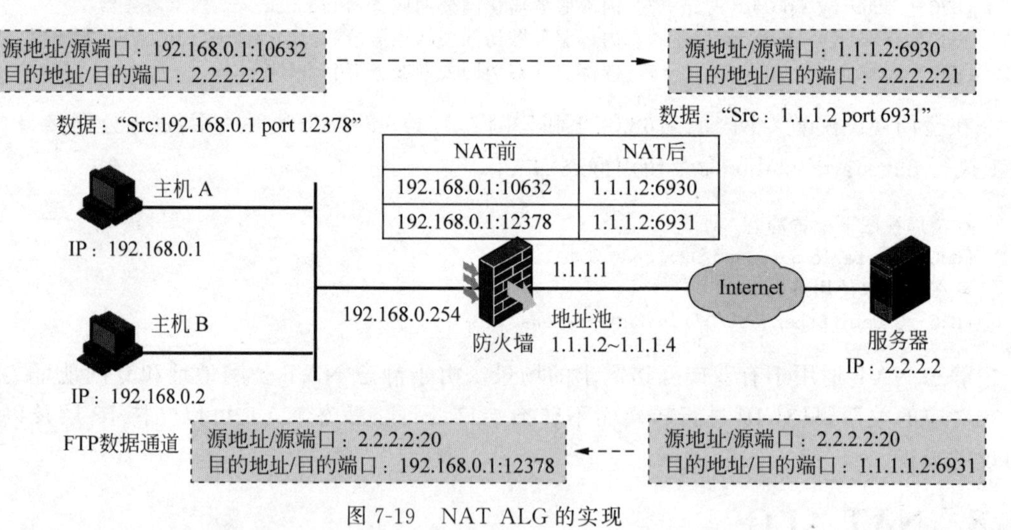

图 7-19 NAT ALG 的实现

完整的 ALG 流程还涉及 IP 长度、TCP 校验和、序列号等内容的调整，此处不再详述。

ALG 功能对应用的支持比较有限，无法支持所有的应用，在使用上有一定的局限性。对于需要传输复杂应用的场景，建议使用静态 NAT。ALG 的局限性也是 NAT 的缺点和局限性所在。

7.9 本章总结

(1) 了解 NAT 的技术背景。

(2) 理解 NAT 的分类和技术原理。

(3) 掌握不同场景下的 NAT 配置的实现。

7.10 习题和解答

7.10.1 习题

1. 10.88.8.1 是(　　)地址。

A. A类　　B. B类　　C. C类　　D. D类

2. 静态 NAT 应在相应的接口下配置并使用。(　　)

A. 正确　　B. 错误

3. ALG 根据________识别出协议类型,然后通过解析应用层数据报文,将报文中涉及专网主机的 IP 地址/端口修改为公网 IP 地址/公网端口。

4. 内部有一台 Web 服务器专网地址为 192.168.3.6,对外的公网地址为 210.31.0.84。专网主机 192.168.0.4 以公网地址 210.31.0.84 访问 Web 服务器,组网图如图 7-20 所示,在防火墙上应如何进行配置?

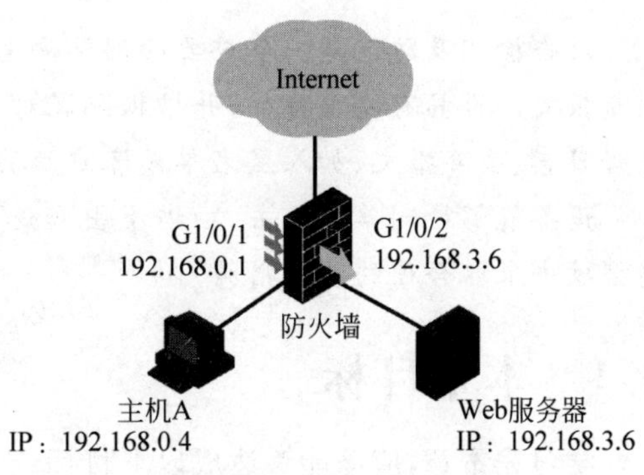

图 7-20　题 4 图

7.10.2 习题答案

1. A　　2. B　　3. 端口号

4. 配置步骤如下。

(1) 在 G1/0/1 上配置 NAT 服务器,命令如下:

```
[H3C]int GigabitEthernet 1/0/1
[H3C-GigabitEthernet1/0/1]nat server global 210.31.0.84 inside 192.168.3.6
```

(2) 放通从 G1/0/1 到 G1/0/2 的安全策略,命令如下:

```
[H3C]security-zone name Trust
[H3C-security-zone-Trust]import interface GigabitEthernet 1/0/1
[H3C]security-zone name DMZ
[H3C-security-zone-DMZ]import interface GigabitEthernet 1/0/2
[H3C]security-policy ip
[H3C-security-policy-ip-9-trust_to_dmz]action pass
[H3C-security-policy-ip-9-trust_to_dmz]source-zone Trust
[H3C-security-policy-ip-9-trust_to_dmz]destination-zone DMZ
[H3C-security-policy-ip-9-trust_to_dmz]dis this
#
rule 9 name trust_to_dmz
action pass
source-zone Trust
destination-zone DMZ
#
```

第8章

攻击防范技术

攻击检测及防范是一个重要的网络安全特性，它通过分析经过设备的报文的内容和行为，判断报文是否具有攻击特征，并根据配置对具有攻击特征的报文执行一定的防范措施，如输出警告日志、丢弃报文、加入黑名单或客户端验证列表。

设备能够检测单包攻击、扫描攻击和泛洪(flood)攻击等多种类型的网络攻击，并能对各类型攻击采取合理的防范措施。

8.1 本章目标

学习完本章，应该能够达成以下目标。

(1) 了解攻击防范技术的原理。

(2) 了解攻击防范的类型。

(3) 配置攻击防范功能。

8.2 攻击防范概述

目前，在 Internet 上常见的网络安全威胁分为以下三大类。

(1) 畸形报文攻击：通过向目标系统发送有缺陷的 IP 报文，如分片重叠的 IP 报文、TCP 标志位非法的报文，使得目标系统在处理这样的 IP 报文时崩溃，给目标系统带来损失。主要的畸形报文攻击有 Ping of death、teardrop 等。

(2) DoS/DDoS 攻击：使用大量的数据报文攻击目标系统，使目标系统无法接受正常用户的请求，或者使目标主机挂起不能正常工作。主要的 DoS/DDoS 攻击有 Smurf 攻击、Land 攻击、WinNuke 攻击、SYN flood 攻击、UDP flood 攻击和 ICMP flood 攻击等。DoS/DDoS 攻击和其他类型攻击的不同之处在于，攻击者并不是去寻找进入目标网络的入口，而是通过扰乱目标网络的正常工作来阻止合法用户访问网络资源。

(3) 扫描攻击：利用互联网包探索器(packet internet groper，Ping)扫描(包括 ICMP 和 TCP)标识网络上存在的活动主机，从而准确地定位潜在目标的位置；利用 TCP 和 UDP 端口扫描检测目标操作系统和启用的服务类型。攻击者通过扫描攻击就能大致了解目标系统提供的服务种类和潜在的安全漏洞，为进一步侵入目标系统做准备。

在多种网络攻击类型中，DOS/DDoS 攻击是最常见的一种，因为这种攻击方式对攻击技能要求不高，攻击者可以利用各种开放的攻击软件实施攻击行为，因此，DoS/DDoS 攻击的威胁逐步增大。成功的 DoS/DDoS 攻击会导致服务器性能急剧下降，造成正常客户访问失败。同时，提供服务的企业信誉也会蒙受损失，而且，这种危害是长期性的。

防火墙必须采用有效的攻击防范技术主动防御各种常见的网络攻击，保证网络在遭受越来越频繁的攻击的情况下仍能够正常运行,从而实现专网的整体安全。下面对常见的攻击类型及防御措施进行介绍。

8.3　常见攻击防范技术介绍

8.3.1　Smurf 攻击与防御

如图 8-1 所示,Smurf 攻击结合了 IP 欺骗和 flood 攻击的特点。其攻击方法是:攻击者发送大量伪造了源地址的 Ping 报文,源地址就是被攻击主机的地址,目的地址是某网络的广播地址。这样该网络的所有主机都会收到这个 Ping 报文,并且,根据报文的源地址向被攻击主机发送一个响应报文。如果报文的密度较大,且网络中的主机较多,则可以形成很大的数据流量,致使被攻击主机瘫痪。

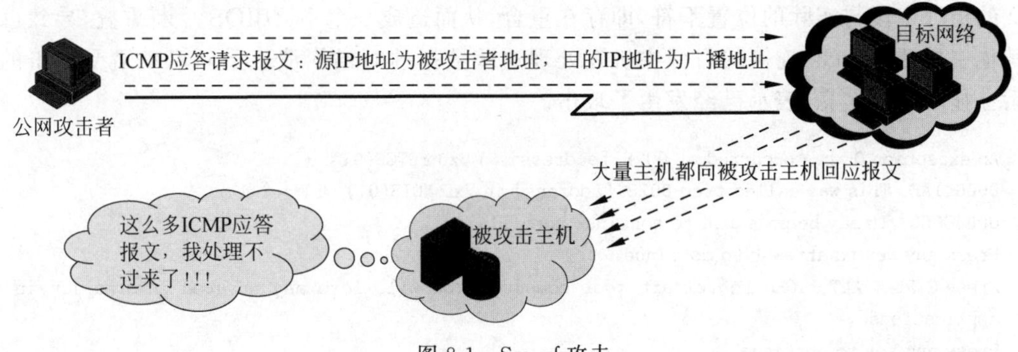

图 8-1　Smurf 攻击

Smurf 攻击的防御方法是通过检查 ICMP 应答请求报文的目的地址是否为子网广播地址或子网的网络地址,如果是,则根据用户的配置选择对报文进行转发或拒绝接收,并将该攻击记录到日志。

8.3.2　Land 攻击与防御

如图 8-2 所示,局域网拒绝服务(local area network denial,LAND)攻击利用 TCP 连接建立的三次握手功能,通过将 TCP SYN 报文的源地址和目标地址都设置成某一个被攻击主机的 IP 地址,导致被攻击主机向自己的地址发送 SYN ACK 消息。这样,被攻击主机在收到

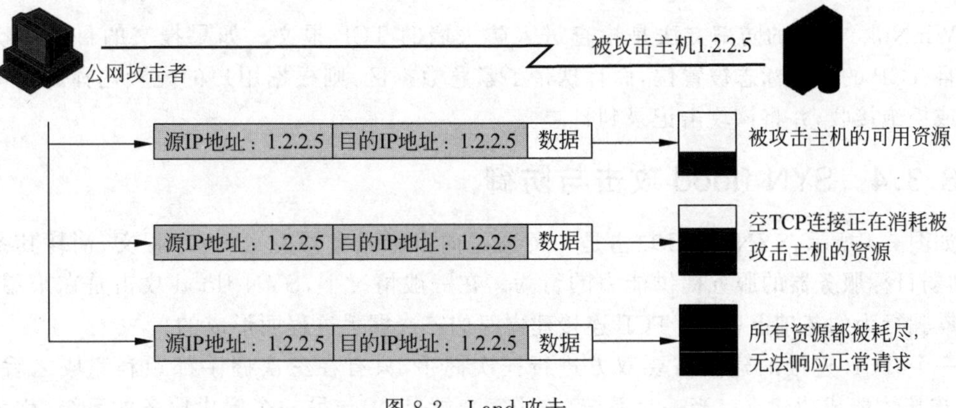

图 8-2　Land 攻击

SYN ACK 消息后,就会又向自己发送 ACK 消息,并创建一个空 TCP 连接,而每一个这样的连接都将保留直到超时。如果攻击者发送了足够多的 SYN 报文,则会导致被攻击主机系统资源大量消耗。各种系统对 Land 攻击的反应不同,UNIX 主机会崩溃,Windows NT 主机会变得极其缓慢。

Land 攻击的防御方法是检测每一个 IP 报文的源地址和目标地址,若两者相同,或者源地址为环回地址 127.0.0.1,则根据用户的配置选择对报文进行转发或拒绝接收,并将该攻击记录到日志。

8.3.3 WinNuke 攻击与防御

如图 8-3 所示,WinNuke 攻击是针对 Internet 上运行 Windows 的任何主机都可发起的 DoS 攻击。通过向目标主机的 NetBIOS 端口(139)发送 OOB(out-of-band)数据包,这些攻击报文的指针字段与实际的位置不符,即存在重合,从而造成一个 NetBIOS 片断重叠,导致已经与其他主机建立 TCP 连接的目标主机在处理这些数据的时候崩溃。重新启动遭受攻击的主机后会显示下列信息,表示已经发生了攻击。

```
An exception OE has occurred at 0028:[address] in VxD MSTCP(01) +
000041AE. This was called from 0028:[address] in VxD NDIS(01) +
00008660. It may be possible to continue normally.
Press any key to attempt to continue.
Press CTRL + ALT + DEL to restart your computer. You will lose any unsaved information in all
applications.
Press any key to continue.
```

<table>
<tr><td colspan="8">源端口</td><td>目的端口:139</td></tr>
<tr><td colspan="9">序列号</td></tr>
<tr><td colspan="9">确认号</td></tr>
<tr><td>首部长度</td><td>保留</td><td>URG</td><td>ACK</td><td>PSH</td><td>RST</td><td>SYN</td><td>FIN</td><td>窗口大小</td></tr>
<tr><td colspan="8">TCP校验和</td><td>紧急指针</td></tr>
<tr><td colspan="9">选项</td></tr>
<tr><td colspan="9">数据</td></tr>
</table>

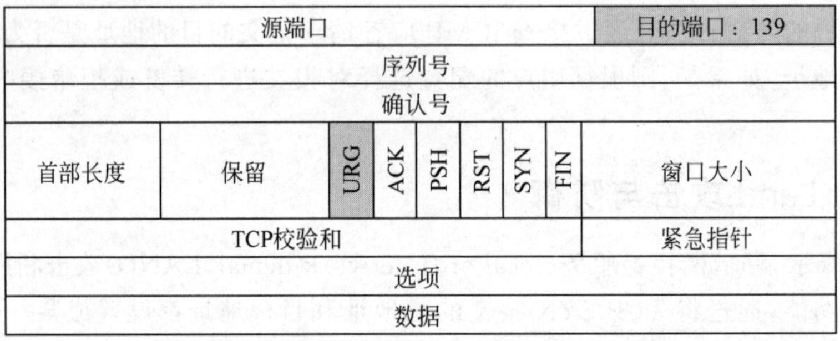

图 8-3 WinNuke 攻击

WinNuke 攻击的防御方法是检查进入防火墙的 TCP 报文。如果报文的目的端口号为 139,且 TCP 的紧急标志被置位,而且携带了紧急数据区,则根据用户的配置选择对报文进行转发或拒绝接收,并将该攻击记录到日志。

8.3.4 SYN flood 攻击与防御

如图 8-4 所示,SYN flood 攻击是一种通过向目标服务器发送 SYN 报文,消耗其系统资源,削弱目标服务器的服务提供能力的行为。在一般情况下,SYN flood 攻击是在采用 IP 源地址欺骗行为的基础上,利用 TCP 连接建立时的三次握手过程而形成的。

一个 TCP 连接的建立需要双方进行三次握手,只有在三次握手都顺利完成之后,一个 TCP 连接才能成功建立。当一个系统(称为客户端)请求与另一个提供服务的系统(称为服务器)建立一个 TCP 连接时,双方要进行以下消息交互。

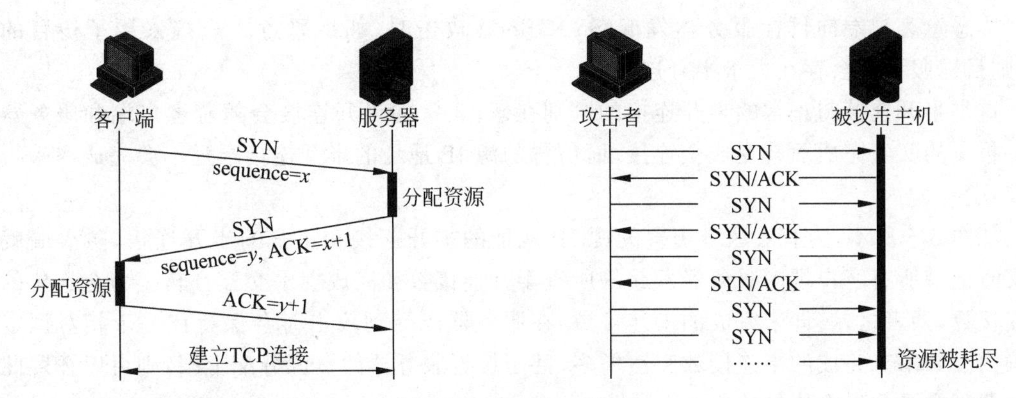

图 8-4　SYN flood 攻击

第 1 步：客户端向服务器发送一个 SYN 消息。

第 2 步：如果服务器同意建立连接，则响应客户端一个对 SYN 消息的响应消息(SYN/ACK)。

第 3 步：客户端在收到服务器的 SYN/ACK 响应消息以后，再向服务器发送一个 ACK 消息进行确认。

在服务器收到客户端的 ACK 消息以后，一个 TCP 的连接成功完成。

在上述过程中，在服务器收到 SYN 报文后，在发送 SYN/ACK 响应客户端之前，需要分配一个数据区记录这个未完成的 TCP 连接，这个数据区通常称为传输控制块(transmission control block，TCB)资源，此时的 TCP 连接也称半开连接。这种半开连接仅在收到客户端响应报文或连接超时后才会断开，而客户端在收到 SYN/ACK 报文后才会分配 TCB 资源，因此这种不对称的资源分配模式会被攻击者所利用，形成 SYN flood 攻击。

如果攻击者使用一个并不存在的源 IP 地址向被攻击主机服务器发起连接，该服务器回应 SYN/ACK 消息作为响应，由于应答消息的目的地址并不是攻击者的实际地址，所以这个地址将无法对服务器进行响应。因此，TCP 握手的最后一个步骤将永远不可能发生，该连接就一直处于半开状态直到连接超时后被删除。如果攻击者用快于服务器 TCP 连接超时的速度，连续对被攻击主机服务器开放的端口发送 SYN 报文，服务器的所有 TCB 资源都将被消耗，以至于不能再接受其他客户端的正常连接请求。

在检测到针对服务器的 SYN flood 攻击行为后，防火墙可以支持选择多种应对攻击的防范措施，主要包括如下两大类。

(1) 连接数限制技术：采用 SYN flood 攻击防范检测技术，对网络中的新建 TCP 半开连接数和新建 TCP 连接速率进行实时检测，通过设置检测阈值来有效地发现攻击流量，然后通过阻断新建连接或释放无效连接来抵御 SYN flood 攻击。

(2) 连接代理技术：采用 SYN Cookie 或 safe reset 技术对网络中的 TCP 连接进行代理，通过精确的验证来准确地发现攻击报文，实现为服务器过滤掉恶意连接报文的同时，保证常规业务的正常运行。连接代理技术除了可以对已检测到攻击的服务器进行代理防范，也可以对可能的攻击对象事先配置，做到全部流量代理，而非攻击发生后再代理。这样，可以避免攻击报文造成的损失。

连接数限制技术包括 TCP 半开连接数限制和 TCP 新建连接速率限制两种方法，连接代理技术包括 SYN Cookie 和 safe reset 两种方法，下面分别介绍这 4 种当前主流的防范手段。

当恶意客户端向目标服务器发起 SYN flood 攻击时，如果恶意客户端采用了仿冒的源 IP，则目标服务器会存在大量半开连接。

这类半开连接与正常的半开连接的区别在于，正常的半开连接会随着客户端和服务器端握手报文的交互完成而转变成全连接，而仿冒的源 IP 地址的半开连接永远不会完成握手报文的交互。

如图 8-5 所示，为有效区分仿冒的源 IP 地址的半开连接和正常的半开连接，防火墙就需要实时记录所有客户端向服务器发起的所有半开连接数和完成握手交互且转变为全连接的半开连接数，两者之差(即未完成的半连接数)在服务器未受到攻击时会保持在一个相对恒定的范围内。如果未完成的半连接数突然增多，甚至接近服务器的资源分配上限，则可以怀疑此时服务器正在受到异常流量的攻击。

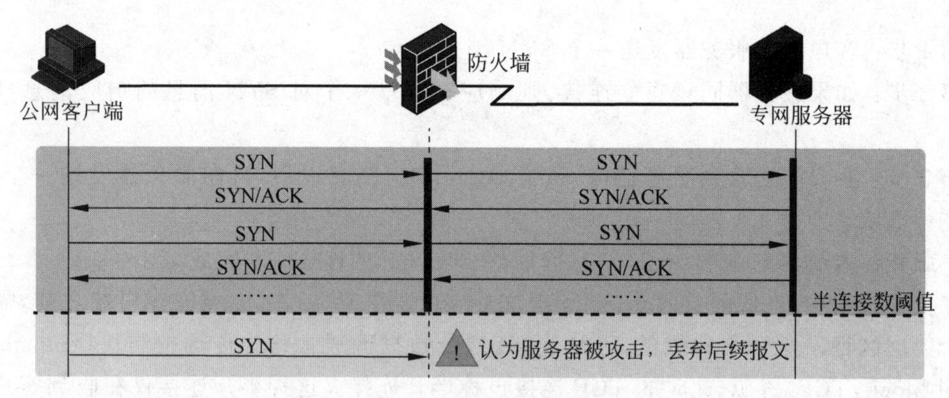

图 8-5 基于 TCP 半开连接数限制方法防范 SYN flood 攻击

管理员可以根据被保护服务器的处理能力设置半开连接数阈值。如果服务器无法处理客户端所有连接请求，则会导致未完成的半开连接数(即客户端向服务器发起的所有半开连接数和完成握手交互变成全连接的半开连接数之差)超过指定阈值，此时，防火墙可以判定服务器正在遭受 SYN flood 攻击，所有后续的新建连接请求报文都会被丢弃，直到服务器完成当前的半开连接处理，或者，当前的半开连接数降低到安全阈值时，防火墙才会放开限制，重新允许客户端向服务器发起新建连接请求。

接下来，介绍 TCP 新建连接速率限制方法。

当恶意客户端向目标服务器发起 SYN flood 攻击时，不管恶意客户端是采用仿冒的源 IP 手段，还是使用真实的客户端，其呈现的结果就是发往服务器的报文会在短时间内大量增加。

在恶意客户端发向服务器的报文中，一部分是新建连接的报文，另一部分是已建立连接的后续数据报文。防火墙通过记录每秒新建连接的数量，并与设定的阈值进行比较，来判断向目标服务器发起 SYN flood 攻击行为是否发生，若达到或超过，则认为攻击行为发生，如图 8-6 所示。

对被保护服务器进行监测时，防火墙在 1s 的时间间隔内统计客户端向服务器发起的新建连接请求数量，作为当前的新建请求速率。当新建连接请求速率超过指定阈值时，防火墙设备可以认为服务器可能遭受了 SYN flood 攻击，超过阈值之后的新建连接报文都被丢弃。直到每秒客户端向服务器发起的连接请求降低到安全阈值以下时，防火墙才会放开限制，重新允许客户端向服务器发起新建连接请求。

上述两种方法都是基于统计意义上的方法，通过统计和分析向受保护服务器发起的所有

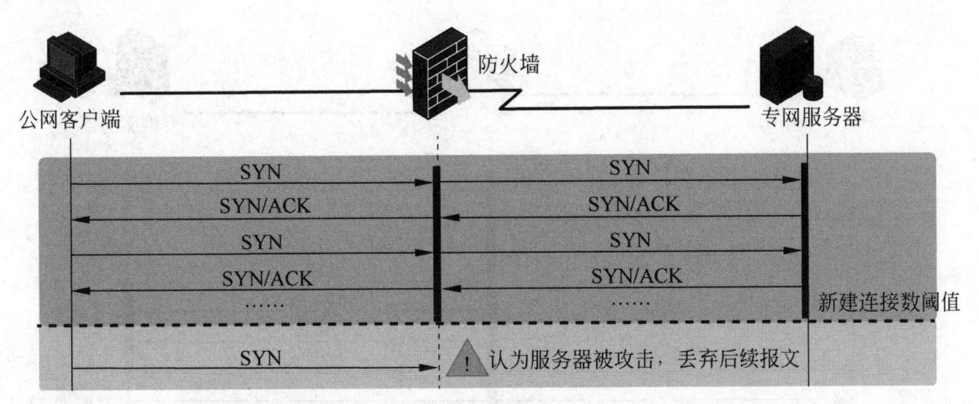

图 8-6 基于 TCP 新建连接速率限制方法防范 SYN flood 攻击

连接的行为特征，来检测和识别攻击报文。

下面要介绍的 SYN Cookie 和 safe reset 方法都是基于连接代理技术的方法。

SYN Cookie 技术借鉴了 HTTP 中 Cookie 的概念。SYN Cookie 技术可理解为，防火墙对 TCP 新建连接的协商报文进行处理，使其携带认证信息(称为 Cookie)，再通过验证客户端回应的协商报文中携带的信息，来进行报文有效性确认的一种技术。该技术的实现机制是防火墙在客户端与服务器之间做连接代理。

如图 8-7 所示，其具体过程如下。

(1) 客户端向服务器发送一个 SYN 消息。

(2) SYN 消息在经过防火墙时，防火墙截取该消息，并模拟服务器向客户端回应 SYN/ACK 消息。其中，SYN/ACK 消息中的序列号为防火墙计算的 Cookie，此 Cookie 值是对加密索引与本次连接的客户端信息(如 IP 地址、端口号)进行加密运算的结果。

(3) 客户端在收到 SYN/ACK 报文后向服务器发送 ACK 消息进行确认。防火墙在截取这个消息后，提取该消息中的 ACK 序列号，并再次使用客户端信息与加密索引计算 Cookie。如果计算结果与 ACK 序列号相符，则可以确认发起连接请求的是一个真实的客户端。如果客户端不回应 ACK 消息，则意味着现实中并不存在这个客户端，此连接是一个仿冒源 IP 的攻击连接；如果客户端回应的是一个无法通过检测的 ACK 消息，则意味着此客户端非法，它仅想通过模拟简单的 TCP 协议栈来耗费服务器的连接资源。来自仿冒的源 IP 或非法客户端的后续报文都会被防火墙丢弃，而且防火墙也不会为此分配 TCB 资源。

(4) 如果防火墙确认客户端的 ACK 消息合法，则模拟客户端向服务器发送一个 SYN 消息进行连接请求，同时，分配 TCB 资源记录此连接的描述信息。此 TCB 记录了防火墙向服务器发起的连接请求的信息，同时，记录了步骤(2)中客户端向服务器发起的连接请求的信息。

(5) 服务器向防火墙回应 SYN/ACK 消息。

(6) 防火墙在收到服务器的 SYN/ACK 回应消息后，根据已有的连接描述信息，模拟客户端向服务器发送 ACK 消息进行确认。

(7) 在完成以上过程后，客户端与防火墙之间建立连接，防火墙与服务器之间也建立连接，客户端与服务器之间关于此次连接的后续数据报文都将通过防火墙进行代理转发。

防火墙的 SYN Cookie 技术可通过 SYN/ACK 报文携带的认证信息，对握手协商的 ACK 报文进行认证，从而避免防火墙过早地分配 TCB 资源。当客户端向服务器发送恶意 SYN 报文时，既不会造成服务器上 TCB 资源和带宽的消耗，也不会造成防火墙 TCB 资源的消耗，可

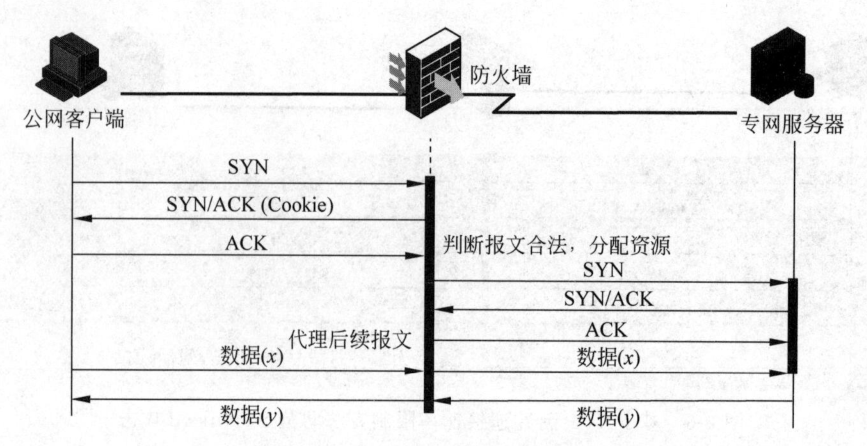

图 8-7 利用 SYN Cookie 技术防范 SYN flood 攻击

以有效防范 SYN flood 攻击。在防范 SYN flood 攻击的过程中，防火墙作为虚拟的服务器与客户端交互，同时，也作为虚拟的客户端与服务器交互，在为服务器过滤掉恶意连接报文的同时，保证了常规业务的正常运行。

safe reset 技术是防火墙通过对正常 TCP 连接进行干预，来识别合法客户端的一种技术。防火墙对 TCP 新建连接的协商报文进行处理，修改响应报文的序列号，并使其携带认证信息(称为 Cookie)，再通过验证客户端回应的协商报文中携带的信息来进行报文有效性确认。

防火墙在利用 safe reset 技术认证新建连接的过程中，对合法客户端的报文进行正常转发，对仿冒的源 IP 及简单模拟 TCP 协议栈的恶意客户端发起的新建连接报文进行丢弃，这样服务器就不会为仿冒的源 IP 发起的 SYN 报文分配连接资源，从而避免了 SYN flood 攻击。

如图 8-8 所示，safe reset 技术的实现过程如下。

(1) 客户端向服务器发送一个 SYN 消息。

(2) SYN 消息在经过防火墙时，防火墙截取该消息，并模拟服务器向客户端回应 SYN/ACK 消息。其中，SYN/ACK 消息中的 ACK 序列号与客户端期望的值不一致，同时携带 Cookie 值。此 Cookie 值是对加密索引与本次连接的客户端信息(包括 IP 地址、端口号)进行加密运算的结果。

(3) 客户端按照协议规定向服务器回应 RST 消息。防火墙在中途截取这个消息后，提取消息中的序列号，并对该序列号进行 Cookie 校验。成功通过校验的连接被认为是可信的连接，防火墙会分配 TCB 资源记录此连接的描述信息，而不可信连接的后续报文会被防火墙丢弃。

(4) 在完成以上过程后，客户端再次发起连接请求，防火墙根据已有的连接描述信息判断报文的合法性，对可信连接的所有合法报文直接放行。

由于防火墙仅通过对客户端向服务器首次发起连接的报文进行认证，就能够完成对客户端到服务器的连接检验，而服务器向客户端回应的报文即使不经过防火墙也不会影响正常的业务处理，因此，safe reset 技术也称单向代理技术。

一般而言，应用服务器不会主动对客户端发起恶意连接，因此，服务器响应客户端的报文可以不需要经过防火墙的检查。防火墙仅需要对客户端发往应用服务器的报文进行实时监控。服务器响应客户端的报文可以根据实际需要选择是否经过防火墙，因此，safe reset 技术能够支持更灵活的组网方式。

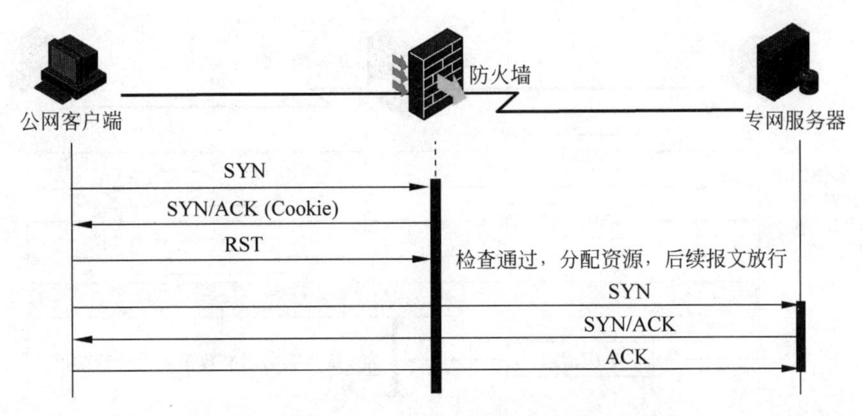

图 8-8　利用 safe reset 技术防范 SYN flood 攻击

8.3.5　UDP flood 攻击与防御

UDP flood 攻击通过在短时间内向特定目标服务器发送大量的 UDP 消息，导致目标服务器系统负担过重，而不能处理正常的数据传输任务。

UDP flood 攻击的防御方法是通过检测发往特定目的地址的 UDP 报文速率或报文数量。如果报文速率或报文总数超过阈值上限，则检测到攻击开始，此时，根据用户的配置选择丢弃或转发后续连接请求报文，同时，将该攻击记录到日志。在报文速率低于设定的阈值下限后，检测到攻击结束，正常转发后续连接请求报文，如图 8-9 所示。

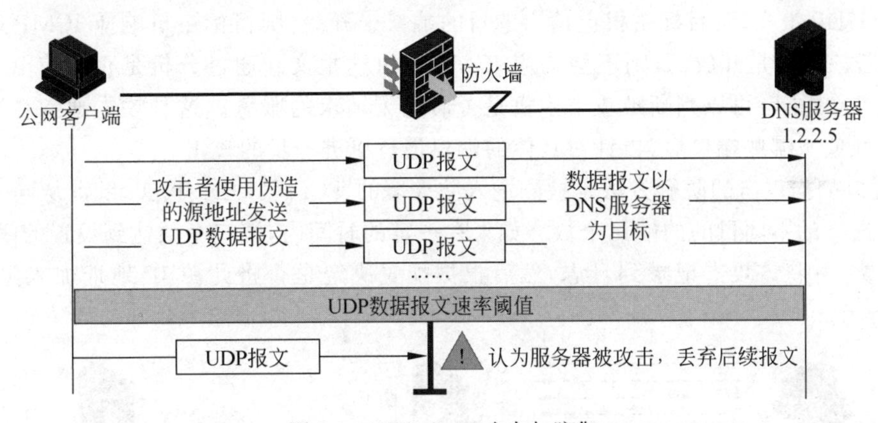

图 8-9　UDP flood 攻击与防御

8.3.6　ICMP flood 攻击与防御

ICMP flood 攻击通过短时间内向特定目标服务器系统发送大量的 ICMP 消息（如执行 Ping 程序）来请求其回应，致使目标服务器系统忙于处理这些请求报文，而不能处理正常的网络数据报文。

ICMP flood 攻击的防御方法是通过检测发往特定目的地址的 ICMP 报文速率或报文总数。如果报文速率或报文总数超过阈值上限，则认为攻击开始，根据用户的配置选择丢弃或转发后续 ICMP 响应请求报文，同时，将该攻击记录到日志。在报文速率低于设定的阈值下限后，检测到攻击结束，正常转发后续 ICMP 响应请求报文，如图 8-10 所示。

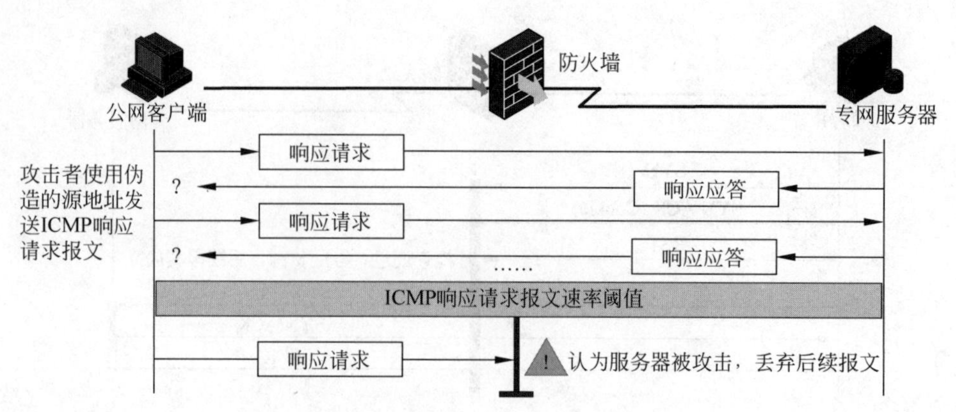

图 8-10 ICMP flood 攻击与防御

8.3.7 IP 端口扫描攻击与防御

在 IP 端口扫描攻击中，攻击者通常使用一些软件，向被攻击主机的一系列 TCP/UDP 端口发起连接，根据响应报文判断该主机是否在使用这些端口提供的服务。在利用 TCP 报文进行 IP 端口扫描时，攻击者向被攻击主机发送连接请求 TCP SYN 报文，若被请求的 TCP 端口是开放的，则被攻击主机响应一个 TCP ACK 报文；若请求的服务未开放，则被攻击主机响应一个 TCP RST 报文。通过分析响应报文是 ACK 报文还是 RST 报文，攻击者可以判断被攻击主机是否启用了请求的服务。在利用 UDP 报文进行 IP 端口扫描攻击时，攻击者向被攻击主机发送 UDP 报文，若目标主机上请求的目的端口未开放，则目标主机响应 ICMP 端口不可达报文；若该端口是开放的，则不会响应 ICMP 不可达报文。通过分析是否响应 ICMP 端口不可达报文，攻击者可以判断被攻击主机是否启用了请求的服务。这种攻击通常在判断出被攻击主机开放了哪些端口后，再针对具体的端口进行更进一步的攻击。

IP 端口扫描攻击的防御方法是检测进入防火墙的 TCP 和 UDP 报文，统计从同一个源 IP 地址发出报文的不同目的的端口个数。如果在一定的时间内，端口个数达到设置的阈值，则直接丢弃报文，并将该攻击记录到日志，然后根据配置决定是否将此源 IP 地址加入黑名单，如图 8-11 所示。

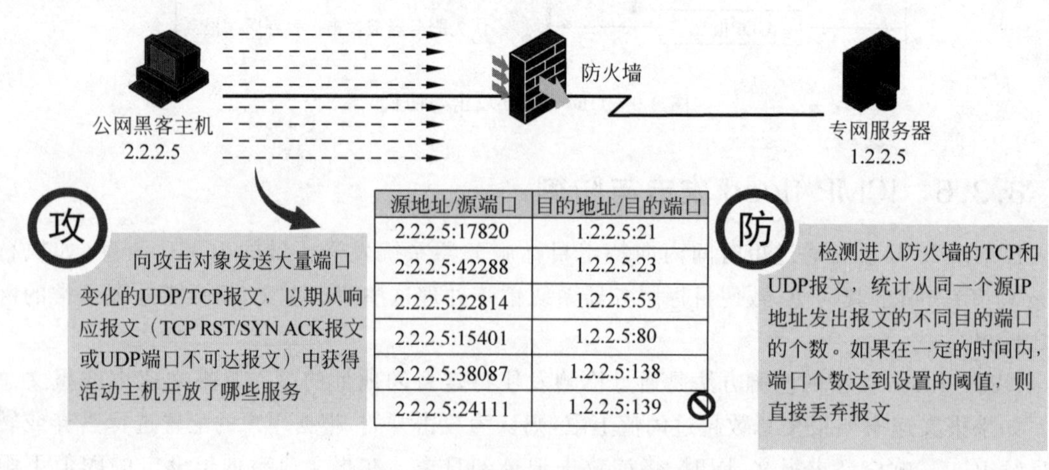

源地址/源端口	目的地址/目的端口
2.2.2.5:17820	1.2.2.5:21
2.2.2.5:42288	1.2.2.5:23
2.2.2.5:22814	1.2.2.5:53
2.2.2.5:15401	1.2.2.5:80
2.2.2.5:38087	1.2.2.5:138
2.2.2.5:24111	1.2.2.5:139

图 8-11 IP 端口扫描攻击与防御

8.4　配置攻击防范策略

下面介绍如何在 H3C 防火墙上配置攻击防范策略。

8.4.1　Web 配置

在 H3C 防火墙 Web 界面菜单栏中选择“策略”→“安全防护”→“攻击防范”选项，单击左上角的“新建”按钮弹出“新建攻击防范策略”对话框。

1. 配置单包攻击防范策略(Web 配置)

单包攻击防范主要通过分析经过设备的报文特征来判断报文是否具有攻击性。Smurf、Land 及 WinNuke 的攻击防范都归为这类。

如图 8-12 所示，选择“知名单包攻击防范”选项卡，攻击类型中包括前文中介绍过的 Smurf、Land 及 WinNuke 等攻击类型。

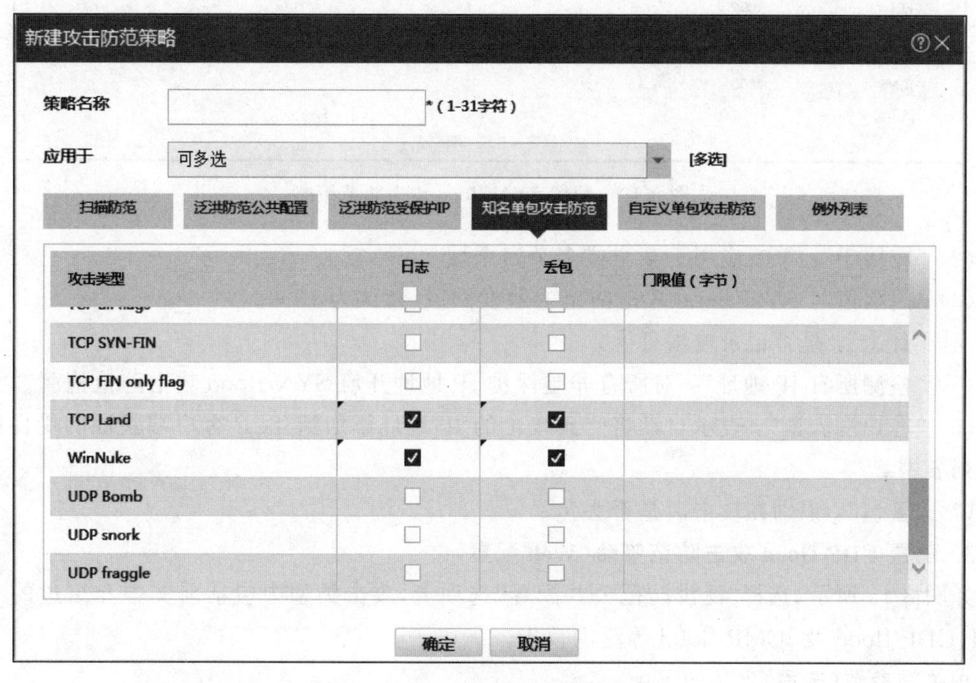

图 8-12　配置单包攻击防范策略

相关的参数(选项)含义如下。

(1) “策略名称”：攻击防范策略名称。

(2) “应用于”：策略应用于某个或多个安全域。

(3) “日志”：是否记录攻击日志。

(4) “丢包”：识别在攻击后是否丢包。

2. 配置 SYN flood 攻击防范策略(Web 配置)

如图 8-13 所示，选择“泛洪防范公共配置”选项卡，攻击类型中包括前文中介绍过的 SYN flood、UDP flood 及 ICMP flood 等泛洪攻击。

相关的参数(选项)含义如下。

(1) “策略名称”：攻击防范策略名称。

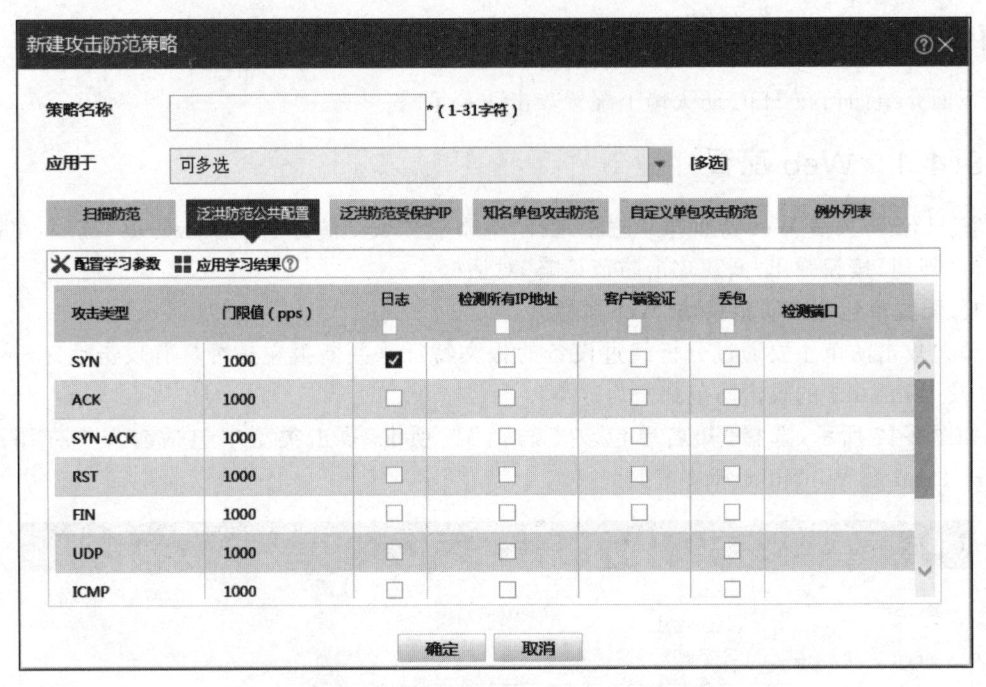

图 8-13 配置 SYN flood 攻击防范策略

(2)“应用于”：策略应用于某个或多个安全域。

(3)“门限值”：SYN flood 攻击防范的触发阈值，默认为 1000。

(4)“日志”：是否记录攻击日志。

(5)“检测所有 IP 地址”：对所有非受保护 IP 地址开启 SYN flood 攻击防范检测。

(6)“客户端验证”：表示自动将受到攻击的 IP 地址添加到 TCP 客户端验证的受保护 IP 地址列表中。

(7)“丢包”：识别在攻击后是否丢包。

3. 配置 UDP flood 攻击防范策略(Web 配置)

如图 8-14 所示，选择“泛洪防范公共配置”选项卡，攻击类型中包括前文中介绍过的 SYN flood、UDP flood 及 ICMP flood 等泛洪攻击。

相关的参数(选项)含义如下。

(1)“策略名称”：攻击防范策略名称。

(2)“应用于”：策略应用于某个或多个安全域。

(3)“门限值”：UDP flood 攻击防范的触发阈值，默认为 1000。

(4)“日志”：是否记录攻击日志。

(5)“检测所有 IP 地址”：对所有非受保护 IP 地址开启 UDP flood 攻击防范检测。

(6)“丢包”：识别在攻击后是否丢包。

4. 配置 ICMP flood 攻击防范策略(Web 配置)

如图 8-15 所示，选择“泛洪防范公共配置”选项卡，攻击类型中包括前文中介绍过的 SYN flood、UDP flood 及 ICMP flood 等泛洪攻击。

相关的参数(选项)含义如下。

(1)“策略名称”：攻击防范策略名称。

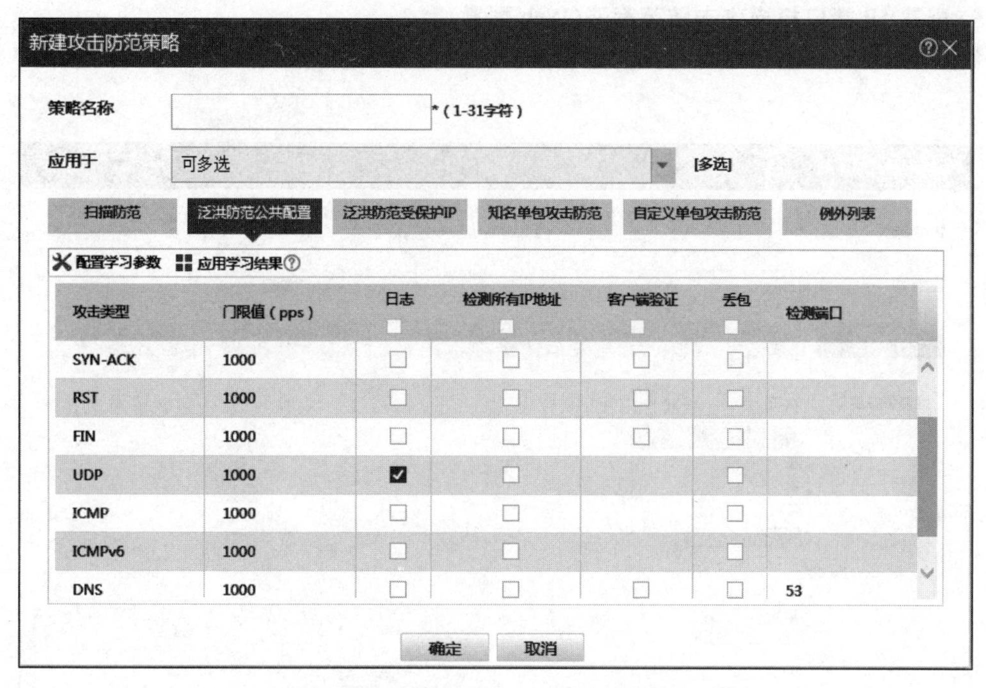

图 8-14 配置 UDP flood 攻击防范策略

(2)“应用于”：策略应用于某个或多个安全域。

(3)“门限值”：ICMP flood 攻击防范的触发阈值，默认为 1000。

(4)“日志”：是否记录攻击日志。

(5)“检测所有 IP 地址”：对所有非受保护 IP 地址开启 ICMP flood 攻击防范检测。

(6)“丢包”：识别在攻击后是否丢包。

新建攻击防范策略

策略名称 *（1-31字符）

应用于 可多选 [多选]

扫描防范 | 泛洪防范公共配置 | 泛洪防范受保护IP | 知名单包攻击防范 | 自定义单包攻击防范 | 例外列表

配置学习参数 应用学习结果

攻击类型	门限值（pps）	日志	检测所有IP地址	客户端验证	丢包	检测端口
RST	1000	☐	☐	☐	☐	
FIN	1000	☐	☐	☐	☐	
UDP	1000	☐	☐		☐	
ICMP	1000	☑	☐		☐	
ICMPv6	1000	☐	☐		☐	
DNS	1000	☐	☐	☐	☐	53
HTTP	1000	☐	☐	☐	☐	80

确定 取消

图 8-15 配置 ICMP flood 攻击防范策略

5. 配置 IP 端口扫描攻击防范策略(Web 配置)

如图 8-16 所示,选择“扫描防范”选项卡,选择“检测敏感度”(有低、中、高、自定义等几个级别)。

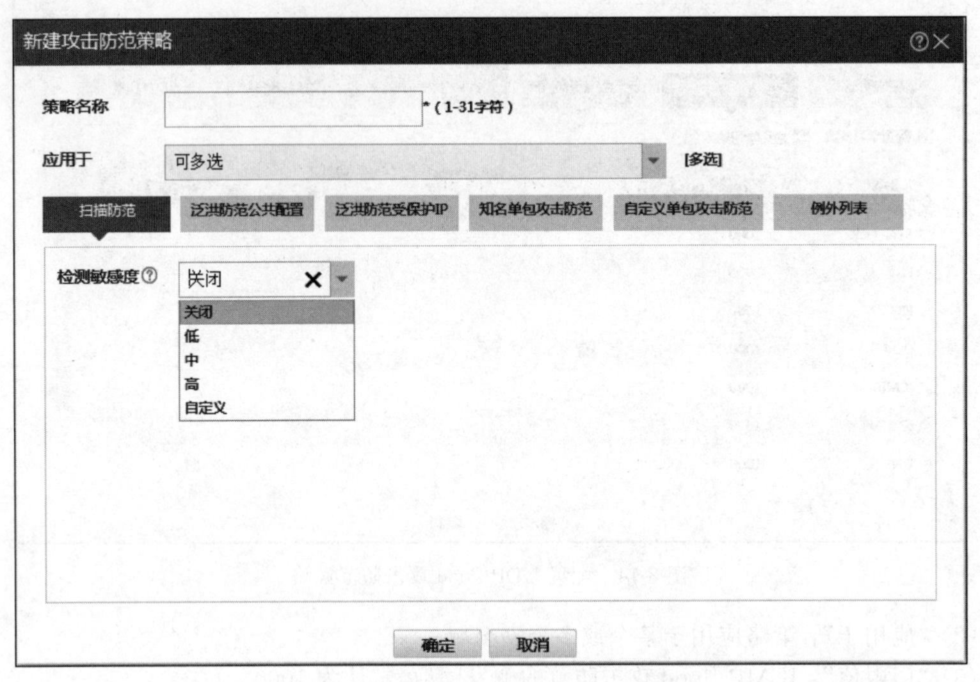

图 8-16 配置 IP 端口扫描攻击防范策略

相关的参数(选项)含义如下。

(1)“策略名称”:攻击防范策略名称。

(2)“应用于”:策略应用于某个或多个安全域。

(3)“低”:表示低防范级别。该级别提供基本的 IP 端口扫描攻击检测,有很低的误报率,但对于一些 IP 端口扫描攻击类型不能检出。该级别的 IP 端口扫描攻击统计周期为 60s。

(4)“中”:表示中防范级别。该级别有适中的 IP 端口扫描攻击检出率与误报率,通常能够检测出 filtered scan 等攻击。该级别的 IP 端口扫描攻击统计周期为 90s。

(5)“高”:表示高防范级别。该级别能检测出大部分的 IP 端口扫描攻击,但对活跃主机误报率较高。该级别的 IP 端口扫描攻击统计周期为 600s。

(6)“自定义”:自定义检测周期等参数。

8.4.2 命令行配置

1. 配置单包攻击防范策略(CLI 形式)

创建攻击防范策略,命令如下:

```
[H3C]attack - defense policy policy - name
```

开启单包攻击报文的特征检测,命令如下:

```
[H3C - attack - defense - policy - policyname] signature detect { smurf | land | winnuke } action
{ drop | logging }
```

相关参数含义如下。

(1) signature detect 命令用来开启指定类型单包攻击报文的特征检测,并设置攻击防范的处理行为。

(2) smurf:表示 Smurf 类型的报文攻击。

(3) land:表示 land 类型的报文攻击。

(4) winnuke:表示 WinNuke 类型的报文攻击。

(5) action:对指定报文攻击所采取的攻击防范处理行为。若未指定本参数,则采用该攻击报文所属的攻击防范级别所对应的默认处理行为。

(6) drop:设置单包攻击的处理行为为丢弃报文。

(7) logging:设置单包攻击的处理行为为发送日志。

2. 配置 SYN flood 攻击防范策略(CLI 形式)

创建攻击防范策略,命令如下:

```
<H3C> system - view
[H3C] attack - defense policy policy - name
```

配置 SYN flood 攻击防范的全局触发阈值,命令如下:

```
[H3C - attack - defense - policy - policyname]syn - flood threshold threshold - value
```

配置 SYN flood 攻击防范的全局处理行为,命令如下:

```
[H3C - attack - defense - policy - policyname]syn - flood action { drop | logging }
```

相关命令含义如下。

syn-flood threshold 命令用来配置 SYN flood 攻击防范的全局触发阈值。

syn-flood action 命令用来配置对 SYN flood 攻击防范的全局处理行为。其相关参数含义如下。

(1) drop:表示丢弃攻击报文,即设备在检测到攻击发生后,向被攻击主机发送的后续所有 SYN 报文都会被丢弃。

(2) logging:表示输出告警日志,即设备在检测到攻击发生时,生成告警信息,生成的告警信息将被发送到日志系统。

除此之外,为保护指定 IP 地址,攻击防范策略中支持基于 IP 地址的攻击防范配置。对于所有非受保护 IP 地址,可以统一开启攻击防范检测,并采用全局的参数设置来进行保护。

3. 配置 UDP flood 攻击防范策略(CLI 形式)

创建攻击防范策略,命令如下:

```
<H3C> system - view
[H3C] attack - defense policy policy - name
```

配置 SYN flood 攻击防范的全局触发阈,命令如下:

```
[H3C - attack - defense - policy - policyname]udp - flood threshold threshold - value
```

配置 SYN flood 攻击防范的全局处理行为,命令如下:

```
[H3C - attack - defense - policy - policyname]udp - flood action { drop | logging }
```

相关命令含义如下。

udp-flood threshold 命令用来配置 UDP flood 攻击防范的全局触发阈值。

udp-flood action 命令用来配置对 UDP flood 攻击防范的全局处理行为。相关参数含义如下。

(1) drop：表示丢弃攻击报文，即设备在检测到攻击发生后，向被攻击主机发送的后续所有 UDP 报文都会被丢弃。

(2) logging：表示输出告警日志，即设备在检测到攻击发生时，生成告警信息，生成的告警信息将被发送到日志系统。

4. 配置 ICMP flood 攻击防范策略(CLI 形式)

创建攻击防范策略，命令如下：

```
<H3C> system - view
[H3C] attack - defense policy policy - name
```

配置 ICMP flood 攻击防范的全局触发阈值，命令如下：

```
[H3C - attack - defense - policy - policyname]icmp - flood threshold threshold - value
```

配置 ICMP flood 攻击防范的全局处理行为，命令如下：

```
[H3C - attack - defense - policy - policyname]icmp - flood action { drop | logging }
```

相关命令含义如下。

icmp-flood threshold 命令用来配置 ICMP flood 攻击防范的全局触发阈值。

icmp-flood action 命令用来配置对 ICMP flood 攻击防范的全局处理行为。相关参数含义如下。

(1) drop：表示丢弃攻击报文，即设备在检测到攻击发生后，向被攻击主机发送的后续所有 ICMP 报文都会被丢弃。

(2) logging：表示输出告警日志，即设备在检测到攻击发生时，生成告警信息，生成的告警信息将被发送到日志系统。

5. 配置 IP 端口扫描攻击防范策略(CLI 形式)

创建攻击防范策略，命令如下：

```
<H3C> system - view
[H3C] attack - defense policy policy - name
```

开启指定级别的 IP 端口扫描攻击防范，命令如下：

```
[H3C - attack - defense - policy - policyname] scan detect level { high | low | medium } action
{ { block - source [ timeout minutes ]| drop } | logging }
```

相关命令含义如下。

scan detect 命令用来配置开启指定级别的 IP 端口扫描攻击防范。相关参数含义如下。

(1) level：指定攻击防范的检测级别。

(2) high：表示高防范级别。该级别能检测出大部分的 IP 端口扫描攻击，但对活跃主机误报率较高，即将可提供服务的主机的报文错误判断为攻击报文的概率比较高。该级别的 IP 端口扫描攻击统计周期为 600s。

(3) low：表示低防范级别。该级别提供基本的 IP 端口扫描攻击检测，有很低的误报率，但对于一些扫描攻击类型不能检出。该级别的 IP 端口扫描攻击统计周期为 60s。

(4) medium：表示中防范级别。该级别有适中的 IP 端口扫描攻击检出率与误报率，通常能够检测出 filtered scan 等攻击。该级别的 IP 端口扫描攻击统计周期为 90s。

(5) action：设置对 IP 端口扫描攻击的处理行为。

(6) block-source：表示阻断并丢弃来自该 IP 地址的后续报文。具体实现是，在设备检测到 IP 端口扫描攻击发生后，会自动将发起攻击的源 IP 地址添加到 IP 黑名单动态表项中；当接口或安全域上的黑名单过滤功能处于开启状态时，来自该 IP 地址的报文将被丢弃。

(7) timeout minutes：动态添加的黑名单表项的老化时间。其中，minutes 表示老化时间，取值范围为 1～1000，单位为分钟，默认值为 10。

(8) drop：表示丢弃攻击报文，即设备在检测到攻击发生后，由该攻击者发送的报文都将被丢弃。

(9) logging：表示输出告警日志，即设备在检测到攻击发生时，生成记录告警信息，生成的告警信息将被发送到日志系统。

注意

上述配置完成了攻击防范策略的配置，要使攻击防范策略生效需要应用策略，通过执行 attack-defense apply policy policy-name 命令使防范攻击策略在具体的安全域上生效，安全域的概念和配置详见第 6 章。

8.5 本章总结

(1) 了解攻击防范技术原理及类型。

(2) 配置攻击防范功能。

8.6 习题和解答

8.6.1 习题

1. 以下(　　)不属于泛洪攻击。

   A. Smurf 攻击　　　　B. Land 攻击
   C. SYN flood 攻击　　D. UDP flood 攻击
   E. IP 端口扫描攻击

2. 防范 Smurf 攻击的方法是(　　)。

   A. 检查 ICMP 请求报文的目的地址是否为子网地址，如果是，则丢弃
   B. 检查 ICMP 请求报文的源地址是否为子网地址，如果是，则丢弃
   C. 检查 ICMP 请求报文的目的地址是否为广播地址，如果是，则丢弃
   D. 检查 ICMP 请求报文的源地址是否为广播地址，如果是，则丢弃

8.6.2 习题答案

1. ABE　　2. AC

第 3 篇

VPN技术

第9章

VPN技术概述

传统的基于专用的通信线路构建企业内部网络(Intranet)的方式昂贵又缺乏灵活性,而通过 Internet 直接连接各个分支机构又缺乏安全性和扩展性。因此,VPN 技术应运而生。

本章重点讲授常用的 4 种 VPN 技术:通用路由封装(generic routing encapsulation, GRE)VPN、第二层隧道协议(layer 2 tunneling protocol, L2TP)VPN、IPSec VPN 及 SSL 虚拟专用网 VPN,内容包括这 4 种 VPN 的分类及主要的 VPN 技术介绍。

9.1 本章目标

学习完本章,应该能够达成以下目标。

(1) 理解什么是 VPN 技术。

(2) 了解 VPN 的分类。

(3) 掌握主要的 VPN 技术。

9.2 企业网对 VPN 的需求

9.2.1 传统企业网面临的问题

现代企业在发展过程中,对网络提出了越来越高的要求。而当仅采用传统路由交换和广域网连接技术构建企业网时,网络将面对路由设计、地址规划、安全保护、成本、灵活性等各方面的挑战。

传统企业网要么通过 Internet 或运营商骨干 IP 网络,要么通过专线、电路交换或分组交换的广域网技术连接其各分支机构。

企业通过 Internet 或运营商骨干 IP 网络连接分支机构的方式具有以下缺点。

(1) 网络层协议必须统一:企业路由器与运营商路由器运行相同的网络层协议,不支持多协议同时运行。例如,当跨越 Internet 进行通信时,企业分支间的 IPX 协议通信无法实现。

(2) 必须使用统一的路由策略:企业路由器与运营商路由器运行相同的路由协议,互相交换路由信息。一方面,企业网内部路由信息完全泄露,产生安全隐患;另一方面,由于运营商面对大量企业提供服务,将导致路由表规模过大,消耗处理资源。

(3) 必须使用同一公网地址空间:当跨越 Internet 进行通信时,运营商路由器和所有企业路由器都必须处于 Internet 地址空间内,企业无法使用专网地址空间,这最终将导致公网地址的匮乏。NAT 技术的复杂性使其无法有效解决这一问题。

企业通过专线、电路交换或分组交换的广域网技术,连接其分支机构的方案具有以下缺点。

(1) 部署成本高:企业需要向运营商租用昂贵的点对点专线或虚电路建立站点间的连接,费用高昂。

(2) 变更不灵活：点对点专线或虚电路的建立和变更需要运营商配合，周期长、速度慢。

(3) 移动用户远程拨号接入费用高：采用公共交换电话网络(public switched telephone network，PSTN)、综合业务数字网(integrated services digital network，ISDN)等拨号方式远程接入企业网，不但速度慢，而且必须支付昂贵的长途电话费用。

9.2.2 VPN的定义

VPN是近年来随着Internet的发展而迅速发展起来的一种技术。VPN是利用共享的公共网络设施对广域网设施进行仿真而构建的专用网络。可用于构建VPN的公共网络并不局限于Internet，也可以是ISP的IP骨干网络，甚至是企业专有的IP骨干网络等。在公共网络上组建的VPN像企业现有的专网一样提供安全性、可靠性和可管理性等。

RFC 2764描述了基于IP的VPN体系结构。如图9-1所示，利用基于IP的Internet实现VPN的核心是各种隧道(tunnel)技术。通过隧道，企业专有数据可以跨越公共网络安全地传输。传统的广域网连接是通过专线或电路交换连接来实现的。而VPN是利用公共网络来建设虚拟的隧道，在远端用户、驻外机构、合作伙伴、供应商与公司总部之间建立广域网连接，既可以保证联通性，也可以保证安全性。

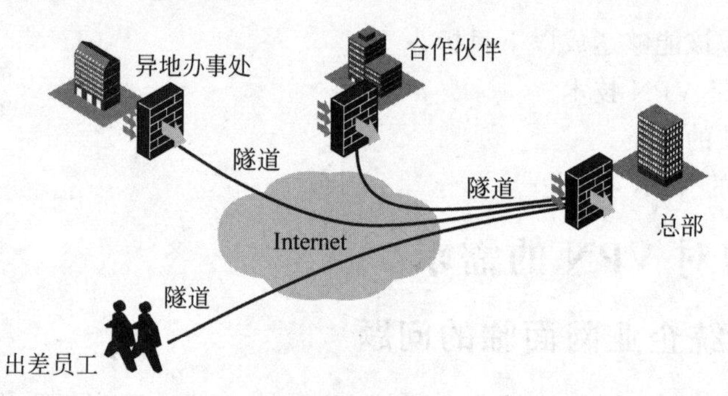

图9-1 VPN的定义

VPN的应用将对于实现电子商务或金融网络与通信网络的融合具有特别重要的意义。由于只需要通过软件配置就可以增加、删除VPN用户，而无须改动基础硬件设施，所以，VPN的应用具有很大的灵活性，可大幅度提高响应速度，缩短部署周期。VPN可以基于Internet基础设施，使用户可以实现在任何时间、任何地点的接入，这将满足不断增长的移动业务的需求。VPN技术允许构建具有安全保证和服务质量保证的VPN，可为VPN用户提供不同等级的安全性和服务质量保证。

利用公共网络进行通信，一方面，使企业以明显更低的成本连接远程分支机构、移动人员和业务伙伴；另一方面，极大地提高了网络的资源利用率，有助于增加ISP的收益。

9.2.3 VPN技术的原理

如图9-2所示网络中，支持协议B的两个网络互相之间没有直接的广域网连接，而是通过一个协议A的网络互联，但它们仍然需要互相通信。

直接在协议A网络上传输协议B的包是不可能的，因为协议A不会识别协议B的数据包。因此，需要使用VPN技术。要实现VPN，通常都需要使用某种类型的隧道机制。主机A和主机B的通信需要通过隧道技术跨越协议A网络进行。

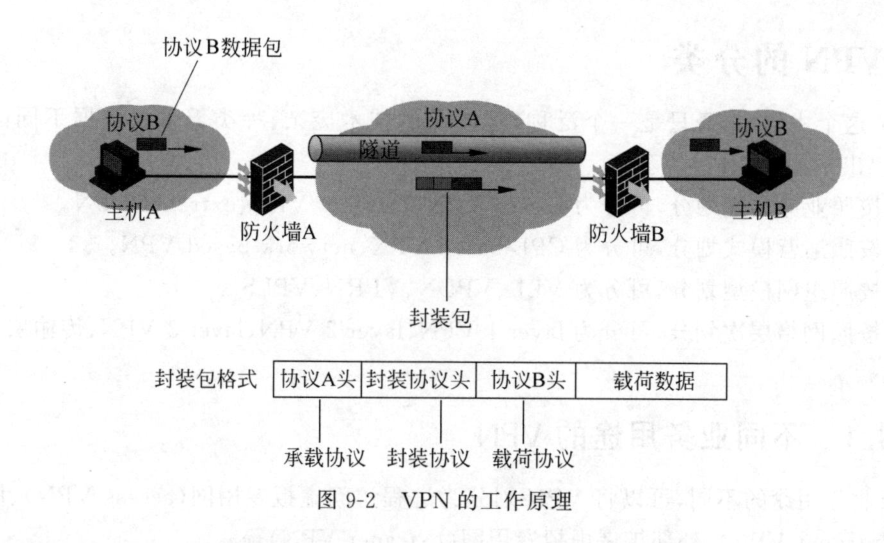

图 9-2 VPN 的工作原理

主机 A 对主机 B 发送的数据包需经过以下过程才能到达主机 B。

(1) 首先主机 A 发送协议 B 数据包。

(2) 数据包到达隧道端点设备防火墙 A,防火墙 A 将其封装成协议 A 数据包,通过协议 A 网络发送给隧道的另一端点设备防火墙 B。

(3) 隧道终点设备 FWB 将协议 A 数据包解开,获得协议 B 数据包,发送给主机 B。

在这种情况下,将协议 A 称为承载协议(delivery protocol),协议 A 的包称为承载协议包(delivery protocol packet);将协议 B 称为载荷协议(payload protocol),协议 B 的包称为载荷协议包(payload protocol packet)(以下简称载荷协议包)。而决定如何实现隧道的协议可以称为隧道协议(tunnel protocol)。

为了便于标识承载协议包中封装了载荷协议包,往往需要在承载协议头和载荷协议头之间加入一个新的协议头,这个协议称为封装协议(encapsulation protocol),经过封装协议封装的包称为封装协议包(encapsulation protocol packet)。

在典型的 VPN 应用场景中,主机 A 和主机 B 所在的协议 B 网络为组织内部网络,称为专网(private network);作为承载协议的协议 A 网络为运营商网络或 Internet,称为公网(public network)。

隧道技术是指通过一种协议传输另外一种协议的技术。前者称为承载协议,后者称为载荷协议,而决定如何实现隧道的协议可以称为隧道协议。要实现 VPN,通常都需要使用某种类型的隧道机制。

封装是指在某个协议的数据包外面加上特定的包头、包尾等,标识某种信息。其他协议可利用这些信息做出相应的处理,而不必关心内部的协议和数据内容。隧道技术通常是采用某一种或几种封装技术来实现的。

验证和授权用于对 VPN 连接的安全保护。由于 VPN 需要跨越某种公共介质,特别是通常使用 Internet 作为其介质,外部人员均可具备到接入点的联通性,因此,核查接入者的真实身份和权限就非常必要。AAA 技术广泛应用于验证和授权领域。

加密(encryption)和解密(decryption)用于保护 VPN 数据。因为经过的中途介质通常是不受组织控制的,数据很容易被窃听。因此,敏感数据在使用 VPN 发送之前必须经过加密,在到达后再解密还原。类似 IPSec 和 SSL 这样的技术可以保护数据的安全性。

9.3 VPN 的分类

VPN 这个术语,本身只是一个泛称,其涉及的技术庞杂、种类繁多。依据不同的划分标准,可以得出不同的 VPN 类型。

(1) 按照业务用途划分,可分为 access VPN、Intranet VPN、extranet VPN。

(2) 按照运营模式划分,可分为 CPE-based VPN、network-based VPN。

(3) 按照组网模型划分,可分为 VLL、VPDN、VPRN、VPLS。

(4) 按照网络层次划分,可分为 layer 1 VPN、layer 2 VPN、layer 3 VPN、传输层 VPN、应用层 VPN。

9.3.1 不同业务用途的 VPN

按照业务用途的不同,可以将 VPN 划分为远程访问虚拟专用网(access VPN)、内部虚拟专用网(Intranet VPN)、外部扩展虚拟专用网(extranet VPN)等。

1. access VPN

通过共享的、具有对外接口的设施、组织,可以为其远程小型分支站点、远程用户和移动用户提供对其专网的访问,这种 VPN 称为 access VPN。通过使用 access VPN,分支机构和移动用户可以随时随地使用组织的资源。

在使用 access VPN 时,用户不必通过长途拨号直接连接到组织的路由器,而是使用 PSTN/ISDN 拨号、x 数字用户线(x digital subscriber line,xDSL)、Cable、移动 IP 等方式连接到 ISP 位于本地的存在点(point of presence,POP),该 POP 提供 Internet 数据通信服务,然后由 ISP 设备通过如点对点隧道协议(point-to-point tunneling protocol,PPTP)、L2TP 等 VPN 技术跨越 Internet 建立隧道,将用户接入组织内部网络。

为了安全性的需要,通常会使用远程用户拨号认证服务(remote authentication dial in user service,RADIUS)等协议对远程用户进行验证和授权,或者使用一定的加密技术,防止数据在公共网络上遭到窃听。

access VPN 简化了企业的网络结构,与传统的拨号服务器方案相比,可以节约拨号服务器的端口模块、拨号线路的租用费用及昂贵的长途拨号费用。access VPN 还可以方便灵活地扩充支持的客户端数量。

2. Intranet VPN

传统意义上,拥有众多分支机构的组织租用专线,或者 ATM、帧中继(frame relay)等广域网(wide area network,WAN)连接,建立 Intranet。这种方法需要巨额的线路租金和大量的网络设备端口,费用极其昂贵。

而通过使用 Intranet VPN,组织可以跨越公共网络,甚至可以跨越 Internet,实现全球范围的 Intranet,连接其各个分支。与此同时,组织仅需支付较少的费用。

因为 Intranet VPN 主要用于站点间的互联,所以又称站点到站点 VPN(site-to-site VPN)。

根据站点地位的不同,Intranet VPN 通常可以使用专线接入或价格低廉的公共网络接入方法,如以太网接入,同时,也可以使用如 IPSec 等的加密协议保证数据的安全性。

Intranet VPN 可以减少组织花费在租用运营商专线或分组中继 WAN 连接上的巨额费用。同时,企业可以自由规划网络的逻辑连接结构,随时可以重新部署新的逻辑拓扑,缩短了新连接的部署周期。通过额外的逻辑和物理连接，Intranet VPN 可以强化 Intranet 的可靠性。

3. extranet VPN

随着企业之间协作关系的加强，企业之间的信息交换日渐频繁，越来越多的企业需要与其他企业连接在一起，直接交换数据信息、共享资源。出于对费用、灵活性、时间性等的考虑，专线连接、拨号连接都是不合适的。

extranet VPN 正是通过共享的公共基础设施，将企业与其客户、上游供应商、合作伙伴及相关组织等连接在一起。

Internet 事实上已经连接了全球各地，特别是各个组织，所以 extranet VPN 以 Internet 为基础设施来执行此类任务是最合适不过的了。extranet VPN 通常可以使用防火墙，在为外部提供访问的同时，保护组织内部的安全性。

extranet VPN 不但可以提供组织之间的互通，而且随着业务和相关组织的变化，组织可以随时扩充、修改或重新部署 extranet 网络结构。

9.3.2 不同运营模式的 VPN

按照运营模式的不同，可以将 VPN 划分为基于用户前端设备虚拟专用网（CPE-based VPN）、基于网络的虚拟专用网（network-based VPN）等。

1. CPE-based VPN

大部分的 VPN 实现是基于用户前端设备（customer premise equipment，CPE）的。CPE 是指放置在用户侧，直接连接到运营商网络的网络设备。

CPE 可以是一台路由器、防火墙，或者是专用的 VPN 网关，它必须具有丰富的 VPN 特性。CPE 负责发起 VPN 连接，连接到 VPN 的另外一个终结点——其他的 CPE。

通常用户自行购买这些 CPE，并且自行部署 CPE-based VPN。但是有时也可以委托运营商或第三方进行部署和管理。

CPE-based VPN 的好处是，用户可以自由部署、随意扩展 VPN 网络结构。但是用户同时也必须具有相当的专业能力，以部署和维护复杂的 VPN 网络。在没有运营商支持的情况下，CPE-based VPN 的 QoS 也同样是一个问题。

2. network-based VPN

在 network-based VPN 中，VPN 的发起和终结设备放置在运营商网络侧，由运营商购买此类支持复杂 VPN 特性的设备，部署 VPN，并进行管理，所以又称提供商提供 VPN（provider provide VPN）。

用户 CPE 不需要感知 VPN，不需要支持复杂的协议，仅执行基本的网络操作即可。同时，用户也不关心 VPN 的具体结构。用户只需要向运营商提出需求，订购服务即可。

network-based VPN 不但把用户从繁杂的 VPN 设计、部署和维护中解放出来，而且为运营商增加了新的、低价格、高价值的业务产品。由于运营商的服务承诺，QoS 可以得到有效保障。

9.3.3 不同组网模型的 VPN

按照组网模型的不同，可以将 VPN 划分为以下类别。

（1）虚拟专线（virtual leased lines，VLL）。

（2）虚拟专用路由网络（virtual private routed networks，VPRN）。

(3) 虚拟私有拨号网络(virtual private dial networks,VPDN)。

(4) 虚拟专用局域网服务(virtual private lan segment,VPLS)。

1. VLL

在VLL中,运营商通过VPN技术建立基础网络,为客户提供虚拟专线服务。对于客户来说,CPE到运营商PPPOE端口(PE)的接口是普通的专线接口,数据链路层协议是普通的WAN协议,客户所获得的服务就像是普通专线服务一样。而运营商在骨干IP网络两端的边界设备之间建立隧道,封装客户的数据帧,并在骨干IP网络上发送。

例如,客户向运营商订购frame relay服务,而运营商不使用真正的frame relay网络提供服务,而是在其IP网络两端的边界设备之间建立IP隧道,将frame relay帧封装在IP隧道中传输。

2. VPRN

VPRN根据网络层路由,在网络层转发数据包。由于使用相同的网络层转发,VPN之间只能通过不同的路由加以区分。

因为使用网络层转发,所以一个VPRN网络不能支持多种网络层协议,而只能为另一种协议配置一个新的VPRN。而且,通过路由区分VPN导致全网使用一致的地址空间,如果用于运营网络,则分离的管理区域与路由配置的复杂性之间存在天然的矛盾。要解决这个问题,就要求VPRN中的ISP网络设备具备多个独立的路由表。

3. VPDN

VPDN允许远程用户、漫游用户等根据需要访问其他站点。用户可以通过像PSTN和ISDN这样的拨号网络接入,其数据通过隧道穿越公共网络,到达目的站点。

由于涉及未知用户从任意地点的接入,VPDN必须提供足够的身份验证功能,以确保用户的合法性。

4. VPLS

VPLS可以用VPN网络透明传输以太帧,这样各个站点的LAN可以直接透明连接起来,就好像其间连接的是以太网一样。所以VPLS又称透明局域网服务(transparent LAN service,TLS)。

由于被传输的是二层的以太帧,所以CPE可以是一个简单二层设备,而处于公共网络的运营商设备必须能够采用某种隧道技术对CPE发来的二层帧加以封装,并传输到正确的目的地。

9.3.4 不同网络层次的VPN

按照网络层次的不同,可以将VPN划分为二层VPN、三层VPN、传输层VPN、应用层VPN。

1. 二层VPN(layer 2 VPN,L2 VPN)

在L2 VPN中,载荷协议处于OSI参考模型的数据链路层,承载协议直接封装载荷协议帧(frame),比较典型的L2 VPN技术是L2TP。L2TP、PPTP和多协议标签交换二层虚拟专用网(multi-protocol label switching layer 2 VPN,MPLS L2 VPN)等技术允许在IP隧道中传输二层的PPP帧或以太帧。通过这些技术,VPN的用户、VPN网关站点之间直接通过数据链路层连接,可以运行各自不同的网络层协议。这些都属于二层VPN的实现。

2. 三层 VPN(layer 3 VPN,L3 VPN)

在 L3 VPN 中,载荷协议处于 OSI 参考模型的网络层,承载协议直接封装载荷协议包。比较典型的 L3 VPN 技术是 GRE。GRE 对三层数据包加以封装,可以构建 GRE 隧道,这就是一种网络层隧道。又如 IPSec,通过验证头(authentication header,AH)和封装安全载荷(encapsulating security payload,ESP)对三层数据包直接进行安全处理。再如,在 BGP/MPLS VPN 中,客户站点之间通过 IP 互联,而运营商 MPLS 承载网络通过多协议 BGP(multi-protocol BGP,MP-BGP)沟通路由可达性信息,通过 MPLS 转发封装后的 IP 数据包,这就是典型的三层 VPN。

3. 传输层 VPN(layer 4 VPN,L4 VPN)

在 L4 VPN 中,载荷协议处于 OSI 参考模型的传输层,承载协议直接封装载荷协议 TCP 数据段或 UDP 数据报(datagram)。比较典型的 L4 VPN 技术是 SSL VPN 中的 TCP 接入模式。TCP 接入也称端口转发,通过在 SSL VPN 网关创建的端口转发规则,将内部服务器的 IP 地址和端口号映射为 SSL VPN 客户端的本地 IP 地址和端口号,用户再使用本地 IP 地址和端口号进行访问,通过 SSL 加密转发 TCP 数据段,这就是典型的传输层 VPN。

4. 应用层 VPN(layer 7 VPN,L7 VPN)

在 L7 VPN 中,载荷协议处于 OSI 参考模型的应用层,承载协议直接封装载荷协议消息。比较典型的 L7 VPN 技术是 SSL VPN 中的 Web 接入模式。Web 接入方式是指用户使用浏览器,通过 SSL 加密转发 HTTP 消息访问 SSL VPN 网关提供的 Web 资源,这就是典型的应用层 VPN。

9.4 主要的 VPN 技术

在当前的网络中,部分 VPN 技术已普遍应用,具备一定的代表性。

主要的 L2 VPN 技术包括以下内容。

(1) PPTP:由微软、朗讯、3COM 等公司支持,在 Windows NT 4.0 及以上版本中支持。该协议支持 PPP 在 IP 网络上的隧道封装,PPTP 作为一个呼叫控制和管理协议,使用一种增强的 GRE 技术,为传输的 PPP 报文提供流量控制和拥塞控制的封装服务。

(2) L2TP:由因特网工程任务组(Internet engineering task force,IETF)起草,微软等公司参与,结合了 PPTP 和第二层转发(layer 2 forwarding,L2F)协议的优点,为众多公司所接受,并且已经成为 RFC 标准文档。L2TP 既可用于实现拨号 VPN 业务(VPDN 接入),也可用于实现专线 VPN 业务。

(3) MPLS L2 VPN:在 MPLS 的基础上发展出多种二层 VPN 技术,如 martini 和 kompella、CCC 实现的 VLL 方式的 VPN,以及 VPLS 方式的 VPN。

主要的 L3 VPN 技术包括以下内容。

(1) GRE:GRE 是为了在任意一种协议中封装任意一种协议而设计的封装方法。IETF 在 RFC 2784 中规范了 GRE 的标准。GRE 封装并不要求任何一种对应的 VPN 协议或实现。任何的 VPN 体系均可以选择 GRE 或其他方法用于其 VPN 隧道。

(2) IPSec:IPSec 不是一个单独的协议,它是通过一系列协议,给出了 IP 网络上数据安全的整套体系结构。这些协议包括 AH、ESP、IKE 等。它可以实现为数据传输提供私密性、完整性保护及源验证。

(3) BGP/MPLS VPN:是利用 MPLS 和 MP-BGP 技术实现的三层 VPN。它不但实现了

网络控制平面与转发平面相分离，核心承载网络路由与客户网络路由相分离，边缘转发策略与核心转发策略相分离，CPE设备配置与复杂的VPN基础设施配置相分离，IP地址空间隔离等；而且具备了良好的灵活性、可维护性和可扩展性。

另外还有很多其他的VPN技术，包括以下内容。

（1）SSL VPN：SSL是由网景通信公司（Netscape Communications Corporation，Netscape公司）开发的一套Internet数据安全协议，已广泛应用于Web浏览器与服务器之间的身份验证和加密数据传输。SSL位于TCP/IP协议与各种应用层协议之间，为数据通信提供安全支持。SSL VPN是利用SSL协议来实现远程接入的VPN技术，具有安全性高、使用方便、成本低等特点。

（2）L2F协议：二层转发协议，由思科系统公司（Cisco Systems）和北方电信有限公司等公司支持。支持对更高级协议数据链路层的隧道封装，实现了拨号服务器和拨号协议连接在物理位置上的分离。

（3）DVPN：通过动态获取对端的信息建立VPN连接。DVPN采用了client/server架构，动态建立VPN隧道，解决了传统静态配置VPN隧道的缺陷，增强了大规模部署VPN隧道时的易操作性、可维护性、可扩展性。

（4）基于VLAN的VPN：运营商通过在城域网范围部署以太网交换机，可以为不同的组织提供不同的VLAN号码，实现组织的独立交换网络。这种技术简单、方便，支持几乎所有的上层协议，但受到有限的IEEE 802.1Q VLAN 4K号码的限制。IEEE 802.1ad或称QinQ技术则通过额外加入的IEEE 802.1Q封装，在一定程度上突破了上述源于VLAN号码的数量限制，从而具备了在城域网规模部署这种L2 VPN的可能。

（5）XOT（X.25 over TCP protocol）：是一种利用TCP的可靠传输，在TCP/IP网上承载X.25的协议。

9.5 本章总结

（1）通过专用线路或Internet互联分支机构都无法满足企业网的需求。

（2）VPN能综合平衡费用、灵活性、扩展性和安全性等需求。

（3）VPN通常通过隧道技术实现。

（4）VPN可以根据多种标准进行分类。

（5）常用的L2 VPN技术包括L2TP、PPTP、MPLS L2 VPN等，L3 VPN技术包括GRE、IPSec、BGP/MPLS VPN等。

9.6 习题和解答

9.6.1 习题

1. 下列叙述中正确的是（ ）。

   A. access VPN可以节约昂贵的长途拨号费用，还便于用户方便灵活地通过Internet接入

   B. CPE-based VPN允许用户自由部署VPN网络结构

   C. 1个VPRN网络可以支持多种网络层协议

   D. 在VLL中，运营商通过VPN技术建立基础网络，为客户提供虚拟专线服务

2. 按照业务用途的不同，可以将 VPN 分为（　　）类型。

A. VPRN　　B. Intranet VPN

C. extranet VPN　　D. VPDN

3. 按照组网模型的不同，可以将 VPN 分为（　　）类型。

A. VPRN　　B. Intranet VPN

C. extranet VPN　　D. VPDN

4. 下列叙述中正确的是（　　）。

A. 在 VPN 隧道封装时，承载协议包被封装在载荷协议包中

B. 在 VPN 隧道封装时，载荷协议包被封装在承载协议包中

C. 在 VPN 隧道封装时，封装协议头处于最外层，以便将承载协议封装起来

D. 在 VPN 隧道封装时，封装协议头处于最外层，以便将载荷协议封装起来

5. 下列 VPN 技术中，属于 L2 VPN 技术的有（　　）。

A. GRE VPN　　B. IPSec VPN

C. BGP/MPLS VPN　　D. L2TP VPN

9.6.2　习题答案

1. ABD　　2. BC　　3. AD　　4. B　　5. D

第10章

GRE VPN

通过 GRE 实现的 GRE VPN 是一种典型的 L3 VPN 技术，也是最基本的一种技术。本章首先讲解 GRE 封装的格式，随后将探讨在纯 IPv4 环境下用 GRE 封装 IP 包的方法，以及 GRE 隧道的工作原理和配置等。

10.1 本章目标

学习完本章，您应该能够达成以下目标。

(1) 叙述 GRE 隧道工作原理、GRE VPN 的特点及部署 GRE VPN 的考虑因素。

(2) 配置 GRE VPN。

(3) 使用 display 命令和 debugging 命令获取 GRE VPN 配置和运行信息，了解 GRE VPN 运行时的重要事件和异常情况。

(4) 理解 GRE VPN 的典型应用。

10.2 GRE VPN 的概述

实际上，GRE 最初是一种封装方法的名称，而不是特指 VPN。IETF 首先在 RFC 1701 中描述了 GRE，一个在任意一种网络协议上传输任意一种其他网络协议的封装方法；随后，又在 RFC 1702 中描述了如何用 GRE 在 IPv4 网络上传输其他的网络协议；最终，RFC 2784 规范了 GRE 的标准。

GRE 只是一种封装方法。对于隧道和 VPN 操作的处理机制，例如，如何建立隧道、如何维护隧道、如何拆除隧道、如何保证数据的安全性、数据出现错误或意外发生时应当如何处理等，GRE 本身并没有做出任何规范。

GRE 封装并不要求任何一种对应的 VPN 协议或实现。任何的 VPN 体系均可以选择 GRE 或其他方法用于其 VPN 隧道。通过为不同的协议分配不同的协议号码，GRE 可以应用于绝大多数的隧道封装场合。

本书中所谓的 GRE VPN 实际上是指直接使用 GRE 封装，在一种网络协议上传输其他协议的一种 VPN 实现。在 GRE VPN 中，网络设备根据配置信息，直接利用 GRE 的多层封装构造隧道，从而在一个网络协议上透明传输其他协议分组。这是一种相对简单却非常有效的实现方法。理解 GRE VPN 的工作原理是理解其他 VPN 协议的基础。

由于 IP 网络的普遍应用，主要的 GRE VPN 部署多采用 IP over IP 的模式。企业在分支之间部署 GRE VPN，通过公共 IP 网络传输企业内部网络的数据，从而实现网络层的 site-to-site VPN。

10.3 GRE 封装的格式

10.3.1 标准 GRE 封装

GRE 出现之前,很多早期的隧道封装协议已经出现,几种封装方法已经被 RFC 建议,例如,在 IP 上封装 IPX 等。然而,与这些方法相比,GRE 是一种最为通用的方法,也因此成为当前被各厂商普遍采用的方法。

GRE 是一种在任意协议上承载任意一种其他协议的封装协议。顾名思义,GRE 是为了尽可能高的普遍适用性而设计的,它本身并不要求何时、何地、何种协议应当使用 GRE,而只是规定了在一种协议上封装并传输另一种协议的通用方法。通过为不同的协议分配不同的协议号码,GRE 可以应用于绝大多数的隧道封装场合。

考虑一种最常见的情况:一台设备希望跨越一个协议 A 的网络发送协议 B 的包到对端,其 GRE 封装包格式如图 10-1 所示。

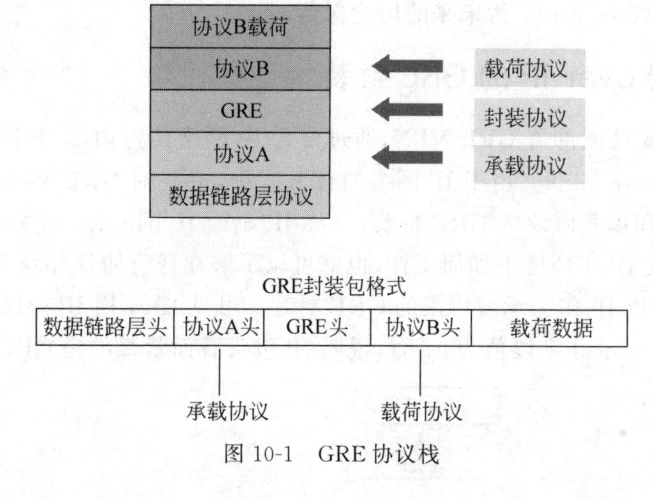

图 10-1 GRE 协议栈

直接发送协议 B 的包到协议 A 网络上是不可能的,因为协议 A 不会识别协议 B 的数据。此时,设备需执行以下操作内容。

(1) 设备需要将载荷包封装在 GRE 包中,也就是添加一个 GRE 头。

(2) 再把这个 GRE 包封装在承载协议包中。

(3) 设备可以将封装后的承载协议包放在承载协议网络上传输。

使用 GRE 的整个承载包协议栈如图 10-1 所示。因为 GRE 头部字段的加入也是一种封装行为,因此,可以将 GRE 称为"封装协议"(encapsulation protocol),将经过 GRE 封装的包称为"封装协议包"(encapsulation protocol packet)。GRE 不是唯一的封装协议,但或许是最通用的封装协议。

在承载协议头之后加入的 GRE 头可以告诉目标设备"上层有载荷分组",从而使目标设备可以做出不同于协议 A 标准包的处理。当然这还是不够的,GRE 必须表达一些其他的信息,以便设备继续执行正确的处理。例如,GRE 头必须包含上层协议的类型,以便设备在解封装之后,可以把载荷分组递交到正确的协议栈继续处理。

RFC 2784 定义的标准 GRE 标准头格式如图 10-2 所示。其中主要字段的含义内容如下。

(1) checksum present (0 位):如果 checksum present 设置为 1 位,则 GRE 头中存在

0 1 2 3 4 5 6 7 8 9 0 1 2 3 4 5 6 7 8 9 0 1 2 3 4 5 6 7 8 9 0 1 2

checksum present	reserved0	version number	protocol type
checksum (optional)			reserved1 (optional)

图 10-2 RFC 2784 GRE 标准头格式

checksum 域和 reserved1 域。

(2) reserved0 (1～12 位)：必须设置为 0，并且接收方必须丢弃第 1～5 位设置为非 0 值的包(除非实现了 RFC 1701)；第 6～12 位为未来的用途保留，必须为 0。

(3) version number (13～15 位)：版本号必须设置为 0，表示标准 GRE 封装。

(4) protocol type (2 octets[①])：用于指示载荷协议的类型。GRE 使用 RFC 1700 定义的以太网协议类型指示上层协议的类型。

(5) checksum (2 octets)：针对整个 GRE 头和载荷协议包的 16 位校验和。计算时 checksum 域值设置为全 0。

(6) reserved1 (2 octets)：为未来的用途保留。

10.3.2 IP over IP 的 GRE 封装

企业通常在分支之间部署 GRE VPN，通过公共 IP 网络传输内部 IP 网络的数据，从而实现网络层的 site-to-site VPN。由于 IP 网络的普遍应用，主要的 GRE VPN 部署多采用以 IP 同时作为载荷协议和承载协议的 GRE 封装，又称 IP over IP 的 GRE 封装或 IP over IP 的模式。理解了 GRE 在 IPv4 环境下如何工作，也就可以了解在任意协议环境下 GRE 如何工作。

图 10-3 所示为以 IP 作为承载协议的 GRE 封装。可见 IPv4 用 IP 协议号 47 来标识 GRE 头。当 IP 头中的 protocol 字段值为 47 时，说明 IP 包头后面紧跟的是 GRE 头。

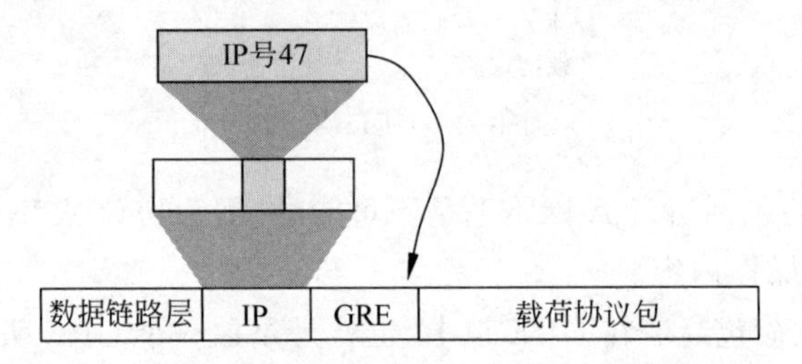

图 10-3 以 IP 作为承载协议的 GRE 封装

图 10-4 所示为以 IP 作为载荷协议的 GRE 封装。可见 IP 的 GRE protocol type 值为 0x0800。

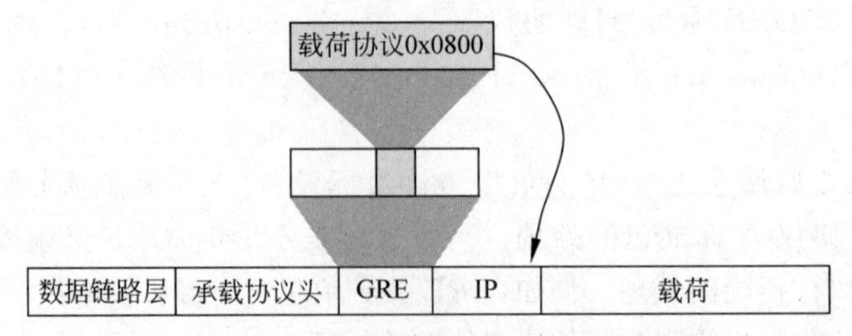

图 10-4 以 IP 作为载荷协议的 GRE 封装

① 1 octet＝8b。

图 10-5 所示为以 IPv4 同时作为载荷和承载协议的 GRE 封装结构，又称 IP over IP 的 GRE 封装。可见 IPv4 用 IP 协议号 47 来标识 GRE 头，当 IP 头中的 protocol 字段值为 47 时，说明 IP 包头后面紧跟的是 GRE 头；GRE 用以太网协议类型 0x0800 标识 IPv4，当 GRE 头的 protocol type 字段值为 0x0800 时，说明 GRE 头后面紧跟的是 IPv4 头。

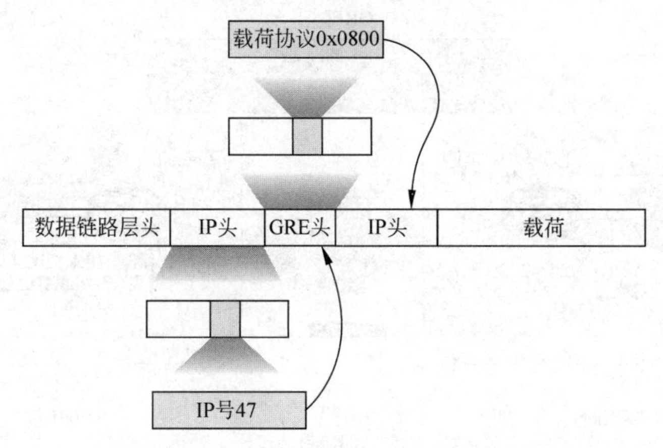

图 10-5 IP over IP 的 GRE 封装

这种封装结构正是最为普遍的 GRE VPN 应用，也是本章的讨论重点。在本章后续的讨论中，若无特别说明，则所指的 GRE 隧道都是 IP over IP 的 GRE 隧道。

10.4 GRE 隧道工作流程

10.4.1 GRE 隧道构成

如前所述，GRE 协议是对某网络层协议（如 IP 和 IPX 等）的包进行封装，使这些被封装的包能够在另一个网络层协议（如 IP）中传输。GRE 规范定义的是一种封装方法，它本身并不要求何时、何地、何种协议或实现应使用 GRE，任何的 VPN 体系均可以选择 GRE 或其他方法用于其 VPN 隧道。GRE 可以用于很多的隧道封装场合。例如，微软公司提出的 PPTP 就使用了 GRE 封装。

GRE 封装提供了足以建立 VPN 隧道的工具。GRE VPN 正是基于 GRE 封装，以最简化的手段建立的 VPN。GRE VPN 用 GRE 把一个网络层协议封装在另一个网络层协议里，因此，属于 L3 VPN 技术。

为了使点对点的 GRE 隧道像普通链路一样工作，路由器引入了一种称为 tunnel 的逻辑接口。在隧道两端的路由器上各自通过物理接口连接公共网络，并依赖物理接口进行实际的通信。两个路由器上分别建立 1 个 tunnel 接口，2 个 tunnel 接口之间建立点对点的虚拟连接，就形成了一条跨越公共网络的隧道。物理接口具有承载协议的地址和相关配置，直接服务于承载协议；而 tunnel 接口则具有载荷协议的地址和相关配置，负责为载荷协议提供服务。当然实际的载荷协议包需要经过 GRE 封装和承载协议封装，再通过物理接口传输至公共网络。

大部分的组织已经使用 IP 构建 Intranet，并使用专有地址空间。专有 IP 地址在公共网络上是不可路由的，所以 GRE VPN 的主要任务是建立连接组织各个站点的隧道，跨越公共 IP 网络，传输内部网络 IP 数据。图 10-6 所示为典型的 IP over IP 的 GRE 隧道的系统架构。站点 A 和站点 B 的路由器 RTA 和 RTB 的 E0/0 和 tunnel0 接口均具有专网 IP 地址，而 S0/0 接口具有公网 IP 地址。此时，要从站点 A 发送专网 IP 包到站点 B，经过的基本过程包括如下内容。

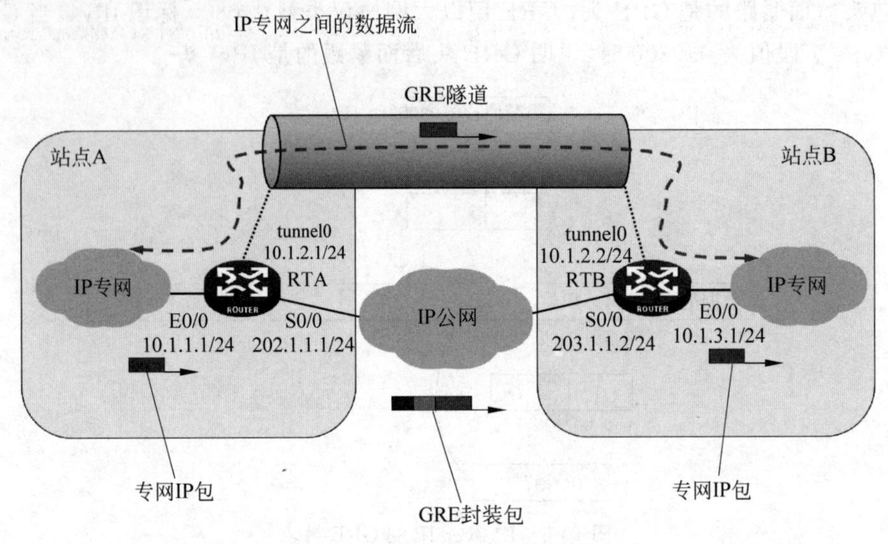

图 10-6 IP over IP 的 GRE 隧道

(1) RTA 根据专网 IP 包的目标地址，查找路由表，找到一个出站接口。

(2) 如果出站接口是 GRE VPN 的 tunnel0 接口，则 RTA 将根据配置对专网 IP 包进行 GRE 封装，即加以公网 IP 封装，变成一个公网 IP 包，其目的是 RTB 的公网地址。

(3) RTA 经物理接口 S0/0 发出此包。

(4) 此数据包穿越 IP 公共网，到达 RTB。

(5) RTB 接收到数据包后，经第一次 IP 路由查找，确认为本地接收报文，然后根据 IP 号上送本地 GRE 协议栈处理。RTB 在解开 GRE 封装后，将得到的专网 IP 包递交给相应 tunnel 接口 tunnel0，再进行第二次 IP 路由查找，通过 E0/0 将专网 IP 包传输到站点 B 的专网去。

不论是何种 GRE 隧道，其工作原理基本相同。10.4.2～10.4.7 小节中我们将以图 10-6 所示的最常见的 IP over IP 的 GRE VPN 为例，详细讨论各个步骤，这些步骤主要包括以下内容。

(1) 隧道起点路由查找。

(2) 加封装。

(3) 承载协议路由转发。

(4) 中途转发。

(5) 解封装。

(6) 隧道终点路由查找。

10.4.2 隧道起点路由查找

作为隧道两端的 RTA 和 RTB 必须同时具备连接专网和公网的接口，本例中分别是 E0/0 和 S0/0；同时，也必须各具有一个虚拟的隧道接口，本例中是 tunnel0，如图 10-7 所示。

当一个专网 IP 包到达 RTA 时，如果其目的地址不属于 RTA，则 RTA 需要执行正常的路由查找流程。RTA 查看 IP 路由表，结果有以下可能。

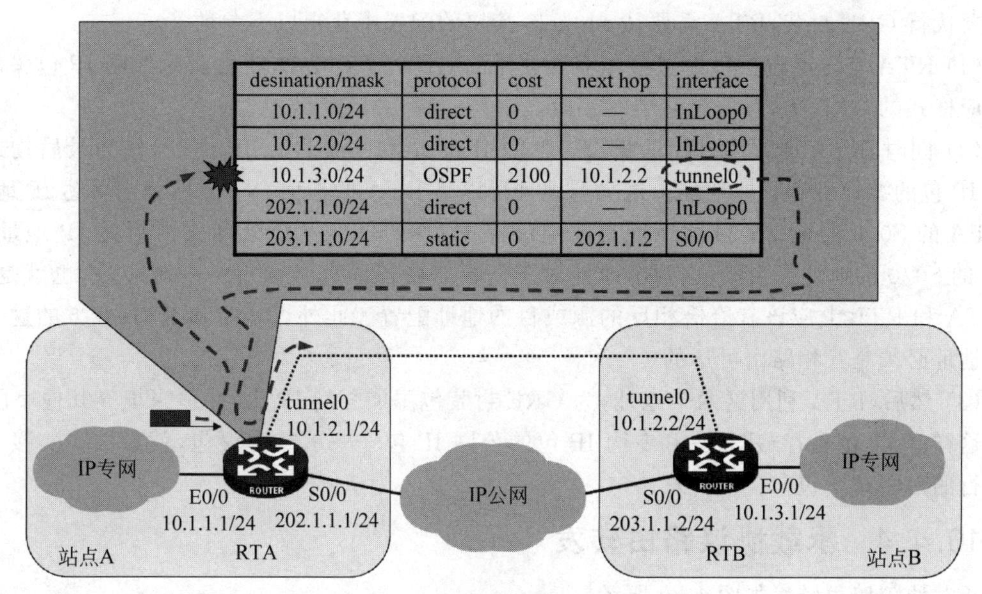

desination/mask	protocol	cost	next hop	interface
10.1.1.0/24	direct	0	—	InLoop0
10.1.2.0/24	direct	0	—	InLoop0
10.1.3.0/24	OSPF	2100	10.1.2.2	tunnel0
202.1.1.0/24	direct	0	—	InLoop0
203.1.1.0/24	static	0	202.1.1.2	S0/0

图 10-7 隧道起点路由查找

(1) 若寻找不到匹配路由,则丢弃此包。

(2) 若匹配一条出站接口为普通接口的路由,则执行正常转发流程。

(3) 若匹配一条出站接口为 tunnel0 的路由,则执行 GRE 封装和转发流程。

10.4.3 加封装

假设此专网数据包的路由下一跳已经确定,出站接口为 tunnel0,则此数据包应当由 tunnel0 接口发出。但 tunnel0 接口是虚拟接口,并不能直接发送数据包,所有数据包最终必须通过物理接口发送。因此,在发送前,必须将此数据包利用 GRE 封装在一个 IP 公网数据包中,如图 10-8 所示。

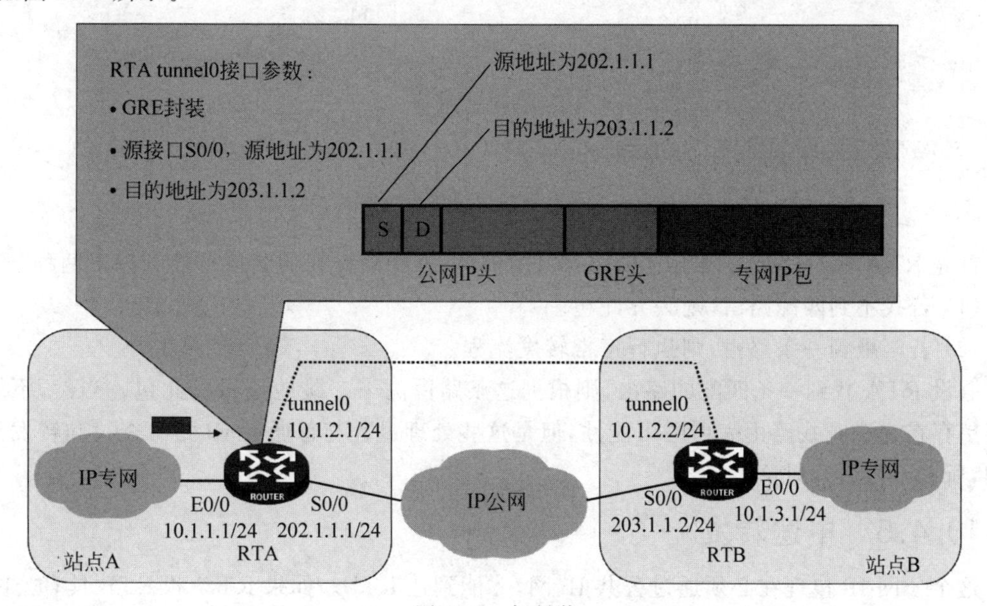

图 10-8 加封装

要执行 GRE 封装，RTA 需要从 tunnel0 接口的配置中获得以下参数。

(1) RTA 首先通过接口配置获知需要使用的 GRE 封装格式，然后在原专网 IP 包头前添加对应格式的 GRE 头，并填充适当的字段。

(2) 同时，RTA 通过接口配置获知一个源 IP 地址和一个目标 IP 地址，作为最后构造的公网 IP 包的源地址和目标地址。这个源地址可以是 RTA 的任何一个公网路由可达 IP 地址，如 RFA 的 S0/0 的地址；目标地址是隧道终点 RTB 的任何一个公网路由可达 IP 地址，如 RTB 的 S0/0 的地址。当然，这两个地址对于两台路由器而言必须是一一对应的，也就是说，在 RTA 和 RTB 上应该有恰恰相反的源或目的地址配置。此外，RTA 和 RTB 双方的这一对公网地址必须是互相路由可达的。

(3) 然后，RTA 利用这两个地址，为 GRE 封装包添加公网 IP 头，并适当填充其他字段。

这样，一个包裹着 GRE 头和专网 IP 包的公网 IP 包——承载协议包，就形成了。接下来要执行的是将这个包向公网转发。

10.4.4 承载协议路由转发

承载协议路由转发如图 10-9 所示。

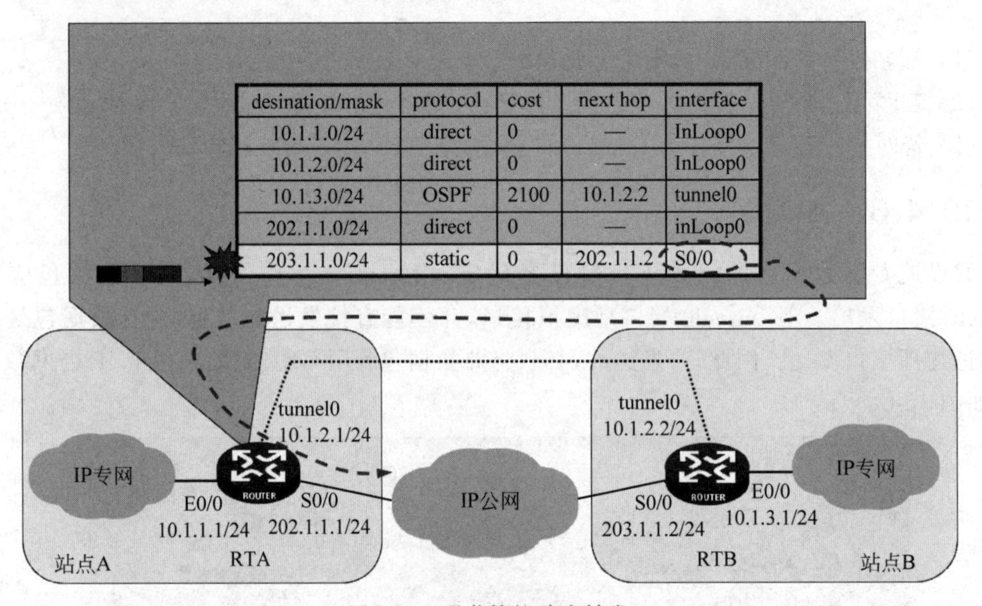

图 10-9 承载协议路由转发

首先 RTA 针对这个公网 IP 包再一次进行路由查找。查找的结果可能有以下两种。

(1) 若找不到匹配路由，则丢弃此包。

(2) 若匹配到一条路由，则执行正常转发流程。

假设 RTA 找到一条匹配的路由，则根据这条路由的下一跳地址转发此包。当然，不能排除仍然存在递归查找路由表项的可能性，但是这些处理过程与普通的 IP 路由查找和转发没有区别，所以不再展开讨论。

10.4.5 中途转发

这个公网 IP 包现在必须通过公共 IP 网，才能到达 RTB。如果 RTA 和 RTB 具有公网 IP 路由可达性，那么这并不是个问题。中途路由器仅依据公网 IP 包头的目的地址执行正常的路由转发即可,如图 10-10 所示。

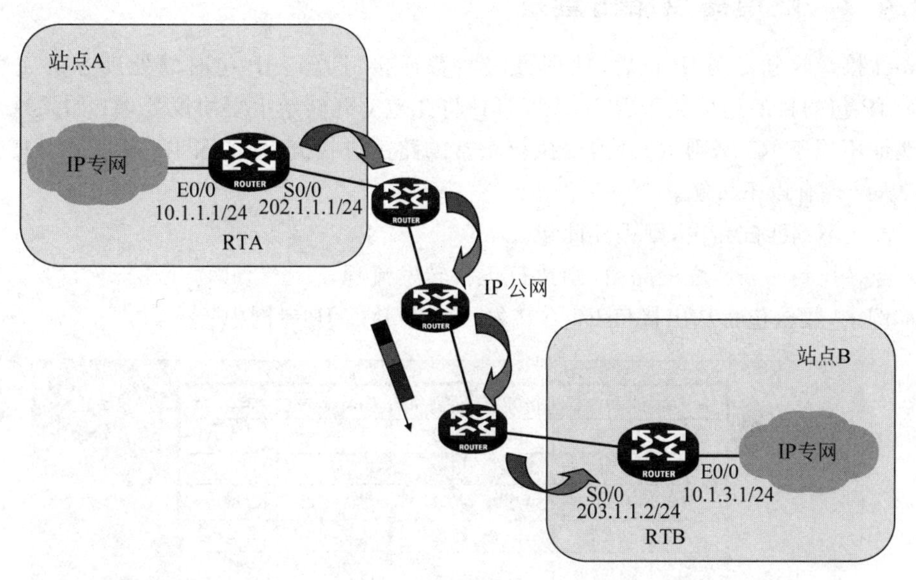

图 10-10 中途转发

10.4.6 解封装

这个公网 IP 包到达 RTB 之后发生以下情况,如图 10-11 所示。

(1) RTB 检查目的 IP 地址,发现此数据包的目的地址是自己的接口地址。

(2) RTB 检查 IP 头,发现上层 IP 协议号 47,表示此载荷为 GRE 封装。

(3) RTB 解开 IP 头,检查 GRE 头,若无错误发生,则解开 GRE 头。

(4) RTB 根据公网 IP 包的目的地址,将得到的专网 IP 包提交给相应的 tunnel 接口,就如同这个数据包是由 tunnel 接口收到的一样。本例中的 tunnel 接口是 tunnel0。

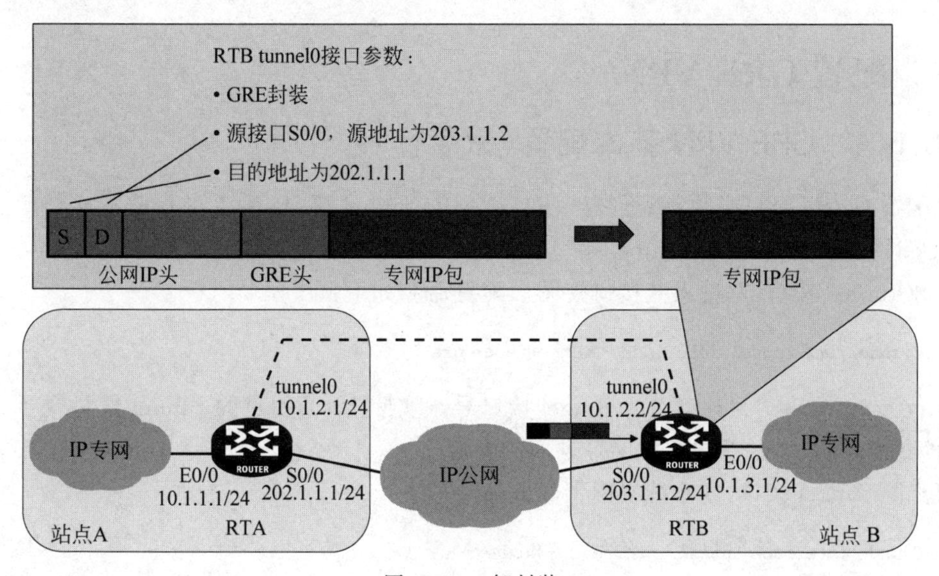

图 10-11 解封装

10.4.7 隧道终点路由查找

tunnel 接口收到专网 IP 包后，处理方法与普通接口收到 IP 包时的处理方法完全相同。如果这个 IP 包的目的地址属于 RTB，则 RTB 将此包解开转给上层协议处理；如果这个 IP 包的目的地址不属于 RTB，则 RTB 需要执行正常的路由查找流程，如图 10-12 所示。RTB 查找 IP 路由表，结果有以下可能。

(1) 若找不到匹配路由，则丢弃此包。

(2) 若寻找到一条匹配的路由，则执行正常转发流程。

在本例中，数据包将从出接口 E0/0 转发至站点 B 的 IP 专网中。

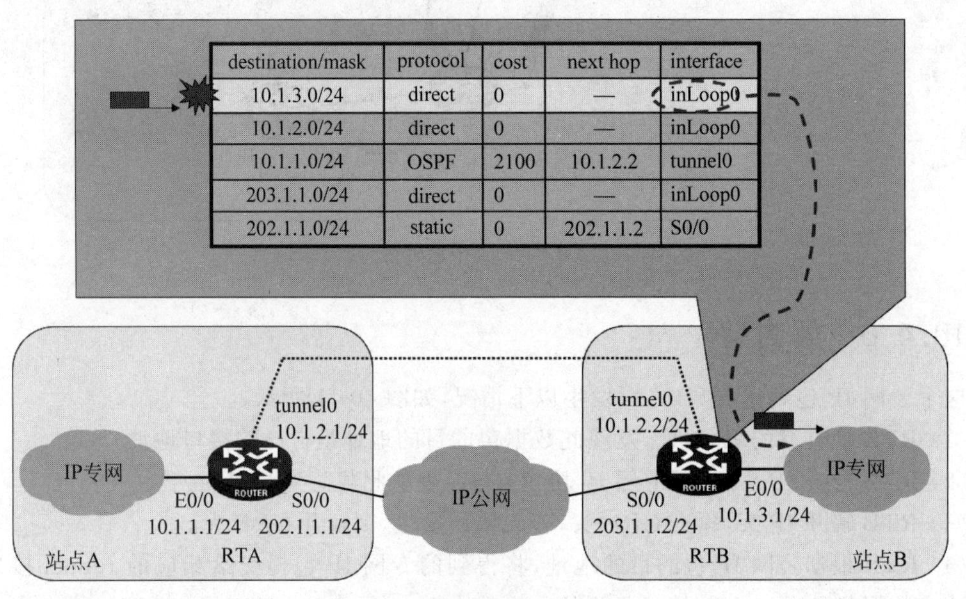

destination/mask	protocol	cost	next hop	interface
10.1.3.0/24	direct	0	—	inLoop0
10.1.2.0/24	direct	0	—	inLoop0
10.1.1.0/24	OSPF	2100	10.1.2.2	tunnel0
203.1.1.0/24	direct	0	—	inLoop0
202.1.1.0/24	static	0	202.1.1.2	S0/0

图 10-12 隧道终点路由查找

10.5 配置 GRE VPN

10.5.1 GRE VPN 基本配置(命令行)

要配置 GRE 隧道，必须首先创建 GRE 类型的 tunnel 接口，然后在 tunnel 接口上进行其他功能特性的配置。在删除 tunnel 接口后，该接口上的所有配置也将被删除。

创建 tunnel 接口，并进入其接口视图。配置命令如下：

```
[H3C]interface tunnel interface - number mode gre
```

interface-number 为自定义的 tunnel 接口号。实际上，可创建的 tunnel 数量受到设备类型、软件版本、接口总数及内存状况等方面的限制。

要删除 tunnel 接口，在系统视图下配置命令如下：

```
[H3C]undo interface tunnel interface - number
```

默认情况下，路由器上未创建 tunnel 接口。

在创建 tunnel 接口后，还要指明 tunnel 通道的源端地址和目的端地址，即发出和接收

GRE 报文的实际物理接口地址。tunnel 的源端地址与目的端地址唯一标识了一个隧道。这些在 tunnel 两端路由器上都必须配置。

配置 tunnel 接口的源端地址，配置命令如下：

```
[H3C - Tunnel0] source { ip - address | interface - type interface - number }
```

如果使用 source 命令指定了一个接口，则系统会以此接口为源端接口，以此接口的地址为源端地址。

配置 tunnel 接口的目的端地址，配置命令如下：

```
[H3C - Tunnel0] destination ip - address
```

配置 tunnel 接口的网络层地址。一个隧道两端的 tunnel 接口网络层地址应该属于同一网段。配置命令如下：

```
[H3C - Tunnel0] ip address ip - address { mask | mask - length }
```

在源端路由器和目的端路由器上都必须配置经过 tunnel 转发数据包的路由表项，这样专网数据包才能正确地经 GRE 封装后并转发。可以配置静态路由，也可以配置动态路由。

10.5.2 GRE VPN 基本配置(Web 配置)

GRE VPN Web 配置方式如图 10-13 所示，在菜单栏中选择“网络”→VPN→GRE 命令，进入“GRE 隧道”显示界面，单击“新建”按钮，弹出“新建 GRE 隧道接口”对话框。

(1)“接口编号”：tunnel 接口编号，取值范围为 0～1023。

(2)“接口 IPv4/IPv6 地址”：tunnel 接口的 IP 地址。

(3)“隧道源端地址”：隧道的源端地址。

(4)“隧道目的端地址”：隧道的目的端地址。

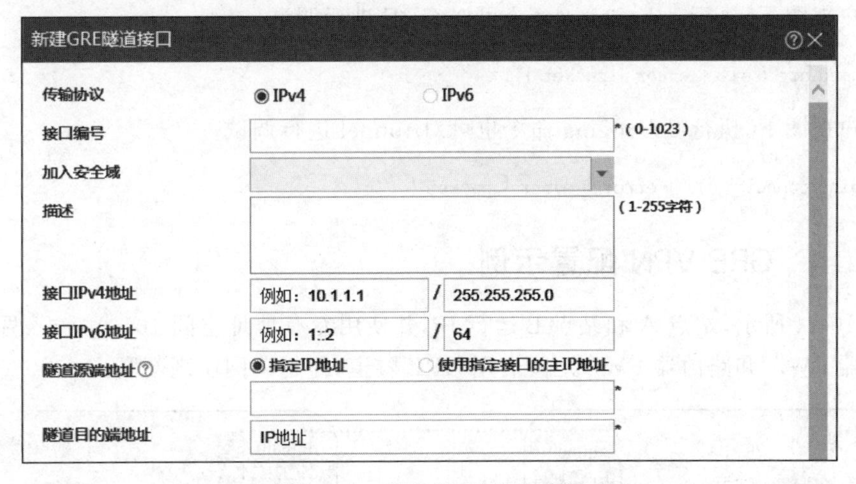

图 10-13　GRE VPN Web 配置

10.5.3 GRE VPN 的显示和调试

在任意视图下，执行 display 命令可以显示配置后 GRE 的运行情况，通过查看显示信息验证配置的效果，配置命令如下：

```
display interface tunnel number
```

显示 tunnel 接口的工作状态的输出信息如下：

```
<H3C> display interface tunnel 0
Tunnel0
Current state: UP
Line protocol state: UP
Description: Tunnel0 Interface
Bandwidth: 64kbps
Maximum Transmit Unit: 1476
Internet Address is 10.1.2.1/24 Primary
Tunnel source202.1.1.1, destination 203.1.1.2
Tunnel keepalive disabled
Tunnel TTL 255
Tunnel protocol/transport GRE/IP
    GRE key disabled
    Checksumming of GRE packets disabled
Output queue - Urgent queuing: Size/Length/Discards 0/100/0
Output queue - Protocol queuing: Size/Length/Discards 0/500/0
Output queue - FIFO queuing: Size/Length/Discards 0/75/0
Last clearing of counters: Never
Last 300 seconds input rate: 0 bytes/sec, 0 bits/sec, 0 packets/sec
Last 300 seconds output rate: 0 bytes/sec, 0 bits/sec, 0 packets/sec
Input: 5 packets, 420 bytes, 0 drops
Output: 8 packets, 672 bytes, 0 drops
```

以上信息显示：tunnel0 接口处于 UP 状态，MTU 为 1476B，隧道模式为 GRE over IPv4，隧道的源端口地址和目的端口地址分别为 202.1.1.1 和 203.1.1.2，未设置 GRE 类型隧道接口的密钥。

在用户视图下，执行 debugging 命令可对 GRE 进行调试。

```
debugging gre { all | error | packet }
```

在用户视图下，执行 debugging 命令也可对 tunnel 进行调试。

```
debugging tunnel { all | error | event | packet }
```

10.5.4 GRE VPN 配置示例

如图 10-14 所示，站点 A 和站点 B 运行 IP，并使用专有地址空间 10.0.0.0。两个站点通过在路由器 FWA 和路由器 FWB 之间启用 GRE 隧道，跨越公网实现互联。

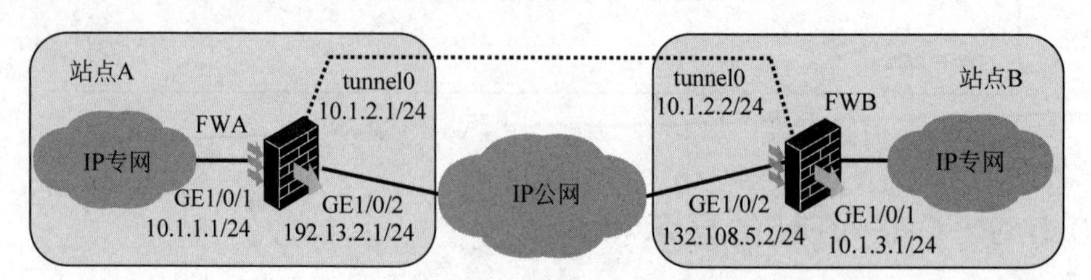

图 10-14 GRE VPN 配置示例

FWA 上的 VPN 配置如下：

```
[FWA - GigabitEthernet1/0/2] ip address 192.13.2.1 255.255.255.0
[FWA - GigabitEthernet1/0/1] ip address 10.1.1.1 255.255.255.0
[FWA] interface tunnel 0 mode gre
[FWA - Tunnel0] ip address 10.1.2.1 255.255.255.0
[FWA - Tunnel0] source 192.13.2.1
[FWA - Tunnel0] destination 132.108.5.2
[FWA] ip route - static 10.1.3.0 255.255.255.0 tunnel0
```

FWB 上的 VPN 配置如下：

```
[FWB - GigabitEthernet1/0/2] ip address 132.108.5.2 255.255.255.0
[FWB - GigabitEthernet1/0/1] ip address 10.1.3.1 255.255.255.0
[FWB] interface tunnel 0 mode gre
[FWB - Tunnel0] ip address 10.1.2.2 255.255.255.0
[FWB - Tunnel0] source 132.108.5.2
[FWB - Tunnel0] destination 192.13.2.1
[FWB] ip route - static 10.1.1.0 255.255.255.0 tunnel0
```

如图 10-14 所示，本例环境与上例一致，但要求专网使用 OSPF 路由协议，因此，要在 FWA 和 FWB 上配置 OSPF 路由协议，并对 tunnel0 接口和 GE1/0/1 接口启动 OSPF 路由协议。

FWA 上的 VPN 配置如下：

```
[FWA - GigabitEthernet1/0/2] ip address 192.13.2.1 255.255.255.0
[FWA - GigabitEthernet1/0/1] ip address 10.1.1.1 255.255.255.0
[FWA] interface tunnel 0 mode gre
[FWA - Tunnel0] ip address 10.1.2.1 255.255.255.0
[FWA - Tunnel0] source 192.13.2.1
[FWA - Tunnel0] destination 132.108.5.2
[FWA] ospf
[FWA - ospf - 1] area 0
[FWA - ospf - 1 - area - 0.0.0.0] network 10.0.0.0 0.255.255.255
```

FWB 上的 VPN 配置如下：

```
[FWB - GigabitEthernet1/0/2] ip address 132.108.5.2 255.255.255.0
[FWB - GigabitEthernet1/0/1] ip address 10.1.3.1 255.255.255.0
[FWB] interface tunnel 0 mode gre
[FWB - Tunnel0] ip address 10.1.2.2 255.255.255.0
[FWB - Tunnel0] source 132.108.5.2
[FWB - Tunnel0] destination 192.13.2.1
[FWB] ospf
[FWB - ospf - 1] area 0
[FWB - ospf - 1 - area - 0.0.0.0] network 10.0.0.0 0.255.255.255
```

10.6 GRE VPN 的优缺点

10.6.1 GRE VPN 的优点

从本章的讨论中可以看到，使用 GRE 隧道的 VPN 实现具有较多优点。

GRE VPN 可以使用当前最为普遍的 IP 网络(包括 Internet)作为承载网络，因此，可以最大限度地扩展 VPN 的范围。

Internet 是一个纯粹的 IP 网络,任何非 IP 网络层协议都不会被 Internet 路由器承认,也不能得到路由。然而,在很多情况下,企业仍然会使用一些历史遗留或特殊的其他网络层协议,例如 IPX 等。GRE 封装可以支持多种协议。GRE VPN 可以承载多种上层协议载荷,从而可以跨越公网使用一些传统或特殊的协议。

GRE VPN 并不局限于单播数据的传输。事实上,任何需要从 tunnel 接口发出的数据均可以获得 GRE 封装并穿越隧道。这使 GRE VPN 能轻松支持 IP 组播路由。

此外,不难发现,GRE VPN 没有复杂的隧道建立和维护机制,因此,可以说它是最简单明了、最容易部署的 VPN 技术之一。

10.6.2 GRE VPN 的缺点

GRE VPN 也具有一些不足之处。

GRE 隧道是一种点对点的隧道,在隧道两端建立的是点对点连接,隧道双方地位是平等的,因此,只适用于站点对站点互联的场合。

GRE VPN 要求在隧道的两个端点上静态配置隧道接口,并指定本端和对端地址。如需修改隧道配置,则必须同时手工修改两端的隧道接口参数。

当需要在所有站点间建立 full-mesh 全连接时,必须在每一个站点上指定所有其他隧道端点的参数。当站点数量较多时,部署和修改 GRE VPN 的运维代价是呈平方数量级增加的。

GRE 只提供有限的差错校验、序列号校验等机制,并不提供数据加密、身份验证等高级安全特性。必须配合其他技术,如 IPSec,才能获得足够的安全性。

从收到数据包开始,到数据包转发结束,GRE 隧道端点路由器必须执行 2 次路由表查找操作。实际上,路由器设备上只有一个路由表,也就是说,当使用 IP over IP 的方式时,公网和专网接口不能具有重叠的地址。虽然在真正的商用网络规划部署中,不会出现地址重叠问题,但是,GRE VPN 并不能真正分割公网和专网,不能实现互相独立的地址空间。

10.7 本章总结

(1) GRE VPN 是由 GRE 隧道构成的 site-to-site VPN。

(2) GRE 隧道通过 GRE 封装实现。

(3) GRE VPN 简单且容易部署,支持多种协议;但其不能分隔地址空间,且安全性较差。

10.8 习题和解答

10.8.1 习题

1. 下列关于 GRE 的说法中正确的是(　　)。

A. GRE 封装只能用于 GRE VPN　　B. GRE 封装并非只能用于 GRE VPN

C. GRE VPN 不能分隔地址空间　　D. GRE VPN 可以分隔地址空间

2. 承载网 IP 头以(　　)标识 GRE 头。

A. IP 号 47　　B. 以太网协议号 0x0800

C. UDP 端口号 47　　D. TCP 端口号 47

3. 关于 GRE 隧道 tunnel 接口的配置，以下说法中正确的是（　　）。
   A. tunnel 接口是一种逻辑接口，需要手工创建
   B. 在隧道两个端点路由器上为 tunnel 接口指定的源地址必须相同
   C. 在隧道两个端点路由器上为 tunnel 接口指定的目的地址必须相同
   D. 在隧道两个端点路由器上为 tunnel 接口指定的 IP 地址必须相同
4. 要配置 GRE 隧道 tunnel 接口的 keepalive 时间为 45s，应使用的命令是（　　）。
   A. tunnel keepalive 45　　B. keepalive 45
   C. gre keepalive 45　　D. gre tunnel keepalive 45
5. 指定 tunnel 的源地址为 1.1.1.2，应在 tunnel 接口视图下使用命令（　　）。
   A. source address 1.1.1.2　　B. destination address 1.1.1.2
   C. source 1.1.1.2　　D. destination 1.1.1.2

10.8.2 习题答案

1. BC　　2. A　　3. A　　4. B　　5. C

第11章

L2TP VPN

移动用户和临时办公场所通常不具备永久性的连接，作为 access VPN 的 L2TP 正好可以满足接入企业内部网络的需要。L2TP 支持"独立 LAC 二层隧道协议接入集中器(L2TP access concentrator，LAC)"和"客户 LAC"两种模式，使其既可用于实现 VPDN，也可用于实现站点到站点的 VPN 业务。

11.1 本章目标

学习完本章，您应该能够达成以下目标。

(1) 理解企业网远程用户接入的需求，描述 L2TP 的特点、适用场合及工作原理。

(2) 配置"独立 LAC"模式和"客户 LAC"模式 L2TP。

(3) 用 display 命令获取 L2TP 配置和运行信息。

11.2 L2TP VPN 概述

11.2.1 L2TP VPN 的产生背景

PPP 定义了一种封装技术(RFC 1661)，可以在二层的点到点链路上传输多种协议数据包，用户采用如 PSTN、ISDN、xDSL 的二层链路连接到 NAS，并且与 NAS 之间运行 PPP，二层链路的端点与 PPP 会话点驻留在相同硬件设备上(用户计算机和 NAS)。

如图 11-1 所示，在传统的拨号接入方式中，小型办公室或移动办公用户通过 PSTN/ISDN 之类的技术，直接对 NAS 发起远程呼叫，建立二层的点到点链路。用户端设备与 NAS 之间通常使用 PPP，以实现身份验证，并支持多种网络层协议。

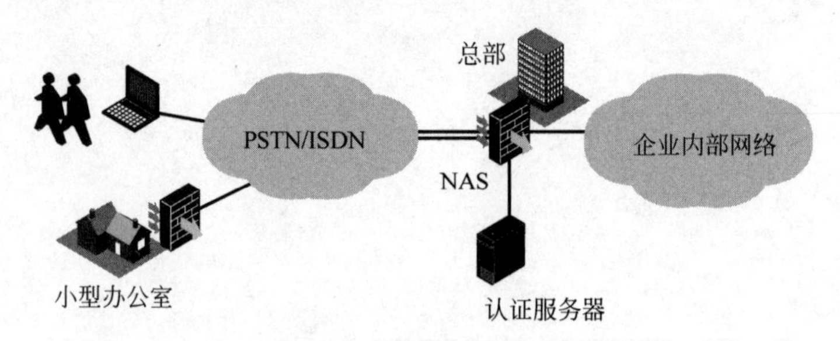

图 11-1　传统的拨号接入方式

这样的接入方式需要消耗大量的长途呼叫费用，同时，企业还必须为 NAS 设备配备大量的拨号接入端口，以满足远端用户同时并行接入的需求。

IETF 在 RFC 2661 中定义了 L2TP。L2TP 提供了对 PPP 数据链路层数据包的隧道传输支持。它允许二层链路端点和PPP会话点驻留在不同设备上，并且采用分组交换网络技术进行信息交互，从而扩展了PPP模型。L2TP结合了L2F协议和PPTP的各自优点，成为IETF有关二层隧道协议的工业标准。

L2TP是一种典型的access VPN技术。在使用L2TP时，用户不必通过长途拨号连接到企业总部的出口路由器，而是使用PSTN/ISDN拨号、xDSL等方式直接连接到ISP位于本地的POP，或者直接连接到Internet接入路由器获得IP通信服务。然后由ISP POP设备或接入路由器跨越Internet建立L2TP隧道，将用户接入企业内部网络。而具备Internet连接的移动办公用户也可以在没有ISP"独立LAC"的情况下，以"客户LAC"的方式访问企业专网资源。这样，用户可以节约大量的长途拨号费用，并可以方便地接入企业内部网络。

L2TP支持对用户和隧道的双重验证，也支持对客户端的动态IP地址分配。使用L2TP，企业不仅可以通过PPP连接自行验证远端用户身份信息并分配IP地址，还可以借助ISP的"独立LAC"执行额外的AAA验证。企业还可以在防火墙和内部服务器上实施访问控制策略，从而确保网络安全性。

L2TP具备点到网络的特性，特别适合单个或少量用户接入企业总部网络的情形。组织的小型远程办公室和出差人员可以花费较少的本地接入费用远程接入其组织中心。

L2TP隧道由PPP触发，承载PPP帧，适应性强，可以支持任意的网络层协议。

L2TP不提供任何加密能力，跨越公共网络的数据传输可能遭到窃听或篡改。因此，在保密性要求比较高的情况下，需要结合其他加密手段，例如，IPSec——保证数据安全性。

与PPP模块配合，L2TP支持本地和远端的认证、授权和计费功能，也可根据需要采用全用户名、用户域名等方式来识别是否为VPN用户。同时，L2TP也支持对接入用户IP地址的动态分配。

11.2.2 L2TP VPN的技术概念和术语

在L2TP的协议体系中，存在很多概念和术语，如图11-2所示，这些概念互相交织在一起。掌握这些，对于理解L2TP工作原理是必需的。

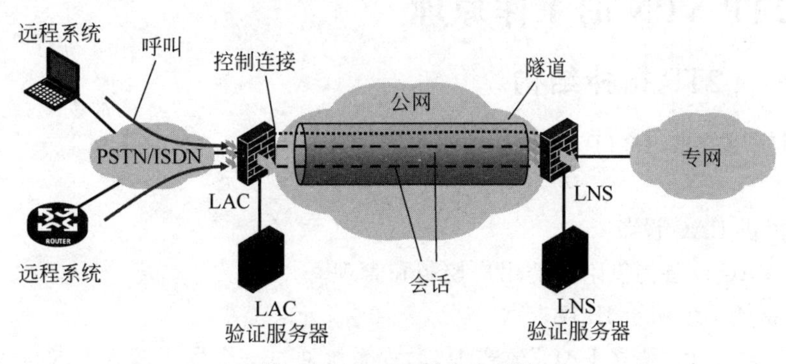

图11-2 L2TP概念和术语

(1) 远程系统(remote system)：远程系统是一台终端计算机，或者是一个路由器。远程系统连接到如PSTN的远程接入网络上。它既可以是呼叫发起者，也可以是呼叫接收者。远程系统又称拨号客户(dial-up client)或虚拟拨号客户(virtual dial-up client)。

(2) LAC：LAC是L2TP的隧道端点之一。LAC与L2TP网络服务器(L2TP network server，LNS)LNS互为L2TP隧道的对等节点，L2TP隧道在LAC和LNS之间建立，由LAC

和LNS共同维护。LAC把从远程系统接收到的报文封装后发给LNS,把LNS发来的报文解封装后发给远程系统。这些封装使用L2TP封装方法。LAC的位置处于远程系统与LNS之间,或者存在于远程系统上。

(3) LNS: LNS是L2TP的隧道端点之一。LAC与LNS互为L2TP隧道的对等节点,L2TP隧道在LAC和LNS之间建立,由LAC和LNS共同维护。同时,LAC和LNS也是会话的终结点。

(4) 呼叫(call)是指远程系统到LAC的连接。例如,如果一个远程系统用PSTN拨号连接到LAC,则这个连接就是一个L2TP呼叫。在呼叫成功之后,如果隧道已经存在,则LAC会直接在已建立的隧道中发起L2TP会话;如果隧道不存在,则会触发隧道的建立。

(5) 隧道存在于一对LAC与LNS之间。单条隧道内包括1个控制连接(control connection)及0个或多个会话。隧道承载L2TP控制消息(control messages)及封装后的PPP帧。PPP帧以L2TP封装的格式在公网中传输。

(6) 控制连接存在于L2TP隧道内部,在LAC和LNS之间建立。控制连接的作用是建立、维护和释放隧道中的会话及隧道本身。

(7) 控制消息是在LAC和LNS之间交换的。控制消息用于LAC和LNS的协商,以便建立、维护和释放隧道中的会话及隧道本身。L2TP的控制消息中包括AVP(attribute value pair,属性值对)。AVP是一系列属性及其具体值,控制消息通过其携带的AVP使隧道两端设备能交互信息、管理会话和隧道。

L2TP是面向连接的,可以为其传输的信息提供一定的可靠性。LAC和LNS维护远程系统与LAC的每一个呼叫的状态和信息。

当一个远程系统建立了到达LNS的PPP连接时,一个L2TP会话就会相应地存在于LAC和LNS之间。来自这个呼叫的PPP帧在相应的会话中被封装,并传输给LNS。因此,L2TP会话与L2TP呼叫是一一对应的。一对LAC和LNS也同时维护在两者之间的会话信息和状态。

11.3 L2TP VPN的工作原理

11.3.1 L2TP拓扑结构

根据不同应用需求,L2TP可使用两种不同的拓扑结构:"独立LAC"方式、"客户LAC"方式。

(1) ISP提供LAC设备。

(2) 可由LAC设备提供附加的用户控制和管理。

(3) 远程系统不依赖于IP接入点。

如图11-3所示,在"独立LAC"模式中,远程系统通过一个远程接入方式接入LAC中,由LAC对LNS发起隧道,并建立会话。

例如,一个企业的员工通过PSTN/ISDN接入位于ISP的LAC设备。该LAC提供用户接入的AAA服务,并跨越Internet向位于企业总部的LNS发起请求,以建立隧道和会话连接。而企业总部的LNS作为L2TP企业侧的VPN服务器,接收来自LAC的隧道和会话请求,完成对用户的最终验证和授权,并建立连接LNS与远程系统的PPP通道。

这种模式的好处在于,所有的VPN操作对终端用户而言是透明的。终端用户不需要配

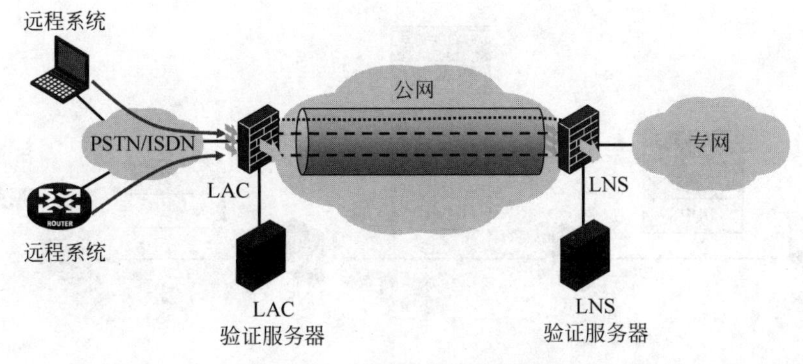

图 11-3 “独立 LAC”拓扑结构

置 VPN 拨号软件,只需要执行普通拨号操作、一次登录就可以接入企业内部网络。并且,员工即使不能访问 Internet,只要能够拨号连接到 ISP 的 LAC,就可以访问企业内部网络资源。用户验证和内部地址分配由专网进行,使用专有地址空间,不占用公共地址。对拨号用户的计费可由 LNS 或 LAC 侧的 AAA 服务器完成。

但这种模式需要 ISP 支持 L2TP,同时,需要验证系统支持 VPDN 属性。

如图 11-4 所示,在“客户 LAC”模式中,LAC 设备存在于远程系统计算机上。远程系统本身具有 Internet 连接,采用一个内部机制,如 VPDN 客户端软件,跨越 Internet 对 LNS 发起呼叫,并建立隧道和会话。

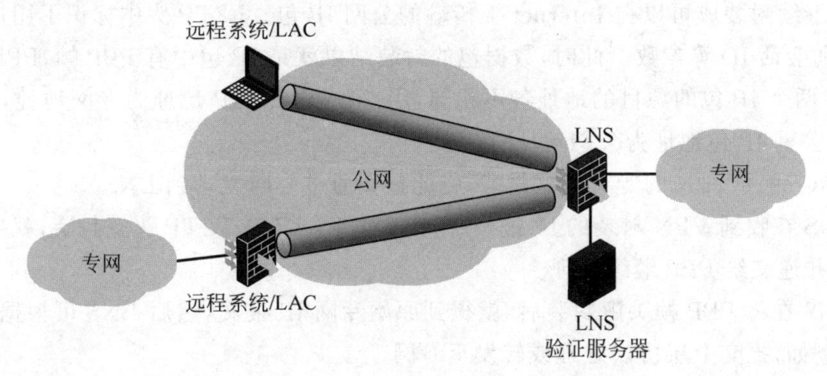

图 11-4 “客户 LAC”拓扑结构

例如,假设企业员工可以直接连接到 Internet 获得数据通信服务,那么在员工的计算机上配置 VPN 拨号软件,就可以与总部直接建立 VPN 连接。客户端计算机自行执行远程系统和 LAC 的功能,直接与位于企业总部的 LNS 建立隧道和会话。此时,对用户的验证只能由 LNS 执行。

这种模式的好处在于,用户上网的方式和地点没有限制,也不需依赖 ISP 的介入,只要远程用户具有 Internet 接入能力,就可以实现 VPDN。但换句话说,由于远程用户需要具备 Internet 接入条件,并且需要安装 VPDN 客户端软件,与“独立 LAC”模式相比意味着更复杂的终端设置。

11.3.2 L2TP 协议封装

如图 11-5 所示,在 IP 网络中,L2TP 以 UDP/IP 作为承载协议,使用 IANA 注册的 UDP 端口 1701。整个 L2TP 报文包括 L2TP 头及其载荷,都封装在 UDP 数据报中发送。

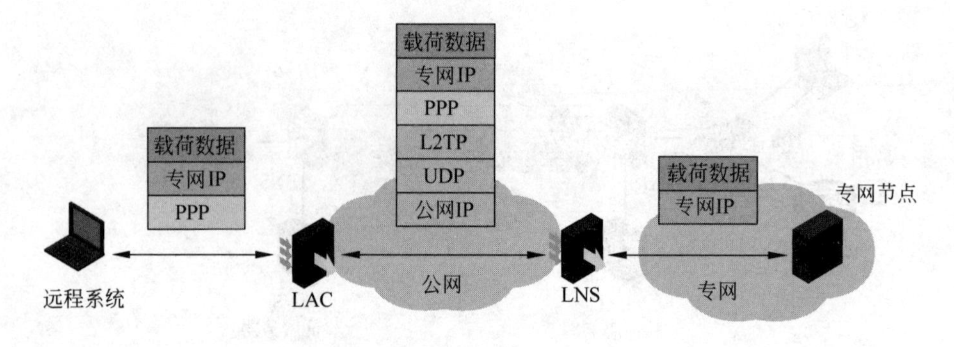

L2TP 封装包

公网IP头	UDP头	L2TP头	PPP头	专网IP包

图 11-5 L2TP 封装

L2TP 采用 UDP 端口 1701 作为服务端口。在发起隧道呼叫时，使用任意 UDP 源端口向目的端口 1701 发起呼叫。

下面以一个用户侧的 IP 报文的传输过程来描述 L2TP 的协议封装。

(1) 从远程系统向服务器方向发送的原始用户 IP 报文先经过 PPP 封装，发送到 LAC。

(2) LAC 的数据链路层将 PPP 帧传输给 L2TP，L2TP 对其添加 L2TP 头，再将其封装 UDP 头，并继续封装成可以在 Internet 上传输的公网 IP 包。L2TP 头中标识了用户数据包对应隧道 ID 和会话 ID 等参数。此时，数据包的封装结果就是 IP 包中有 PPP 帧，PPP 帧中还有 IP 包。但这两个 IP 包的源目的地址各不相同，用户数据包的 IP 地址为专网地址，而 LAC 封装后生成的公网 IP 包地址为公网地址。

(3) LAC 完成 VPN 的专有数据封装，将此报文通过公网发送到 LNS。

(4) LNS 在收到 VPN 封装的 IP 报文后，依次将 IP、UDP、L2TP 头解封装，就获得了用户的 PPP 帧，并递交给 PPP 继续处理。

(5) LNS 在将 PPP 帧头解封装后，就得到原始专网 IP 报文，然后 LNS 可根据 IP 头做进一步处理，例如，提交上层协议处理或转发至专网。

从服务器向远程系统方向发送报文的操作与以上描述恰恰相反，这里不再赘述。

由此可见，依赖公网 IP 包的 L2TP 隧道封装存在于 LAC 与 LNS 之间，而 PPP 封装却存在于远程系统与 LNS 之间，这就相当于，在远程系统与 LNS 之间建立了一条直接连接的 PPP 链路。

11.3.3 L2TP 协议操作

L2TP 的主要操作包括以下内容。

(1) 建立控制连接。

(2) 建立会话。

(3) 转发 PPP 帧。

(4) keepalive。

(5) 关闭会话。

(6) 关闭控制连接。

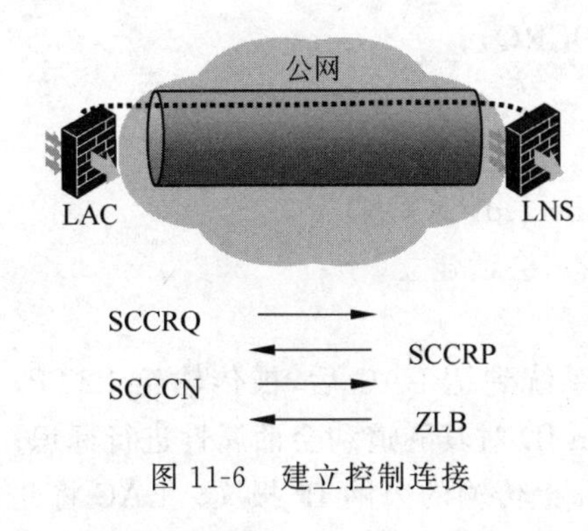

图 11-6 建立控制连接

为了在 VPN 用户和服务器之间传输数据报文，必须首先在 LAC 和 LNS 之间建立传输数据报文的隧道。所以，建立一个控制连接是一切会话的基础如图 11-6 所示。在隧道建立过程中，双方需要互相检查对方的身份，并协商一些参数。

远程系统在通过 PPP 链路呼叫 LAC 成功后，随即由 PPP 触发 LAC 发起控制连接的建立。LNS 在 UDP 端口 1701 侦听 L2TP 控制连接建立请求。LAC 使用任意 UDP 源端口向 LNS 的 UDP 目的端口 1701 发起控制连接建立请求。

在建立控制连接时，通常有以下步骤。

(1) 首先由 LAC 发送打开控制连接请求(start-control-connection-request，SCCRQ)，发起隧道建立。

(2) LNS 收到请求后用打开控制连接应答(start-control-connection-reply，SCCRP)进行应答。

(3) LAC 在收到应答后返回打开控制连接已连接(start-control-connection-connected，SCCCN)确认。

(4) LNS 收到 SCCCN 后，用零长度体(zero-length body，ZLB)消息作为最后应答，隧道建立。

其中，ZLB 消息是一个只有 L2TP 头的控制消息，其作用是作为一个明确应答，以确保控制消息的可靠传输。

在控制连接建立的过程中，L2TP 可以执行一个隧道验证过程。LAC 或 LNS 均可用此方法验证对方的身份。这个验证过程与 CHAP 非常类似，LAC 和 LNS 可以在 SCCRQ 或 SCCRP 消息中添加挑战 AVP(challenge AVP)，发起验证；接收方必须在 SCCRP 或 SCCCN 消息中以挑战响应 AVP(challenge response AVP)响应验证过程。如果验证不通过，则隧道将无法建立。

为了传输用户数据，在建立控制连接后，就需要为用户建立会话如图 11-7 所示。多个会话复用在一个隧道连接上。会话的建立是由 PPP 模块触发，如果该会话在建立时没有可用的隧道，那么应先建立隧道连接。在会话建立完毕，才开始进行用户数据传输。

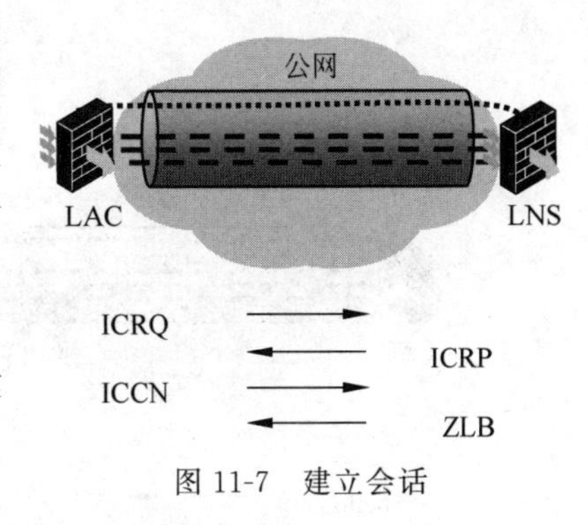

图 11-7 建立会话

会话建立的过程与控制连接的建立过程类似。

通常 LAC 首先接收到一个入站呼叫，触发会话的建立过程，步骤如下。

(1) LAC 发起会话建立请求(incoming-call-request，ICRQ)。

(2) LNS 收到请求后返回应答(incoming-call-reply，ICRP)。

(3) LAC 收到应答后返回确认(incoming-call-connected，ICCN)。

(4) LNS 在收到 ICCN 后，用 ZLB 消息作为最后应答，会话建立。

其次 LNS 也可以发起会话的建立过程，步骤如下。

(1) LNS 发起会话建立请求(outgoing-call-request,OCRQ)。

(2) LAC 返回应答(outgoing-call-reply,OCRP)。

(3) LAC 执行呼叫。

(4) 在呼叫成功后,LAC 返回确认(outgoing-call-connected,OCCN)。

(5) LNS 在收到 OCCN 后,用 ZLB 消息作为最后应答,会话建立。

在会话建立完成后,就可以为用户转发数据了。

用户 IP 包被封装在 PPP 帧中,这些 PPP 帧在远程系统到达 LAC 后,被传输给 L2TP,L2TP 对其添加 L2TP 头,并以正确的 tunnel ID 和 session ID 对其隧道和会话属性进行标识;然后再将其封装成 UDP 包,并继续封装成可以在 Internet 上传输的公网 IP 报文。LAC 将此报文通过公网发送给 LNS。

LNS 在收到这些 IP 报文后,依次将 IP、UDP、L2TP 头解封装,恢复原始的用户 PPP 帧。LNS 根据 tunnel ID 和 session ID 将其递交给正确的业务处理点(如一个 virtual-template 接口)的 PPP 栈进行处理。该处理点将 PPP 帧头解封装后,即得到原始专网 IP 报文,然后可以根据 IP 头进行进一步操作,如本地处理或继续转发。

相反的方向上执行的操作原理相同。

为实时了解隧道的运行情况,检测 LAC 与 LNS 之间的连接故障区,L2TP 的 LAC 和 LNS 使用 hello 控制消息维持彼此的状态,如图 11-8 所示。

LAC 和 LNS 会定期向对端发送 hello 报文,接收方接收到 hello 报文后会进行响应。当 LAC 或 LNS 在指定时间间隔内未收到对端的 hello 响应报文时,重复发送,如果重复发送一定次数后仍没有收到对端的响应信息,则认为 L2TP 隧道已经断开,隧道会被关闭。

隧道端点双方均可以主动关闭一个会话。会话的关闭并不影响隧道的继续运行。如图 11-9 所示,若 LAC 试图关闭一个会话,则步骤如下。

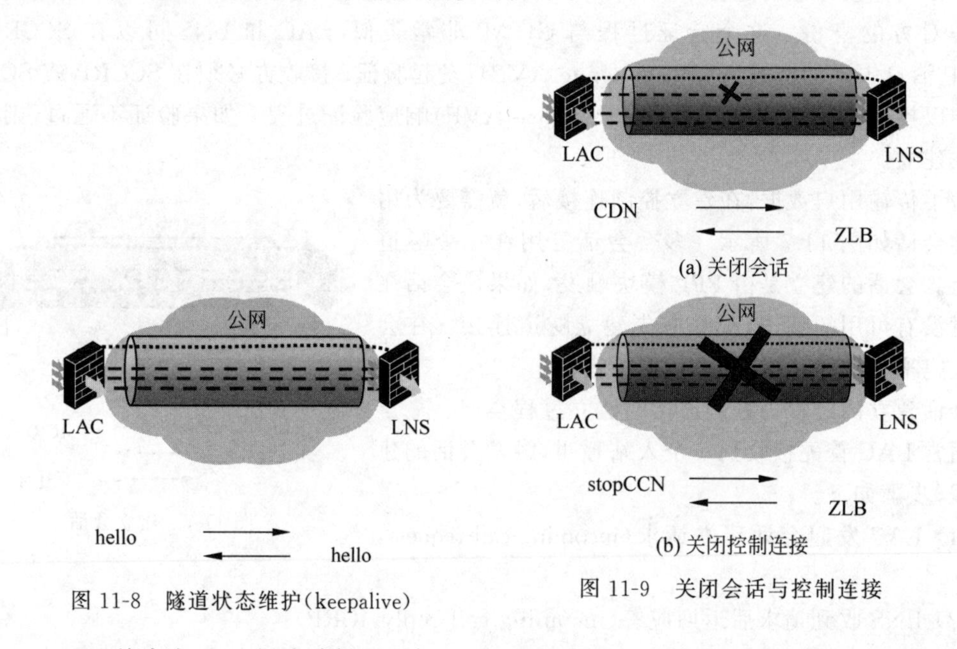

图 11-8 隧道状态维护(keepalive)

图 11-9 关闭会话与控制连接

(1) LAC 首先发送一个呼叫断开通知(call-disconnect-notify,CDN)消息,通告对方关闭会话。

(2) LNS 在收到 CDN 后,以 ZLB 消息作为明确应答,会话关闭。

隧道端点双方均可以主动关闭一个隧道。关闭隧道的同时，该隧道内所有会话也会关闭。如图 11-9 所示，若 LAC 试图关闭一个隧道，则步骤如下。

(1) LAC 首先发送一个停止控制连接通知(stop-control-connection-notification，stopCCN)消息，通告对方关闭隧道。

(2) LNS 在收到 stopCCN 后，以 ZLB 消息作为明确应答，隧道关闭。

11.3.4 典型的 L2TP 工作过程

典型的“独立 LAC”模式工作过程如图 11-10 所示。

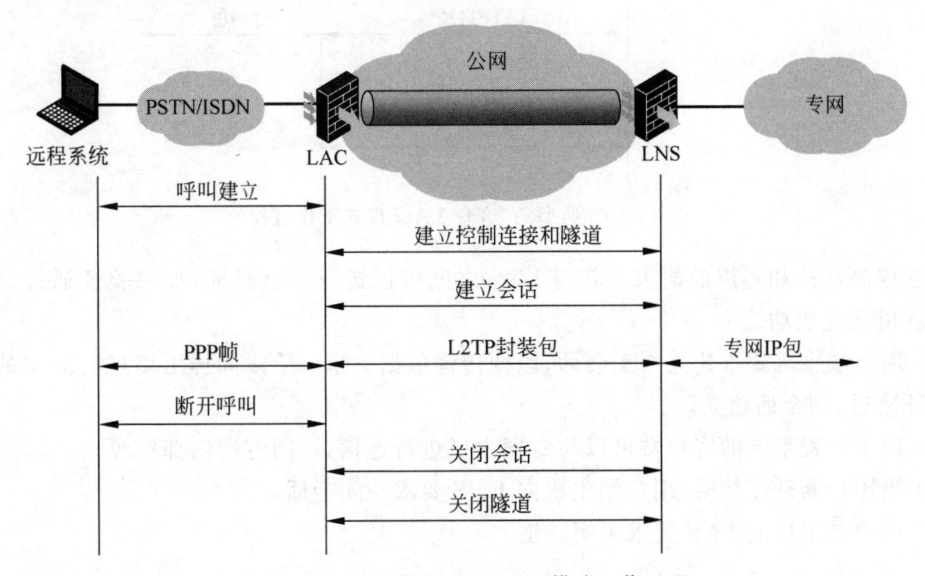

图 11-10 典型的“独立 LAC”模式工作过程

(1) 远程系统向 LAC 发起连接请求。远程系统和 LAC 进行 PPP LCP 协商，确保两者之间的物理链路正常。LAC 对远程系统提供的用户身份信息进行 PPP 验证。如果验证通过，则连接建立。

(2) LAC 查找该用户对应的 LNS 地址等相关信息，若尚未建立可用的控制连接，则 LAC 向 LNS 发起控制连接建立请求。LNS 与 LAC 之间可以进行隧道验证，待验证通过，控制连接和隧道建立成功。

(3) LAC 要求建立一个会话，以便为接入的远程系统传输数据。如果使用代理验证，则 LAC 将其从远程系统得到的所有验证信息及 LAC 端本身配置的验证方式发送给 LNS；如果使用强制 CHAP 验证或强制 LCP 重协商，则由 LNS 负责对远程系统再次进行验证。如果验证通过，则会话建立。

(4) 位于远程系统的客户端可以与专网主机进行通信，访问专网内部资源。

(5) 用户结束资源访问，断开连接。

(6) LAC 向 LNS 要求关闭相应会话。

(7) 如果隧道中的所有会话都已关闭，则隧道没有必要继续存在，此时，LAC 向 LNS 要求关闭隧道。

典型的“客户 LAC”模式工作过程如图 11-11 所示。

(1) 同时作为远程系统和 LAC 的用户端主机需要访问专网资源，在其内部触发对 LNS

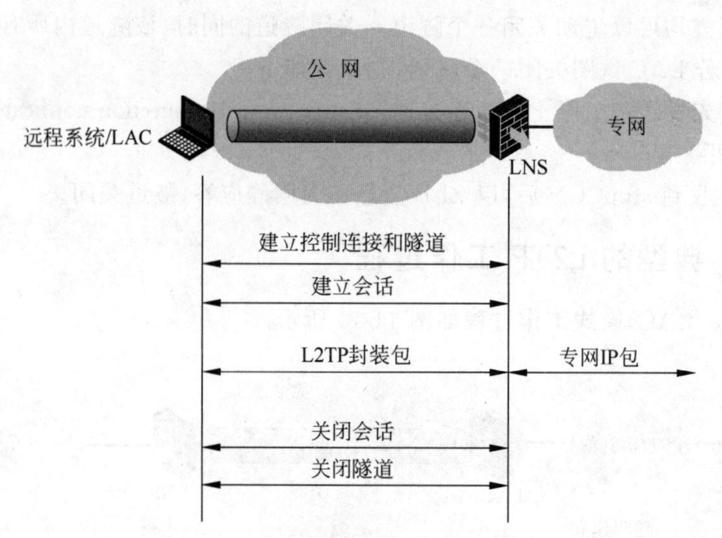

图 11-11　典型的“客户 LAC”模式工作过程

发起建立控制连接和隧道的请求。其与 LNS 之间可以进行隧道验证，如果验证通过，则控制连接和隧道建立成功。

(2) 用户端主机要求建立一个会话，以便传输数据。这一阶段同样可以进行必要的验证，如果验证通过，则会话建立。

(3) 位于远程系统的客户端可以与专网主机进行通信，访问专网内部资源。

(4) 当用户断开连接时，用户端主机向 LNS 要求关闭会话。

(5) 用户端主机向 LNS 要求关闭隧道。

11.4　配置 L2TP

11.4.1　L2TP 基本配置任务

(1) LAC 侧。

① 启用 L2TP。

② 创建 L2TP 组。

③ 配置 LAC 向 LNS 发起隧道建立请求的触发条件。

④ 配置 LNS 的 IP 地址。

⑤ 配置 LAC 侧对 VPN 用户的 AAA 认证。

(2) LNS 侧。

(3) 启用 L2TP。

① 创建 L2TP 组。

② 配置虚拟模板接口。

③ 配置 LNS 接受 L2TP 隧道建立请求。

④ 配置 LNS 侧对 VPN 用户的 AAA 认证。

⑤ 在配置 L2TP 时，根据其工作方式的不同，必须完成的配置也有所不同。

对于“独立 LAC”方式，用户必须完成 LAC 侧的配置和 LNS 侧的配置，客户端使用普通的拨号客户端即可。

而对于"客户 LAC"方式,客户端系统必须执行 LAC 功能,因此,在完成 LNS 侧配置之外,还需要 VPN 客户端,这种客户端既可以是一台 H3C 路由器,也可以是 H3C iNode 客户端软件。此外,Windows 系统自带的 VPN 客户端也具有基本的 L2TP 客户端功能。

11.4.2 L2TP 基本配置(命令行)

只有在启用 L2TP 后,设备的 L2TP 功能才能正常发挥作用;如果未启用 L2TP,则即使配置了 L2TP 的其他参数,设备也无法提供相关功能。默认情况下,L2TP 功能处于关闭状态。

要启用 L2TP 功能,在系统视图下,执行命令如下:

```
l2tp enable
```

为了进行 L2TP 的相关参数配置,还需要添加 L2TP 组。L2TP 组的使用允许在设备上灵活配置 L2TP 功能,方便地实现了 LAC 和 LNS 之间一对一、一对多的组网应用。L2TP 组在 LAC 和 LNS 上分别独立编号,只需要保证 LAC 和 LNS 之间关联的 L2TP 组的相关配置(如隧道对端名称、LNS 地址等)保持对应关系即可。默认情况下,没有创建任何 L2TP 组。

要创建 L2TP 组,并进入 L2TP 组视图,在系统视图下,执行命令如下:

```
l2tp-group group-number mode { lac | lns }
```

隧道本端名称将在 LAC 和 LNS 进行隧道协商时使用。LAC 侧隧道本端名称要与 LNS 侧配置的接收 L2TP 连接请求的隧道对端名称保持一致。默认情况下,隧道本端名称为设备的名称。

要配置隧道本端名称,在 L2TP 组视图下,执行命令如下:

```
tunnel name name
```

当 LAC 侧只有 PPP 用户的信息与指定的触发条件匹配时,LAC 才认为该 PPP 用户为 L2TP 用户,向 LNS 发起 L2TP 隧道建立请求。触发条件有 2 种:完整的用户名(fullusername)和带特定域名的用户名(domain)。前者为只有 PPP 用户的用户名与配置的完整用户名匹配时,LAC 才会向 LNS 发起 L2TP 隧道建立请求;后者为当 PPP 用户的 ISP 域名与配置的域名匹配时,LAC 即向 LNS 发起 L2TP 隧道建立请求。

要配置 LAC 向 LNS 发起隧道建立请求的触发条件,在 L2TP 组视图下,执行命令如下:

```
user { domain domain-name | fullusername user-name }
```

每个 L2TP 组最多可以设置 5 个 LNS,即允许存在备用 LNS。在正常运行时,LAC 按照 LNS 配置的先后顺序依次向每个 LNS 发送建立 L2TP 隧道的请求。LAC 在接收到某个 LNS 的接受应答后,该 LNS 就作为隧道的对端;否则,LAC 向下一个 LNS 发起隧道建立请求。

要配置 LNS 的 IP 地址,在 L2TP 组视图下,执行命令如下:

```
lns-ip{ ip-address } &<1-5>
```

通过在 LAC 侧配置对远程拨入用户的 AAA 验证,可以对远程拨入用户的身份信息(用户名、密码)进行检验和确认。验证通过后 LAC 才能发起建立隧道连接的请求,否则不会为用户建立隧道。设备支持的 AAA 验证如下内容。

(1) 本地验证：需要在LAC侧配置本地用户名、密码和服务类型等信息。LAC通过检查用户名与密码是否与本地配置的用户名/密码相符合来进行用户身份验证。

(2) 远程验证：需要与RADIUS/TACACS服务器协同进行验证，用户名、密码等信息需配置在RADIUS/TACACS服务器上。LAC将用户名和密码发往验证服务器，由服务器负责对用户进行身份验证。

虚拟模板接口VT(virtual-template)是一种虚拟的逻辑接口。在L2TP会话连接建立之后，LNS会自动创建一个VA(virtual access)虚拟访问接口用于和LAC交换数据。VA接口基于VT接口上配置的参数动态创建。默认情况下，系统没有创建虚拟模板接口，因此，在配置LNS时需要首先创建VT接口，并配置该接口的参数。

要配置虚拟模板接口，并进入其接口视图，在系统视图下，执行命令如下：

```
interface virtual-template virtual-template-number
```

虚拟模板接口自身需要一个IP地址。

要配置本端IP地址，在虚拟模板接口视图下，执行命令如下：

```
ip address ip-address { mask | mask-length } [ sub ]
```

在LAC与LNS之间的L2TP隧道连接建立之后，LNS需要为VPN用户分配IP地址。地址分配主要包括2种方式：从接口下指定的地址池中分配地址，或者从ISP域下关联的地址池中分配地址。在指定地址池之前，需要先在系统视图下用ip pool命令定义地址池。既可以直接在VT接口视图下指定地址池，也可以在ISP域视图下指定地址池。

要创建地址池，在系统视图下，执行命令如下：

```
ip pool pool-name start-ip-address [ end-ip-address ] [ group group-name ]
```

要指定给对端分配地址所用的地址池或直接给对端分配IP地址，可以在虚拟模板接口视图下，执行命令如下：

```
remote address{ pool [ pool-number ] | ip-address }
```

当LNS对远程系统进行验证时，需要使用一些验证信息，这些参数的配置也在虚拟模板接口下配置。

要配置本端对远程系统进行的PPP验证，在虚拟模板接口视图下，执行命令如下：

```
ppp authentication-mode { chap | ms-chap | ms-chap-v2 | pap } * [ [ call-in ] domain isp-name ]
```

默认情况下，不进行验证。

LNS可以使用不同的虚拟模板接口接收来自不同LAC的隧道建立请求。在接收到LAC发来的隧道建立请求后，LNS需要检查LAC的隧道本端名称是否与本地配置的隧道对端名称相符合，从而决定是否与对端建立隧道，并确定创建VA接口时使用的VT接口。要指定LNS接收隧道建立请求的虚拟模板接口、隧道对端名称，在L2TP组视图下，执行allow l2tp命令。

当L2TP组号为1(默认的L2TP组号)时，执行命令如下：

```
allow l2tp virtual-template virtual-template-number [ remote remote-name ]
```

当 L2TP 组号不为 1 时,执行命令如下:

```
allow l2tp virtual - template virtual - template - number remote remote - name
```

管理员可根据实际需求,决定是否在创建隧道连接之前,进行隧道验证。隧道验证请求可由 LAC 或 LNS 任何一侧发起。只要本端启用了隧道验证,则只有在对端也启用了隧道验证,两端密钥不为空并且完全一致的情况下,隧道才能建立;否则,本端将自动断开隧道。若隧道两端都配置了禁止隧道验证,隧道验证的密钥一致与否将不影响隧道建立。为了保证隧道安全,建议用户最好不要禁用隧道验证的功能。如果用户需要修改隧道验证的密钥,则请在隧道开始协商前进行,否则修改的密钥不生效。

在 L2TP 组视图下执行 tunnel authentication 命令启用 L2TP 的隧道验证功能。默认情况下,L2TP 隧道进行验证功能处于开启状态。

要配置隧道验证密码,在 L2TP 组视图下,执行命令如下:

```
tunnel password { simple | cipher } password
```

默认情况下,系统的隧道验证密码为空。

为了检测 LAC 和 LNS 之间隧道的联通性,LAC 和 LNS 会定期向对端发送 hello 报文,接收方接收到 hello 报文后会进行响应。当 LAC 或 LNS 在指定时间间隔内未收到对端的 hello 响应报文时,重复发送,如果重复发送 5 次仍没有收到对端的响应信息,则认为 L2TP 隧道已经断开。

要配置隧道中 hello 报文的发送时间间隔,在 L2TP 组视图下,执行命令如下:

```
tunnel timer hello hello - interval
```

要强制断开指定的隧道连接,在用户视图下,执行命令如下:

```
reset l2tp tunnel { id tunnel - id | name remote - name }
```

11.4.3 L2TP 基本配置(Web 配置)

在菜单栏中选择"网络"→VPN→L2TP 命令,进入"配置 L2TP"页面,勾选"启用 L2TP",单击左上角的"新建"按钮,弹出"新建 L2TP"对话框,如图 11-12 所示。

在"新建 L2TP"对话框中选择"组类型""LAC",即本端作为 LAC 侧。

(1)"L2TP 组号":L2TP 组号,取值范围为 1～65535。

(2)"本端隧道名称":隧道本端的名称,为 1～31 个字符的字符串,区分大小写。

(3)"隧道密码认证":如果 LAC 和 LNS 两端都开启了隧道验证功能,则在两端密钥(通过 tunnel password 命令配置)不为空,并且完全一致的情况下,两者之间才能成功建立 L2TP 隧道。

(4)"L2TP 服务器端地址":配置 LNS 的 IP 地址。

(5)"PPP 认证方式":配置本地认证对端的认证方式。

在菜单栏中选择"网络"→VPN→L2TP 命令,进入"配置 L2TP"页面,勾选"启用 L2TP",单击左上角的"新建"按钮,弹出"新建 L2TP"对话框,如图 11-13 所示。

在"新建 L2TP"对话框中选择"组类型""LNS",即本端作为 LNS 侧。

(1)"L2TP 组号":L2TP 组号,取值范围为 1～65535。

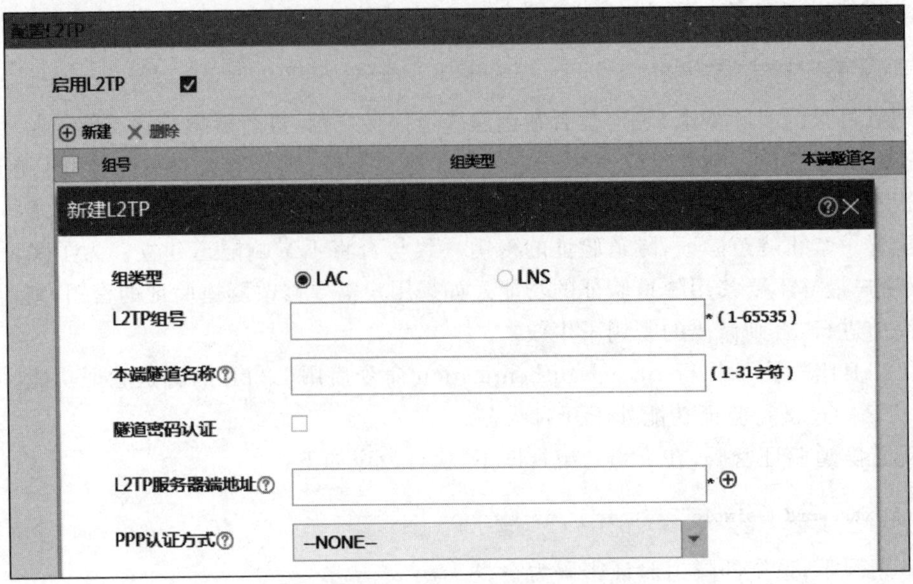

图 11-12 L2TP LAC 侧配置(Web)

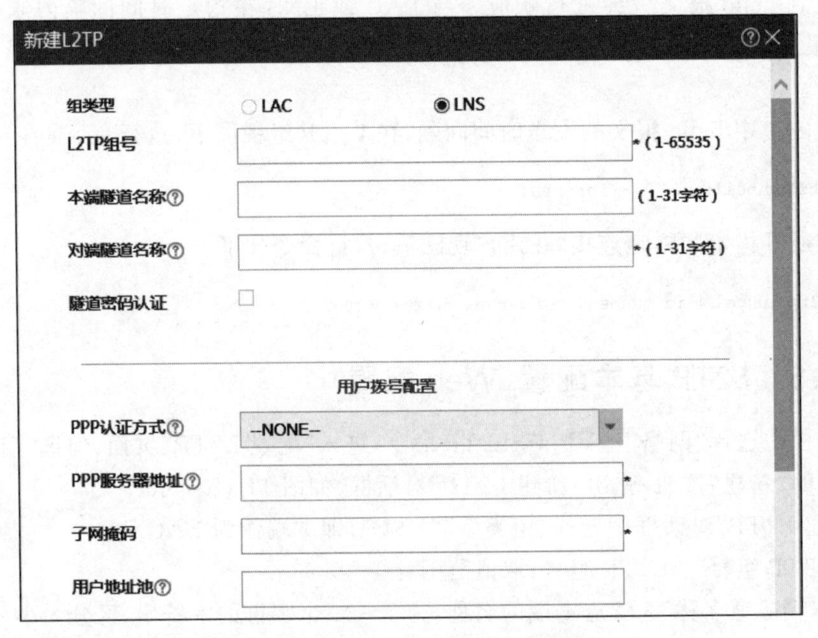

图 11-13 L2TP LAC 侧配置(Web 续)

(2)"本端隧道名称":隧道本端的名称,为 1~31 个字符的字符串,区分大小写。

(3)"对端隧道名称":隧道对端的名称,为 1~31 个字符的字符串,区分大小写。

(4)"隧道密码认证":如果 LAC 和 LNS 两端都开启了隧道验证功能,则在两端密钥(通过 tunnel password 命令配置)不为空,并且完全一致的情况下,两者之间才能成功建立 L2TP 隧道。

(5)"PPP 认证方式":配置本地认证对端的认证方式。

(6)"PPP 服务器地址":PPP 协商的本端地址。

(7)"子网掩码":本端地址的子网掩码。

(8)"用户地址池":配置为客户端分配的 IP 地址,可以是单个地址,也可以是一个地址范围。

11.4.4 L2TP 配置示例

在本例中,某企业以 MSR 路由器作为 LAC 和 LNS,远程用户使用 Windows 系统,通过 PSTN 拨号到 LAC 的串口 S1/0/1 接入,与企业总部互联,如图 11-14 所示。

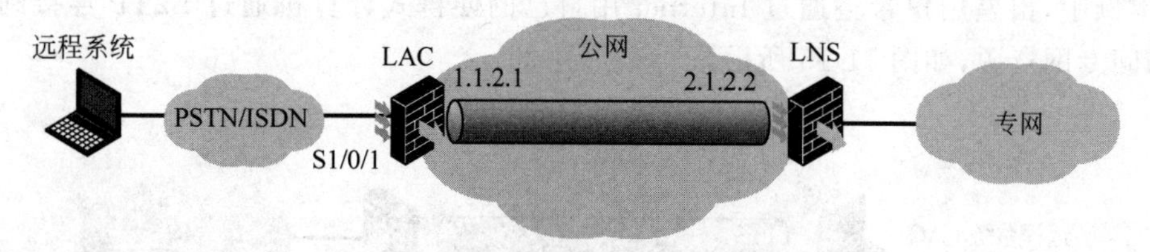

图 11-14 "独立 LAC"模式 L2TP 配置示例

该公司内部网络采用专网地址。通过建立 L2TP VPN,用户就可以通过普通电话线路访问公司内部网络的数据。

LAC 侧的主要配置如下:

```
[LAC] local - user vpdnuserclass network
[LAC - luser - vpdnuser] password simple Hello
[LAC - luser - vpdnuser] service - type ppp
[LAC] interfaceSerial 1/0/1
[LAC - Serial1/0/1] ppp authentication - mode chap
[LAC] l2tp enable
[LAC] l2tp - group 1 mode lac
[LAC - l2tp1] tunnel name LAC
[LAC - l2tp1] user fullusername vpdnuser
[LAC - l2tp1] tunnel authentication
[LAC - l2tp1] tunnel password simple aabbcc
```

为简化配置,LAC 采用了本地验证方式,并配置了拨号用户的用户名 vpdnuser 和密码 hello,在 LAC 上还需要为公网接口配置公网地址 1.1.2.1。在串口 S1/0/1 上还需完成接受拨号的相关配置。S1/0/1 并不需要配置 IP 地址,这是因为客户端的地址将由 LNS 分配。

此外,在用户侧 PC 上需配置拨号客户端,使用用户名 vpdnuser 和密码 hello 进行拨号。

LNS 侧的主要配置如下:

```
[LNS] local - user vpdnuser class network
[LNS - luser - vpdnuser] password simple Hello
[LNS - luser - vpdnuser] service - type ppp
[LNS] domain system
[LNS - isp - system] authentication ppp local
[LNS] ip pool pool_a 192.168.0.2 192.168.0.100
[LNS] l2tp enable
[LNS] interface virtual - template 1
[LNS - virtual - template1] ip address 192.168.0.1 255.255.255.0
[LNS - virtual - template1] ppp authentication - mode chap domain system
[LNS - virtual - template1] remote address pool pool_a
[LNS] l2tp - group 1 mode lns
[LNS - l2tp1] tunnel name LNS
```

```
[LNS - l2tp1] allow l2tp virtual - template 1 remote LAC
[LNS - l2tp1] tunnel authentication
[LNS - l2tp1] tunnel password simple aabbcc
```

为简化配置,LNS同样采用了本地验证方式,并配置了拨号用户的用户名 vpdnuser 和密码 hello,还要为公网接口配置公网地址 2.1.2.2。在 LNS 配置了虚拟模板接口 virtual-template1,以便对客户端 PC 进行验证、分配 IP 地址,并进行实质性的 IP 转发。

在本例中,出差用户希望通过 Internet 用自己的便携式计算机通过 L2TP 连接到公司的专网,访问专网资源,如图 11-15 所示。

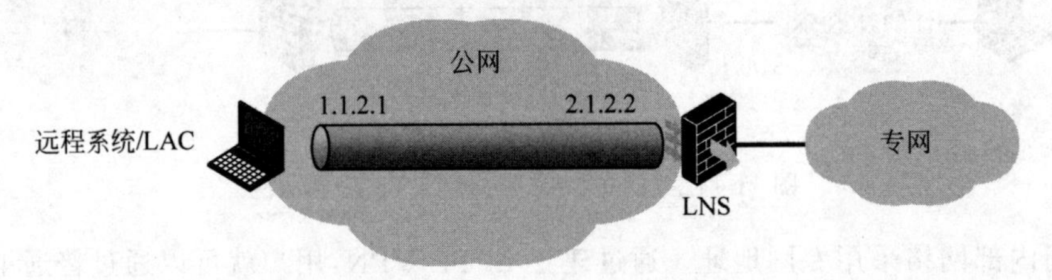

图 11-15 "客户 LAC"模式配置示例

首先在公司一侧配置 LNS,允许用户通过 L2TP 接入,并为公网接口配置公网地址 2.1.2.2。LNS 的主要配置如下:

```
[LNS] local - user vpdnuser class network
[LNS - luser - vpdnuser] password simple Hello
[LNS - luser - vpdnuser] service - type ppp
[LNS] domain system
[LNS - isp - system] authentication ppp local
[LNS] ip pool pool_a 192.168.0.2 192.168.0.100
[LNS] l2tp enable
[LNS] interface virtual - template 1
[LNS - virtual - template1] ip address 192.168.0.1 255.255.255.0
[LNS - virtual - template1] ppp authentication - mode chap domain system
[LNS - virtual - template1] remote address pool pool_a
[LNS] l2tp - group 1
[LNS - l2tp1] tunnel name LNS
[LNS - l2tp1] allow l2tp virtual - template 1 remote LAC
[LNS - l2tp1] tunnel authentication
[LNS - l2tp1] tunnel password simple aabbcc
```

由此可见,"客户 LAC"与"独立 LAC"模式没有本质区别。

接下来,在用户的计算机上配置 Internet 连接。要求能正确地接入 Internet,获得公网地址,并与 LNS 通过 Internet 路由可达即可。具体操作为:创建一个拨号连接,向 LAC 路由器发起连接请求,并接收由 LNS 服务器端分配的地址;在弹出的拨号终端窗口中输入用户名为 vpdnuser,口令为 hello(此用户名与口令已在 LNS 中注册)。

11.4.5 L2TP 信息显示和调试

执行命令 display l2tp tunnel 可显示当前的 L2TP 隧道信息。显示信息中各字段的含义如表 11-1 所示。主要配置如下:

```
<H3C> display l2tp tunnel
```

```
Total tunnel = 1
LocalTID  RemoteTID    State      Sessions  RemoteAddress   RemotePort   RemoteName
2           2284   Established      1         11.1.1.1         1701         LAC
```

表 11-1 display l2tp tunnel 命令显示信息描述

字 段	描 述
Total tunnels	隧道的数目
LocalTID	本端唯一标识一个隧道的数值
RemoteTID	对端唯一标识一个隧道的数值
State	隧道的状态，取值包括： idle：空闲状态 wait-reply：等待 SCCRP 报文 wait-connect：等待 SCCCN 报文 established：隧道成功建立 stopping：正在下线
Sessions	此隧道上的会话数目
RemoteAddress	隧道对端的 IP 地址
RemotePort	隧道 L2TP 使用的 UDP 端口号
RemoteName	隧道对端的名称

执行命令 display l2tp session 可显示当前的 L2TP 会话的信息。显示信息中各字段的含义如表 11-2 所示。

```
<H3C> display l2tp session
Total session = 1
LocalSID        RemoteSID       LocalTID       State
21409           3395            4501           Established
```

表 11-2 display l2tp session 命令显示信息描述

字 段	描 述
Total sessions	会话的数目
LocalSID	本端唯一标识一个会话的数值
RemoteSID	对端唯一标识一个会话的数值
LocalTID	本端隧道标识号
State	会话的状态，取值包括： idle：空闲状态 wait-tunnel：等待建立隧道 wait-reply：等待 ICRP 报文 wait-connect：等待 ICCN 报文 established：会话成功建立

在用户视图下执行 debugging l2tp 命令可对 L2TP 进行调试。该命令的主要关键字描述如下：

```
<H3C> debugging l2tp { all | avp - hidden | control - packet | data - packet | dump | error | event }
```

（1）all：表示打开所有 L2TP 调试信息开关。

（2）avp-hidden：表示打开 AVP 隐藏调试信息开关。

(3) control-packet：表示打开控制报文调试信息开关。

(4) data-packet：表示打开数据报文调试信息开关。

(5) dump：表示打开 PPP 报文调试信息开关。

(6) error：表示打开差错信息的调试信息开关。

(7) event：表示打开事件调试信息开关。

11.5 本章总结

L2TP 允许远程漫游用户或远程办公分支，通过本地拨号连接到位于远端的企业组织中心，节约大量的长途拨号费用。具备 Internet 连接的远程漫游用户也可以在没有 ISP 的 LAC 支持的情况下，以“客户 LAC”的方式访问企业组织中心资源。

使用 L2TP，企业组织不仅可以通过 PPP 连接自行验证用户身份并分配 IP 地址，还可以通过 ISP 的 LAC 执行额外的 AAA 验证。企业组织还可以在防火墙和内部服务器上实施访问控制，从而确保网络安全性。

但是 L2TP 不提供任何加密能力，跨越公共网络的数据很容易遭到窃听或篡改。因此，在保密性要求比较高的情况下，需要结合其他加密手段，如 IPSec 的 ESP 安全协议封装，保证数据安全性。

11.6 习题和解答

11.6.1 习题

1. 下列叙述中正确的是(　　)。

　A. L2TP 是一种 VPDN

　B. L2TP 支持多种网络层协议

　C. L2TP 隧道只能由客户端主机发起建立

　D. L2TP 彻底无安全性保证

2. L2TP 拓扑结构类型包括(　　)。

　A. “客户 LAC”模式　　B. “独立 LAC”模式

　C. 客户端发起模式　　D. LAC 发起模式

3. 下列关于隧道、会话和 PPP 连接的叙述中正确的是(　　)。

　A. 每个 PPP 连接触发建立一个隧道　　B. 一个隧道对应一个会话

　C. 一个 PPP 连接对应一个会话　　D. 以上都不对

4. 在 LAC 发起控制连接时，要使用 LNS 对此连接进行验证，应使用的命令是(　　)。

　A. ppp authentication chap

　B. ppp authentication-mode chap domain system

　C. mandatory-chap

　D. tunnel authentication

11.6.2 习题答案

1. AB　2. AB　3. C　4. D

第12章

IPSec VPN

数据在公网上传输时,很容易遭到篡改和窃听。IPSec 通过验证算法和加密算法防止数据遭受篡改和窃听等安全威胁。使用 IPSec,数据就可以安全地在公网上进行传输。IPSec 提供了两个主机之间、两个安全网关之间或主机和安全网关之间的保护。

12.1 本章目标

学习完本章,应该能够达成以下目标。

(1) 理解 IPSec 的功能和特点。

(2) 理解 IPSec 的体系结构。

(3) 叙述 IPSec/IKE 的基本特点。

(4) 完成 IPSec +IKE 预共享密钥隧道的基本配置。

12.2 数据安全技术基础

12.2.1 网络安全性的基本要求

随着全球互联网用户的快速增长,电子商务面临着巨大的市场与无限的商业机遇,蕴含着现实的和潜在的丰厚商业利润。但与此同时,网络安全性问题也越来越严峻,如图 12-1 所示。

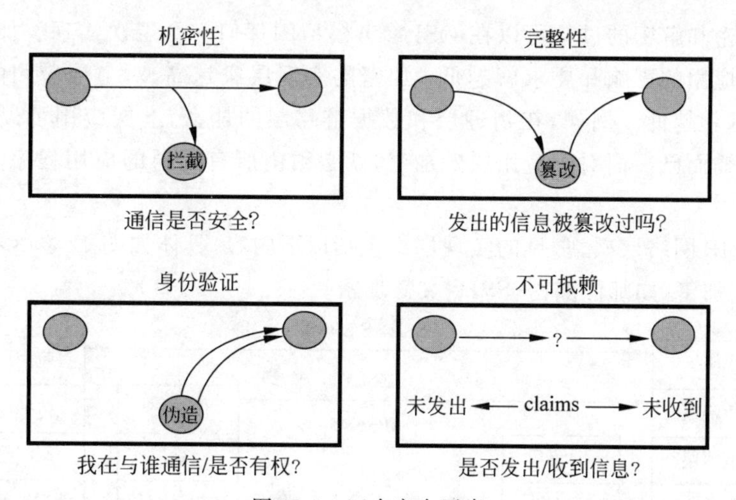

图 12-1 四个安全要素

那么,什么样的数据传输是安全的呢?

机密性(confidentiality)是最基本的保密需求之一。保证数据的机密性是指防止数据被未获得授权的查看者理解,从而在存储和传输的过程中,防止有意或无意的信息内容泄露,保证信息安全性。

未加密的数据通常称为明文,加密后的数据通常称为密文。将数据从明文转换为密文的过程,称为加密,使无授权者不能理解真实的数据内容;将数据从密文转换为明文的过程称为解密,使有授权者能理解数据内容。如何判断一个用户是否具有合法授权呢?当然,用户必须具备某种身份或权限的标识,通常这是一个或一组密钥(key)。

完整性(data integrity)是另外一个基本的保密需求。保证数据完整性是指,防止数据在存储和传输的过程中受到篡改,或者在通信中,至少能判断一份信息是否经过非法的篡改。这种篡改既包括无授权者的非法篡改,也包括具备有限授权者的越权篡改。一些意外的错误也可能导致信息错误,完整性检查应该能发现这样的错误。通常,单向散列函数被用来保护数据完整性。

双方传输一份数据时,这份数据是加密的,那么它的内容不能被其他人窃听;同时,它又是完整的,所以没有被篡改过;那么,第三个问题是接收者如何知道,对方就是正确的发送者呢?或者说,这份数据是否可能是他人伪造的呢?身份验证就是要解决这样的问题。身份验证通过检查用户的某种印鉴或标识,判断一份数据是否源于正确的创建者。

传统上,人们利用手写签名进行身份验证。但是众所周知,手写签名存在很多问题。例如,在手写签名签署的文件上,可以额外加入一些其他的内容,从而歪曲签名者的本意;手写签名虽然难以仿造,但是因为经常使用,所以具有一定技术的人还是可以模仿该签名;另外,手写签名每次都不完全一样,所以不但可以伪造,而且真正的签名者还可以对签名过的文件予以否认。

通信中采用的数字签名技术也同样面临这样的问题。假如数字签名每次都是一样的,人人都可以伪造这种签名。因此,数字签名技术必须具有无法伪造、无法更改、无法裁剪挪用、防止抵赖等特性。

12.2.2 加密的实现层次

理论上,加密和解密的过程可以在 OSI 参考模型的任何一个层次实现。加密的实现层次越低,对于上层应用的影响和要求就越低;加密的实现层次越高,对上层应用的要求就越高,而对网络的要求就越低。例如,在物理层和数据链路层的加密,上层应用可以完全不进行考虑,只是透明传输而已。而对于应用层的加密,就必须由所有互通的应用程序实现,很难被其他应用理解。

依据 TCP/IP 网络层次,常见的实现层次包括以下内容,具体如图 12-2 所示。

(1) 应用层加密,如邮件加密、SSH、文件加密。

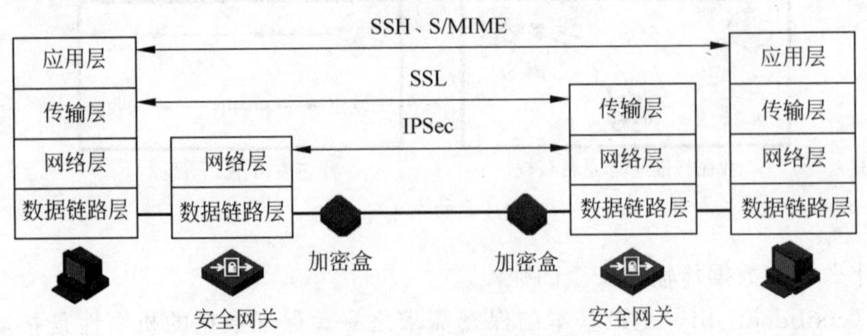

图 12-2 加密的实现层次

(2) 传输层加密,如 SSL 等。

(3) 网络层加密,如 IPSec。

(4) 数据链路层加密,如在链路两端直接加入的加密盒等。

12.2.3 加密算法

加密算法根据其工作方式的不同,可以分为对称加密算法和非对称加密算法两种。

1. 对称加密算法

在对称加密算法中如图 12-3 所示,通信双方共享一个秘密的参数,作为加密/解密的共享密钥。这个密钥既可以是直接获得的,也可以是通过某种共享的方法推算出来的。所以,对称加密算法也称单密钥算法。

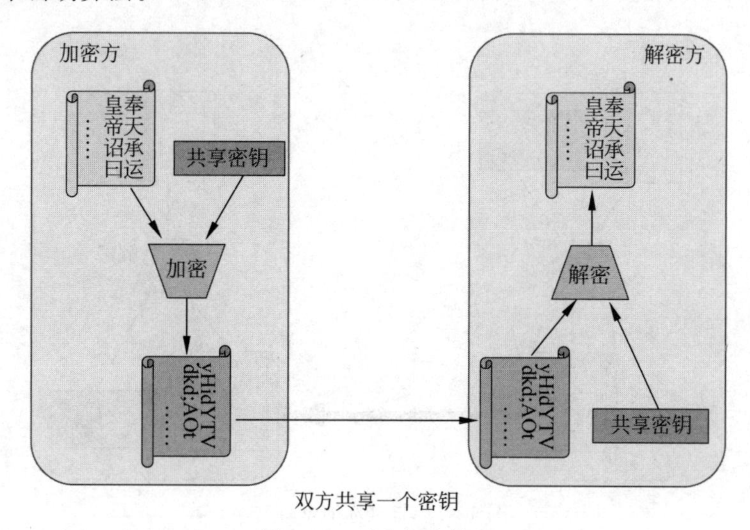

图 12-3 对称加密算法

对称加密算法根据不同的工作方式,又可分为块加密算法和流加密算法。

块加密算法将待加密的信息分割成数据块,每次只处理其中一个块。块的尺寸是由各种算法自身的规定决定的。例如,数据加密标准(data encryption standard,DES)就是一种块加密算法,它采用典型的 64b 块长度。其他的示例包括 3DES 和高级加密标准(advanced encryption standard,AES)。

流加密算法则是把待加密信息当作一个连续的数据流来处理。它以一个特定的密钥值和一种特定的方法进行初始种子化,再与明文流进行联合计算,每次处理数据流中的 1b 或 1B,生成密文流。RC 算法就是一种典型的流加密算法,它使用 2048b 密钥,提供极高的加密速度。

在对称加密算法中,双方共享一个密钥。任何具有共享密钥的人都可以对密文进行解密,所以,对称加密算法的安全性依赖于共享密钥本身的安全性。为了增强健壮性,一部分块加密算法采用了类似加密块链接(cipher block chaining mode,CBC)这样的模式,使用上一个密文块来影响下一个密文块的生成,从而避免遭受“密码本攻击”。

对称加密算法速度快、效率高,适宜于对大量数据、动态数据流进行加密。IPSec 正是采用对称加密算法的安全体系。常见的 IPSec 加密算法包括强制实施的 DES、对 DES 增强的 3DES 及 AES 等。

但对称加密算法的安全性在相当大的程度上依赖于密钥本身的安全性。一旦密钥泄露，所有算法都形同虚设。静态配置的密钥只能提供暂时的安全性，随着时间的推移，泄露的可能性也会逐渐增大。如果 N 个人中，任意两个人的通信都采用对称加密，就需要 $N(N-1)/2$ 个密钥。记忆所有密钥是不可能的，修改密钥也需要大量开销，把密钥写在纸上又会增加泄露的可能性。凡此种种，都增加了密钥管理的复杂度。

并且，因为双方都知道同一个密钥，因此，对称加密算法本身不能提供防止"抵赖"的功能。为了有效管理密钥，IPSec 采用 IKE 在通信点之间交换和管理密钥。

2. 非对称加密算法

非对称加密算法也称公开密钥算法(public key algorithm，PKA)。此类算法为每个用户分配一对密钥，一个私有密钥和一个公开密钥，如图 12-4 所示。

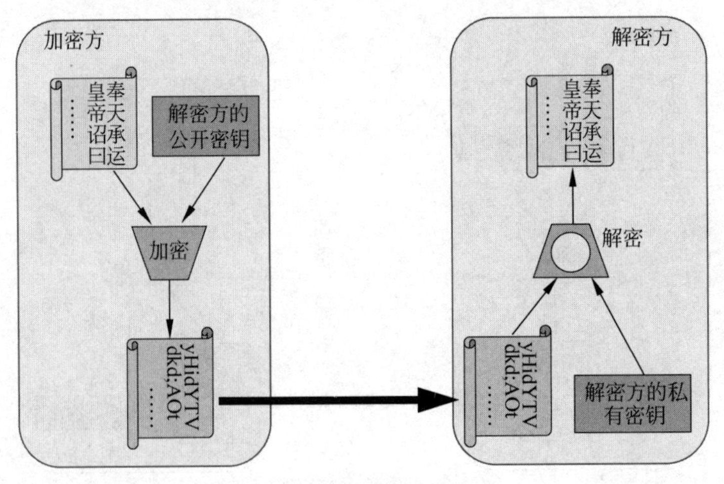

图 12-4 非对称加密算法

在非对称加密算法中，私有密钥是保密的，由用户自己保管。公开密钥是公之于众的，其本身不构成严格的秘密。这两个密钥的产生没有相互关系，也就是说，不能利用公开密钥推断出私有密钥。

用 2 个密钥之一加密的数据，只有用另外一个密钥才能解密。私有密钥用来保护数据，公开密钥用来检验信息及其发送者的真实性和身份。用户在发送数据时，用其公开密钥对数据进行加密，接收方用其私有密钥进行解密。

通常同时用通信双方的公开密钥和私有密钥进行加密和解密。即发送方用自己的私有密钥和接收方的公开密钥对数据进行加密，接收方只有用发送方的公开密钥和自己私有密钥才能解密；前者说明这个数据必然是发送方发送的无疑，后者则说明这个数据确实是给接收方的。这个过程既提供了机密性保证，也提供了完整性校验，同时，还可以验证对方的身份。

在使用非对称加密算法的时候，用户不必记忆大量的共享密钥，只需要知道自己的私有密钥和对方的公开密钥即可。虽然出于安全目的仍然需要一定的公开密钥管理机制，但是在降低密钥管理复杂性方面，非对称加密算法具有相当的优势。另外，非对称加密算法也广泛用于数字签名、提供身份验证、防止篡改和防止抵赖的功能中。

不过，非对称加密算法的缺点在于其计算量大、速度非常慢、吞吐量低。因此，不适合用于对大量数据的加密。

RSA 加密算法(RSA algorithm，RSA)是一种最流行的非对称加密算法。它的数学基础是“两个大质数乘积的因数分解”问题的极端困难性。RSA 是 1977 年由罗纳德·李·维斯特(Ronald L. Rivest)、阿迪·萨莫尔(Adi Shamir)和伦纳德·阿德曼(Leonard Adleman)一起提出的。RSA 是第一个能同时用于加密和数字签名的算法,也易于理解和操作。RSA 是被研究得最广泛的公开密钥算法,经历了各种攻击的考验,普遍认为是目前最优秀的公开密钥方案之一。RSA 的安全性依赖于大数的因子分解。目前,RSA 广泛应用在数字签名领域。

12.2.4 密钥交换

如前所述,对称加密算法的安全性依赖于密钥的安全性。静态配置的密钥无法保证长期的安全性和扩展性,因此,需要一些特殊的算法在通信双方之间进行密钥交换。

Diffie-Hellman 交换(Diffie-Hellman exchange,DH 交换)建立在“离散对数”的难题上。DH 交换可以在一个不可信的通信通道上建立一个安全通道,传输秘密信息。利用 DH 交换,可以为对称加密算法提供可靠的密钥,从而实现对称加密算法的有效应用。

如图 12-5 所示,DH 交换的过程如下。

(1) 进行 DH 交换的双方各自产生一个随机数,如 a 和 b。

(2) 使用双方确认的、共享的、公开的两个参数:底数 g 和模数 p 各自用随机数 a、b 进行幂模运算,得到结果 c 和 d,计算公式如下:

$$c = g^a \bmod(p), \quad d = g^b \bmod(p)$$

(3) 双方进行模交换。

(4) 进一步计算,得到 DH 交换公有值:$d^a \bmod(p) = c^b \bmod(p) = g^{ab} \bmod(p)$,此公式可以从数学上证明。

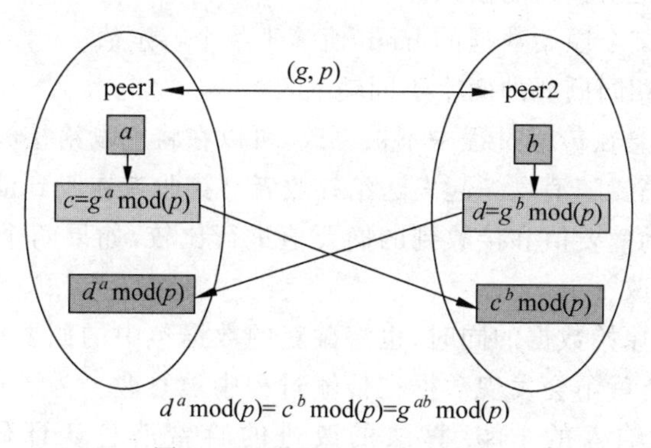

图 12-5 Diffie-Hellman 交换

若网络上的第三方截获了双方的模 c 和 d,那么要计算出 DH 交换公有值 $g^a \bmod(p)$ 还需要获得 a 或 b,a 和 b 始终没有直接在网络上传输过,如果想由模 c 和 d 计算 a 或 b,则需要进行离散对数运算,而 p 为素数,当 p 足够大时(一般为 768 位以上的二进制数),数学上已经证明,其计算复杂度非常高,从而认为是不可实现的。所以,DH 交换可以保证双方能够安全地获得公开信息。IKE 正是使用 DH 交换进行密钥交换的。

12.2.5 单向散列算法

为了保证数据的完整性,并进行身份校验,通常使用单向散列函数,如图 12-6 所示。单向散列函数也称消息摘要函数(message digest function)或哈希函数(hash function),这是由此类函数的固有特性决定的。

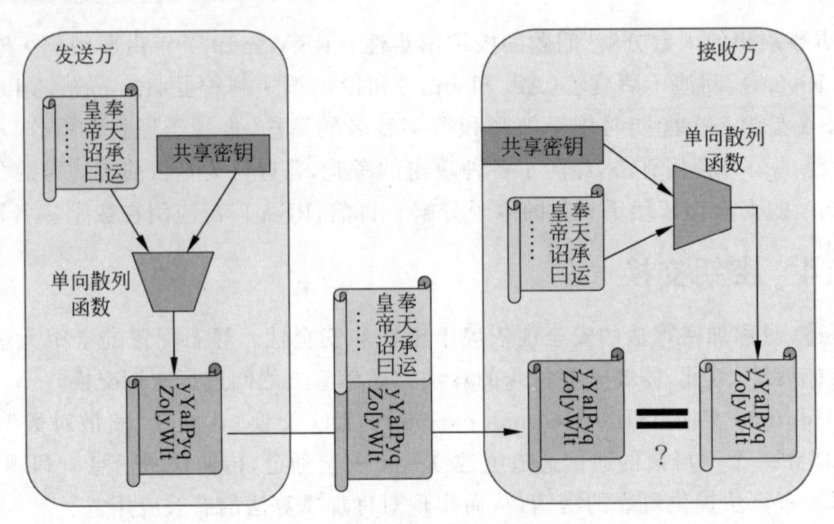

图 12-6 单向散列函数

采用单向散列函数对不同长度的数据进行 hash 计算，会得到一段固定长度的结果，该结果称为源数据的摘要，也称消息验证码（message authentication code，MAC）。摘要中包括原始数据的特征，如果该数据稍有变化，则会导致最后计算的摘要不同。另外，hash 函数具有单向性，也就是说，无法根据结果导出原始输入，因此，无法构造一个与源报文有相同摘要的报文。

总体而言，单向散列算法具有如下三个特征。

（1）无法根据结果推出输入的消息。

（2）无法人为控制某个原始数据的 hash 值等于某个特定值。

（3）无法找到具有相同摘要的两个不同输入。

如果想保证一条消息在传输过程中不被篡改，可以在将它发给接收者之前，先计算出该消息的摘要，然后将这个摘要随消息一起发送给接收者。接收者在收到消息后，先计算出该消息的摘要，然后将计算出的摘要值和接收到的摘要值进行比较，如果两个值相等，则说明该消息在传输过程中没有被篡改。

如果黑客在篡改了原始数据的同时，也将截获的数据包中的摘要信息修改为篡改后的数据的摘要值，这样接收方就不会发现数据在传输过程中被篡改。为了进一步提高数据传输的安全性，一种对原来单输入的 hash 算法的改进的哈希消息认证码（hash-based message authentication code，HMAC）算法应运而生。

HMAC 算法需要发送方和接收方双方共享一个 MAC 密钥，在计算摘要时，除了数据报文外，还需要提供 MAC 密钥。这样计算出来的 MAC 值不但取决于输入的数据报文，还取决于 MAC 密钥参数。

如果黑客截获了报文，修改了报文内容，伪造了摘要，但由于不知道 MAC 密钥，黑客便无法构造出正确的摘要。接收方在重新计算报文摘要时，一定可以发现报文的 MAC 值与携带的 MAC 值是不一致的。IPSec 采用的常用散列算法是 HMAC-MD5 算法和 HMAC-SHA 算法。

12.3 IPSec VPN 概述

最初的 IP 被设计在可信任的网络上提供通信服务。IP 本身只提供通信服务，不提供网络安全性。所以，当网络不断扩展、越来越不可信任时，发生窃听、篡改、伪装等问题的概率就会大大增加。

IETF在RFC 2401(已被RFC 4301取代)中描述了IP的安全体系结构——IPSec,以便保证在IP网络上传输数据的安全性。IPSec在IP层对IP报文提供安全服务。IPSec协议本身定义了如何在IP数据包中增加字段来保证IP包的完整性、私有性和真实性,以及如何加密数据包。IPSec并非单一的协议,而是由一系列的安全开放标准构成。

IPSec是一种网络层安全保障机制,可以在一对通信节点之间提供一个或多个安全的通信路径。它使一个系统能选择其所需要的安全协议,确定安全服务所使用的算法,并为相应安全服务配置所需的密钥。

IPSec可以实现访问控制、机密性、完整性校验、数据源验证、拒绝重播(replay)报文等安全功能。IPSec实现于OSI参考模型的网络层,因此,上层的TCP、UDP,以及依赖这些协议的应用协议均可以受到IPSec隧道的保护。

IPSec是一个可扩展的体系,它并不受限于任何一种特定算法。IPSec中可以引入多种开放的验证算法、加密算法和密钥管理机制。

IPSec可以在主机、路由器或防火墙上实现。这些实现了IPSec的中间设备称为安全网关。

IPSec VPN是利用IPSec隧道实现的L3 VPN。IPSec对IP包的验证、加密和封装能力使其可以被用来创建安全的IPSec隧道,传输IP包。利用这一隧道功能实现的VPN称为IPSec VPN。

IPSec也具有一些缺点,例如,其协议体系复杂而难以部署;高强度的运算消耗大量资源;增加了数据传输的延迟,不利于语音、视频等实时性要求强的应用;仅能对点对点的数据进行保护,不支持组播等。

12.4 IPSec VPN的体系结构

12.4.1 IPSec体系概述

IPSec使用两种安全协议(security protocol)来提供通信安全服务。

(1) AH:AH提供完整性保护和数据源验证及可选的抗重播服务,但是不能提供机密性保护。

(2) ESP:ESP不但提供了AH的所有功能,而且可以提供加密功能。

AH和ESP不仅可以单独使用,还可以同时使用,从而提供额外的安全性。

AH协议和ESP协议两种协议并没有定义具体的加密和验证算法,相反,实际上大部分对称加密算法可以为AH协议和ESP协议采用。这些算法分别在其他的标准文档中定义。为了确保IPSec实现的互通性,IPSec规定了一些必须实现的算法,如加密算法DES-密码块链接方式CBC(cipher block chaining)。

IPSec的安全保护依赖于相应的安全算法。验证算法和对称加密算法通常需要通信双方拥有相同的密钥。IPSec通过两种途径获得密钥。

(1) 手工配置:管理员为通信双方预先配置静态密钥。这种密钥不便于随时修改、安全性较低、不易维护。

(2) 通过IKE协商:IPSec通信双方可以通过IKE动态生成并交换密钥,以获得更高的安全性。

12.4.2 IPSec的工作模式

不论是AH还是ESP,都具有两种工作模式。

(1) 传输模式(transport mode):用于保护端到端(end-to-end)的网络安全性。

(2) 隧道模式(tunnel mode):用于保护站点到站点(site-to-site)的网络安全性。

如图12-7所示,在传输模式中,两个需要通信的终端计算机在彼此之间直接运行IPSec协议。AH和ESP直接用于保护上层协议,也就是传输层协议。

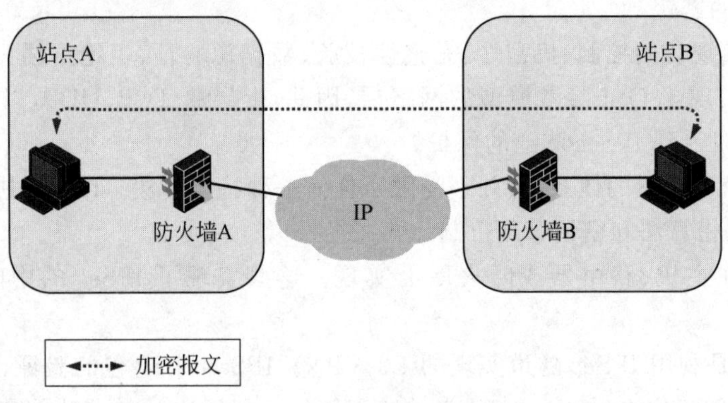

图12-7 IPSec传输模式

在使用传输模式时,所有加密、解密和协商操作均由端系统自行完成,网络设备仅执行正常的路由转发,并不关心此类过程或协议,也不加入任何IPSec过程。

传输模式的目的是直接保护端到端的通信。只有在需要端到端的网络安全性的时候,才推荐使用此种模式。

如图12-8所示,在隧道模式中,两个安全网关在彼此之间运行IPSec协议,对彼此之间需要加密的数据达成一致,并运用AH或ESP对这些数据进行保护。

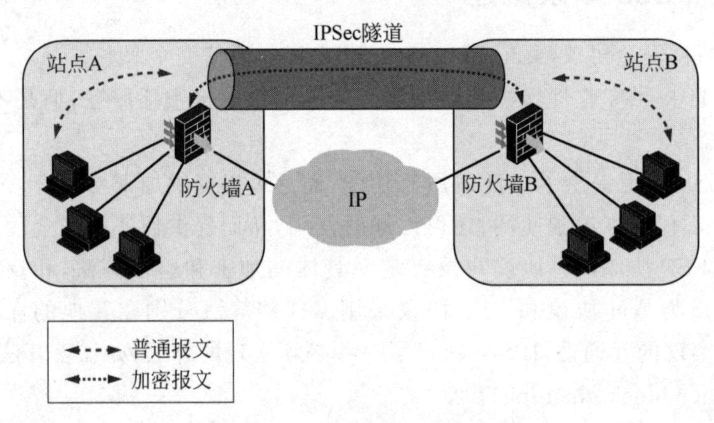

图12-8 IPSec VPN隧道模式

用户的整个IP数据包用来计算AH头或ESP头,且被加密。AH头或ESP头和加密用户数据被封装在一个新的IP数据包中。

隧道模式对终端系统的IPSec能力没有任何要求。当来自端系统的数据流经过安全网关时,由安全网关对其进行保护。所有加密、解密和协商操作均由安全网关完成,这些操作对于端系统来说是完全透明的。

隧道模式的目的是建立站点到站点的安全隧道，保护站点之间的特定或全部数据。

如图 12-9 所示，可以发现传输模式和隧道模式的区别。

(1) 传输模式在 AH、ESP 处理前、后 IP 头部保持不变，主要用于端到端的应用场景。

(2) 隧道模式在 AH、ESP 处理之后再封装了一个公网 IP 头，主要用于站点到站点的应用场景。

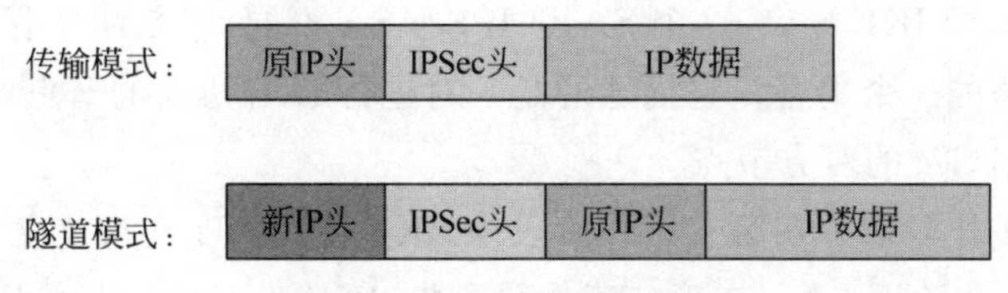

图 12-9 IPSec 封装模式对比

隧道模式可以适用于任何场景，传输模式只能适合主机到主机的场景。隧道模式虽然可以适用于任何场景，但是隧道模式需要多一层 IP 头(通常长度为 20B)开销，所以在主机到主机的场景中，建议还是使用传输模式。

12.4.3 安全联盟(SA)

安全联盟(security association，SA)是 IPSec 中的一个基础概念。IPSec 对数据流提供的安全服务通过 SA 来实现。SA 是一个双方协定，它包括协议、算法、密钥等内容，具体确定了如何对 IP 报文进行处理。

SA 是单向的。一个 SA 就是两个 IPSec 系统之间的一个单向逻辑连接，输入数据流和输出数据流分别由输入 SA 与输出 SA 处理。

一个 SA 由一个三元组(SPI、IP 目的地址、安全协议标识符)唯一标识，其中：

(1) 安全参数索引(security parameter index，SPI)是一个 32b 的数值，在每一个 IPSec 报文中都携带该值。

(2) IP 目的地址是 IPSec 协议对方的地址。

(3) 安全协议标识符是 AH 或 ESP。

SA 可通过手工配置和自动协商两种方式建立。手工配置 SA 的方式是指用户通过在两端手工设置一些参数，在两端参数匹配和协商通过后建立 SA。自动协商方式由 IKE 生成和维护，通信双方基于各自的安全策略数据库经过匹配和协商，最终建立 SA，而不需要用户的干预。

SA 的生存时间(life time)有“以时间进行限制”和“以流量进行限制”两种方式。前者要求每隔定长的时间，就对 SA 进行更新；后者要求每传输一定字节数量的信息，就对 SA 进行更新。

IPSec 设备把类似“对哪些数据提供哪些服务”这样的信息存储在安全策略数据库(security policy database，SPD)中。而 SPD 中的项指向安全关联数据库(security association database，SAD)中的相应项。一台设备上的每一个 IPSec SA 都在 SAD 中有对应项。该项定义了与该 SA 相关的所有参数。

例如，对一个需要加密的出站数据包来说，它会首先与 SPD 中的策略相比较，并匹配其中的一个项。然后,系统会使用该项对应的SA及算法对此数据包进行加密。但是,如果这时候不存在一个相应的SA,系统就需要建立一个SA。

IPSec利用SPD判断一个数据包是否需要安全服务。当其需要安全服务时,就会去查找相应的SA。SA有两种来源,一种是管理员手工配置的,另一种就是通过IKE自动协商生成的。通过IKE交换,IPSec通信双方可以协商,并获得一致的安全参数,建立共享密钥,建立IPSec SA。

IKE也使用SA,即IKE SA。这个SA与IPSec SA不同,它是用于保护一对协商节点之间通信的密钥和策略的一个集合。它描述的是一对进行IKE协商的节点如何进行通信。IKE协商的对方也就是IPSec的对方节点。

IKE具有两个工作阶段。在第一工作阶段中,IKE使用DH交换建立共享密钥,形成IKE SA,并用多种验证方法验证SA。在第二工作阶段中,IKE为IPSec协商IPSec SA。

IKE不仅用于IPSec。实际上,它是一个通用的交换协议,可以用于交换任何的共享密钥。例如,它可以用于为RIP、OSPF这样的协议提供安全协商服务。

12.4.4 AH介绍

如前文所述,规范于RFC 2402(已被RFC 4302取代)的AH是IPSec的两种安全协议之一,以IP协议号51标识AH头。它能够提供数据的完整性校验和源验证功能,同时,也能提供一些有限的抗重播服务。但AH不能提供数据加密功能,因此,不能保证机密性。

AH可以工作于两种模式,传输模式和隧道模式。

如图12-10所示,在传输模式中,AH保护了整个原始IP包。两个需要通信的终端计算机在彼此之间直接运行IPSec协议,通信连接的端点就是IPSec协议的端点,中间设备不进行任何IPSec处理。在建立好AH头并填充了各个字段之后,AH头被插入原始IP头和原始载荷之间。

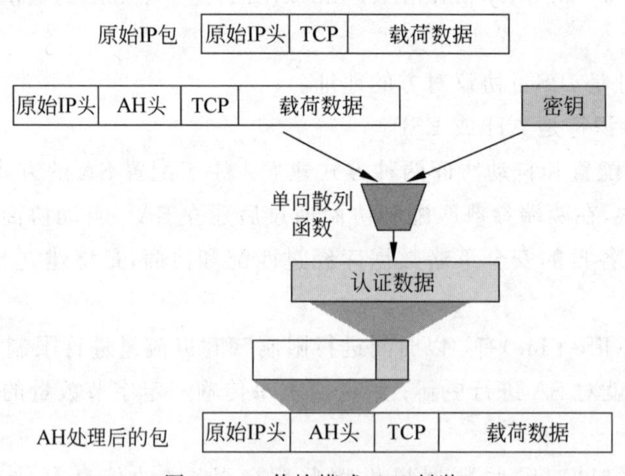

图12-10 传输模式AH封装

而在隧道模式中,AH保护的是整个新IP包。如图12-11所示,整个原始IP包将会以AH载荷的方式加入新建的隧道数据包。同时,系统根据隧道起点和隧道终点等参数,建立一个隧道IP头,作为隧道数据包的IP头。AH头夹在隧道IP头和原始IP包之间。

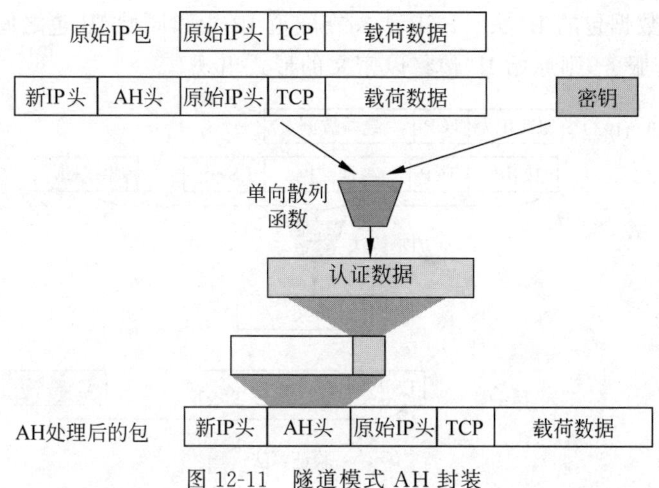

图 12-11 隧道模式 AH 封装

12.4.5 ESP 介绍

RFC 2406 为 IPSec 定义了 ESP 报文安全封装协议，以 IP 号 50 标识 ESP 头。ESP 协议在将用户数据进行加密后封装到 IP 包中，以保证数据的机密性。同时，作为可选项，用户可以选择使用带密钥的 hash 算法保证报文的完整性和真实性。ESP 的隧道模式提供了报文路径信息的隐藏，同时，ESP 可以提供一定的抗重播服务。

ESP 也可以工作于两种模式，即传输模式和隧道模式。

如图 12-12 所示，在传输模式中，ESP 保护的是 IP 包的上层协议，如 TCP 和 UDP。两个需要通信的终端计算机在彼此之间直接运行 IPSec 协议，通信连接的端点就是 IPSec 协议的端点，中间设备不进行任何 IPSec 处理。

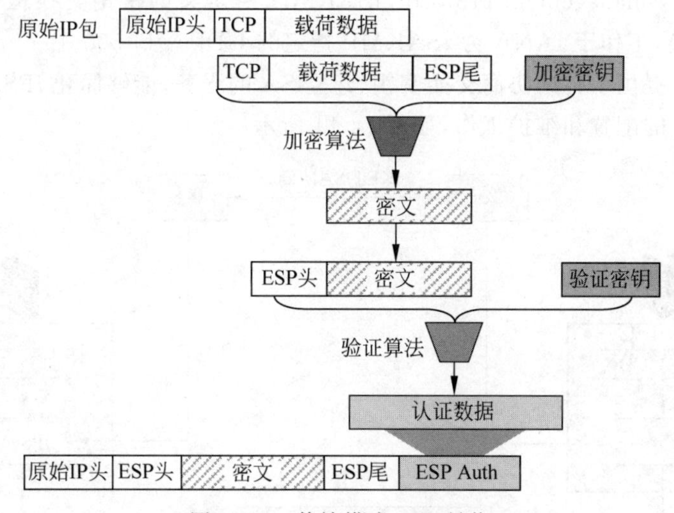

图 12-12 传输模式 ESP 封装

在建立好 ESP 头和尾，并填充了各个字段后，ESP 头插在原始 IP 头和原始载荷之间，并后缀 ESP 尾。如果 ESP 提供加密服务，则原始载荷将以密文的形式出现。

而在隧道模式中，ESP 保护的是整个 IP 包，如图 12-13 所示。整个原始 IP 包将会以 ESP 载荷的方式加入新建的隧道数据包。同时，系统根据隧道起点和隧道终点等参数，建立一个隧道 IP 头,作为隧道数据包的 IP 头。ESP 头夹在隧道 IP 头和原始 IP 包之间,并后缀 ESP 尾。如果 ESP 提供加密服务,则原始 IP 包将以密文的形式出现。

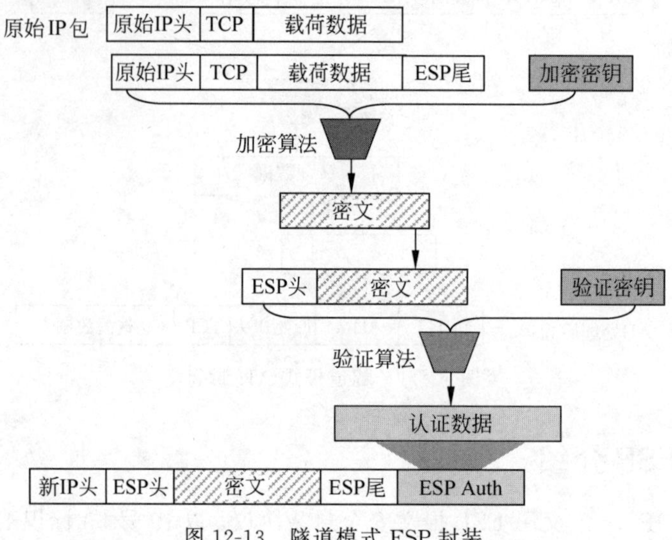

图 12-13 隧道模式 ESP 封装

12.4.6 IKE 介绍

不论是 AH 还是 ESP,在对一个 IP 数据包执行操作之前,首先必须建立一个 IPSec SA。IPSec SA 既可以手工配置建立,也可以动态协商建立。RFC 2409 描述的 IKE 就是用于这种动态协商的协议。

IKE 是一种混合型协议,采用了因特网安全联盟密钥管理协议(internet security association and key management protocol,ISAKMP)所定义的密钥交换框架体系,使用 DH 算法进行密钥交换,工作于 IANA 为 ISAKMP 指定的 UDP 端口 500 上。

IKE 为 IPSec 提供了自动协商交换密钥、建立 SA 的服务,能够简化 IPSec 的使用和管理,大大简化了 IPSec 的配置和维护工作,如图 12-14 所示。

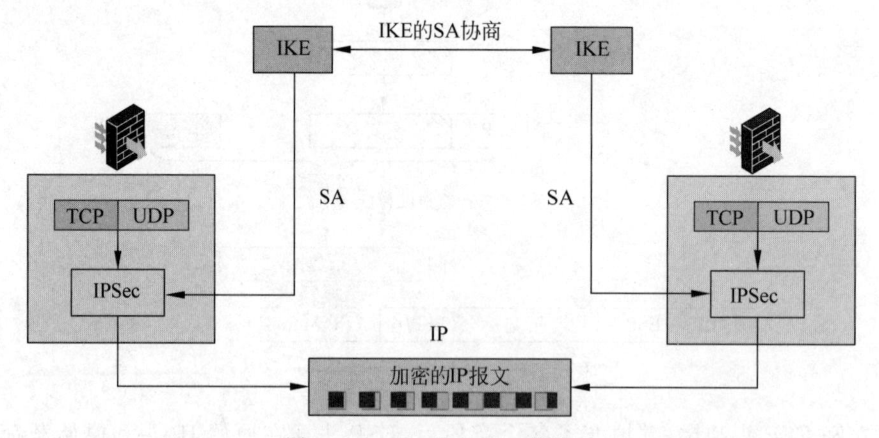

图 12-14 IKE 和 IPSec 的关系

IKE 不是在网络上直接传输密钥,而是通过一系列数据的交换,最终计算出双方的共享密钥,并且即使第三方截获了双方用于计算密钥的所有交换数据,也不足以计算出真正的密钥。

IKE 具有一套自保护机制，可以在不安全的网络上安全地分发密钥、验证身份，建立 IPSec SA。

IKE 使用了两个阶段的 ISAKMP。第一阶段建立 IKE SA；在第一阶段 IKE SA 的保护下，协商第二阶段的 SA，即 IPSec SA；最后，使用 IPSec SA 保护数据。

IKE 协商分为两个阶段，分别称为阶段一和阶段二。

(1) 阶段一：在网络上建立一个 IKE SA，为阶段二协商提供保护。IKE SA 是 IKE 通过协商创建的一个安全通信通道，IKE SA 本身也经过验证。IKE SA 负责为双方进一步的 IKE 通信提供机密性、消息完整性及消息源认证服务。

(2) 阶段二：在阶段一建立的 IKE SA 的保护下，完成 IPSec SA 的协商。

IKE 定义了两个阶段一的交换模式：主模式(main mode)和野蛮模式(aggressive mode)，还定义了一个阶段二的交换模式：快速模式(quick mode)。另外，还定义了两个其他交换，用于 SA 的维护：新组模式(new group mode)和信息交换(informational exchanges)；前者用于协商新的 DH 交换组，后者用于通告 SA 的状态和消息。

下面主要介绍阶段一的两种模式实现。

主模式是 IKE 强制实现的阶段一交换模式，如图 12-15 所示。它可以提供完整性保护(野蛮模式不能)。主模式总共有三个步骤、六条消息。

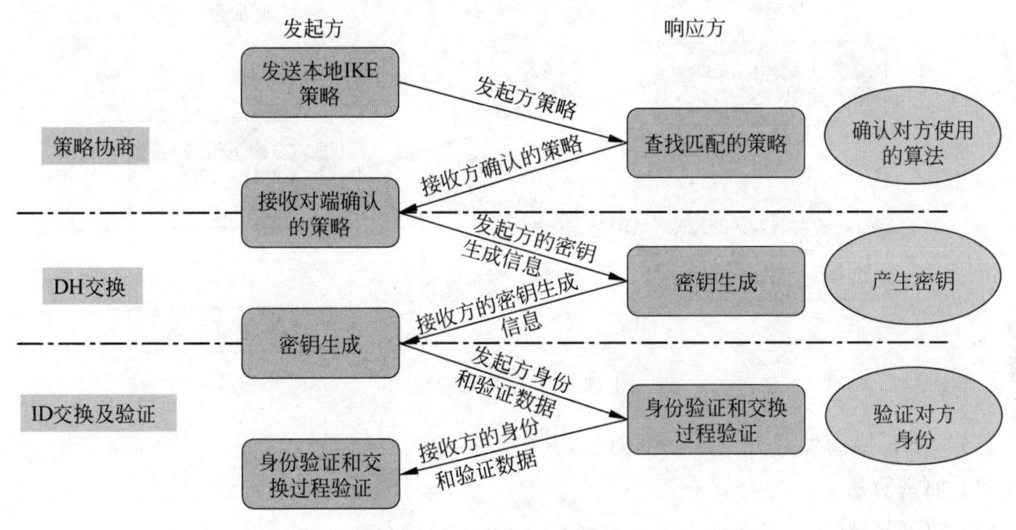

图 12-15　IKE 主模式

第一个步骤是策略协商。在第一个步骤里，IKE 对等协商双方用主模式的前两条消息协商 SA 所使用的策略。下列属性作为 IKE SA 的一部分来进行协商，并用于创建 IKE SA。

(1) 加密算法：IKE 使用如 DES 这样的对称加密算法保证机密性。

(2) 散列算法：IKE 使用 MD5、安全散列算法(secure hash algorithm，SHA)等散列算法。

(3) 验证方法：IKE 允许多种不同的验证方法包括预共享密钥(pre-shared key)、数字签名标准(digital signature standard)，以及另外两种从 RSA 公共密钥加密得到签名和验证的方法。

(4) 进行 DH 交换操作的组(group)信息。

此外，IKE 生存时间(IKE lifetime)也会加入协商消息，以便明确 IKE SA 的存活时间。这个时间值可以以秒或数据量计算。如果这个时间超时了，则需要重新进行阶段一交换。生存时间越长，秘密被破解的可能性就越大。

第二个步骤是 DH 交换。在第二个步骤里，IKE 对等双方用主模式的第三和第四条消息交换 DH 交换公共值及一些辅助数据（nonce）。

关于 DH 交换的细节，前面已经讨论过，这里不再赘述。

第三个步骤是 ID 交换及验证。在第三个步骤里，IKE 对等双方用主模式的最后两条消息交换 ID 信息和验证数据，对 DH 交换进行验证。

通过这 6 条消息的交换，IKE 对等双方建立起一个 IKE SA。

在使用预共享密钥的主模式 IKE 交换时，必须首先确定对方的 IP 地址。对于站点到站点的应用，这不是个大问题。但是在远程拨号访问时，由于移动用户的 IP 地址无法预先确定，因此，不能使用这种方法。

为了解决这个问题，需要使用 IKE 的野蛮模式交换。

如图 12-16 所示，IKE 野蛮模式的目的与主模式相同，都是建立一个 IKE SA，以便为后续协商服务。但 IKE 野蛮模式交换只使用了三条消息。前两条消息负责协商策略、DH 交换公共值以及辅助数据和身份信息。同时，第二条信息还用于验证响应方，第三条信息用于验证发起方。

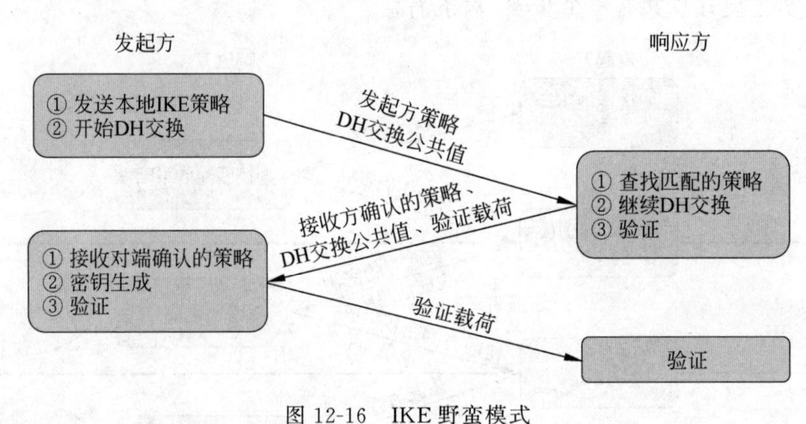

图 12-16 IKE 野蛮模式

首先，IKE 协商发起方发送一个消息，其中包括的内容如下。

(1) 加密算法。

(2) 散列算法。

(3) 验证方法。

(4) 进行 DH 交换操作的组信息。

(5) DH 交换公共值。

(6) 辅助数据和身份信息。

其次，响应方响应一条消息，不但需包括上述协商内容，还需要包括一个验证载荷。

最后，发起方响应一个验证载荷。

由于 IKE 野蛮模式在第一条消息中就携带了身份信息，因此，无法对身份信息进行加密保护，这就降低了协商的安全性，但也因此不依赖 IP 地址标识身份，IKE 野蛮模式也就有了更多灵活的应用。

12.4.7 NAT 穿越

NAT 的广泛使用对 IPSec/IKE 的部署产生了很大的影响。

NAT 设备对来往的 IP 包修改 IP 地址，而动态 NAT 的 PAT 模式会对 TCP/UDP 端口号做修改。而 AH 的完整性检查包括 IP 地址，因此，穿过 NAT 后会造成完整性检查失败。

IPSec 由 AH 和 ESP 两个协议组成，其中，AH 协议无法穿越 NAT；ESP 协议从理论上可以穿越 NAT，但是 ESP 协议的 IP 号是 50，并不是基于 UDP 和 TCP，因此，当 NAT 网关背后存在多个 ESP 应用端时，无法只根据协议号进行反向映射，为了使 ESP 能够在 NAT 环境中进行地址复用，ESP 必须做出改变。

另外，如前所述，IKE 在其交换过程中，采用 IP 地址作为标识符，并对 IP 地址和端口号(UDP 500)进行了验证。如果当 IKE 消息穿过 NAT 设备时，包头遭到修改，则验证检查会失败。

在 IPSec/IKE 组建的 VPN 隧道中，若存在 NAT 网关设备，且 NAT 网关设备对 VPN 业务数据流进行了 NAT 转换，则必须配置 IPSec/IKE 的 NAT 穿越功能，如图 12-17 所示。

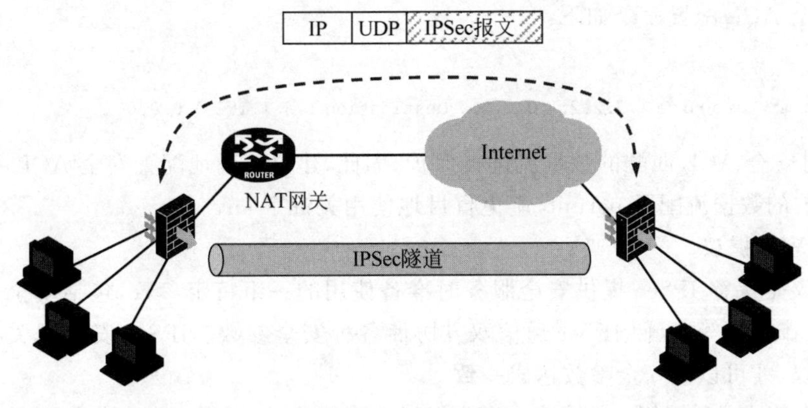

图 12-17 NAT 穿越

该功能删去了 IKE 在协商过程中对 UDP 端口号的验证过程，同时，实现了对 VPN 隧道中 NAT 网关设备的发现功能。

如果发现途中存在 NAT 网关设备，则将在之后的 IPSec 数据传输中使用 UDP 封装，即将 IPSec 报文封装到 IKE 协商所使用的 UDP 连接隧道里。如此，NAT 网关设备将只能够修改最外层的 IP 和 UDP 报文头，对 UDP 报文封装的 IPSec 报文将不做修改。

这种方法避免了 NAT 网关对 IPSec 报文进行篡改，从而保证了 IPSec 报文的完整性。

12.5 配置 IPSec VPN

12.5.1 IPSec 的配置任务(命令行)

IPSec VPN 的基本配置任务包括以下内容。

(1) 配置安全 ACL：IPSec 使用 ACL 的条件定义，并匹配需获得安全服务的数据包，因此，首先需配置一个 ACL 供 IPSec 使用，这种 ACL 称为安全 ACL。

(2) 配置安全提议：配置 IPSec 安全网关期望使用的安全参数包括创建安全提议、选择安全协议、选择安全算法和选择工作模式等。

(3) 配置安全策略：通过安全策略允许安全网关为各种数据流提供复杂而截然不同的安全服务，安全策略包括手工配置参数的安全策略和通过 IKE 自动协商参数的安全策略。一组同名的安全策略构成一个安全策略组。

(4) 在接口上应用安全策略：要想使安全策略生效，则必须将其所在的安全策略组应用在适当的接口上，以便使穿过此接口的相应数据包获得安全服务。

1. 配置安全 ACL

IPSec 使用 ACL 的条件定义并匹配需获得安全服务的数据包，这种 ACL 也称安全 ACL。对于发送方来说，安全 ACL 允许(permit)的包将被保护，安全 ACL 拒绝(deny)的包将不被保护。

在建立 IPSec 隧道的两个安全网关上定义的 ACL 必须是相对称的，即一端安全 ACL 定义的源 IP 地址要与另一端安全 ACL 的目的 IP 地址一致。

本端安全 ACL 配置命令如下：

```
acl number 3101
rule 1 permit ip source 173.1.1.1 0.0.0.0 destination 173.2.2.2 0.0.0.7
```

对端安全 ACL 配置命令如下：

```
acl number 3101
rule 1 permit ip source 173.2.2.2 0.0.0.7 destination 173.1.1.1 0.0.0.0
```

IPSec 对安全 ACL 匹配的数据流进行保护，因此，建议精确地配置安全 ACL，只对确实需要 IPSec 保护的数据流配置 permit，避免盲目地使用关键字 any。

2. 配置安全提议

安全提议是保存 IPSec 提供安全服务时准备使用的一组特定参数，包括安全协议、加密/验证算法、工作模式等，以便 IPSec 通信双方协商各种安全参数。IPSec 安全网关必须具有相同的安全提议，才可以就安全参数达成一致。

一个安全策略通过引用一个或多个安全提议来确定采用的安全协议、算法和报文封装形式。在安全策略引用一个安全提议之前，这个安全提议必须已经建立。安全提议的配置内容如下。

(1) 创建安全提议，并进入安全提议视图，命令如下：

```
[H3C] ipsec transform - set proposal - name
```

默认情况下，没有任何安全提议存在。

(2) 选择安全协议，命令如下：

```
[H3C - ipsec - transform - set - tran1] protocol { ah | ah - esp | esp }
```

在安全提议中，需要选择所采用的安全协议。可选的安全协议有 AH 协议和 ESP 协议，也可指定同时使用 AH 协议与 ESP 协议。安全隧道两端所选择的安全协议必须一致。默认情况下，采用 ESP 协议。

(3) 选择工作模式。

在安全提议中，需要指定安全协议的工作模式，安全隧道的两端所选择的模式必须一致。默认情况下，采用隧道模式。

```
[H3C - ipsec - transform - set - tran1] encapsulation - mode { transport | tunnel }
```

(4) 选择安全算法。

不同的安全协议可以采用不同的验证算法和加密算法。目前,AH协议支持MD5和SHA-1验证算法;ESP协议支持MD5、SHA-1验证算法,以及DES、3DES、AES等加密算法。

设置ESP协议采用的加密算法,命令如下:

```
[H3C-ipsec-proposal-tran1] esp encryption-algorithm { 3des-cbc | aes-cbc-128 | aes-cbc-192 | aes-cbc-256 | des-cbc | null }
```

设置ESP协议采用的验证算法,命令如下:

```
[H3C-ipsec-proposal-tran1] esp authentication-algorithm { md5 | sha1 }
```

设置AH协议采用的验证算法,命令如下:

```
[H3C-ipsec-proposal-tran1] ah authentication-algorithm { md5 | sha1 }
```

ESP协议允许对报文同时进行加密和验证;AH协议没有加密的功能,只对报文进行验证。在安全隧道的两端设置的安全策略所引用的安全提议,必须设置成采用同样的验证算法和/或加密算法。

注意

可以对安全提议进行修改。但如果一个SA已协商成功,则新修改的安全提议并不立即生效,即SA仍然使用原来的安全提议,除非使用reset ipsec sa命令重置SA,而新协商的SA将使用新的安全提议。

---

3. 配置安全策略

IPSec安全策略规定了对什么样的数据流采用什么样的安全提议。一条安全策略由"名字"和"顺序号"共同唯一标识。若干名字相同的安全策略构成一个安全策略组。

安全策略包括两种配置方式。

(1) 手工配置参数的安全策略。需要用户手工配置密钥、SPI、安全协议和算法等参数,在隧道模式下,还需要手工配置安全隧道两个端点的IP地址。

(2) 通过IKE自动协商参数的安全策略。由IKE自动协商生成密钥、SPI、安全协议和算法等参数。

下文将介绍配置IKE自动协商方式的IPSec安全策略,手工配置方式的IPSec安全策略在本书中将不再详述。

如图12-18所示,当通过IKE自动协商建立SA时,一条安全策略最多可以引用6个安全提议。IKE对等体之间将交换这些安全提议,并搜索能够完全匹配的安全提议。如果找到互相匹配的安全提议,则使用其参数建立SA;如果IKE在两端找不到完全匹配的安全提议,则SA不能建立,需要被保护的报文将被丢弃。

通过IKE自动协商参数的安全策略主要配置内容如下所述。

(1) 创建一条安全策略,并进入安全策略视图,命令如下:

```
[H3C] ipsec { ipv6-policy | policy } policy-name seq-number isakmp
```

(2) 配置安全策略引用的ACL,命令如下:

```
[H3C-ipsec-policy-isakmp-map1-10] security acl [ ipv6 ] { acl-number | name acl-name } [ aggregation | per-host ]
```

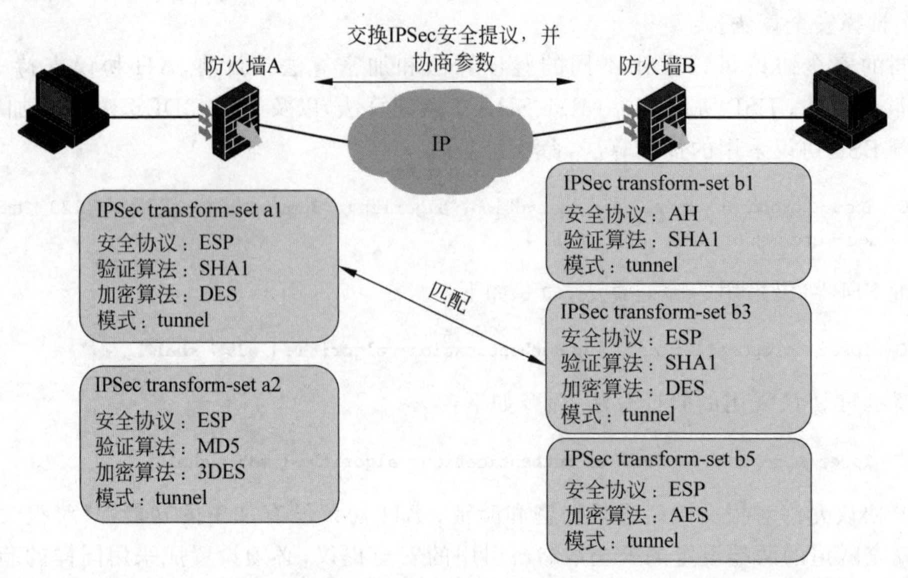

图 12-18　IKE 协商安全提议

（3）配置安全策略所引用的安全提议，命令如下：

```
[H3C - ipsec - policy - isakmp - map1 - 10] transform - set transform - set - name& < 1 - 6 >
```

当通过 IKE 自动协商建立 SA 时，一条安全策略最多可以引用六个安全提议。

（1）在指定 IPSec 安全策略引用的 IKE profile 的命令如下：

```
[H3C - ipsec - policy - isakmp - map1 - 10] ike - profile profile - name
```

（2）指定 IPSec 隧道的本端 IP 地址的命令如下：

```
[H3C - ipsec - policy - isakmp - map1 - 10] local - address { ipv4 - address | ipv6 ipv6 - address }
```

（3）指定 IPSec 隧道的对端 IP 地址的命令如下：

```
[H3C - ipsec - policy - isakmp - map1 - 10] remote - address { [ ipv6 ] host - name | ipv4 - address |
ipv6 ipv6 - address }
```

（4）配置安全策略的 SA 生存周期的命令如下：

```
[H3C - ipsec - policy - isakmp - map1 - 10] sa duration { time - based seconds | traffic - based
kilobytes }
```

注意

此处仅介绍了 IPSec 对 IKE profile 的引用命令，实际上，还需要对 IKE profile 进行必要的参数的设置，包括 IKE 的协商模式、IKE 提议、身份匹配规则等。有关 IKE profile 的配置，参见 12.5.4 小节。

---

4. 在接口上应用安全策略

为使定义的 SA 生效，应在每个要加密的数据流和要解密的数据流所在的接口上应用一个安全策略组，以对数据进行保护。在取消安全策略组在接口上的应用后，此接口便不再具有 IPSec 的安全保护功能。

IPSec 安全策略除了可以应用到串口、以太网口等实际物理接口上以外，还能够应用到 tunnel、virtual template 等虚接口上。可以根据实际组网的要求，在如 GRE、L2TP 等隧道上应用安全策略。

要在接口上应用 IPSec 安全策略，执行如下命令。

```
[H3C - GigabitEthernet1/0/1] ipsec apply { policy | ipv6 - policy } policy - name
```

12.5.2 IPSec 的配置任务（Web 配置）

Web 配置 IPSec VPN 的思路及方法和命令行配置是一致的，在此不再进行重复性的描述，仅对重点步骤进行展示。

在菜单栏中选择“网络”→VPN→IPSec 命令，进入“策略”配置页面，单击左上角的“新建”按钮，弹出“新建 IPSec 策略”对话框，如图 12-19 所示。在基本配置中定义 IPSec“策略名称”“优先级”、应用的“接口”，以及“对端 IP 地址/主机名”。

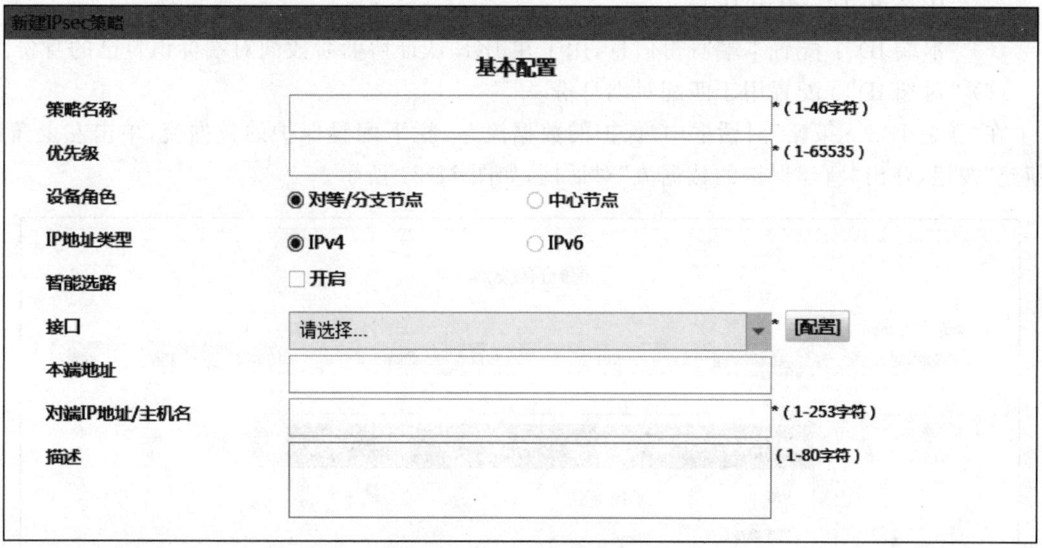

图 12-19 “基本配置”

（1）“策略名称”：IPSec 安全策略的名称，为 1～46 个字符的字符串，不区分大小写。

（2）“优先级”：IPSec 安全策略的顺序号，取值范围为 1～65535。

（3）“接口”：在接口上应用 IPSec 安全策略。

（4）“本端地址”：IPSec 隧道的本端 IP 地址。

（5）“对端 IP 地址/主机名”：IPSec 隧道的对端 IP 地址或主机名，为 1～253 个字符的字符串。

（6）“描述”：IPSec 安全策略的描述信息，为 1～80 个字符的字符串，区分大小写。

在“新建 IPSec 策略”对话框下一项为配置“IKE 策略”，如图 12-20 所示。

（1）“协商模式”：默认情况下，IKE 第一阶段的协商模式为“主模式”。

（2）“认证方式”：配置认证方式，默认为“预共享密钥”认证。

（3）“预共享密钥”：指定在采用预共享密钥认证时使用的 IKE keychain，为 1～128 个字符的字符串。

IKE策略

协商模式	◉主模式	○野蛮模式	○国密主模式
认证方式	◉预共享密钥	○数字认证	
预共享密钥		*（1-128字符）	
再次输入预共享密钥			
IKE提议	优先级（认证方式；认证算法；加密算法；DH）		
本端ID	IPv4 地址	例如1.2.3.4	
对端ID	IPv4 地址	例如1.2.3.4/24 *	

图 12-20 “IKE 策略”

（4）“IKE 提议”：引用 IKE proposal。

（5）“本端 ID”：配置本端身份信息，用于在 IKE 认证协商阶段向对端标识自己的身份。

（6）“对端 ID”：配置用于匹配对端身份。

在“新建 IPSec 策略”对话框中“保护的数据流”一栏下配置保护的数据流，单击左上角的“新建”按钮，弹出“新建保护的数据流”对话框，如图 12-21 所示。

图 12-21 “保护的数据流”

（1）“源 IP 地址”：隧道保护数据流的源 IP 地址。

（2）“目的 IP 地址”：隧道保护数据流的目的 IP 地址。

（3）“协议”：隧道保护数据流的协议。

（4）“动作”：保护或不保护。

在“新建 IPSec 策略”对话框中“高级配置”下配置 IPSec 参数，如图 12-22 所示。

（1）“封装模式”：默认情况下，使用隧道模式对 IP 报文进行封装。

（2）“安全协议”：默认情况下，使用 ESP 协议。

（3）“ESP 认证算法”：配置 ESP 协议采用的认证算法。

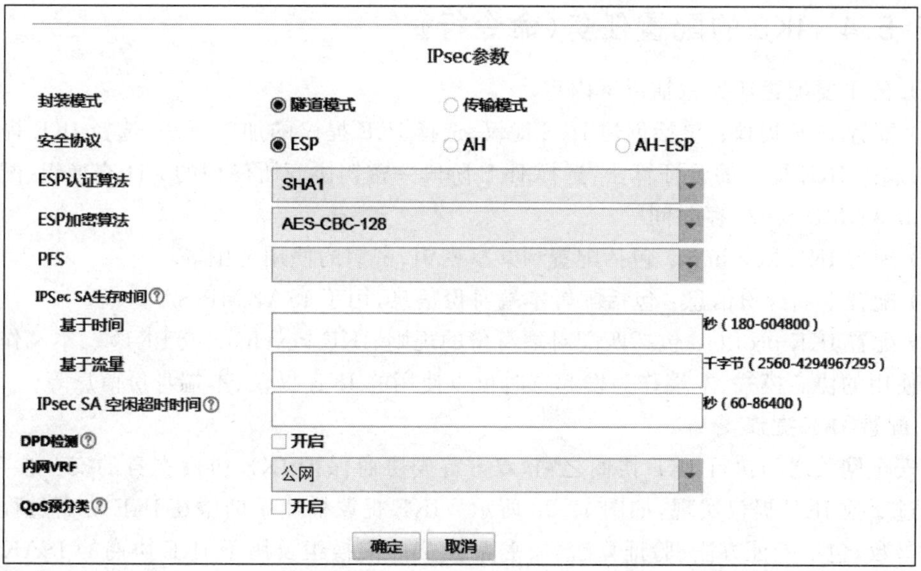

IPsec参数

封装模式 ◉隧道模式 ○传输模式

安全协议 ◉ESP ○AH ○AH-ESP

ESP认证算法 SHA1

ESP加密算法 AES-CBC-128

PFS

IPSec SA生存时间

基于时间 秒(180-604800)

基于流量 千字节(2560-4294967295)

IPsec SA 空闲超时时间 秒(60-86400)

DPD检测 □开启

内网VRF 公网

QoS预分类 □开启

确定 取消

图 12-22 “IPSec 参数”

(4)“ESP 加密算法”：配置 ESP 协议采用的加密算法。

(5)“PFS”：配置在使用安全提议发起 IKE 自动协商时使用完善的前向安全(perfect forward secrecy,PFS)特性。

(6)“IPSec SA 生存时间”：配置 IPSec SA 的生存时间。

最后单击“确定”按钮,完成 IPSec 策略的配置。

12.5.3 IPSec 的信息显示与调试维护

要显示所配置的安全策略的信息,执行命令如下：

```
[H3C] display ipsec { ipv6-policy | policy } [ policy-name [ seq-number ] ]
```

要显示所配置的安全提议的信息,执行命令如下：

```
[H3C] display ipsec transform-set [ transform-set-name ]
```

要显示安全联盟的相关信息,执行命令如下：

```
[H3C] display ipsec sa [ brief | count | interface interface-type interface-number | { ipv6-
policy | policy } policy-name [ seq-number ] ]
```

其中,使用 brief 关键字显示所有的安全联盟的简要信息；使用 count 关键字显示安全联盟的数量；使用 policy 关键字显示由指定安全策略创建的安全联盟的详细信息。

要打开 IPSec 调试功能,执行命令如下：

```
<H3C> debugging ipsec { all | error | event | packet }
```

要清除已经建立的安全联盟,执行命令如下：

```
<H3C> reset ipsec sa
```

12.5.4 IKE 的配置任务(命令行)

IKE 的主要配置任务包括以下内容。

(1) 配置 IKE 提议：包括创建 IKE 提议、选择 IKE 提议的加密算法、选择 IKE 提议的验证方法、选择 IKE 提议的验证算法、选择 IKE 阶段一密钥协商所使用的 DH 交换组、配置 IKE 提议的 ISAKMP SA 生存时间等。

(2) 配置 IKE keychain：包括配置预共享密钥、密钥的使用范围等。

(3) 配置本端身份信息：包括配置本端身份信息，用于 ISAKMP SA 协商。

(4) 配置 IKE profile：包括匹配对端身份的规则、IKE keychain 或 PKI 域、本端作为发起方时所使用的协商模式、本端作为发起方时可以使用的 IKE 提议、本端身份信息等。

1. 配置 IKE 提议

在安全网关之间执行 IKE 协商之初，双方首先协商保护 IKE 协商本身的安全参数，这一协商通过交换 IKE 提议实现，如图 12-23 所示。IKE 提议描述了期望在 IKE 协商过程中使用的安全参数，包括验证方法、验证算法、加密算法、DH 交换组及用于 IKE 协商的 ISAKMP SA 生存时间等。双方查找出互相匹配的 IKE 提议，用其参数建立 ISAKMP SA，并保护 IKE 交换时的通信。

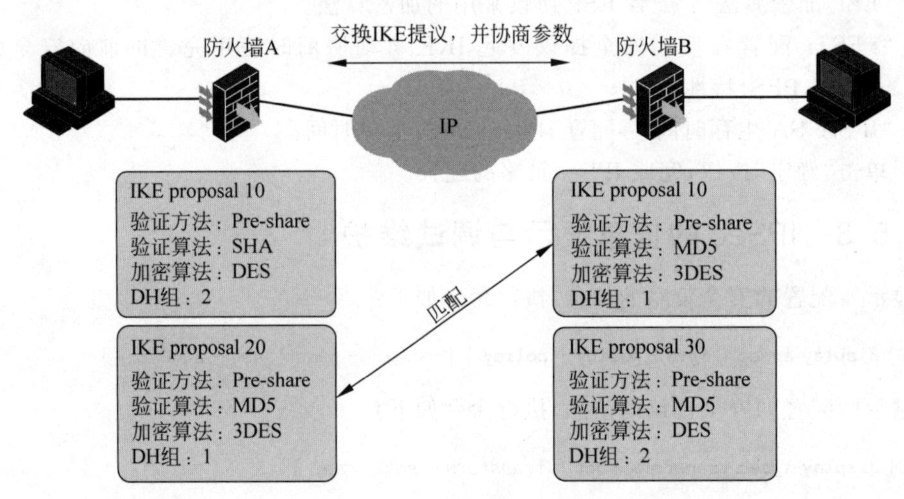

图 12-23 理解 IKE 提议

IKE 提议配置命令如下。

(1) 创建 IKE 提议，并进入 IKE 提议视图，命令如下：

```
[H3C] ike proposal proposal - number
```

proposal-number 参数指定 IKE 提议序号，取值范围为 1～65535。该序号同时表示一条提议的优先级，数值越小，优先级越高。在进行 IKE 协商的时候，会从序号最小的 IKE 提议进行匹配，如果匹配，则直接使用；否则，继续查找。

系统提供一条名称为“default”的默认 IKE 提议，此默认 IKE 提议具有最低的优先级。默认 IKE 提议具有默认的参数包括以下内容。

① 加密算法：DES-CBC。

② 验证算法：SHA-1。

③ 验证方法：预共享密钥。

④ DH 交换组标识：MODP_768。

⑤ ISAKMP SA 的生存时间：86 400s。

(2) 选择 IKE 提议所使用的加密算法，命令如下：

```
[H3C-ike-proposal-10] encryption-algorithm { 3des-cbc | aes-cbc-128 | aes-cbc-192 | aes-cbc-256 | des-cbc }
```

默认情况下，IKE 提议使用 CBC 模式的 56b DES 加密算法。

(3) 选择 IKE 提议所使用的验证方法，命令如下：

```
[H3C-ike-proposal-10] authentication-method { dsa-signature | pre-share | rsa-signature }
```

默认情况下，IKE 提议使用预共享密钥的验证方法。

(4) 选择 IKE 提议所使用的验证算法，命令如下：

```
[H3C-ike-proposal-10] authentication-algorithm { md5 | sha }
```

默认情况下，IKE 提议使用 SHA-1 验证算法。

(5) 选择 IKE 阶段一密钥协商时所使用的 DH 交换组，命令如下：

```
[H3C-ike-proposal-10] dh { group1 | group2 | group5 | group14 | group24 }
```

默认情况下，IKE 第一阶段密钥协商时所使用的 DH 密钥交换参数为 **group1**，即 768 位二进制的 DH 交换组。

(6) 配置 IKE 提议的 ISAKMP SA 生存时间，命令如下：

```
[H3C-ike-proposal-10] sa duration seconds
```

在设定的生存时间超时前，双方会提前协商另一个 SA 来替换旧的 SA。在新的 SA 还没有协商完之前，依然使用旧的 SA；在新的 SA 建立后，将立即使用新的 SA，而旧的 SA 在生存时间超时后，被自动清除。

因为 IKE 协商需要进行 DH 交换计算，在低端设备上，需要经过较长的时间，为使 ISAKMP SA 的更新不影响安全通信，建议设置生存时间大于 600s。默认情况下，IKE 提议的 ISAKMP SA 生存时间为 86400s。

2. 配置 IKE keychain

IKE keychain 的配置命令如下。

(1) 创建一个 IKE keychain，并进入 IKE keychain 视图，命令如下：

```
[H3C] ike keychain keychain-name [ vpn-instance vpn-name ]
```

(2) 配置预共享密钥，执行命令如下：

```
[H3C-ike-keychain-key1] pre-shared-key { address { ipv4-address [ mask | mask-length ] | ipv6 ipv6-address [ prefix-length ] } | hostname host-name } key { cipher cipher-key | simple simple-key }
```

IKE 自动协商双方配置的预共享密钥必须相同，否则身份认证会失败。以明文或密文方式设置的预共享密钥，均以密文的方式保存在配置文件中。

3. 配置本端身份信息

IKE 本端身份信息的配置命令如下：

```
[H3C] ike identity { address { ipv4-address | ipv6 ipv6-address } | dn | fqdn [ fqdn-name ]|
user-fqdn [ user-fqdn-name ] }
```

本端身份信息适用于所有 IKE SA 的自动协商，而 IKE profile 下的 local-identity 仅适用于本端 IKE profile。如果 IKE profile 下没有配置本端身份，则默认使用此处配置的全局本端身份。默认情况下，使用 IP 地址标识本端的身份，该 IP 地址为 IPSec 安全策略或 IPSec 安全策略模板应用的接口地址。

参数解释如下。

address：指定标识本端身份的 IP 地址，其中，ipv4-address 为标识本端身份的 IPv4 地址，ipv6-address 为标识本端身份的 IPv6 地址。

dn：使用从数字证书中获得的 DN 名作为本端身份。

fqdn：指定标识本端身份的 FQDN 名称，fqdn-name 表示 FQDN 名称，为 1～255B 的字符串，区分大小写，如 www.test.com。

user-fqdn：指定标识本端身份的 user FQDN 名称，user-fqdn-name 表示 user FQDN 名称，为 1～255B 的字符串，区分大小写，如 adc@test.com。

4. 配置 IKE profile

IKE profile 配置命令如下所示。

（1）创建一个 IKE profile，并进入 IKE Profile 视图，执行命令如下：

```
[H3C] ike profile profile-name
```

（2）配置 IKE 第一阶段的自动协商模式，执行命令如下：

```
[H3C-ike-profile-pro1] exchange-mode { aggressive | main }
```

默认情况下，IKE 第一阶段发起方的自动协商模式使用主模式。当本端作为响应方时，将自动适配发起方的自动协商模式。

（3）配置采用预共享密钥验证时所用的密钥，执行命令如下：

```
[H3C-ike-profile-pro1] keychain keychain-name
```

（4）配置 IKE profile 引用的 IKE 提议，执行命令如下：

```
[H3C-ike-profile-pro1] proposal proposal-number&<1-6>
```

默认情况下，IKE profile 未引用任何 IKE 提议，使用系统视图下已配置的 IKE 提议进行 IKE 协商。

（5）配置匹配对端身份的规则，执行命令如下：

```
[H3C-ike-profile-pro1] match remote { certificate policy-name | identity { address { { ipv4-
address [ mask | mask-length ] | range low-ipv4-address high-ipv4-address } | ipv6 { ipv6-
address [ prefix-length ] | range low-ipv6-address high-ipv6-address } } [ vpn-instance vpn-
name ] | fqdn fqdn-name | user-fqdn user-fqdn-name } }
```

自动协商双方都必须配置至少一个 match remote 规则，当对端的身份与 IKE profile 中配置的 match remote 规则匹配时，则使用此 IKE profile 中的信息与对端完成认证。

12.5.5　IKE的配置任务(Web配置)

Web配置IKE的思路和命令行配置是一致的,在此不再进行重复性的描述,仅对重点步骤进行展示。

在菜单栏中选择"网络"→VPN→IPSec命令,进入"IKE提议"配置页面,单击左上角的"新建"按钮,弹出"新建IKE提议"对话框,如图12-24所示。默认情况下,存在一个默认的IKE提议。

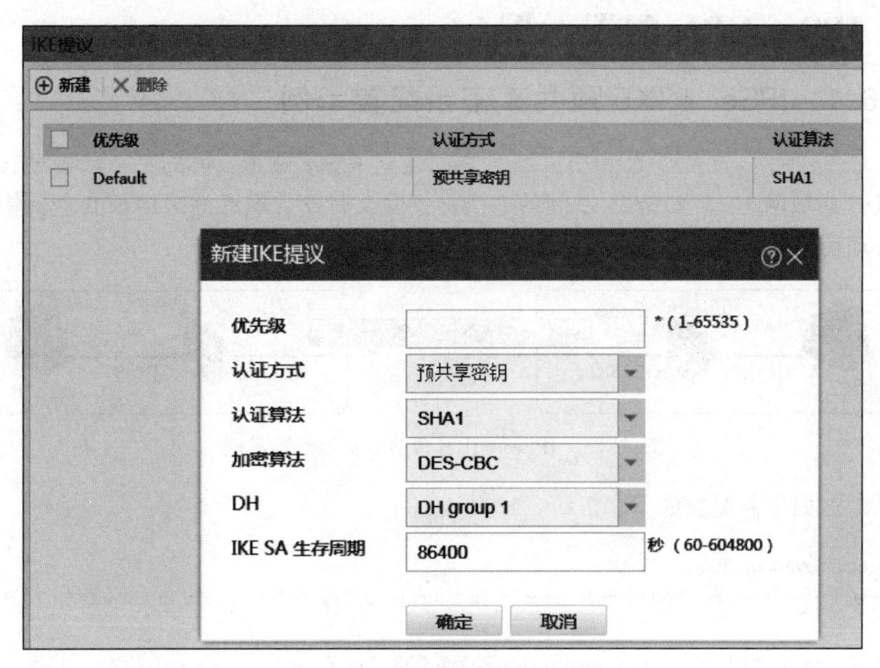

图12-24　IKE提议

(1)"优先级":IKE提议序号,取值范围为1~65535。数值越小,优先级越高。

(2)"认证方式":默认情况下,IKE提议使用预共享密钥的认证方法。

(3)"认证算法":配置IKE提议使用的认证算法。

(4)"加密算法":配置IKE提议使用的加密算法。

(5)"DH":配置IKE第一阶段密钥自动协商时所使用的DH密钥交换参数。

(6)"IKE SA生存周期":默认情况下,IKE提议的IKE SA生存时间为86400s。

12.5.6　IKE的显示信息与调试维护

显示所有IKE提议的配置信息,执行命令如下:

```
[H3C] display ike proposal
```

要显示当前ISAKMP SA的信息,执行命令如下:

```
[H3C] display ike sa [ verbose [ connection - id connection - id | remote - address [ ipv6 ] remote - address [ vpn - instance vpn - name ] ] ]
```

要打开IKE协议调试开关,执行命令如下:

```
<H3C> debugging ike all
```

要清除 IKE 建立的安全隧道，执行命令如下：

```
<H3C> reset ike sa [ connection-id connection-id ]
```

要清除 IKE 的统计信息，执行命令如下：

```
<H3C> reset ike statistics
```

12.6 IPSec VPN 配置示例

12.6.1 IPSec+IKE 预共享密钥配置示例

如图 12-25 所示，防火墙 A 和防火墙 B 之间建立 IPSec 隧道，为站点 A 局域网 10.1.1.0/24 和站点 B 局域网 10.1.2.0/24 之间的通信提供安全服务。本示例采用预共享密钥方式，通过 IKE 自动协商建立 IPSec SA。

图 12-25 IPSec+IKE 预共享密钥配置示例

防火墙 A 的主要配置如下：

```
[FWA] acl advanced 3001
[FWA-acl-ipv4-adv-3001] rule permit ip source 10.1.1.0 0.0.0.255 destination 10.1.2.0 0.0.0.255
[FWA] ip route-static 10.1.2.0 255.255.255.0 202.38.160.2
[FWA] ipsec transform-set tran1
[FWA-ipsec-transform-set-tran1] encapsulation-mode tunnel
[FWA-ipsec-transform-set-tran1] protocol esp
[FWA-ipsec-transform-set-tran1] esp encryption-algorithm aes-cbc-128
[FWA-ipsec-transform-set-tran1] esp authentication-algorithm sha1
[FWA] ike keychain keychain1
[FWA-ike-keychain-keychain1] pre-shared-key address 202.38.160.2 255.255.255.255 key simple 123456
[FWA] ike profile profile1
[FWA-ike-profile-profile1] keychain keychain1
[FWA-ike-profile-profile1] local-identity address 202.38.160.1
[FWA-ike-profile-profile1] match remote identity address 202.38.160.2 255.255.255.255
[FWA] ipsec policy map1 10 isakmp
[FWA-ipsec-policy-isakmp-map1-10] remote-address 202.38.160.2
[FWA-ipsec-policy-isakmp-map1-10] security acl 3001
[FWA-ipsec-policy-isakmp-map1-10] transform-set tran1
[FWA-ipsec-policy-isakmp-map1-10] ike-profile profile1
[FWA] interface GigabitEthernet 1/0/2
[FWA-GigabitEthernet 1/0/2] ip address 202.38.160.1 255.255.255.0
[FWA-GigabitEthernet 1/0/2] ipsec apply policy map1
```

防火墙 B 的主要配置如下：

```
[FWB] acl advanced 3001
[FWB-acl-ipv4-adv-3001] rule permit ip source 10.1.2.0 0.0.0.255 destination 10.1.1.0 0.0.
0.255
[FWB] ip route-static 10.1.1.0 255.255.255.0 202.38.160.1
[FWB] ipsec transform-set tran1
[FWB-ipsec-transform-set-tran1] encapsulation-mode tunnel
[FWB-ipsec-transform-set-tran1] protocol esp
[FWB-ipsec-transform-set-tran1] esp encryption-algorithm aes-cbc-128
[FWB-ipsec-transform-set-tran1] esp authentication-algorithm sha1
[FWA] ike keychain keychain1
[FWA-ike-keychain-keychain1] pre-shared-key address 202.38.160.1 255.255.255.255 key
simple 123456
[FWA] ike profile profile1
[FWA-ike-profile-profile1] keychain keychain1
[FWA-ike-profile-profile1] local-identity address 202.38.160.2
[FWA-ike-profile-profile1] match remote identity address 202.38.160.1 255.255.255.255
[FWA] ipsec policy map1 10 isakmp
[FWA-ipsec-policy-isakmp-map1-10] remote-address 202.38.160.1
[FWA-ipsec-policy-isakmp-map1-10] security acl 3001
[FWA-ipsec-policy-isakmp-map1-10] transform-set tran1
[FWA-ipsec-policy-isakmp-map1-10] ike-profile profile1
[FWA] interface GigabitEthernet 1/0/2
[FWA-GigabitEthernet 1/0/2] ip address 202.38.160.2 255.255.255.0
[FWA-GigabitEthernet 1/0/2] ipsec apply policy map1
```

在上述配置完成后，防火墙 A 和防火墙 B 之间如果有子网 10.1.1.0/24 与子网 10.1.2.0/24 之间的报文通过，将触发 IKE 自动协商，建立 IPSec SA。IKE 在自动协商成功并创建了 SA 后，两端子网之间的数据流将被加密传输。

12.6.2 IPSec+IKE 野蛮模式配置示例

在本示例中，防火墙 B 需要与防火墙 A 建立 IPSec 隧道，要求用 IKE 自动协商安全参数，由于分支网络出口 IP 地址无法提前确认，需要采用野蛮模式，如图 12-26 所示。这种组网常常出现在分支网络使用 PPPoE 等 Internet 接入方式的情况下。

图 12-26 IPSec+IKE 野蛮模式配置示例

防火墙 A 的配置如下。由此可见，作为分支路由器的防火墙 A 没有固定 IP 地址的对外网络连接。为了使用野蛮模式，防火墙 A 的相应 IKE profile 必须配置命令 exchange-mode aggressive，以启动野蛮模式。同时，必须配置相应的本端身份信息和对端 IP 地址及身份信息。主要配置命令如下：

```
[FWA] acl advanced 3000
[FWA-acl-ipv4-adv-3000] rule 0 permit ip source 192.168.1.0 0.0.0.255 destination 192.168.
2.0 0.0.0.255
[FWA] ipsec transform-set tran1
```

```
[FWA-ipsec-transform-set-tran1] encapsulation-mode tunnel
[FWA-ipsec-transform-set-tran1] protocol esp
[FWA-ipsec-transform-set-tran1] esp encryption-algorithm 3des-cbc
[FWA-ipsec-transform-set-tran1] esp authentication-algorithm sha1
[FWA] ike keychain key1
[FWA-ike-keychain-key1] pre-shared-key address 2.2.2.2 255.255.255.255 key simple 123456
[FWA] ike profile profile1
[FWA-ike-profile-profile1] keychain key1
[FWA-ike-profile-profile1] exchange-mode aggressive
[FWA-ike-profile-profile1] local-identity fqdn www.routera.com
[FWA-ike-profile-profile1] match remote identity address 2.2.2.2 255.255.255.0
[FWA] ipsec policy policy1 10 isakmp
[FWA-ipsec-policy-isakmp-policy1-10] remote-address 2.2.2.2
[FWA-ipsec-policy-isakmp-policy1-10] security acl 3000
[FWA-ipsec-policy-isakmp-policy1-10] ike-profile profile1
[FWA-ipsec-policy-isakmp-policy1-10] transform-set transform1
[FWA-GigabitEthernet 1/0/2] ipsec apply policy policy1
[FWA] ip route-static 0.0.0.0 0.0.0.0 GigabitEthernet 1/0/2
```

防火墙 B 的配置如下。可见防火墙 B 作为总部 Internet 出口设备，具有固定的 IP 地址。防火墙 B 的相应 IKE profile 也必须配置为野蛮模式。同时，必须配置相应的本端身份信息和对端身份信息。此外，防火墙 B 无须指定对端设备的 IP 地址。主要配置命令如下：

```
[FWB] ipsec transform-set tran1
[FWB-ipsec-transform-set-tran1] encapsulation-mode tunnel
[FWB-ipsec-transform-set-tran1] protocol esp
[FWB-ipsec-transform-set-tran1] esp encryption-algorithm 3des-cbc
[FWB-ipsec-transform-set-tran1] esp authentication-algorithm sha1
[FWB] ike keychain key1
[FWB-ike-keychain-key1] pre-shared-key address 0.0.0.0 0.0.0.0 key simple 123456
[FWB] ike profile profile1
[FWB-ike-profile-profile1] keychain key1
[FWB-ike-profile-profile1] exchange-mode aggressive
[FWB-ike-profile-profile1] match remote identity fqdn www.routera.com
[FWB] ipsec policy-template template1 1
[FWB-ipsec-policy-template-template1-1] transform-set tran1
[FWB-ipsec-policy-template-template1-1] local-address 2.2.2.2
[FWB-ipsec-policy-template-template1-1] ike-profile profile1
[FWB] ipsec policy policy1 1 isakmp template template1
[FWB-GigabitEthernet 1/0/2] ipsec apply policy policy1
[FWB] ip route-static 0.0.0.0 0.0.0.0 GigabitEthernet 1/0/2
```

防火墙 B 配置中采用了 IPSec 安全策略模板，模板方式与直接配置的 IKE 自动协商方式的 IPSec 安全策略中可配置的参数类似，但是配置较为简单，除了 IPSec 安全提议和 IKE profile 以外的其他参数均为可选。应用了引用 IPSec 安全策略模板配置的 IPSec 安全策略的接口不能发起协商，仅可以响应远端设备的协商请求。

12.7 本章总结

(1) IPSec VPN 具有相当完善的安全特性，表现在以下几个方面。

① 保证机密性。

② 保证数据完整性。

③ 可以进行数据源验证。

④ 具有一定的抗攻击能力。

(2) IPSec VPN 也具有以下缺点。

① 复杂的协议体系,不利于部署和维护。

② 高强度的运算,消耗大量资源。

③ 加密、解密和验证过程,增加了数据传输的延迟,不利于实时性要求强的应用,如语音和视频等。

④ 仅能对点对点的数据进行保护,不支持组播。

12.8 习题和解答

12.8.1 习题

1. IPSec SA 可以通过(　　)自动协商建立。

A. AH　　B. ESP　　C. SPI　　D. IKE

2. 同时提供完整性、机密性和数据源验证的是(　　)。

A. AH　　B. ESP　　C. MD5　　D. DES

3. 在两个站点之间建立 IPSec 隧道,应使用(　　)。

A. 隧道模式　　B. 传输模式　　C. 主模式　　D. 野蛮模式

4. 下列关于 IPSec SA 的说法中正确的是(　　)。

A. IPSec SA 是双向的　　B. IPSec SA 是单向的

C. IPSec SA 必须由 IKE 协商建立　　D. IPSec SA 必须由手工建立

5. 下列关于 IKE 野蛮模式的说法中正确的是(　　)。

A. 野蛮模式的安全性强于主模式

B. 野蛮模式的安全性弱于主模式

C. 野蛮模式的安全性等于主模式

D. 野蛮模式可以与主模式同时使用

12.8.2 习题答案

1. D　2. B　3. A　4. B　5. B

第13章

SSL VPN

随着信息技术在企业中的应用不断深化,企业信息系统对 VPN 网络也提出了越来越高的要求。最初的 VPN 仅实现简单的网络互联功能,采用了 L2TP、GRE 等隧道技术。为了保证数据的私密性和完整性,而产生了 IPSec VPN。

随着接入技术和移动技术的发展,如今的人们可以随时随地以多种方式接入 Internet。企业的员工要求随时可以在家、网吧、旅馆,使用自己的、别人的、公用的电脑,来访问公司的信息系统。这些多种多样的远程接入都是动态建立的,远程主机的安全性得不到保证,并且远程终端的多样性也要求 VPN 的客户端具有跨平台、易于升级和维护等特点。另外,随着企业经营模式的改变,企业需要建立 extranet,与合作伙伴共享某些信息资源,以便提高企业的运作效率。在这种 extranet 中,为了保证企业信息系统的安全,对合作伙伴的访问必须进行严格、有效的控制。

面对这些新的挑战,SSL VPN 便应运而生了。SSL VPN 以其简单、易用的安全接入方式,丰富有效的权限管理,跨平台、免安装、免维护的客户端而成为远程接入市场上的新贵。

13.1 本章目标

学习完本章,应该能够达成以下目标。

(1) 了解 SSL 协议的基本原理。

(2) 叙述 SSL VPN 的系统结构及主要特点。

(3) 掌握 SSL VPN 的主要功能及实现方式。

(4) 掌握 SSL VPN 的主要部署模式。

13.2 SSL 协议简介

13.2.1 SSL 协议概述

SSL 协议即“安全套接层”协议,SSL 协议是一种工作在 TCP 层之上的,用于安全传输数据的加密协议。SSL 介于 TCP/IP 协议栈第 4 层和第 7 层之间,在传输层对网络连接进行加密。SSL 协议广泛应用于电子商务、网上银行等领域,为网络上的数据传输提供安全性保障。

如图 13-1 所示,SSL 协议模块本身只提供对数据流的加解密处理,不提供对报文排序和重传等传输层功能,但它利用 TCP 的功能实现了端到端的可靠传输,因此整个 SSL 协议层对上层应用就呈现为一种端到端的有连接服务。

(1) SSL 协议采用客户主机/服务器(client/server,C/S)结构的通信模式。在 SSL 通信过程中,先发起建立 SSL 连接请求的一方为 SSL client(客户端),接收建立 SSL 连接请求的一方为 SSL server(服务器端)。在 SSL 连接建立起来后,SSL 客户端与服务器端之间就可以进

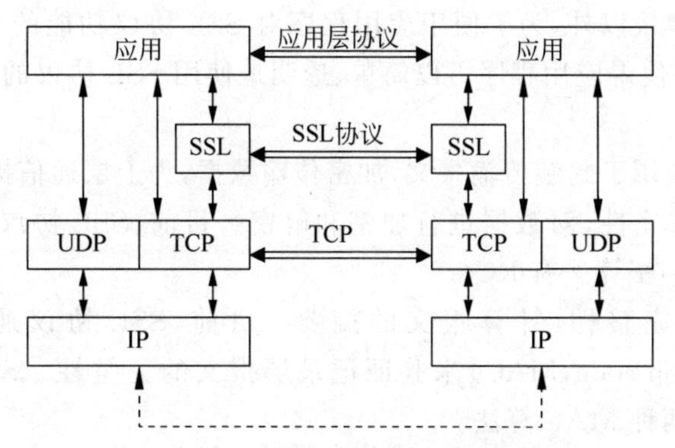

图 13-1 SSL 协议的工作模型

行通信了。

(2) SSL 服务器端使用 TCP 的端口 443 为服务端口。SSL 服务器端作为一种 TCP 服务,监听端口 443,接收并处理建立 SSL 连接的请求报文。端口 443 为 Internet 上的常见使用端口,与 HTTP 所使用的端口 80 一样,在互联网上一般对此类应用端口采取开放策略。

13.2.2 SSL 协议的体系结构

如图 13-2 所示,SSL 协议分为握手层和记录层。握手层用于协商会话参数,建立 SSL 连接;记录层用于加密传输数据,封装传输报文。

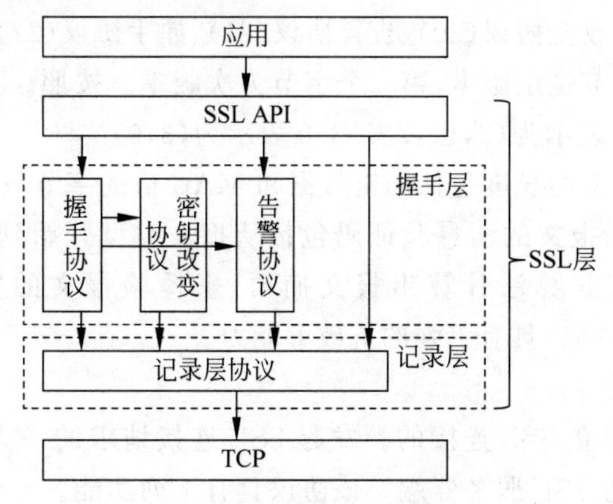

图 13-2 SSL 体系结构

握手层包括握手协议模块、密钥改变协议模块、告警协议模块三个协议模块。

握手协议模块负责建立 SSL 连接、维护 SSL 会话。在建立 SSL 连接的过程中,通信双方可以协商出一致认可的、最高级别的加密处理能力,以及加密所需的各种密钥参数。

在协商出密钥参数后,握手协议模块通过密钥改变协议模块向对方发送一个“密钥改变”报文,通知对方的记录层:本方后续发送的报文将要启用刚才协商好的密钥参数。接收方在收到“密钥改变”报文后,将在记录层设置好解密参数,对后续接收到的报文进行解密处理。

在 SSL 通信期间,如果握手协议模块或上层应用程序发现了某种异常,可以通过告警协议模块发送告警消息给另一方。告警消息有多种,如报文校验出错、解密失败、记录报文过长等。其中有一条消息是“关闭通知”消息,用于通知对方本端将关闭 SSL 连接,一般实现方式比较友好的 SSL 模块都采用此消息通知对方 SSL 连接将被本端关闭。

除上述协议功能模块以外，为了便于应用程序对SSL协议功能的调用，SSL模块还对外提供了一组API接口，使得应用程序可以简单、透明地使用SSL协议的加密传输功能。

1. SSL记录层

SSL协议的记录层用于封装传输报文，加密传输数据，为上层通信提供了以下的服务。

保护传输数据的私密性，对数据进行加密和解密。目前，SSL协议支持的块加密算法有DES、3DES、AES；流加密算法有RC4。

验证传输数据的完整性，计算报文的摘要。目前，SSL协议通过计算消息验证码(message authentication code，MAC)来验证记录层报文的完整性。SSL协议支持HMAC-MD5、HMAC-SHA1两种MAC算法。

提高数据的传输效率，对数据进行压缩。在TLS 1.0中虽然定义了记录层的压缩功能，但并没有指定具体的压缩算法，所以，目前一般的SSL通信过程还不对数据进行压缩处理。

保证数据传输的有序性和可靠性。SSL协议采用TCP进行数据传输，因此，传输过程是可靠的和有序的。

SSL记录层的报文结构如图13-3所示。

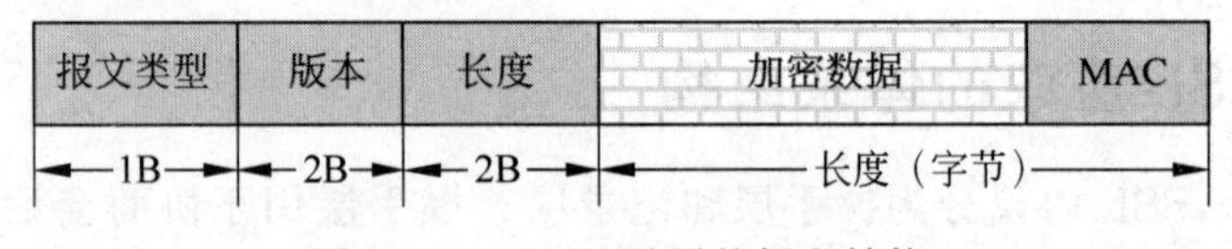

图13-3 SSL记录层的报文结构

(1) 报文类型：密钥改变协议(20)、告警协议(21)、握手协议(22)、应用层数据(23)。

(2) 版本：第一个字节是主版本，第二个字节为次版本。按照(主版本，次版本)的格式描述版本格式，则TLS 1.0表示为(3,1)，SSL 3.0表示为(3,0)。

(3) 长度：记录层报文的长度包括加密数据和MAC值的字节数。

(4) MAC：整个记录报文的消息验证码包括从报文类型开始到加密数据为止的所有字段。消息验证码采用hash算法计算出报文摘要，来检验报文的完整性。SSL协议采用HMAC摘要算法，使得MAC具有更强的抗破解能力。

2. SSL握手层

SSL握手层是用来建立SSL连接的。发起SSL连接请求的一方称为SSL客户端，响应SSL连接请求的一方称为SSL服务器端。该协议具有下列功能。

(1) 协商通信所使用的SSL协议版本。

目前，在应用中可能遇到的SSL版本有：SSL 2.0、SSL 3.0、SSL 3.1(TLS 1.0)。SSL的客户端与服务器端在正式传输数据前，需要协商出双方都支持的最高协议版本。

(2) 协商通信所使用的加密套件。

加密套件是SSL通信过程中所用到的各种加密算法的一种组合，SSL协议的加密套件包括密钥交换算法、加密算法、HMAC算法。在RFC 2246中，规定了六种必须实现的加密套件。

① TLS_RSA_WITH_RC4_128_MD5。

② TLS_RSA_WITH_RC4_128_SHA。

③ TLS_RSA_WITH_DES_CBC_SHA。

④ TLS_RSA_WITH_3DES_EDE_CBC_SHA。

⑤ TLS_RSA_WITH_AES_128_CBC_SHA。

⑥ TLS_RSA_WITH_AES_256_CBC_SHA。

(3) 协商加密所使用的密钥参数。

对块加密算法,需要的密钥参数有:初始化向量(IV)、加密密钥、MAC 密钥。对流加密算法,需要的密钥参数有:流加密的初始状态、MAC 密钥。

SSL 连接是双向的,每个传输方向上都有一套加密密钥。所以,对块加密算法,需要产生六个密钥参数;对流加密算法,需要产生四个密钥参数。

(4) 通信双方彼此验证对方的身份(可选)。

SSL 协议通过个人的公开密钥证书和私有密钥的数字签名,来验证用户的真实身份。服务器端必须传输自己的证书给客户端;当服务器端需要验证客户端的真实身份时,可以通过证书请求(CertificateRequest)消息向客户端索取数字证书。

(5) 建立 SSL 连接和维护 SSL 会话。

在完成了上述协商任务,验证了对方的合法身份后,通信双方就建立起了 SSL 连接。协商出来的参数,如协议版本、加密套件和密钥参数等,都保存到会话(session)中。在 SSL 连接断开后,SSL 会话并不会立即被清除,还会在 SSL 服务器端和客户端中保留一段时间。如果客户端后续还要与相同的服务器端进行 SSL 通信,则可以通过恢复 SSL 会话,快速建立起 SSL 连接。

3. 握手过程

SSL 握手协议规定了三种握手过程。

(1) 无客户端认证的全握手过程。

所谓全握手过程,是指一个完整的 SSL 连接建立过程,在其中需要建立新的 SSL 会话,协商出新的会话参数。"无客户端认证"是指在该过程中服务器端不对客户端身份信息进行验证。但是,服务器仍需将证书传输给客户端,客户端是否对服务器的证书进行验证,由客户端的具体实现来决定。

其中,密钥交换过程可以采用 DH 算法,也可以采用 RSA 算法,一般采用 RSA 算法。在握手过程的最后阶段,双方将向对方发送加密后的 finished 报文,来检验整个协商过程是否受到破坏。

(2) 有客户端认证的全握手过程。

如果服务器端需要验证客户端的真实身份,在建立 SSL 连接的过程中,服务器端可以发送 CertificateRequest 消息,向客户端索要个人公开密钥证书和数字签名,来验证客户端的真实身份。

(3) 会话恢复过程。

一般情况下,在一次通信过程结束后,SSL 连接就会被关闭。当下一次访问相同的 SSL 服务器时,客户端需要重新建立 SSL 连接。由于在 SSL 连接建立的工程中会涉及很多复杂的计算,因此,比较耗时。为了提高 SSL 连接建立的效率,SSL 协议提供了会话恢复机制。

SSL 协议的会话管理包括以下内容。

① 在一次全握手过程后,SSL 协议的通信双方分别使用会话记录下刚才协商过的会话参数,包括 SSL 协议的版本、加密套件和各种密钥参数。

② 在一次通信过程结束后,SSL 协议的服务器端和客户端虽然关闭了 SSL 连接,但并不立即清除 SSL 会话(session),而是将会话参数在各自的缓存中保存一段时间。

③ 在会话记录有效的时间内,客户端后续对同一服务器发起的 SSL 连接可以使用上一次

建立连接时保存在缓存中的 SSL 会话参数，从而避免了耗时的 SSL 会话协商过程。

④ 如果缓存中的会话记录长时间没有被使用，在超过一定的时间后，会话将会被清除。

图 13-4 显示了无客户端认证的全握手过程，该过程及其使用的报文如下。

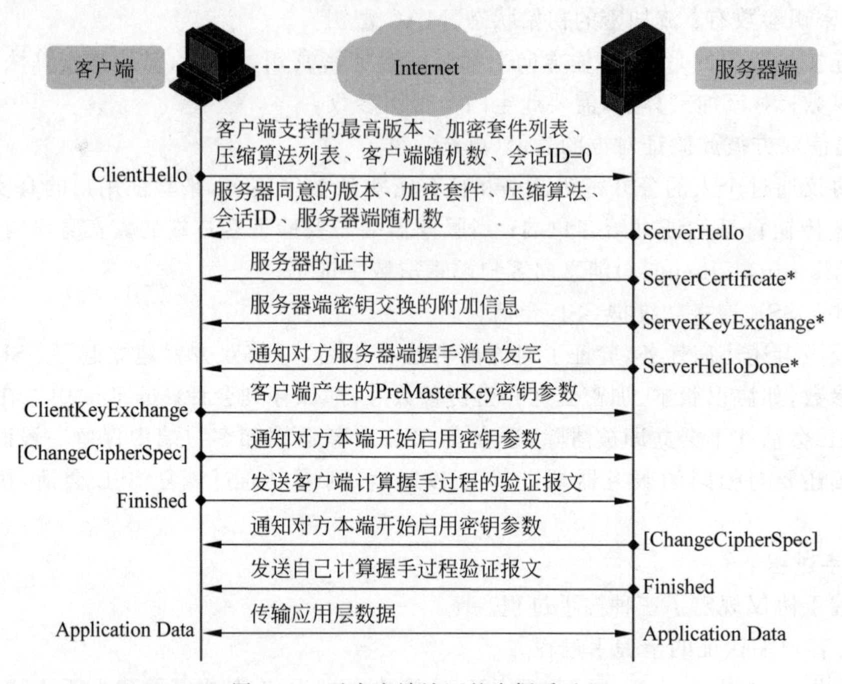

图 13-4　无客户端认证的全握手过程

(1) ClientHello。

客户端首先发出 ClientHello 报文，向服务器端请求建立 SSL 连接。报文携带了客户端最高支持的 SSL 协议版本、可以支持的加密套件列表、用于生成密钥的客户端随机数等信息。如果是新建立的 SSL 连接，则报文中的会话 ID 字段为 0。

(2) ServerHello。

服务器端通过此报文向客户端表明自己可以接收的协议版本、加密套件、用于生成密钥的服务器端随机数。服务器端为本次 SSL 通信会话分配了一个会话 ID，并通过此报文返回给客户端。

(3) ServerCertificate。

传输服务器端的证书给客户端，客户端可以对此证书进行验证。

(4) ServerKeyExchange。

当采用 DH 密钥交换算法时，ServerCertificate 消息不足以携带足够多的信息用于密钥交换，便采用 ServerKeyExchange 消息携带附加的信息。该消息是可选的。

(5) ClientKeyExchange。

用于传输密钥交换报文。如果通信双方选择了 RSA 密钥交换算法，则整个密钥交换过程如下所示。

客户端用随机函数生成一个密钥参数 premasterkey，然后用服务器端证书中的公开密钥对密钥参数进行加密，通过 ClientKeyExchange 消息将加密后的密钥参数传给对方。

服务器端在收到 ClientKeyExchange 消息后，用自己的私有密钥对报文进行解密，得到

PreMasterKey 密钥参数。然后由 PreMasterKey 密钥参数派生出记录层加密所需要的多个密钥参数。客户端直接使用 PreMasterKey 密钥参数计算记录层的密钥参数。在计算完密钥参数后，向对方发送 ChangeCipherSpec 消息。

(6) ChangeCipherSpec。

通知对方本端开始启用密钥参数，后续发送的数据将是密文。

(7) Finished。

对前面所有的握手消息计算摘要。发送者和接收者双方都计算 Finished 报文，然后比较对方计算的 Finished 报文。如果一致，则说明握手过程没有被破坏。Finished 报文是双方发送的第一个加密报文。

在 Finished 报文验证完成后，通信双方就建立起了一条 SSL 连接。然后双方就可以通过该 SSL 连接传输应用层数据了。

SSL 协议提供了一种机制，在通信双方握手的过程中，服务器端可以通过客户端的数字证书和私有密钥数字签名验证客户端的真实身份。与无验证的全握手过程相比，有验证的过程多了三个消息，如图 13-5 所示。

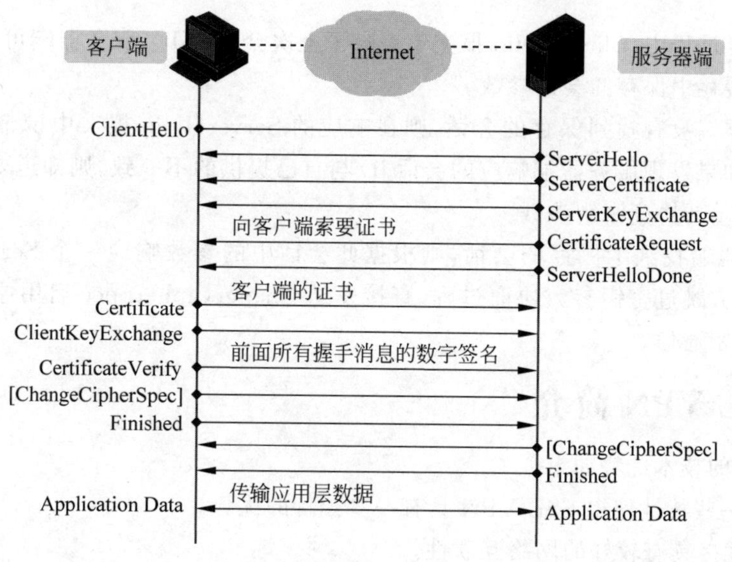

图 13-5 有客户端认证的全握手过程

(1) CertificateRequest：服务器端向客户端要证书。

(2) Certificate：客户端将包括自己公开密钥的证书传输给服务器端。

(3) CertificateVerify：客户端对在此之前发送和接收的所有握手报文计算摘要，并用自己的私有密钥进行加密。这样就获得了对前面所有握手消息的数字签名。服务器端在接收到该消息后，用客户端证书中的公开密钥对数字签名进行解密，并比较该摘要与自己一方计算的摘要是否一致。如果一致，则说明摘要正确，且客户端拥有与客户端证书中公开密钥相匹配的私有密钥，因此，证明客户端的身份就是其证书中所声明的。

一般情况下，一次页面请求结束后，SSL 连接就会被关闭。为了提高 SSL 通信的效率，避免重复的 SSL 连接建立过程，SSL 提供了会话恢复机制，如图 13-6 所示。

会话恢复机制避免了重复的 SSL 连接建立过程，使得后续的、对同一服务器的 SSL 通信可以使用上一次保存在缓存中的 SSL 会话参数。

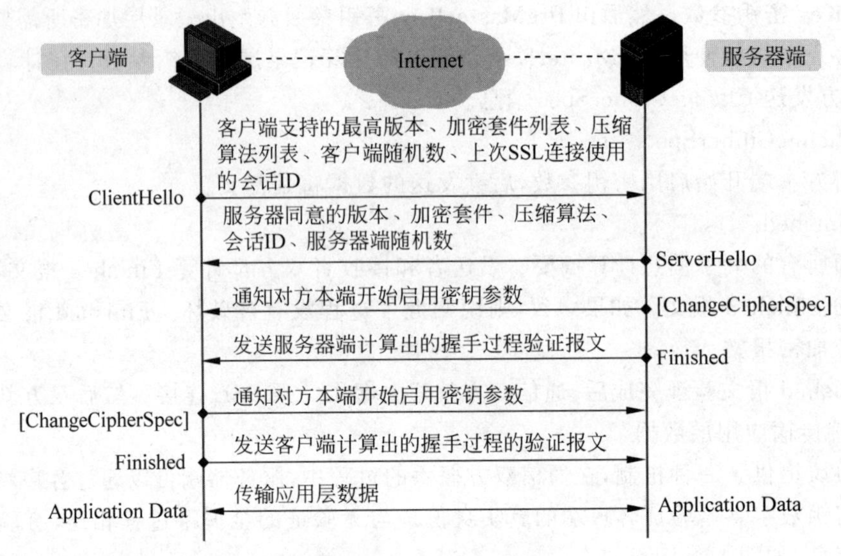

图 13-6 会话恢复过程

在会话恢复过程中，ClientHello 报文中携带了上次会话的 ID，服务器端可以根据此 ID 查找到服务器端缓存中保存的会话参数。

如果服务器端没有找到保存的会话，则在响应的 ServerHello 报文中携带一个不同的会话 ID；客户端如果发现服务器端响应的会话 ID 与自己提供的不一致，则知道要开始一个全握手过程了，需要重新协商密钥参数。

如果服务器端找到了保存的会话，则根据此会话中的参数响应一个 ServerHello 报文。接下来，通信双方跳过密钥参数协商过程，直接发送 ChangeCipherSpec 启用原来会话中的密钥参数，开始加密通信。

13.3 SSL VPN 简介

SSL VPN 的技术优势如下。

SSL 本身一些特性使得 SSL VPN 具有一些独特的优势。

(1) SSL 连接具有较好的网络互联性。

SSL 报文是承载于 TCP 报文上的，所以网络地址转换(NAT)对 IP 头和 TCP 头的修改并不会改变 SSL 报文，也就不会影响到 SSL 报文的解密和校验，因此，SSL 报文可以通过 NAT 进行正常的传输。

SSL 服务所使用的 TCP 端口是 443，为 HTTPS 知名端口。网络管理员在配置防火墙时，一般会打开此端口，允许目的端口为 443 的 SSL 报文通过。

(2) SSL VPN 的使用可以减轻客户端的维护工作。

SSL VPN 实现了一种比较理想的接入方式：Web 接入。使用这种接入方式，用户只需要使用 Web 浏览器就可以从 Internet 上访问专网中的网络资源。由于目前几乎所有的计算机平台都提供 Web 浏览器，所以 SSL VPN 的 Web 接入可以广泛地应用于电脑、手机和平板电脑等各式各样的智能终端上。在采用 Web 接入时，SSL VPN 系统本身并不需要提供额外的 VPN 客户端，而是借用 Web 浏览器作为 VPN 客户端，因此，在这种情况下 SSL VPN 可以实现所谓的“免客户端”特性。

但是，Web接入也有局限性，目前的Web接入主要用来访问Web站点，而对其他种类的网络应用支持起来比较困难。所以当客户端应用访问非Web类的网络资源时，SSL VPN仍然需要使用某种形式的VPN客户端程序。但是借助Web控件相关技术，SSL VPN可以大大减少客户端的维护工作，也方便了用户的使用。

另外，如果VPN客户端升级，那么网络管理员也不必为用户重新安装VPN客户端，只需要升级一下VPN网关上的软件包就可以了。当用户下一次登录SSL VPN网关时，用户的远程主机就可以使用更新版本的VPN客户端了。

(3) SSL VPN对用户的访问权限进行较细致的管理。

SSL VPN重点在于保护具体的敏感数据，可以根据用户的不同身份，赋予不同的访问权限。也就是说，在接入SSL VPN网络后，虽然已经接入专网区域，但是不同权限账号可访问的数据是不同的。配合相应的身份验证方式，SSL VPN不仅可以控制访问人员的权限，还可以对访问人员的每个访问和操作进行数字签名，以保证每个操作的不可抵赖性和不可否认性，为行为追踪提供了依据。

正是因为上述原因，所以，SSL VPN为用户提供了既安全又方便的接入方式，并逐渐成为远程接入领域的主流技术。

13.4 SSL VPN概述

13.4.1 SSL VPN的产生背景

L2TP VPN不提供对数据的加密功能，拨号上网需要额外的费用，没有基于应用资源的访问控制策略，在上网权限上缺乏细粒度的权限管理。其中，最主要的就是不能保证数据传输的安全性。

在SSL VPN出现以前，就已经出现了一种具有加密传输功能的IPSec VPN，在第2章中也做了介绍。

IPSec VPN的网络互联性不好，IPSec报文无法通过NAT进行正常的传输，虽然后来产生了“NAT穿越”的解决方案，可以实现对IPSec报文进行正常的网络地址转换，而加密报文却不受到影响，但是目前网络上仍有很多IPSec VPN网关并不支持此项功能，从而导致IPSec报文在通过NAT时仍经常出现问题。此外，IPSec报文经常被防火墙阻断，给IPSec VPN的网络互联性带来了很大的不确定性。

在IPSec VPN连接建立后，用户就可以访问远程内部网络中的任何联网设备。IPSec VPN处理的是IP层报文，应用层的数据对IPSec VPN是不可见的，所以IPSec VPN无法实施对应用层协议的细粒度控制。

目前，越来越多的用户通过VPN进行移动办公或家庭办公。在这种场景中，IPSec VPN需要在用户的计算机上预先安装一个VPN客户端，并进行相关的配置。此后，在升级客户端的版本时，需要给每台计算机重新安装配置一遍。日益增长的用户群发放、安装、配置、维护客户端软件已经使管理员不堪重负。

VPN总的来说有两种接入方式，点对点接入及远程接入(remote-access)，IPSec VPN更适用于点对点接入，不适用于远程接入。

SSL VPN其实就是采用SSL加密协议建立远程隧道连接的一种VPN。客户端和SSL VPN网关之间的数据是通过SSL协议进行加密的，而SSL VPN网关和专网各服务器之间则是明文传输的。

用户远程安全访问的需求如图13-7所示。SSL本身的一些特性使得SSL VPN具有一些独特的优势。

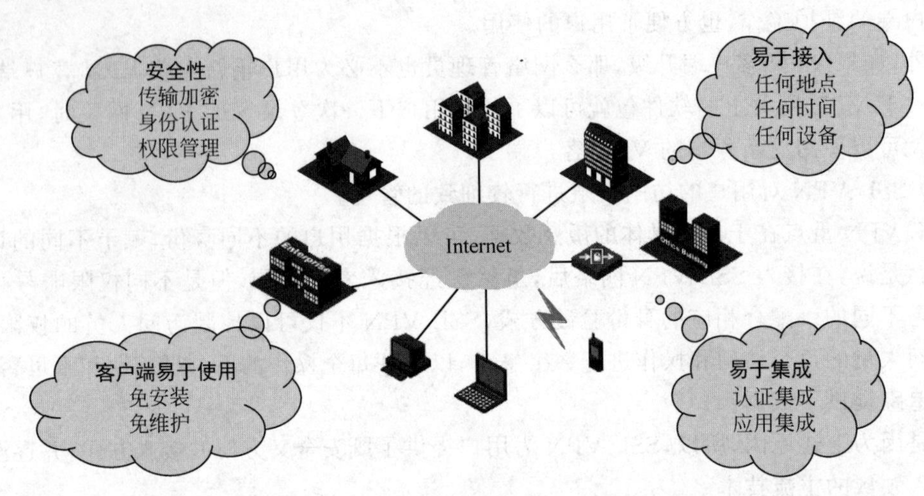

图13-7 远程安全访问的需求

首先，SSL协议是一种加密协议，可以很好地保证数据传输的私密性和完整性。

其次，SSL协议还是一种工作在TCP协议层之上的协议。使用SSL进行通信，不改变IP报文头和TCP报文头，因此，SSL报文对NAT和防火墙来说都是透明的，SSL VPN的部署不会影响现有的网络。这样用户从任何地方上网，只要能接入Internet，就能使用SSL VPN。

此外，SSL加密协议受到了目前大多数软件平台的支持。常用的操作系统，如Windows、Linux、浏览器IE、Firefox等都支持SSL。

除了SSL的特点使得SSL VPN有较为灵活的网络互联性以外，SSL VPN还提供了丰富的接入手段，包括Web接入、TCP接入和IP接入，且客户端维护简单。在使用Web接入方式时，用户只需要使用Web浏览器就可以从Internet上访问专网中的网络资源，SSL VPN系统本身并不需要提供额外的VPN客户端，而是借用Web浏览器作为VPN客户端，因此，在这种情况下，SSL VPN可以实现所谓的“免客户端”特性。对于一些非Web应用，SSL VPN还提供了TCP、IP接入方式，在这些方式中，SSL VPN借助Web的控件技术，实现VPN客户端的自动下载、自动安装、自动运行和自动清除等功能，从而减少VPN客户端的维护工作，方便用户的使用。

可以对用户的访问权限进行较细致的管理是SSL VPN的另一个非常重要的特点。SSL VPN网关可以解析一定深度的应用层报文。对HTTP，网关可以控制对URL的访问；对TCP应用，不但可以控制对IP地址和端口号的访问，还可以进一步解析应用层协议，从而控制具体的访问内容。此外，SSL VPN还可以实现基于用户角色的权限管理，从而使得权限管理可以精确到基于用户身份的访问控制，除此之外，SSL VPN还提供了动态授权机制，根据用户的自身权限结合客户端主机安全情况决定授予登录用户的权限级别。

13.4.2 SSL VPN的运作流程

典型的SSL VPN构成其实非常简单，包括远程主机、SSL VPN网关、专网资源服务器及相关验证，以及CA类服务器等。

远程主机是用户远程接入的终端设备，一般就是一台普通主机。

SSL VPN 网关是 SSL VPN 的核心，负责终结客户端发来的 SSL 连接；检查用户的访问权限；代理远程主机向资源服务器发出访问请求；对服务器返回的应答进行转化，并形成适当的应答转发给远程客户端主机。

SSL VPN 网关上配置了 3 种类型的账号，超级管理员、域管理员和普通用户。超级管理员是系统域的管理员，可以创建若干个域，并指定每个域的域管理员，同时，初始化域的管理员密码，给域授予资源组，并授权域是否能够创建新的资源，如图 13-8 所示。

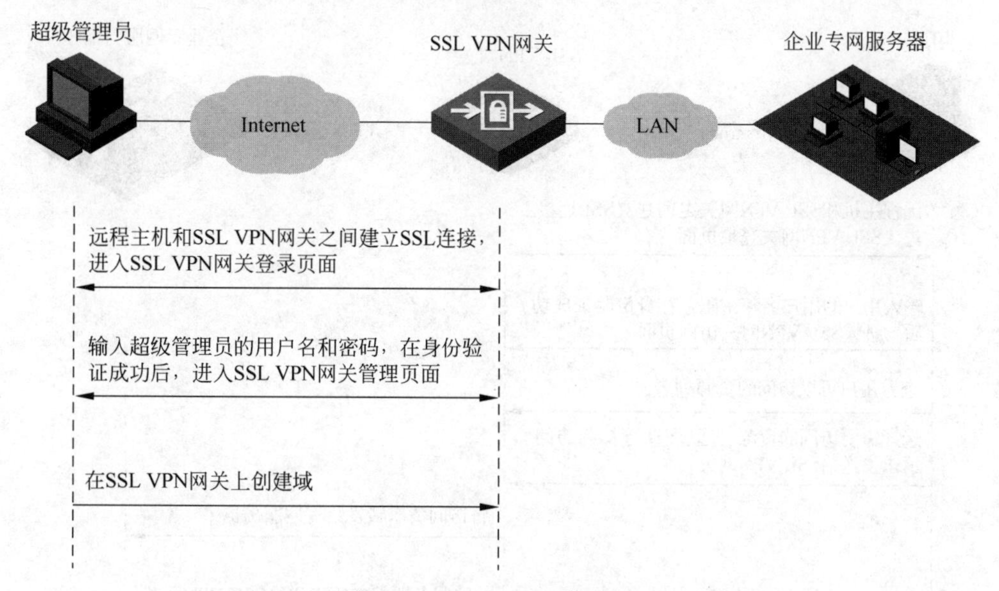

图 13-8 SSL VPN 运作流程(1)

域管理员是一个 SSL VPN 域的管理人员，主要是对一个域的所有用户进行访问权限的限制。域管理员可以创建域的本地用户、用户组、资源和资源组等。

在以域管理员账号登录到 SSL VPN 网关后，可以配置本域的资源和用户，将资源加入资源组，将用户加入用户组，然后为每个用户组指定可以访问的资源组，如图 13-9 所示。

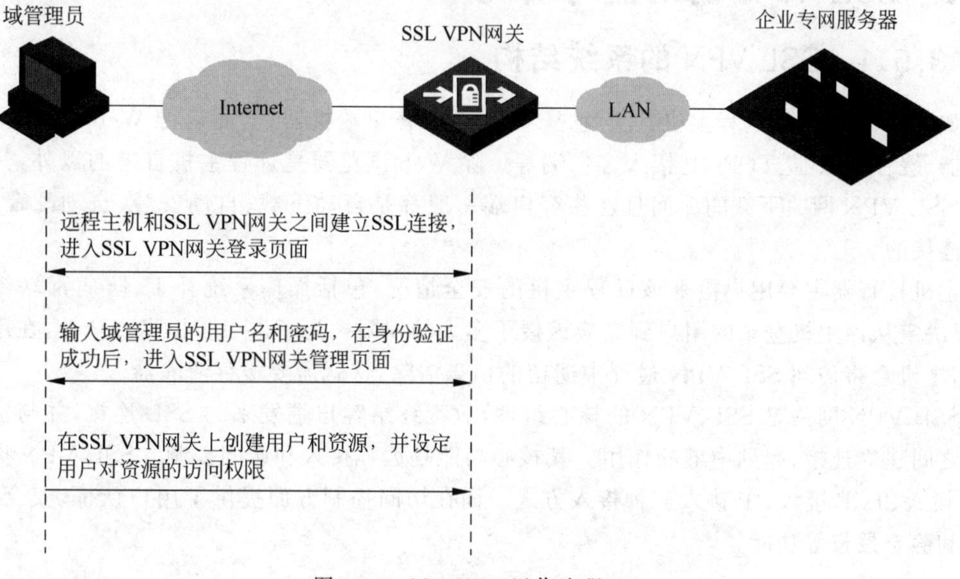

图 13-9 SSL VPN 运作流程(2)

而 SSL VPN 用户账号是真正的最终用户，是使用 SSL VPN 访问网络资源的用户。

如图 13-10 所示，以 SSL VPN 用户账号登录后可以访问 SSL VPN 网关访问页面，选择需要访问的资源，通过 SSL 连接将访问请求发送给 SSL VPN 网关；SSL VPN 网关根据域管理员配置的用户权限及该用户使用的主机安全情况决定该用户可以访问的资源，将访问请求转发给专网服务器；专网服务器将应答 SSL VPN 网关，SSL VPN 网关将该应答通过 SSL 连接转发给远程客户端。

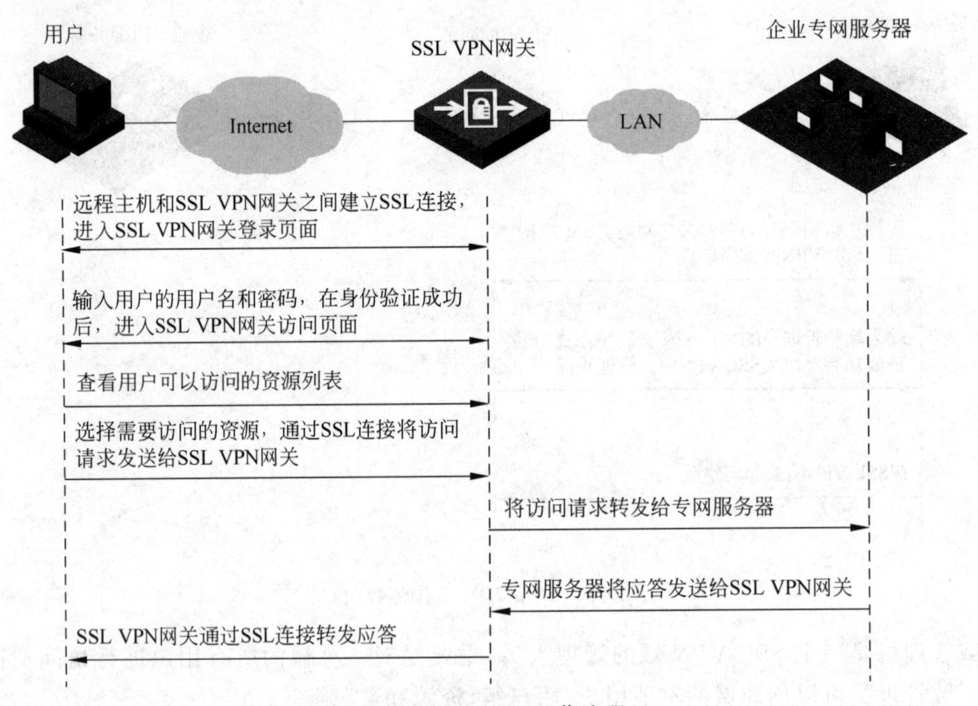

图 13-10 SSL VPN 运作流程(3)

13.5 SSL VPN 的功能与实现

13.5.1 SSL VPN 的系统结构

如图 13-11 所示，远程主机其实就是 SSL VPN 客户端机器，上面运行 Web 浏览器、主机检查器、缓存清除器、TCP/IP 接入客户端等。除 Web 浏览器是远程主机自带的以外，其他都是从 SSL VPN 网关下载的。而且这些客户端一般都是自动下载、自动安装、自动配置、自动建立连接的。

主机检查器主要用户检查该远程主机的安全情况，包括操作系统补丁、防病毒软件版本等，以决定从该主机登录的用户到底应该授予多大的权限。为了进一步提高安全性，在用户退出后，主机会将访问 SSL VPN 过程中遗留的信息清除，这就需要缓存清除器。

SSL VPN 网关是 SSL VPN 的核心组件，负责终结客户端发来的 SSL 连接，并与资源服务器之间建立连接，起到中继的作用。其核心功能是远程接入和访问控制。SSL VPN 提供了 Web 接入、TCP 接入、IP 接入三种接入方式。而在访问控制方面提供了用户认证、安全评估、动态和静态授权等功能。

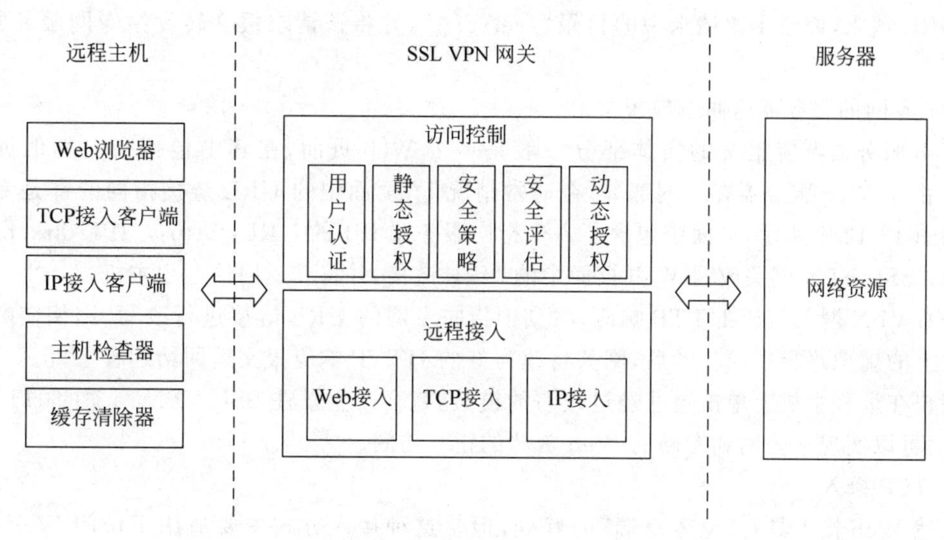

图 13-11 SSL VPN 的系统结构

13.5.2 SSL VPN 的接入方式

1. Web 接入

Web 接入是 SSL VPN 最为常见的一种接入方式，其实就是 Web 反向代理技术。图 13-12 是以一个示例说明此种接入方式的典型过程。在该示例中，SSL VPN 网关的公网地址是 IP0，内部的资源服务器 A 使用的专网地址是 IP1。

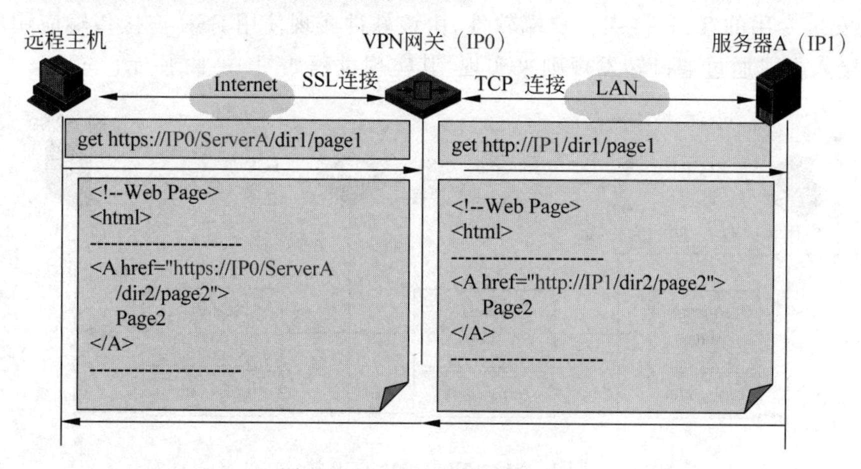

图 13-12 SSL VPN Web 接入

(1) 远程主机向 VPN 网关发出 HTTP 请求。

远程主机希望访问专网的 Web 服务器 A，但服务器 A 使用的是专网地址 IP1，该地址在公网或 Internet 上不可见。所以 SSL VPN 网关为每个专网可访问的 URL 资源建立了一个虚拟路径，该路径与专网资源一一对应，如将 Web 服务器 A(IP1)映射为 VPN 网关上的虚拟路径"/serverA"。

(2) SSL VPN 网关改写 HTTP 请求中的目的 URL，并将报文转发给真实的服务器。

当 SSL VPN 网关接收到访问本机的"/serverA"目录的请求时，根据配置的映射关系就知道该请求是要求访问专网服务器 A，它的 IP 地址是专网地址 IP1。于是 SSL VPN 网关就改写了 URL 请求,修改了原请求中的目录"/serverA",并将该请求报文转发给专网服务器 IP1 去处理。

(3) 专网的服务器返回响应报文。

Web 服务器响应报文的实体部分一般是一个 Web 页面,在其中包括指向其他页面的 URL。由于 Web 服务器在专网部署,在通常情况下,页面中的 URL 链接指向的都是专网地址。如图 13-12 中所示,页面中包含了一个指向服务器 IP1 的 URL：http://IP1/dir2/page2。

(4) SSL VPN 网关改写 Web 页面中的 URL 链接,并将其返回给远程主机。

SSL VPN 网关解析 HTTP 响应,将其中指向专网的 URL 链接进行改写,用相应的映射到网关上的虚拟路径还原。然后,网关将改写好的 HTTP 响应报文返回给远程主机。

用户在远程主机上单击这些经过改写的链接,就会产生发往 SSL VPN 网关的 HTTP 请求,从而可以实现从公网到专网的 Web 资源的正常访问。

2. TCP 接入

虽然 Web 接入具有"免客户端"的好处,但是这种接入方式主要适用于访问 Web 资源。但仍然有很多网络应用都有各自的应用层协议,并且有不同于 Web 浏览器的客户端,如 Telnet、FTP、Notes 等。对于这些拥有自己客户端的 C/S 架构的 TCP 应用,SSL VPN 提供了 TCP 接入方式。TCP 接入也称端口转发,英文名称为 port forwarding。TCP 接入方式是指用户对企业内部服务器开放端口的安全访问。通过 TCP 接入方式,用户可以访问任意基于 TCP 的服务,包括远程访问服务(如 Telnet)、桌面共享服务、电子邮件服务、Notes 服务,以及其他使用固定端口的 TCP 服务。

当用户利用 TCP 接入方式访问专网服务器时,需要在 SSL VPN 客户端(用户使用的终端设备)上安装专用的 TCP 接入客户端软件,由该软件实现使用 SSL 连接传输应用层数据。

TCP 接入方式通过端口转发规则来实现,其实现过程如图 13-13 所示。

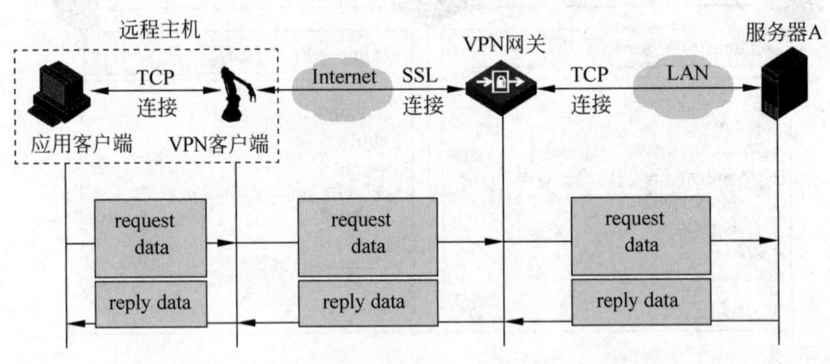

图 13-13 SSL VPN TCP 接入

(1) 管理员在 SSL VPN 网关上创建端口转发规则,将企业网内部服务器的 IP 地址(或域名)和端口号映射为 SSL VPN 客户端的本地 IP 地址(或主机名)和本地端口号。

(2) 用户使用浏览器,通过 HTTPS 登录 SSL VPN 网关。

(3) SSL VPN 网关对用户进行验证,并对允许用户访问的 TCP 接入服务(即端口转发规则)进行授权。

(4) 用户在 SSL VPN 网关的 Web 页面上下载 TCP 接入客户端软件。

(5) 用户在 SSL VPN 客户端上启动 TCP 接入客户端软件,可以看到授权访问的 TCP 接入服务。TCP 接入客户端软件在 SSL VPN 客户端上监听授权的端口转发规则中指定的本地端口号。

(6) 当用户访问本地 IP 地址(或主机名)和本地端口号时,TCP 接入客户端软件将访问请求通过 SSL 连接发送给 SSL VPN 网关。

(7) SSL VPN 网关解析接收到的请求,并根据本地配置的端口转发规则,将该请求转发给对应的内部服务器。

(8) SSL VPN 网关在接收到服务器的响应报文后,通过 SSL 连接将其转发给 SSL VPN 客户端。

在经过上述步骤后,从客户应用程序到专网服务器之间就建立起了一条首尾贯通的数据通道。

3. IP 接入

有些网络应用的通信机制比较复杂,尤其是一些采用动态端口建立连接的通信方式,往往需要 SSL VPN 解析应用层的协议报文才能确定通信双方所要采用的端口,因此,SSL VPN 支持起来比较困难。对于这些通信机制比较复杂的网络应用,SSL VPN 还提供了被称为 IP 接入的网络互联手段。IP 接入也称网络扩展,英文名为 network extension。

为了便于说明 IP 接入的工作原理,以图 13-14 中示例的配置进行讲解。

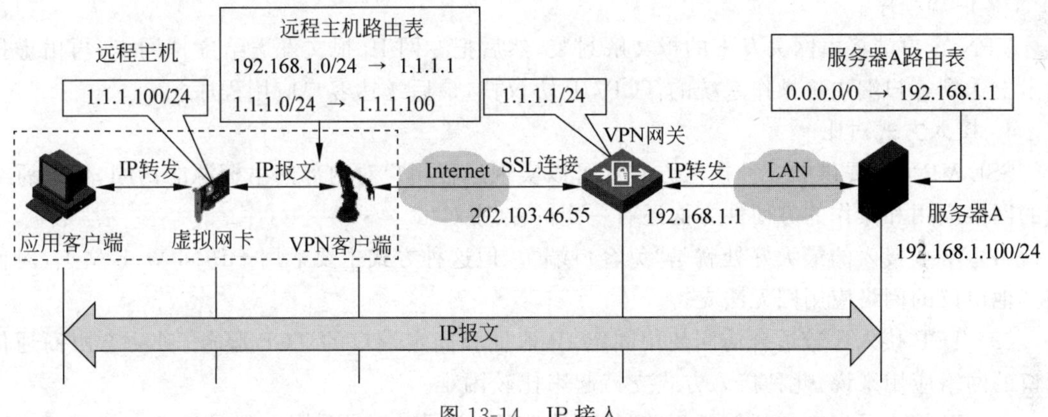

图 13-14 IP 接入

(1) SSL VPN 网关的配置。

① 在 SSL VPN 网关上,为 IP 配置一个 IP 地址池,用于给接入的用户分配 IP 地址,如 1.1.1.1~1.1.1.255。

② 在 SSL VPN 网关上,建立一个虚接口 SSL VPN-AC,配置 IP 地址 1.1.1.1/24。

③ 在专网服务器上,设置默认路由指向 VPN 网关。如图 13-14 中所示,0.0.0.0/0 默认路由指向网关 192.168.1.1。

(2) SSL VPN 客户端的准备。

① 用户在客户端上安装 IP 接入客户端软件后,启动该软件并登录。

② SSL VPN 网关对其进行认证和授权。认证、授权通过后,SSL VPN 网关为客户端的虚拟网卡分配 IP 地址,并将授权用户访问的 IP 接入资源(即路由表项)发送给客户端。

③ 客户端为虚拟网卡设置 IP 地址,并添加路由表项,路由的出接口为虚拟网卡。

④ 用户在客户端上访问企业专网服务器时,访问请求报文匹配添加的路由表项,该报文将进行 SSL 封装,并通过虚拟网卡发送给 SSL VPN 网关的 SSL VPN-AC 接口。

⑤ SSL VPN 网关对 SSL 报文进行解封装,并将 IP 报文转发给专网服务器。

⑥ 专网服务器将应答报文发送给 SSL VPN 网关。

⑦ SSL VPN 网关在对报文进行 SSL 封装后,通过 SSL VPN-AC 接口将其发送给客户端。VPN 客户端与 SSL VPN 网关之间建立起一条 SSL 连接。

(3) IP 接入的通信过程示例。

应用客户端要访问专网服务器 A,已知服务器 A 的 IP 地址是 192.168.1.100,于是向该地址发送一个 IP 报文,该 IP 报文的目的地址是 192.168.1.100,源地址是 1.1.1.100。

在转发该 IP 报文时,远程主机查询本地路由表,得知该 IP 报文应该发送给默认网关 1.1.1.1,而去往 1.1.1.0 网段的报文应该交给虚拟网卡处理。

虚网网卡在接收到 IP 报文后,交给 VPN 客户端向 SSL VPN 网关转发。

在 SSL VPN 网关上,IP 报文被送到虚接口 SSL VPN-AC。在 IP 报文解封装后,再按照目的 IP 地址 192.168.1.100 进行路由转发,于是 IP 报文被送到了专网服务器 A。

Server A 的响应报文源地址是 192.168.1.100,目的地址是 1.1.1.100。该报文通过查找服务器路由表后发送给 VPN 网关。

在 VPN 网关上,查找路由表,得知路由转发出接口为 SSL VPN-AC 接口,即 IP 报文应该发送给远程主机上的虚网卡,于是先进行 SSL 封装,然后通过相应的 SSL 连接将报文发送到 VPN 客户端程序。

VPN 客户端将由网关发来的报文解封装,然后把专网 IP 报文发送给虚拟网卡,再由虚拟网卡上送到客户端主机操作系统的 TCP/IP 协议栈,最后送达客户应用程序。

4. 接入方式对比

SSL VPN 所提供的 3 种接入方式都可以实现远程用户对内部网络资源的访问,但在所支持的网络应用和操作的方便性方面还有一定的差别。

(1) Web 接入的最大好处就是"免客户端"。但这种方式主要适用于访问 Web 站点,对使用其他协议的网络应用则无法支持。

(2) TCP 接入比较适合访问使用固定 IP 地址和固定端口的 TCP 服务,对动态协商通信端口的网络应用来说,此种接入方式支持起来比较困难。

(3) IP 接入可以支持任何基于 IP 的网络应用,组网时不易受限。但是这种方式需要安装相对复杂的客户端软件,在跨平台性和可维护性方面比较差。

13.5.3 SSL VPN 的认证方式

为了实现对用户访问权限的精确管理,SSL VPN 需要能对用户的真实身份进行认证。为了便于与内部网络认证系统的集成,SSL VPN 产品一般支持多种认证方式,以便 SSL VPN 在已有网络中的部署。

按照用户的账号信息是否能保存在 SSL VPN 网关上,认证方式可以分为本地认证和远程认证。本地认证即用户的账号和密码保存在 SSL VPN 网关本地的数据库中,由网关独立地对用户身份进行认证。远程认证即用户的账号和密码保存在远程认证服务器上,在接收到用户提交的账号和密码后,SSL VPN 网关将其交给远程服务器进行验证。网关根据服务器返回的验证结果决定是否允许用户登录 SSL VPN。

目前,网络上常用的身份认证方法就是对用户名和密码的验证。根据用户是否能提供正确的私密信息来判断用户身份的合法性。这种认证方法的好处是简单可行。根据服务器端保存验证信息的位置可以分为本地认证和外部认证。

如图 13-15 所示，在本地认证过程中，网关设备上保存着用户名和密码的验证信息，由网关对认证请求中的用户名和密码进行验证，以确认用户的身份。如果认证成功，则可以与远端建立受信任的连接。

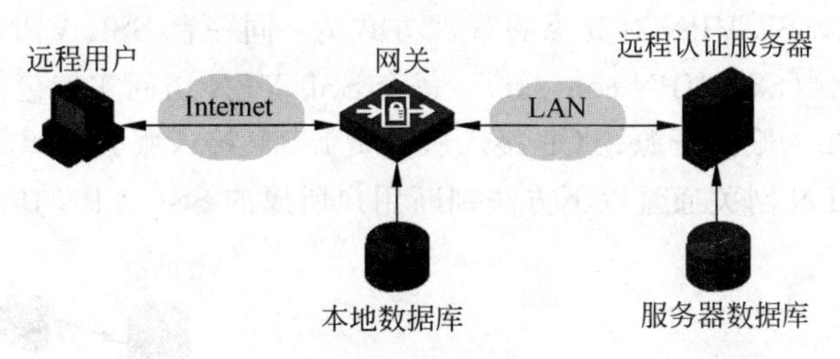

图 13-15 认证方式

如果用户身份的验证信息保存在外部服务器上，则网关设备就相当于一个认证代理，负责转送认证信息，并接收认证结果。如果外部认证服务器对用户身份认证成功，网关设备就与远程用户建立受信任的连接，允许用户访问内部网络；反之，则拒绝接入。

网关与外部认证服务器之间可以有多种交互协议。在拨号上网时代，使用最多的是 RADIUS 协议。随着网络信息容量的增大，人们对信息的组织和查询提出了更高的要求，一种称为 LDAP 的服务就应运而生了。LDAP 服务器可以很好地管理和组织一个企业的数据，也可以存储用户的身份认证信息。网关设备可以通过查询 LDAP 数据库来确认远程用户提交的用户名和密码是否正确。另外，SSL VPN 还支持一些高级认证技术，如证书认证、动态令牌认证、双因子认证等。

如图 13-16 所示，证书认证通过检查证书和数字签名来验证用户的身份。一般利用在 SSL 握手协议中检验客户端身份的机制来实现。用户的个人数字证书还可以采用 USB 智能卡(smart card)保存起来，这将具有更高的安全性。证书认证经历以下过程。

(1) 远程主机将包括客户端公开密钥的个人证书发送给 SSL VPN 网关，由网关对证书的合法性进行检查。

(2) 远程主机发送一段数据报文，这段数据使用远程主机的私有密钥进行数字签名，数字签名附加在所发送的数据报文后。

(3) 网关使用已经发来的公开密钥对数字签名进行验证，如果验证通过，则表明用户的确拥有与证书声明相一致的身份，并且网关所接收到的数据报文是真实的；否则，表明用户的身份与证书声明不符。

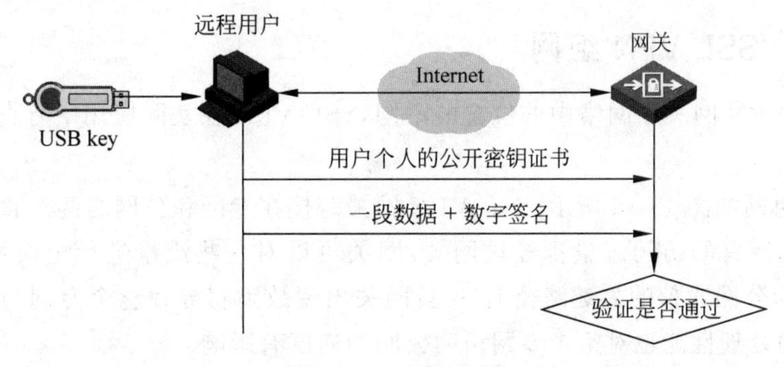

图 13-16 证书认证

13.5.4 资源管理与授权

SSL VPN 采用基于用户的权限管理方法，可以根据用户的身份，限制用户可以访问的资源。如图 13-17 所示，SSL VPN 对资源的管理方式为：同一台 SSL VPN 网关上可以创建多个 SSL VPN 访问实例(SSL VPN context)。每个 SSL VPN 访问实例包括多个策略组。在策略组中定义了 Web 接入服务资源、TCP 接入服务资源、IP 接入服务资源等。用户在登录 SSL VPN 网关时，SSL VPN 网关通过以下方法判断用户所属的 SSL VPN 访问实例。

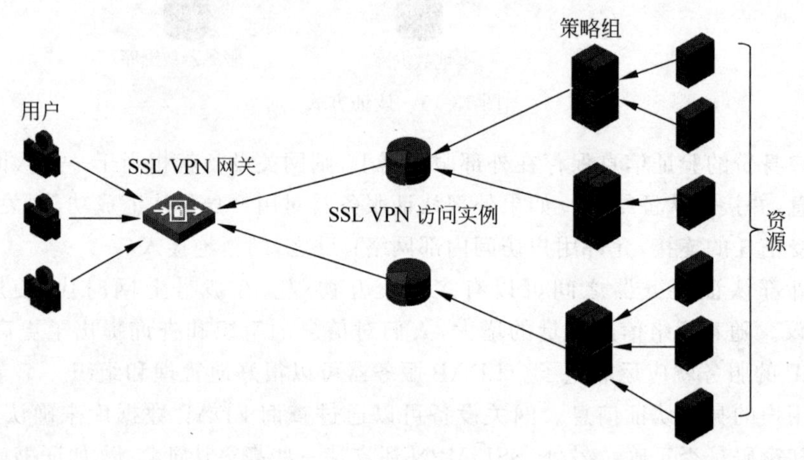

图 13-17　资源管理与授权

(1) 为不同的 SSL VPN 访问实例指定不同的域名。当远端用户登录 SSL VPN 网关时，指定自己所在的域，SSL VPN 网关根据用户指定的域判断该用户所属的 SSL VPN 访问实例。

(2) 为不同的 SSL VPN 访问实例指定不同的虚拟主机的名称。当远端用户访问 SSL VPN 网关时，输入虚拟主机的名称，SSL VPN 网关根据虚拟主机的名称来判断该用户所属的 SSL VPN 访问实例。

SSL VPN 网关在判断出用户所属的 SSL VPN 访问实例后，根据 SSL VPN 访问实例所在的 ISP 域对用户进行认证和授权，授权结果为策略组名称。如果某个用户被授权访问某个策略组，则该用户可以访问该策略组下的资源；如果没有为用户进行授权，则用户可访问的资源由默认策略组决定。

13.5.5 SSL VPN 组网

根据 SSL VPN 网关在网络中的位置的不同，SSL VPN 在实际应用中有直联和旁路两种组网模式。

直联模式组网如图 13-18 所示，SSL VPN 网关跨接在专网和公网之间。直联模式的优点是：公网对专网所有的访问流量都经过网关，网关可以对这些流量进行全面控制。缺点是：网关处于专网与公网通信的关键路径上，一旦网关出现故障将导致整个专网与公网之间通信的中断；网关的处理性能也对整个专网访问公网的速度有影响。

当 SSL VPN 与防火墙集成时，多采用直联模式的组网。防火墙对网络出口起到攻击防护的作用，同时，可在同一台物理设备完成 SSL VPN 接入功能。

图 13-18 直联模式

旁路模式组网如图 13-19 所示，SSL VPN 网关并不直接跨接在专网和公网之间，而是像一台服务器一样与专网相联，通常旁路部署在专网核心设备上。SSL VPN 网关作为代理服务器响应公网远程主机的接入请求，在远程主机与专网服务器之间转发数据报文。

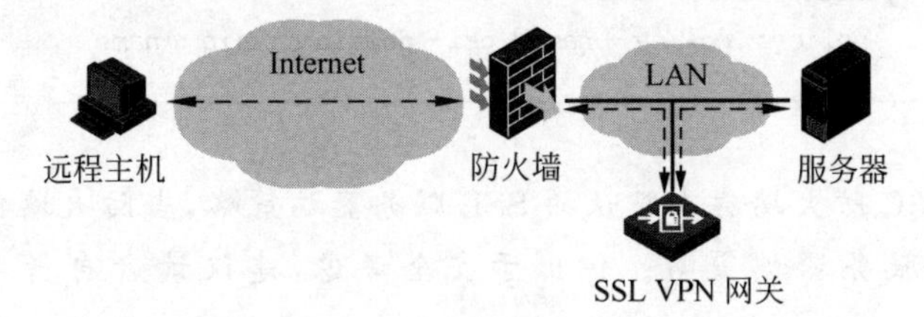

图 13-19 旁路模式

旁路模式的优点是：设备不处于网络流量的关键路径上，设备的故障也不会导致整个网络的通信中断；另外，网关的处理性能不会成为整个专网与公网数据通信的瓶颈。缺点是：SSL VPN 网关设备不能直接保护内部网络，在没有其他设备和安全策略部署的前提下，访问内部网络的流量存在绕过此设备的转发路径。

单纯的 SSL VPN 网关设备一般多采用旁路模式，不但可以免受外部的网络攻击影响，还可避免成为网络的性能瓶颈和单点故障源。

13.6 配置 SSL VPN

13.6.1 命令行配置

SSL VPN 基本的配置任务包括以下内容。

(1) 配置 SSL VPN 网关(其中服务器端策略选配)。

(2) 配置 SSL VPN 访问实例。

(3) 配置 SSL VPN 策略组，包括 Web 接入资源配置、TCP 接入资源配置、IP 接入资源配置。

(4) 服务资源授权。

1. 配置 SSL VPN 网关

SSL 服务器端策略是设备作为服务器时使用的 SSL 参数。目前，SSL 协议版本主要有 SSL 2.0、SSL 3.0 和 TLS 1.0(TLS 1.0 对应 SSL 协议的版本号为 3.1)。当防火墙作为 SSL 服务器时，默认情况下，可以与 SSL 3.0 和 TLS 1.0 版本的 SSL 客户端通信，还可以识别同时兼容 SSL 2.0 和 SSL 3.0/TLS 1.0 版本的 SSL 客户端发送的报文，并通知该客户端采用 SSL 3.0/TLS 1.0 版本与 SSL 服务器通信。

SSL 服务器端策略的配置思路如下。

(1) 配置 PKI，为 SSL VPN 网关获取数字证书。

(2) 配置 SSL 服务器端策略。

配置 SSL 服务器端策略使用 PKI 域，并进入 PKI 域视图，执行命令如下：

```
[H3C]pki - domain domain - name
```

离线导入 CA 证书和服务器证书，执行命令如下：

```
[H3C]pki import domain domain - name der ca filename filename
[H3C] pki import domain domain - name p12 local filename filename
```

配置 SSL 服务器端策略，并进入 SSL 服务器端策略视图，执行命令如下：

```
[H3C] ssl server - policy policy - name
[H3C - ssl - server - policy - policy - name] pki - domain domain - name
```

注意

默认情况下，H3C 防火墙存在默认的 SSL 服务器端策略，当防火墙作为 SSL VPN 网关时可以不配置 SSL 服务器端策略。但出于安全考虑，建议读者自行配置 SSL 服务器端策略。

SSL VPN 网关位于远端接入用户和企业内部网络之间，负责在两者之间转发报文。SSL VPN 网关与远端接入用户建立 SSL 连接，并对接入用户进行身份验证。远端接入用户的访问请求只有在通过 SSL VPN 网关的安全检查和验证后，才会被 SSL VPN 网关转发到企业网络内部，从而实现对企业内部资源的保护。

创建 SSL VPN 网关，并进入 SSL VPN 网关视图，执行命令如下：

```
[H3C] sslvpn gateway gateway - name
```

配置 SSL VPN 网关的 IP 地址和端口号，执行命令如下：

```
[H3C - sslvpn - gateway - gw1] ip address ip - address [ port port - number ]
```

在执行本配置时，如果没有指定端口号，则默认端口号为 443。

配置 SSL VPN 网关引用 SSL 服务器端策略，执行命令如下：

```
[H3C - sslvpn - gateway - gw1] ssl server - policy policy - name
```

开启 SSL VPN 网关服务，执行命令如下：

```
[H3C - sslvpn - gateway - gw1] service enable
```

2. 配置 SSL VPN 访问实例

SSL VPN 访问实例用来管理用户会话、用户可以访问的资源、用户认证方式等。

创建 SSL VPN 访问实例，并进入 SSL VPN 访问实例视图，执行命令如下：

```
[H3C] sslvpn context context - name
```

配置 SSL VPN 访问实例引用 SSL VPN 网关，执行命令如下：

```
[H3C - sslvpn - context - ct1] gateway gateway - name [ domain domain - name ]
```

配置 SSL VPN 访问实例使用指定的 ISP 域进行 AAA 认证，执行命令如下：

```
[H3C - sslvpn - context - ct1] aaa domain domain - name
```

开启当前SSL VPN网关服务，执行命令如下：

```
[H3C-sslvpn-context-ct1] service enable
```

注意

当不同的SSL VPN访问实例引用相同的SSL VPN网关时，必须为不同的SSL VPN访问实例指定不同的域名或虚拟主机名。如果SSL VPN访问实例在引用SSL VPN网关时没有指定域名和虚拟主机名称，则其他的SSL VPN访问实例就不能再引用该SSL VPN网关；如果为SSL VPN访问实例指定了虚拟主机名称，则需要在网络中部署DNS服务器，以便客户端将虚拟主机名称解析为SSL VPN网关的IP地址。

3. 配置SSL VPN策略组

SSL VPN策略组包括一系列规则，这些规则为用户定义了资源的访问权限。在一个SSL VPN访问实例下可以配置多个策略组。当远端接入用户访问SSL VPN访问实例时，AAA服务器将授权给该用户的策略组信息下发给SSL VPN网关。该用户可以访问的资源由授权的策略组决定。如果AAA服务器没有为该用户进行授权，则用户可以访问的资源由默认策略组决定。

创建策略组，并进入SSL VPN策略组视图，执行命令如下：

```
[H3C-sslvpn-contex-ct1] policy-group group-name
```

指定某个策略组为默认策略组，执行命令如下：

```
[H3C-sslvpn-context-ct1] default-policy-group group-name
```

为了使用户能够通过Web接入方式访问企业专网资源，在SSL VPN网关上需要创建Web接入服务资源，创建方法如下。

(1) 在SSL VPN访问实例中，定义Web接入方式可访问的资源，即创建URL列表，并在URL列表中定义一个或多个URL表项。每个URL表项对应一个企业专网内的Web资源。

(2) 在SSL VPN策略组视图下，引用URL列表。SSL VPN用户在被授权访问某个策略组后，该策略组引用的URL列表指定的Web接入服务资源将同时授权给SSL VPN用户，SSL VPN用户可以访问这些Web接入服务。

创建URL列表，并进入URL列表视图，执行命令如下：

```
[H3C-sslvpn-context-ct1] url-list url-list-name
```

配置URL列表标题，执行命令如下，默认情况下，URL列表的标题为"Web"。

```
[H3C-sslvpn-context-ct1-url-list-ul1] heading heading-name
```

添加一个URL表项，执行命令如下：

```
[H3C-sslvpn-context-ct1-url-list-ul1] url name url-value url
```

配置策略组引用URL列表，执行命令如下：

```
[H3C-sslvpn-context-ct1-policy-group-pg1] resources url-list url-list-name
```

为了使用户能够通过TCP接入方式访问企业专网资源，在SSL VPN网关上需要创建TCP接入服务资源，创建方法如下。

(1) 在 SSL VPN 访问实例中,定义 TCP 接入方式可访问的资源,即创建端口转发列表,并在端口转发列表中定义一个或多个端口转发实例。每个端口转发实例将企业专网内的基于 TCP 的服务(如 Telnet、SSH、POP3)映射为客户端上的本端地址和本地端口,以便客户端通过本端地址和本地端口访问企业专网的服务器。

(2) 在 SSL VPN 策略组视图下,引用端口转发列表。SSL VPN 用户在被授权访问某个策略组后,该策略组引用的端口转发列表指定的 TCP 接入服务资源将同时授权给 SSL VPN 用户,SSL VPN 用户可以访问这些 TCP 接入服务。

创建端口转发列表,并进入端口转发列表视图,执行命令如下:

```
[H3C-sslvpn-context-ct1] port-forward port-forward-name
```

添加一个端口转发实例,执行命令如下:

```
[H3C-sslvpn-context-ct1-port-forward-pf1] local-port local-port-number local-name
local-name remote-server remote-server remote-port remote-port-number [ description
description-string ]
```

配置策略组引用端口转发列表,执行命令如下:

```
[H3C-sslvpn-context-ct1-policy-group-pg1] resources port-forward port-forward-name
```

为了使用户能够通过 IP 接入方式访问企业专网资源,在 SSL VPN 网关上需要创建 IP 接入服务资源,创建方法如下。

(1) 创建 SSL VPN AC 接口,为其配置 IP 地址,并指定 SSL VPN 访问实例引用的 SSL VPN AC 接口。

(2) 创建地址池,并在 SSL VPN 策略组视图下,指定策略组引用的地址池。在 AAA 服务器将某个策略组授权给 SSL VPN 用户后,SSL VPN 网关会从该策略组引用的地址池中选择 IP 地址分配给客户端。

(3) 在 SSL VPN 策略组视图下,配置下发给客户端的路由表项。在 AAA 服务器将某个策略组授权给 SSL VPN 用户后,SSL VPN 网关会将该策略组下配置的路由表项下发给客户端。

下发的路由表项有三种配置方法。

(1) 直接配置路由表项:用于将一条路由下发给客户端。

(2) 配置路由列表:用于将路由列表中的多条路由同时下发给客户端。

(3) 强制将客户端的流量转发给 SSL VPN 网关(指定 force-all 参数):SSL VPN 网关在客户端上添加优先级最高的默认路由,路由的出接口为虚拟网卡,从而使得所有没有匹配到路由表项的流量都通过虚拟网卡发送给 SSL VPN 网关。

创建 SSL VPN AC 接口,并进入 SSL VPN AC 接口视图,执行命令如下:

```
[H3C] interface SSLVPN-AC interface-number
```

配置 AC 接口 IP 地址,执行命令如下:

```
[H3C-SSLVPN-AC0] ip-address { mask | mask-length }
```

创建 IP 接入方式客户端分配的地址池,执行命令如下:

```
[H3C] sslvpn ip address-pool pool-name start-ip-address end-ip-address
```

配置 IP 接入引用的 SSL VPN AC 接口，执行命令如下：

```
[H3C-sslvpn-context-ctl] ip-tunnel interface SSLVPN-AC interface-number
```

注意

为了使内部服务器的应答报文正确返回给 SSL VPN 客户端，在内部服务器上需要配置到达 SSL VPN 客户端虚拟网卡所在网段的静态路由。

创建路由列表，并进入路由列表视图，执行命令如下：

```
[H3C-sslvpn-context-ctl]ip-route-list list-name
```

在路由列表中添加路由，执行命令如下：

```
[H3C-sslvpn-context-ctl-route-list-irl1]include ip-address { mask-length | mask }
```

配置 IP 接入引用地址池，执行命令如下：

```
[H3C-sslvpn-context-ct1-policy-group-pg1]ip-tunnel address-pool pool-name mask
{ mask-length | mask }
```

配置下发给客户端的路由表项，执行命令如下：

```
[H3C-sslvpn-context-ct1-policy-group-pg1]ip-tunnel access-route { ip-address { mask-
length | mask } | force-all | ip-route-list list-name }
```

4. 服务资源授权

用户在通过认证后，根据授权的资源组访问专网资源。因此，需要在 SSL VPN 网关上完成服务资源组的授权。

授权本地用户的 SSL VPN 策略组，执行命令如下：

```
[H3C] local-user user-name class network
[H3C-luser-network-user-name] authorization-attribute sslvpn-policy-group group-name
```

此外，注意在本地用户下要开启 SSL VPN 服务。

对于远程接入用户，授权用户组的 SSL VPN 策略组，执行命令如下：

```
[H3C]user-group group-name
[H3C-ugroup-group-name] authorization-attribute sslvpn-policy-group group-name
```

13.6.2 Web 配置

SSL VPN Web 配置与命令行配置的思路是一致的，下面仅对重点步骤进行介绍。

在菜单栏中选择"网络"→SSL VPN→"访问实例"命令，进入"访问实例"配置页面，单击左上角的"新建"按钮，弹出"新建访问实例"对话框。如图 13-20 所示，其中"基本配置"选项卡主要包括以下参数。

(1)"访问实例"：SSL VPN 访问实例名称，为 1～31B 的字符串，只能包含字母、数字、下画线，不区分大小写。

(2)"关联网关"：SSL VPN 网关，位于远端接入用户和企业内部网络之间，负责在两者之间转发报文。

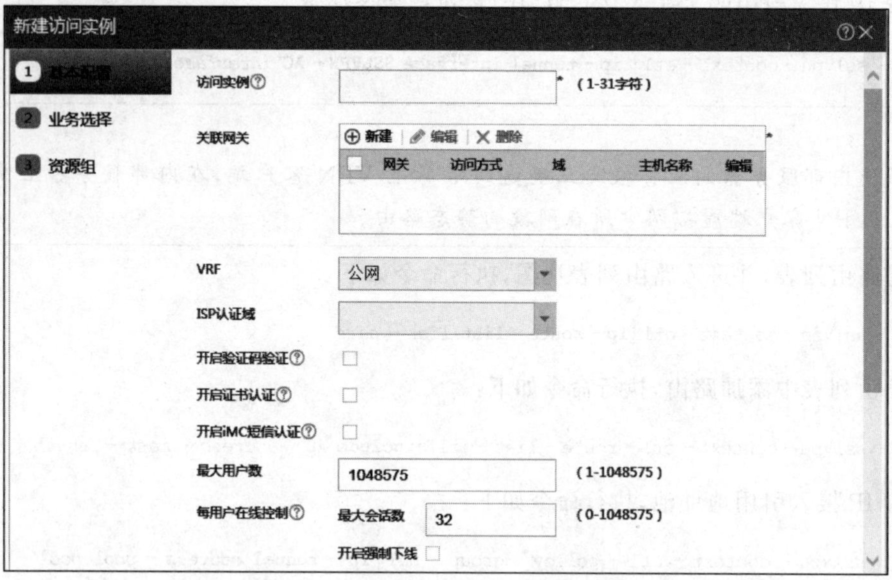

图 13-20 “新建访问实例”：“基本配置”

网关可以直接在页面中新建，也可以选择“网络”→SSL VPN→“网关”命令，弹出“新建网关”对话框进行新建，如图 13-21 所示。

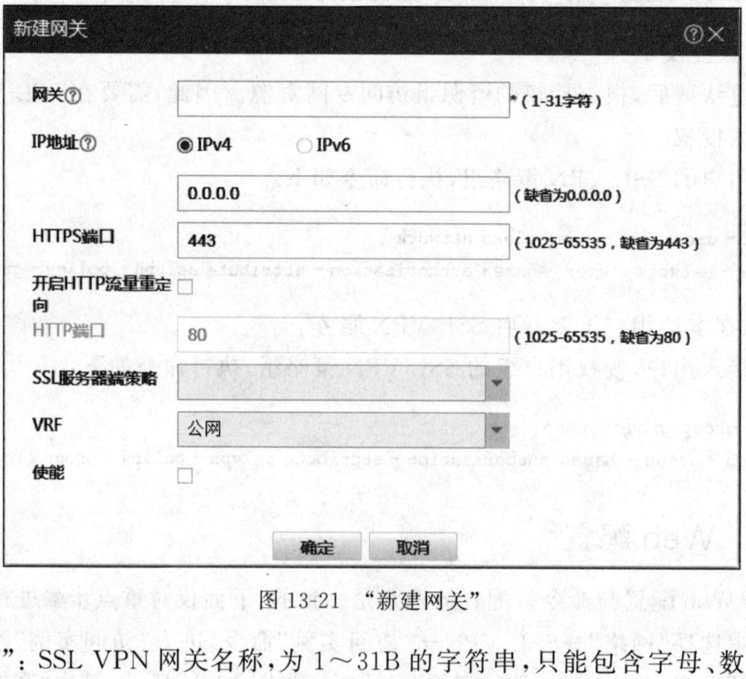

图 13-21 “新建网关”

(1)“网关”：SSL VPN 网关名称，为 1～31B 的字符串，只能包含字母、数字、下画线，不区分大小写。

(2)“IP 地址”：网关 IP 地址。

(3)“HTTPS 端口”：SSL VPN 网关的端口号，取值范围为 443、1025～65535，默认值为 443。

(4)“SSL 服务器端策略”：在指定 SSL VPN 网关引用的 SSL 服务器端策略后，SSL

VPN 网关将采用该策略下的参数与远端接入用户建立 SSL 连接。

（5）“使能”：开启当前的 SSL VPN 网关。

在完成“基本配置”后，单击对话框下方的“下一步”按钮，进入“业务选择”选项卡，勾选需要配置的业务资源，包括“Web 业务”“TCP 业务”“IP 业务”及“BYOD 业务”复选框，如图 13-22 所示。

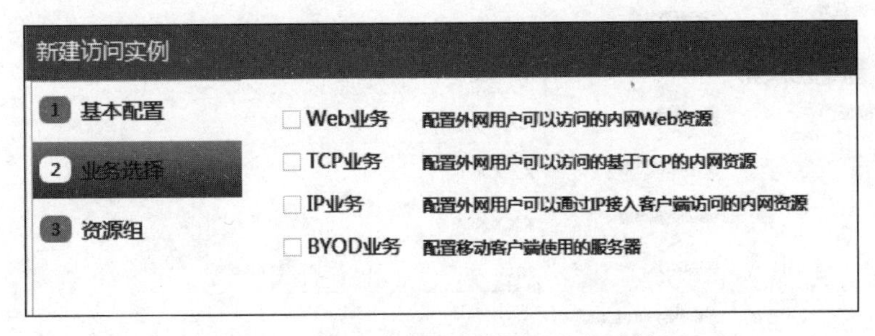

图 13-22　“新建访问实例”：“业务选择”

在“业务选择”选项卡中勾选“Web 业务”复选框，单击“下一步”按钮，进入“Web 业务”选项卡。新建 URL 表项，并在 URL 列表中引用 URL 表项，如图 13-23 所示。

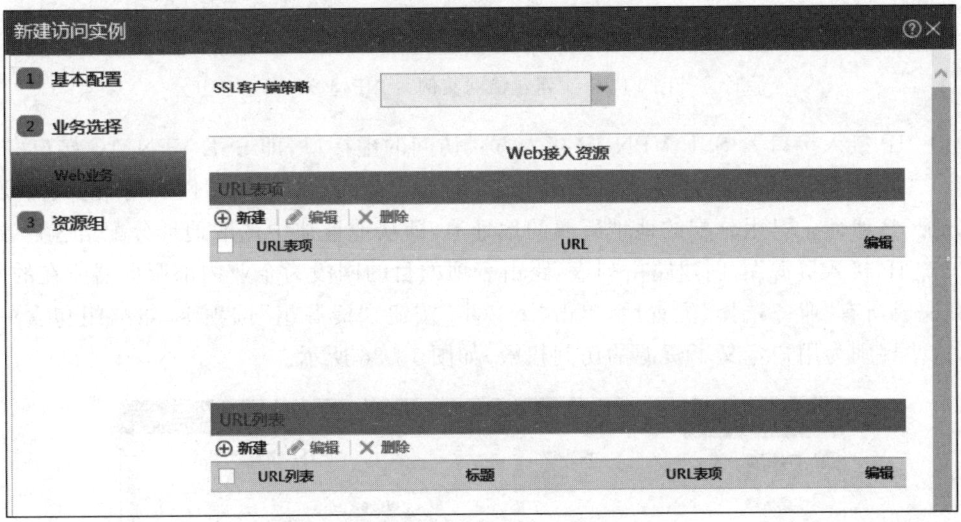

新建访问实例
1 基本配置
2 业务选择
Web业务
3 资源组
SSL客户端策略
Web接入资源
URL表项
新建　编辑　删除
URL表项　URL　编辑
URL列表
新建　编辑　删除
URL列表　标题　URL表项　编辑

图 13-23　“新建访问实例”：“Web 业务”

在“业务选择”选项卡中勾选“TCP 业务”复选框，单击“下一步”按钮，进入“TCP 业务”选项卡。新建端口转发列表，建立客户端主机和服务器之间的端口映射关系，如图 13-24 所示。

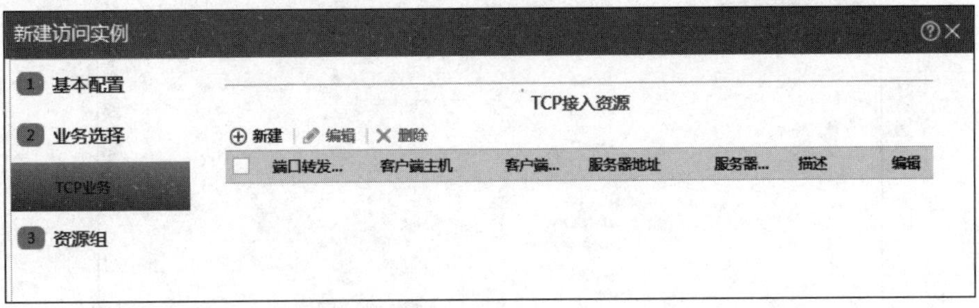

新建访问实例
1 基本配置
2 业务选择
TCP业务
3 资源组
TCP接入资源
新建　编辑　删除
端口转发...　客户端主机　客户端...　服务器地址　服务器...　描述　编辑

图 13-24　“新建访问实例”：“TCP 业务”

在"业务选择" 选项卡中勾选"IP 业务"复选框,单击"下一步"按钮,进入"IP 业务"选项卡如图 13-25 所示。

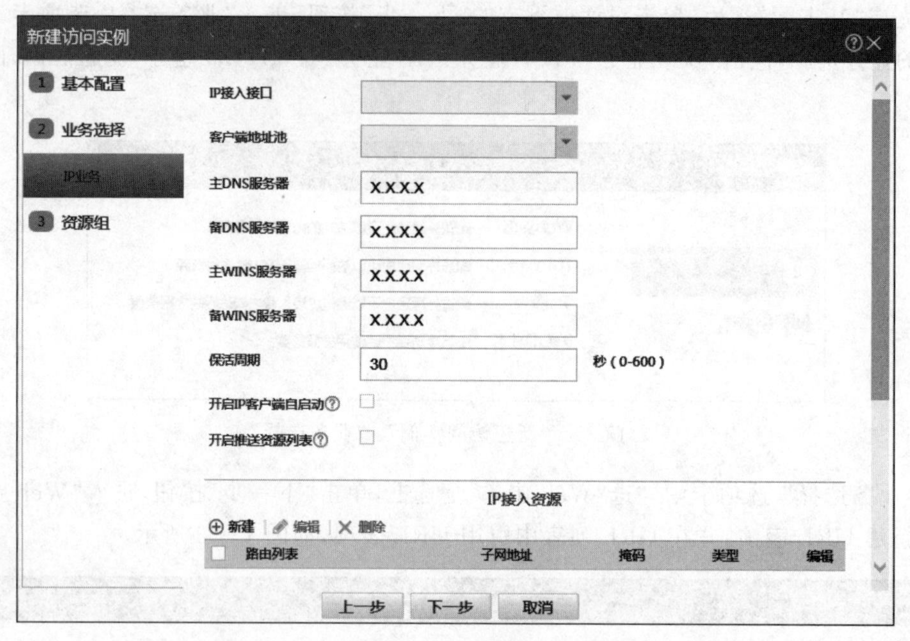

图 13-25 "新建访问实例":"IP 业务"

(1)"IP 接入接口":SSL VPN IP 接入方式访问的虚接口,即 SSL VPN AC 接口。

(2)"客户端地址池":当客户端使用 IP 接入方式访问 SSL VPN 网关时,网关需要为客户端分配 IP 地址。引用分配的地址所属的地址池,即从地址池中选取地址分配给客户端。

(3)"IP 接入资源":创建路由列表,路由表项的目的网段为企业内部服务器所在的网段。

在完成所有"业务选择"配置后,单击"下一步"按钮,"资源组"选项卡,策略组包含一系列规则,这些规则为用户定义了资源的访问权限,如图 13-26 所示。

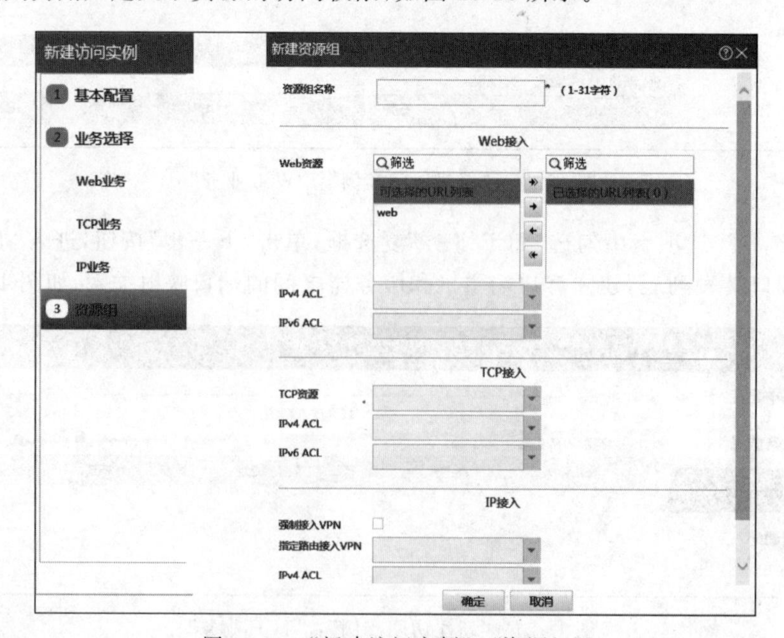

图 13-26 "新建访问实例":"资源组"

一个 SSL VPN 访问实例下可以配置多个策略组。当远端接入用户访问 SSL VPN 访问实例时，AAA 服务器将授权给该用户的策略组信息下发给 SSL VPN 网关。该用户可以访问的资源由授权的策略组决定。

最后单击"确定"按钮，完成 SSL VPN 访问实例的配置。上述网关、客户端地址池、IP 接入接口等参数均可在 SSL VPN 列表栏下进行配置。

在菜单栏中选择"对象"→"用户"→"用户管理"命令，弹出"本地用户"对话框，通过切换标签可以进入"新建用户"或"新建用户组"选项卡，如图 13-27 所示。

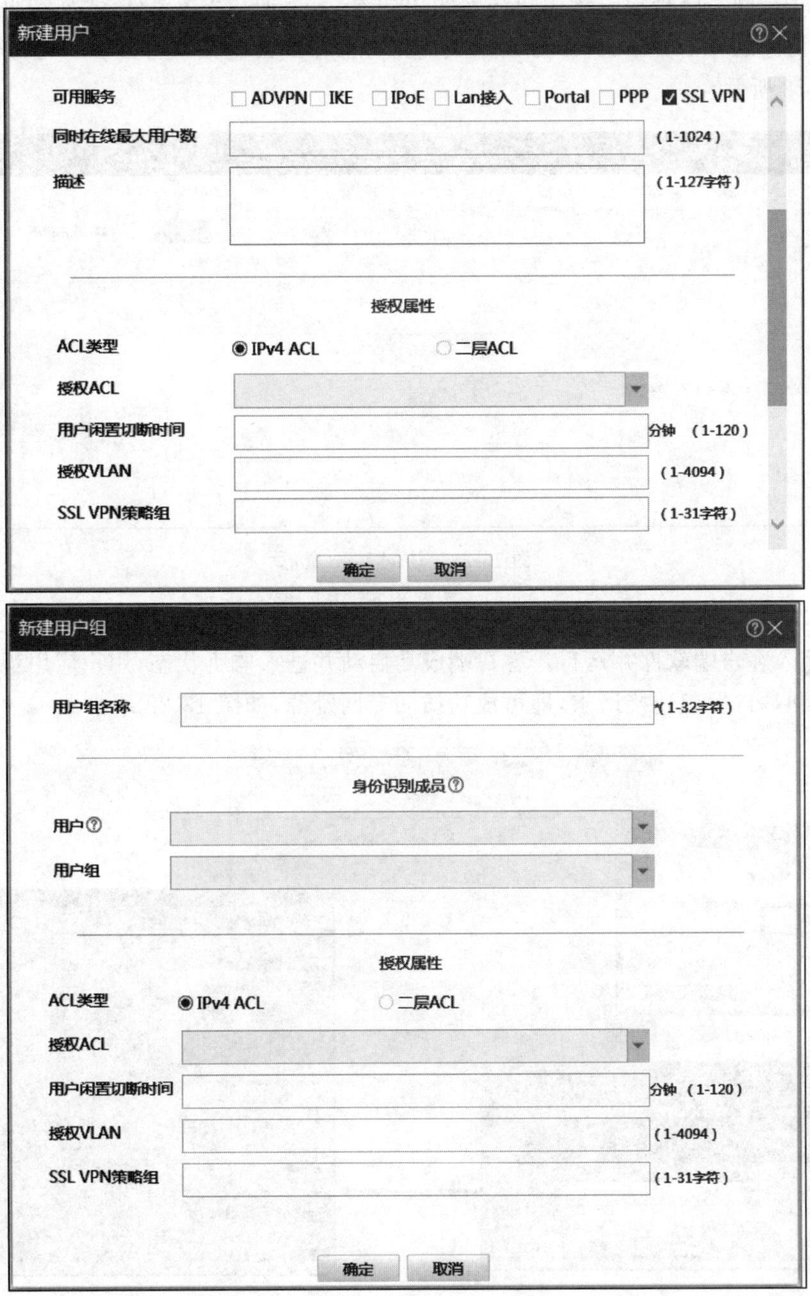

新建用户

可用服务	☐ ADVPN ☐ IKE ☐ IPoE ☐ Lan接入 ☐ Portal ☐ PPP ☑ SSL VPN	
同时在线最大用户数		(1-1024)
描述		(1-127字符)

授权属性

ACL类型	◉ IPv4 ACL ○ 二层ACL	
授权ACL		
用户闲置切断时间		分钟 (1-120)
授权VLAN		(1-4094)
SSL VPN策略组		(1-31字符)

确定 取消

新建用户组

用户组名称		*(1-32字符)

身份识别成员

用户	
用户组	

授权属性

ACL类型	◉ IPv4 ACL ○ 二层ACL	
授权ACL		
用户闲置切断时间		分钟 (1-120)
授权VLAN		(1-4094)
SSL VPN策略组		(1-31字符)

确定 取消

图 13-27 绑定策略组

在“SSL VPN 策略组”下填写策略组名称，完成用户权限与资源的绑定。其中，本地用户注意在“可用服务”中勾选 SSL VPN 类型。

13.6.3 访问资源

在设备配置部署完成后，客户端可以使用浏览器访问 SSL VPN 网关地址/端口，在 Web 页面中输入用户名/密码进行验证，也可以通过证书验证登录。

在访问 SSL VPN Web 资源时，客户端通过 Web 页面验证成功后，将打开 VPN 资源访问页面，SSL VPN 网关将授权给该用户访问的 Web 接入资源以“书签”形式列在页面中。本示例中用户可访问的 Web 接入资源为 h3c，使用鼠标操作单击链接将打开 Web 服务器 h3c 的页面，如图 13-28 所示。

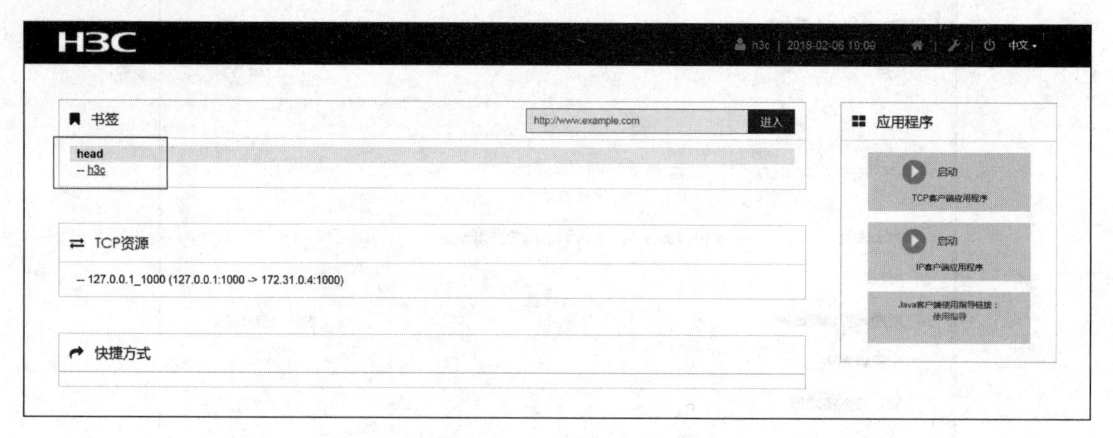

图 13-28 访问 Web 资源

在访问 SSL VPN TCP 接入资源时，客户端通过 Web 页面验证成功后，安装 Java 软件，下载 TCP 接入客户端软件并运行。客户端成功启动并进入监听状态，用户应用程序通过向本地监听地址和端口发起连接请求，即可成功访问专网资源，如图 13-29 所示。

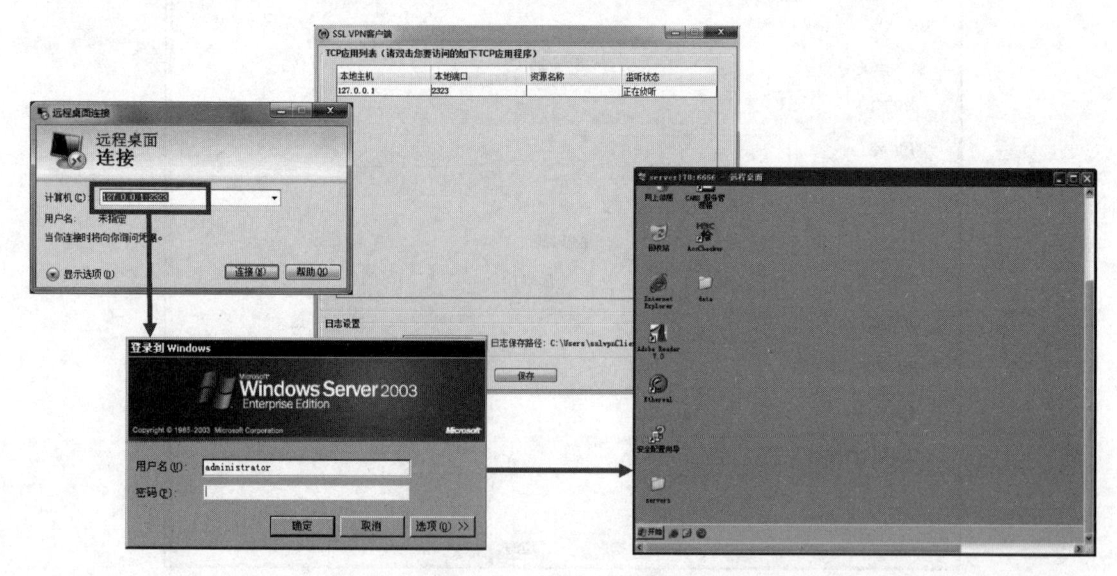

图 13-29 访问 TCP 资源

访问 SSL VPN IP 接入资源时，首先在客户端上启动 VPN 客户端软件（通常是 H3C iNode)，然后输入用户名/密码进行验证，在客户端软件登录成功后，用户主机便成功接入 VPN 网络，此时，客户端主机便可以正常访问 SSL VPN 网关授权的所有 IP 资源了，如图 13-30 所示。

图 13-30 访问 IP 资源

13.7 本章总结

(1) SSL VPN 是利用 SSL 协议建立远程连接的安全 VPN。

(2) SSL VPN 具有面向客户端安装、安全性高、移动性强等特点。

(3) SSL 协议包括握手层和记录层，前者用于建立连接，后者用于发送和接收报文。

(4) SSL VPN 一般采用单臂和双臂两种部署方式。

13.8 习题和解答

13.8.1 习题

1. SSL 协议的通信实体一般分为两层，包括________和________。

2. SSL 协议的记录层用于封装传输报文，加密传输数据，为上层通信提供的服务有（　　）。

A. 保护传输数据的私密性，对数据进行加密和解密

B. 验证传输数据的完整性，计算报文的摘要

C. 提高数据的传输效率，对数据进行压缩

D. 保证数据传输的有序性和可靠性

3. 握手层的主要作用有（　　）。

A. 协商加密能力　　　　B. 协商密钥参数

C. 验证对方身份　　　　D. 建立并维护 SSL 会话

4. SSL VPN 接入方式非常丰富，包括的接入方式有（　　）。

A. Web 接入　　B. TCP 接入　　C. UDP 接入　　D. IP 接入

5. SSL VPN 的权限控制非常灵活，提供了静态授权和动态授权两种方式，下列关于授权的描述中正确的是（　　）。

A. SSL VPN 可以提供高细粒度的访问控制，控制的细粒度可以达到 URL、文件目

录、服务器端口和 IP 网段

B. 身份验证是静态授权的核心内容，用户权限的大小只是和账号有关

C. 在配置动态授权的 SSL VPN 系统中，远程主机下载检查程序，检查程序将检查远程主机的安全状态

D. 安全状态匹配的安全策略中定义的访问权限和用户身份的静态权限的交集，即为该用户登录后的实际访问权限

13.8.2 习题答案

1. 记录层 握手层 2. ABCD 3. ABCD 4. ABD 5. ABCD

第 4 篇

应用安全关键技术

第14章 防火墙深度报文检测（DPI）技术

随着互联网应用类型的不断增加，以及应用形式的不断变化，层出不穷的安全威胁时刻发生在我们身边。基于端口/协议类安全策略的传统防火墙无法应对各种新的安全威胁，DPI深度安全是一种基于应用层信息对流经设备的网络流量进行检测和控制的安全机制。本章主要介绍防火墙DPI技术原理及其配置。

14.1 本章目标

学习完本章，应该能够达成以下目标。

(1) 了解DPI技术的背景。

(2) 理解防火墙DPI技术特性。

(3) 掌握防火墙DPI特性配置。

14.2 DPI技术概述

14.2.1 DPI技术的产生背景

随着信息技术的日新月异和网络信息系统应用的快速发展，网络技术应用正在从传统、小型业务系统逐渐向大型、关键业务系统扩展，网络所承载的数据应用日益增加，呈现复杂化、多元化的趋势。网络在使我们的工作和生活快捷、方便的同时，也带来了许多安全问题，例如，信息泄露、计算机感染病毒等。

虽然防火墙技术在网络中的应用极大地提高了网络的安全性。但是在日益复杂的网络安全威胁中，很多恶意行为（如蠕虫病毒、垃圾邮件、漏洞等）都隐藏在数据报文的应用层载荷中。因此，在网络应用和网络威胁都不断高速增长的今天，仅仅依靠网络层和传输层的安全检测技术，已经无法满足日益增长的网络安全性的要求。

传统的基于网络层的防护只能针对IP报文头进行检查和规则匹配。

(1) 路由器的包过滤功能主要基于ACL实现，通过识别数据包的源地址/目的地址、源端口/目的端口及MAC地址等，对2～4层协议的流量进行控制，无法实现应用层流量的控制。

(2) 传统防火墙基于TCP/IP 3层和4层的访问控制，如BT、电驴等P2P应用、MSN、QQ等即时通信软件及其他应用层软件可以轻松穿透防火墙。

目前，大量应用层攻击都隐藏在正常报文中，甚至是跨越几个报文，因此，仅仅分析单个报文头的意义不大。所以应用层安全威胁就成了互联网压倒性的威胁，应用层安全威胁的防范也就成为网络安全的首要课题。

14.2.2 DPI 的业务功能

深度报文检测(deep packet inspection,DPI)深度安全是一种基于应用层信息对流经设备的网络流量进行检测和控制的安全机制。它提供了一种对数据报文进行一体化检测和多个DPI业务(如内容过滤、URL过滤等)处理相结合的安全机制,提高了设备的安全检测及DPI业务处理性能,简化了多DPI业务策略配置的复杂度。

具体来说,DPI深度安全功能可以实现业务识别、业务控制和业务统计。

(1) 业务识别:业务识别是指对报文传输层以上的内容进行分析,并与设备中的特征字符串进行匹配,来识别业务流的类型。业务识别功能由应用层检测引擎模块来完成,应用层检测引擎是实现DPI深度安全功能的核心和基础。业务识别的结果可为DPI各业务模块对报文的处理提供判断依据。

(2) 业务控制:在业务识别之后,设备根据各DPI业务模块的策略及规则配置,实现对业务流量的灵活控制。目前,设备支持的控制方法主要包括放行、丢弃、阻断、重置、捕获和生成日志。

(3) 业务统计:业务统计是指对业务流量的类型、协议解析的结果、特征报文的检测和处理结果等内容进行统计。业务统计的结果可以直观体现业务流量分布和用户各种业务的使用情况,便于更好地发现促进业务发展和影响网络正常运行的因素,为网络和业务优化提供依据。

如图14-1所示,DPI深度安全功能的业务识别是对报文进行特征字符串匹配,所以设备中必须拥有业务识别所需要的特征项。DPI特征库就是这些公共的、通用的特征项的集合,可被打包到标准的特征库文件中供设备加载使用。通常情况下,管理员只需要定期加载最新的特征库文件到设备上即可及时更新本地的特征项。除此之外,管理员还可以根据实际网络需求按照设备支持的语法、自定义特征,来作为特殊网络环境下的补充。H3C防火墙的DPI特征库包括IPS特征库、URL分类特征库、APR特征库和防病毒特征库。

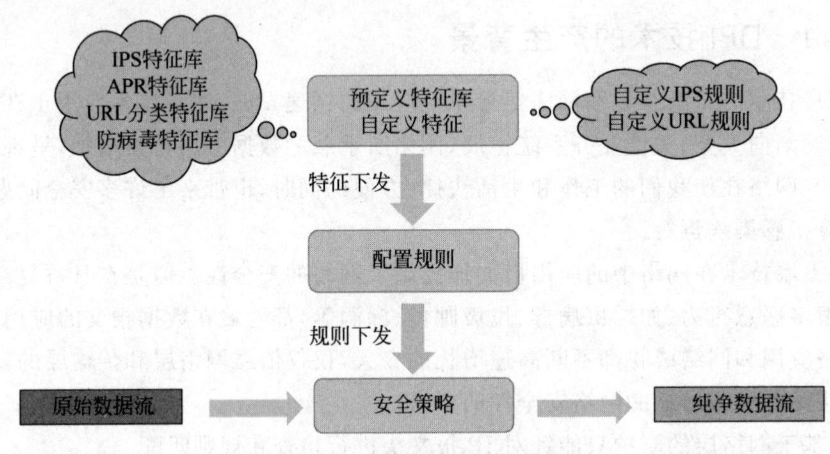

图14-1 DPI基本工作原理

目前,H3C防火墙支持的DPI业务主要包括入侵防御系统(intrusion prevention system,IPS)、URL过滤、数据过滤、文件过滤、防病毒和基于内容特征的应用层协议识别(network based application recognition,NBAR),有关DPI业务的详细介绍如表14-1所示。

表14-1 DPI业务的详细介绍

DPI业务	功 能
IPS	IPS功能通过分析流经设备的网络流量来实时检测入侵行为,并通过一定的响应动作来阻断入侵行为,以实现保护企业信息系统和网络免遭攻击的目的

续表

DPI 业务	功 能
URL 过滤	URL 过滤功能可对用户访问的 URL 进行控制,即允许或禁止用户访问的 Web 资源,以达到规范用户上网行为的目的
数据过滤	数据过滤功能可对应用层协议报文中携带的内容进行过滤,以阻止企业机密信息泄露和违法、敏感信息的传播
文件过滤	文件过滤功能可根据文件扩展名信息对经设备传输的文件进行过滤
防病毒	防病毒功能可经过设备的文件进行病毒检测和处理,以确保内部网络安全
NBAR	NBAR 功能通过将报文的内容与特征库中的特征项进行匹配,来识别报文所属的应用层协议

14.2.3 DPI 的报文处理流程

DPI 深度安全功能基于安全域间实例实现。当属于某安全域间实例的报文经过设备时,DPI 深度安全处理流程如图 14-2 所示。

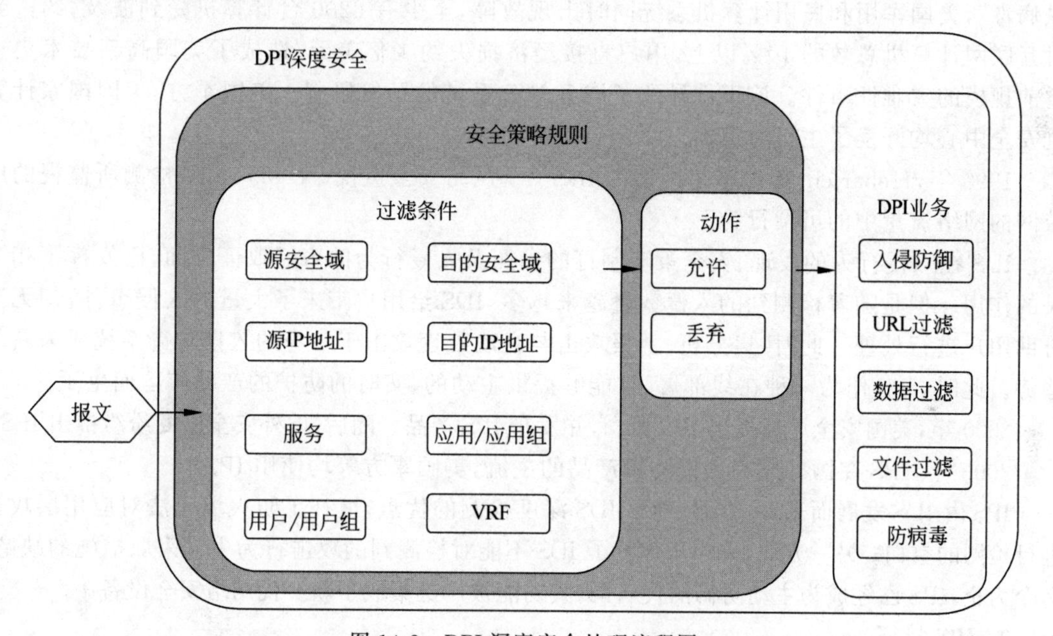

图 14-2 DPI 深度安全处理流程图

DPI 深度安全处理流程具体如下。

(1) 报文将与安全策略进行匹配。安全策略规则中定义了用来进行报文匹配的源安全域、目的安全域、源 IP 地址、目的 IP 地址和服务类型等过滤条件。

(2) 如果报文与安全策略中的所有条件都匹配,则此报文成功匹配安全策略;如果报文未与安全策略匹配成功,则此报文将会被丢弃。

(3) 如果报文成功匹配安全策略,则设备将执行此安全策略中指定的动作;如果动作为“丢弃”,则设备将阻断此报文;如果动作为“允许”,则继续进行步骤(4)的处理。

(4) 如果安全策略中的动作“允许”且引用的 DPI 业务存在,则设备将对此报文进行 DPI 业务的一体化检测;如果安全策略中引用的 DPI 业务不存在,则设备将允许此报文通过。

14.3 DPI业务实现原理

14.3.1 IPS技术

IPS是一种可以对应用层攻击进行检测并防御的安全防御技术。IPS通过分析流经设备的网络流量来实时检测入侵行为，并通过一定的响应动作来阻断入侵行为，以实现保护企业信息系统和网络免遭攻击的目的。

1. IPS的发展历程

在入侵防御领域，首先出现的是一款检测产品——入侵检测系统(intrusion detection system，IDS)。它能够针对网络和主机行为进行检测，提供对内部攻击、外部攻击和误操作的实时监控。

1987年，Denning在博士论文中提出了一个抽象的入侵检测专家系统模型，第一次提出把入侵检测作为解决计算机系统安全问题的手段。

1988年，美国康奈尔大学23岁学生罗伯特·莫里斯(Robert Morris)向互联网释放了“蠕虫病毒”，美国军用和民用计算机系统同时出现故障，至少有6200台计算机受到波及，约占当时互联网计算机总数的10%以上，用户直接经济损失约1亿美元，造成了美国高新技术史上空前规模的灾难性事件。该事件导致了许多IDS系统的开发研制。美国军方、美国国家计算机安全中心均开发了主机型IDS。

1990年，Heberlein提出基于网络的IDS——网络安全监视(NSM)，用来检测所监视的广域网的网络流量中的可疑行为。

IDS在入侵行为的发现、安全策略制订的参照及入侵行为的事后取证方面，已发挥了相当大的作用。但是随着检测到的入侵数量越来越多，IDS给用户带来了大量的入侵事件，却无法协助用户进行处理。此时，集分析、上报攻击与自动处理攻击于一身的入侵防御系统成为新的趋势。此时，IPS作为一种在线部署，且能够提供主动的、实时的防护的产品应运而生了。

2000年，美国安全厂商提出IPS概念，并发布IPS产品。随后，国外安全厂商纷纷推出IPS。

2003年，IPS在国外成为入侵防御产品的主流，美国军方等均使用IPS。

IPS由IDS发展而来，一方面，继承IDS深度检测的优点，填补了防火墙无法对应用层攻击进行检测的空白；另一方面，进一步弥补了IDS不能对检测到的攻击行为主动采取措施的缺憾。迄今为止，IPS已经成为主动防御的代名词，其功能被广泛集成于新一代网络安全设备中。

2. IPS特征

IPS特征用来描述网络中的攻击行为的特征，设备通过将报文与IPS特征进行比较，来检测和防御攻击。IPS特征包括多种属性，例如，攻击分类、动作、保护对象、严重级别和方向。这些属性可作为过滤条件来筛选IPS特征。

设备支持以下两种类型的IPS特征。

(1) 预定义IPS特征：系统中的IPS特征库自动生成。设备不支持对预定义IPS特征的内容进行创建、修改和删除。

(2) 自定义IPS特征：管理员在设备上手工创建。通常在新的网络攻击出现后，与其对应的攻击特征会出现得比较晚一些。如果管理员已经掌握了新网络攻击行为的特点，可以通过自定义方式创建IPS特征，及时阻止网络攻击，否则，不建议用户自定义IPS特征。

需要注意的是，目前H3C安全设备仅支持以snort文件导入的方式生成自定义IPS特征，snort文件需要遵循snort公司的语法。设备同时支持删除导入的自定义IPS特征。

3. IPS 动作

IPS 动作是指设备对匹配上 IPS 特征的报文做出的处理。IPS 处理动作包括以下几种类型。

（1）重置：通过发送 TCP 的 reset 重置链接报文断开 TCP 连接。

（2）重定向：把符合特征的报文重定向到指定的 Web 页面上。

（3）源阻断：阻断符合特征的报文，并会将该报文的源 IP 地址加入 IP 黑名单。如果设备上同时开启了 IP 黑名单过滤功能（由 blacklist global enable 开启），则在一定时间内（由 block-period 命令指定）来自此 IP 地址的所有报文将被直接丢弃；否则，此 IP 黑名单不生效。

（4）丢弃：丢弃符合特征的报文。

（5）放行：允许符合特征的报文通过。

（6）捕获：捕获符合特征的报文。

（7）生成日志：对符合特征的报文生成日志信息。

14.3.2 防病毒技术

1. 防病毒实现原理

随着网络的不断发展和应用程序的日新月异，企业用户越来越频繁地开始在网络上传输和共享文件，随之而来的病毒威胁也越来越大。企业只有拒病毒于网络之外，才能保证数据的安全、系统的稳定。因此，保证计算机和网络系统免受病毒的侵害，让系统正常运行，便成为企业所面临的一个重要问题。

防病毒功能是一种通过对报文应用层信息进行检测，来识别和处理病毒报文的安全机制。防病毒功能凭借庞大且不断更新的病毒特征库，可有效保护网络安全，防止病毒在网络中的传播。将具有防病毒功能的设备部署在企业网入口，可以将病毒隔离在企业网之外，为企业专网的数据安全提供坚固的防御。目前，H3C 防火墙设备支持对基于以下应用层协议传输的报文进行防病毒检测。

（1）文件传输协议（file transfer protocol，FTP）。

（2）超文本传输协议（hypertext transfer protocol，HTTP）。

（3）Internet 邮件访问协议（Internet mail access protocol，IMAP）。

（4）邮局协议的第 3 个版本（post office protocol-version 3，POP3）。

（5）简单邮件传输协议（simple mail transfer protocol，SMTP）。

病毒特征是设备上定义的，用于识别应用层信息中是否携带病毒的字符串，由系统中的病毒特征库预定义。

病毒特征库是用来对经过设备的报文进行病毒检测的资源库。随着互联网中病毒的不断变化和发展，需要及时升级设备中的病毒特征库，同时，H3C 安全设备也支持病毒特征库回滚功能。

如果管理员发现 H3C 安全设备当前的病毒特征库对报文进行病毒检测的误报率较高或出现异常情况，可以将其回滚到出厂版本或上一版本。

2. 防病毒动作

防病毒动作是指对符合病毒特征的报文做出的处理，包括以下几种类型

（1）告警：允许病毒报文通过，同时生成病毒日志。

（2）阻断：禁止整个携带病毒的报文通过，同时生成病毒日志。

（3）重定向：将携带病毒的 HTTP 连接重定向到指定的 URL，同时生成病毒日志。仅对上传方向有效。

其中，病毒日志支持输出到信息中心或以邮件的方式发送到指定的收件人邮箱。

14.3.3 URL过滤技术

1. 什么是URL

URL是互联网上标准资源的地址。URL用来完整、精确地描述互联网上的网页或其他共享资源的地址，URL格式如下：

```
protocol://host[:port]/path/[;parameters][?query]#fragment
```

格式示意如图14-3所示。

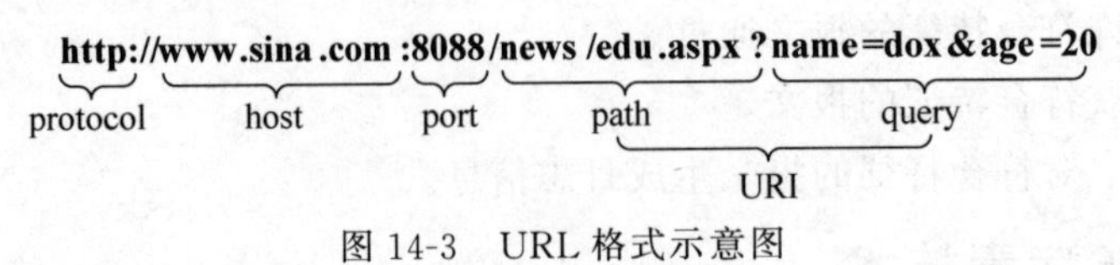

图14-3 URL格式示意图

URL各字段含义如表14-2所示。

表14-2 URL各字段含义

字 段	描 述
protocol	表示使用的传输协议，如HTTP
host	表示存放资源的服务器的主机名或IP地址
[:port]	(可选)传输协议的端口号，各种传输协议都有默认的端口号
/path/	路径，由0或多个"/"符号隔开的字符串，一般用来表示主机上的一个目录或文件地址
[;parameters]	(可选)用于指定特殊参数
[? query]	(可选)表示查询用于给动态网页传输参数，可有多个参数，用"&"符号隔开，每个参数的名和值用"="符号隔开
URI	统一资源标识符(uniform resource identifier，URI)是一个用于标识某一互联网资源名称的字符

2. URL过滤实现原理

随着互联网应用的迅速发展，计算机网络在经济和生活的各个领域迅速普及，使得信息的获取、共享和传播更加方便，但同时也给企业带来了前所未有的威胁。

(1) 员工在工作时间随意地访问与工作无关的网站，严重影响了工作效率。

(2) 员工随意访问非法或恶意的网站，造成公司机密信息的泄露，甚至会带来病毒、木马和蠕虫等威胁攻击。

(3) 在内部网络拥堵时段，无法保证员工正常访问与工作相关的网站(如公司主页、搜索引擎等)，影响工作效率。

URL过滤功能是指对用户访问的URL进行控制，即允许或拒绝用户访问的Web资源，达到规范用户上网行为的目的。通过使用URL过滤规则匹配URL中host字段和URI字段的方法来识别URL。

URL过滤技术可以根据不同的用户/用户组、时间段和安全域等信息，对用户/用户组进行URL访问控制，达到精确管理用户上网行为的目的。同时，URL过滤技术还可以对不同URL分类的HTTP报文修改其DSCP优先级，以便于其他网络设备对不同分类的URL流量采取差异化处理。

URL 过滤功能实现的前提条件是对 URL 的识别。可通过使用 URL 过滤规则匹配 URL 中主机名字段和 URI 字段的方法来识别 URL。

3. URL 过滤规则

URL 过滤规则是指对用户 HTTP 报文中的 URL 进行匹配的原则，由网络管理员手动配置生成，可以通过使用正则表达式或文本的方式配置规则中的主机名或 URI 的内容。

URL 过滤规则支持两种匹配方式。

(1) 文本匹配：使用指定的字符串对主机名字段和 URI 字段进行精确匹配。

① 在匹配主机名字段时，URL 中的主机名字段与 URL 过滤规则中指定的主机名字符串必须完全一致，才能匹配成功。例如，URL 过滤规则中配置主机名字符串为 abc.com.cn，则主机名字段为 abc.com.cn 的 URL 会匹配成功，而主机名字段为 dfabc.com.cn 的 URL 将与该规则匹配失败。

② 在匹配 URI 字段时，从 URL 中 URI 字段的首字符开始，只要 URI 字段中连续若干个字符与规则中指定的 URI 字符串完全一致，就算匹配成功。例如，URL 过滤规则中配置 URI 字符串为/sina/news，则 URI 字段为/sina/news、/sina/news/sports 或/sina/news_sports 的 URL 会匹配成功，而 URI 字段为/sina 的 URL 将与该规则匹配失败。

(2) 正则表达式匹配：使用正则表达式对主机名字段和 URI 字段进行模糊匹配。例如，URL 过滤规则中配置主机名的正则表达式为 sina.*cn，则主机名字段为 news.sina.com.cn 的 URL 会匹配成功，其中，* 表示模糊匹配字段。

为便于网络管理员对数目众多的 URL 过滤规则进行统一部署，URL 过滤模块提供了 URL 过滤分类功能，以便对具有相似特征的 URL 过滤规则进行归纳，以及为匹配这些规则的 URL 统一指定处理动作。每个 URL 过滤分类具有一个严重级别属性，该属性值表示对属于此过滤分类 URL 的处理优先级。URL 过滤分类由网络管理员手动配置，可修改其严重级别，可添加 URL 过滤规则。

URL 过滤策略是用于关联所有 URL 过滤配置的一个实体。一个 URL 过滤策略中可以配置 URL 过滤分类和处理动作的绑定关系，以及默认动作（即对未匹配上任何 URL 过滤规则的报文采取的动作）。URL 过滤支持的处理动作包括丢弃、允许、阻断、重置、重定向和生成日志。

14.3.4　文件过滤技术

随着社会和网络技术的不断发展，公司机密信息和用户个人信息的泄露已经成为信息安全的核心问题之一。另外，病毒经常会感染或附着在文件中，且病毒的反检测和渗透防火墙的能力越来越强。因此，文件安全已经是人们越来越关注的问题。但传统的防火墙和 UTM 设备已经不能满足这些需求。在此背景下，文件过滤技术应运而生。

文件过滤是一种根据文件扩展名信息对经设备传输的文件进行过滤的安全防护机制。采用文件过滤功能可以对指定类型的文件进行批量过滤。目前，文件过滤功能支持对基于以下应用层协议传输的文件进行检测和过滤。

(1) HTTP。

(2) FTP。

(3) SMTP。

14.3.5　数据过滤技术

随着互联网时代的发展，公司员工在办公时越来越多的需要使用 Internet。例如，员工需要通过 Internet 浏览网页、搜索信息、收发邮件、发送帖子或微博等。

员工在使用 Internet 的过程中,可能会产生以下问题。

(1) 员工上传或发布公司的机密信息到 Internet,导致公司机密泄露。

(2) 员工浏览、发布、传播违规信息,对公司造成不好的影响,甚至带来法律风险。

(3) 员工浏览和搜索与工作无关的内容,降低工作效率。

因此,越来越多的公司希望拥有一台设备,既能保证公司员工正常访问 Internet,又能对员工接收和发送的信息内容进行过滤。

防火墙的数据过滤功能可以满足这一需求。防火墙数据过滤是一种对流经设备的报文的应用层信息进行过滤的安全防护机制。采用数据过滤功能可以有效防止专网机密信息泄露,禁止专网用户在 Internet 上浏览、发布和传播违规或违法信息。目前,数据过滤功能支持对基于以下应用层协议传输的应用层信息进行检测和过滤。

(1) HTTP。

(2) FTP。

(3) SMTP。

14.4 DPI 基本配置

H3C 安全设备的应用控制网关(application control gateway,ACG,主要用于网络应用行为控制)、IPS 和防病毒功能需要获取 license 授权后才能使用。H3C 网站提供 license 的激活申请功能,根据设备随机发的《软件使用授权书》上的授权序列号等信息,激活并生成相应的 license 激活文件。只有将 license 激活文件导入设备,完成 license 激活文件的安装,才能保证相关特性功能的正常使用和特征库的及时升级。

在使用防火墙 IPS/AV/URL 过滤等特性时,需确保相应特征库已经升级到最新版本。

14.4.1 license 配置

H3C 安全设备的 license 对 ACG、IPS 和防病毒功能的限制为:设备在首次使用此类功能时,需要安装有效的 license,若 license 过期,则此类功能可以采用设备中已有的特征库正常工作,但无法升级特征库。

license 的激活申请有两种类型。

(1) license 首次激活申请:针对从未注册激活过 H3C 软件的安全设备。

(2) license 扩容激活申请:针对已注册激活 H3C 软件的设备,进行规模扩容、功能扩展、时限延长等。

license 根据发布渠道不同分为临时的和正式的,license 的种类以 license 的描述信息为准。

(1) 临时 license 授权的特性可以使用一段时间,临时 license 不允许迁移。需在试用期内购买正式 license 并安装到设备上,以便特性得到正式授权使用。

(2) 正式 license 是对特性正式授权的凭证。用户在将正式 license 安装到设备上后,对特性进行正式授权,可以正常使用相应特性。

14.4.2 特征库升级

特征库是用来对经过设备的应用层流量进行应用识别、URL 过滤、病毒检测和入侵防御的资源库。随着网络攻击不断变化和发展,需要及时升级设备中的特征库。设备也支持特征库版本回退功能。目前，在设备中存在入侵防御特征库、防病毒特征库、应用识别特征库和URL特征库。

H3C安全设备特征库的升级包括以下几种方式。

(1) 定时升级：设备根据网络管理员设置的时间定期自动更新本地的特征库。

(2) 立即升级：网络管理员手工触发设备立即更新本地的特征库。

(3) 本地升级：当设备无法自动获取特征库时，需要网络管理员先手动获取最新的特征库，再更新设备本地的特征库。

14.5　入侵防御配置

14.5.1　入侵防御功能配置思路

入侵防御功能的配置思路如图14-4所示，DPI业务功能通过Web页面配置更加方便，下面仅对关键步骤通过Web页面方式进行详细介绍。

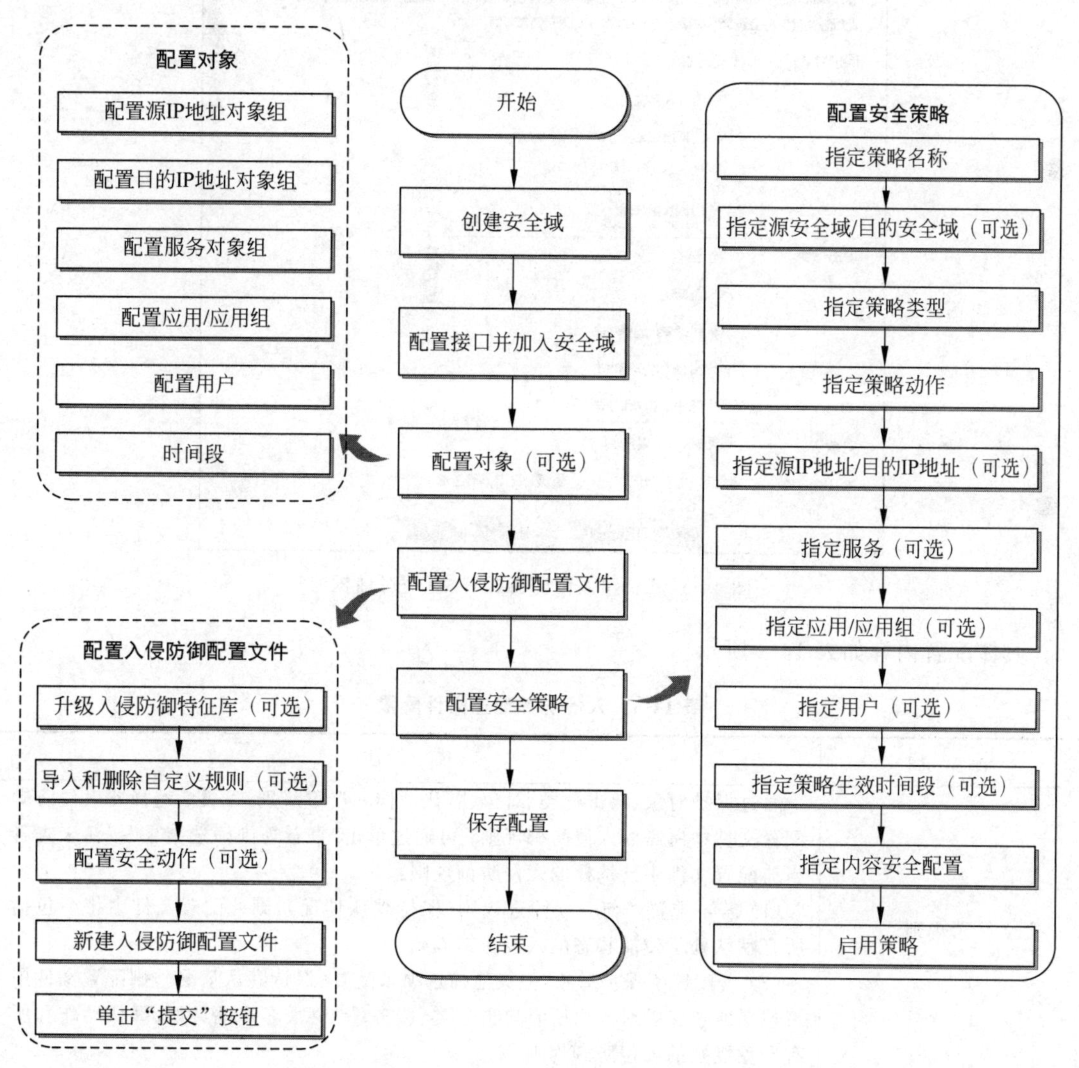

图14-4　入侵防御功能配置指导图

14.5.2 配置入侵防御配置文件

设备上存在一个名称为 default 的入侵防御配置文件，默认入侵防御配置文件使用当前系统中所有默认处于使能状态的入侵防御规则，新增自定义入侵防御规则会自动添加到默认入侵防御配置文件下。默认入侵防御配置文件中的入侵防御规则的动作属性和生效状态属性不能被修改。

网络管理员也可以根据实际需求创建自定义的入侵防御配置文件。“新建入侵防御配置文件”对话框如图 14-5 所示。

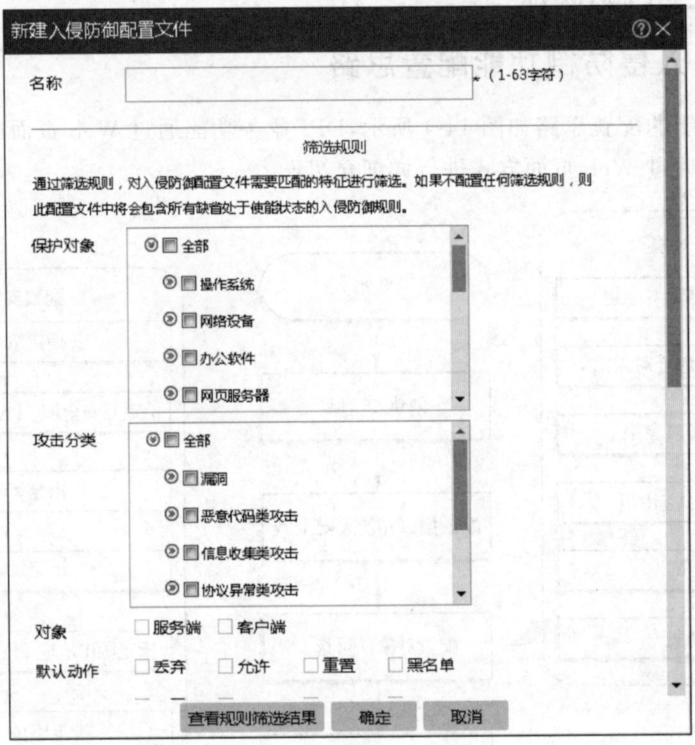

新建入侵防御配置文件

名称 * (1-63字符)

筛选规则

通过筛选规则，对入侵防御配置文件需要匹配的特征进行筛选。如果不配置任何筛选规则，则此配置文件中将会包含所有缺省处于使能状态的入侵防御规则。

保护对象：全部、操作系统、网络设备、办公软件、网页服务器

攻击分类：全部、漏洞、恶意代码类攻击、信息收集类攻击、协议异常类攻击

对象：服务端、客户端

默认动作：丢弃、允许、重置、黑名单

查看规则筛选结果　确定　取消

图 14-5 “新建入侵防御配置文件”对话框

具体配置内容如表 14-3 所示。

表 14-3 入侵防御配置文件配置

字 段	描 述
筛选规则	通过保护对象、攻击分类、对象、默认动作和严重级别，可灵活选择此入侵防御配置文件中所需的入侵防御规则；可通过单击“查看规则筛选结果”按钮来查看当前配置文件中已选择的入侵防御规则： (1) 若不配置任何一项筛选规则(保持默认情况)，则此配置文件中将会包括所有默认处于使能状态的入侵防御规则 (2) 若配置了保护对象，但其他筛选项未配置(保持默认情况)，则配置文件中将包括所选保护对象中所有攻击分类、服务端类型、客户端类型、默认动作和所有严重级别的入侵防御规则
保护对象	通过选择保护对象可快速选择所需的入侵防御规则
攻击分类	通过选择攻击分类可快速选择所需的入侵防御规则

续表

字　段	描　述
对象	入侵防御特征库中的规则分为服务端和客户端两类，可通过选择服务端和客户端，来筛选配置文件所需的入侵防御规则
默认动作	入侵防御规则的默认动作分为丢弃、允许、重置、黑名单四种，可通过选择不同的默认动作来筛选配置文件所需的入侵防御规则
严重级别	入侵防御规则的严重级别分为严重、高、中、低四种，可通过选择不同的严重级别来筛选配置文件所需的入侵防御规则
动作	选择配置文件的动作，动作类型包括：默认、黑名单、丢弃、允许、重置和重定向。符合此配置文件的报文将按照此配置文件中指定的动作进行处理。默认情况下，动作为默认
日志	在开启日志功能后，设备将对与入侵防御规则匹配成功的报文生成日志信息
抓包	在开启抓包功能后，设备会将捕获到的报文保存在本地，并输出到指定的路径
添加规则例外	添加规则例外包括以下两种方式。 （1）在“新建入侵防御配置文件”对话框的“规则例外”输入框中直接输入入侵防御规则的 ID 号，然后单击的右边“添加”按钮，即可把此规则加入“规则例外”中 （2）在“新建入侵防御配置文件”对话框，先单击“查看规则筛选结果”按钮，弹出“查看规则”对话框，在此对话框选中需要加入“规则例外”的入侵防御规则，然后单击此对话框上方的“添加到例外列表”按钮，即可把此规则加入“规则例外”中
修改规则例外	在“规则例外”列表中，单击目标入侵防御规则右边的“编辑”按钮，进入“修改例外规则”对话框，在此对话框可配置修改规则例外的动作、状态、日志和抓包功能。单击“确定”按钮，此例外规则修改成功

14.5.3 配置安全策略并激活

如图 14-6 所示，在“新建安全策略”对话框的内容安全配置中选择 IPS 策略，并引用配置好的入侵防御配置文件，有关安全策略的详细配置介绍请参见第 6 章。

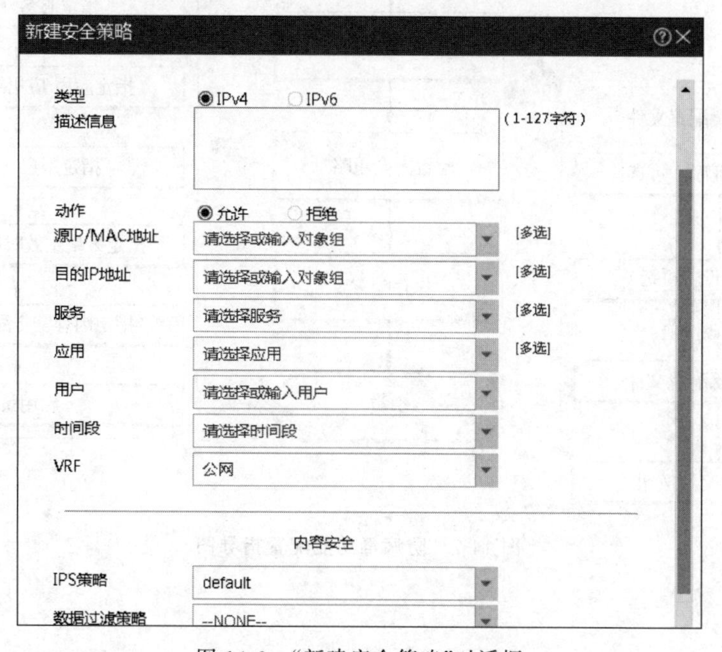

图 14-6 “新建安全策略”对话框

注意

在最终提交并激活入侵防御配置文件时，会暂时中断 DPI 业务的处理，为避免重复配置此功能对 DPI 业务造成影响，需在完成部署 DPI 各业务模块的配置文件后，再统一配置并激活该安全策略。

14.6 防病毒配置

14.6.1 防病毒功能配置思路

防病毒功能的配置思路如图 14-7 所示，主要展示了配置防病毒功能的主要方法和配置项，下面仅对关键步骤通过 Web 页面方式进行详细介绍。

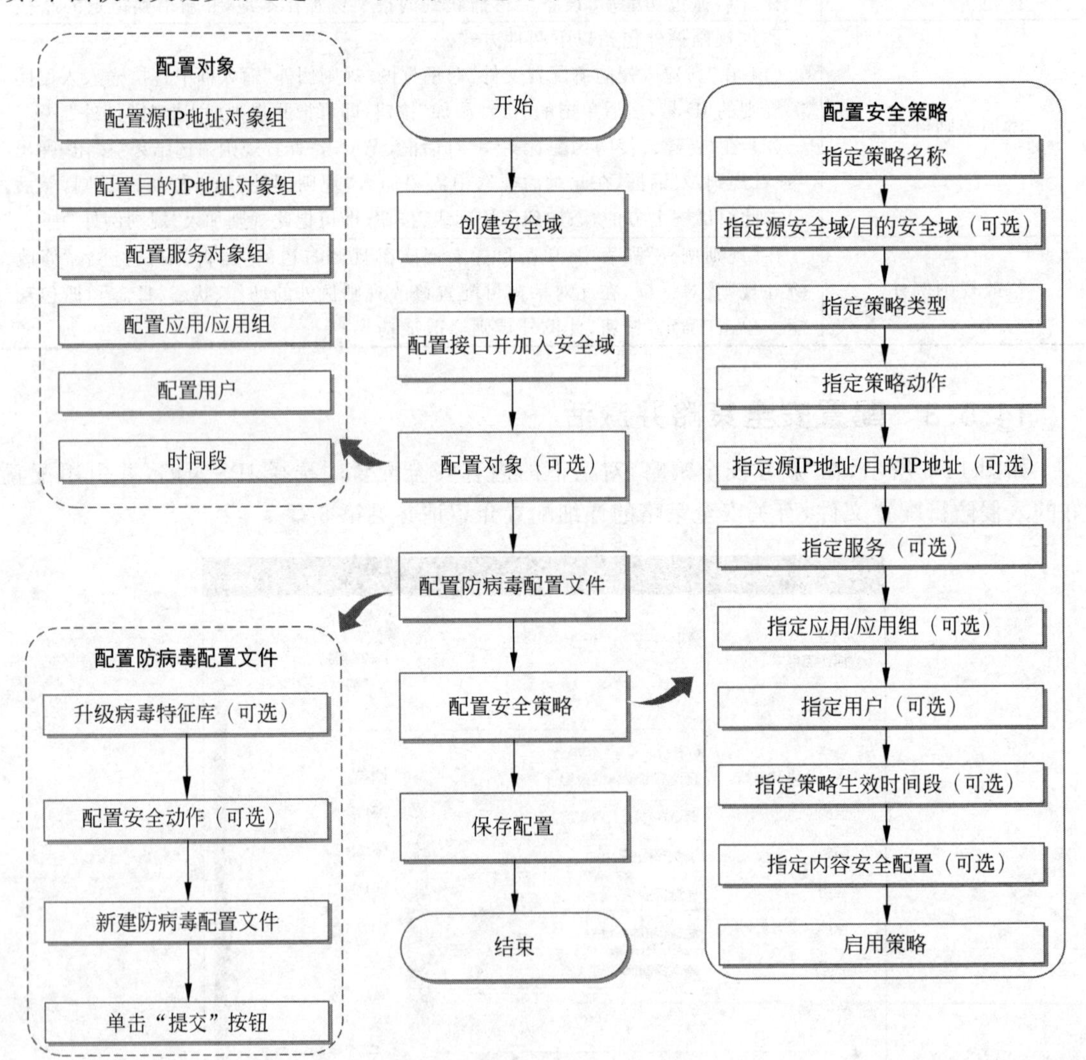

图 14-7 防病毒功能配置指导图

14.6.2　配置防病毒配置文件

防病毒特征有默认的过滤策略，默认情况下，已经默认设置完成，直接调用 default 策略即可，如需要自行定制过滤策略，则需进入防病毒配置文件中新建自定义的防病毒规则。“新建防病毒配置文件”对话框如图 14-8 所示。

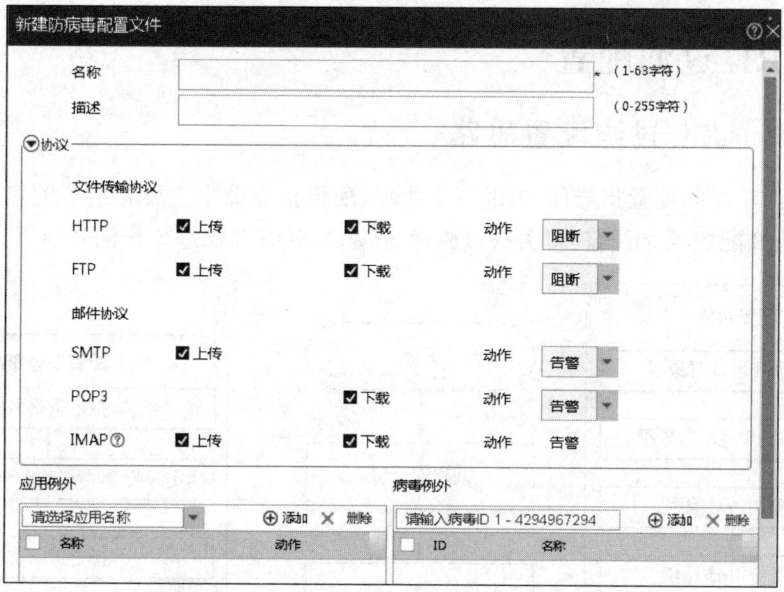

图 14-8　“新建防病毒配置文件”对话框

配置与激活防病毒安全策略与入侵防御配置一致，在此不做详细说明。

具体配置内容说明如表 14-4 所示。

表 14-4　防病毒配置文件配置

字　段	描　述
名称	防病毒配置文件的名称
描述	通过合理编写描述信息，便于管理员快速理解和识别防病毒配置文件的作用，有利于后期维护
上传	对 HTTP、FTP、SMTP 和 IMAP 上传方向的报文进行病毒检测。其中，SMTP 只支持上传方向
下载	对 HTTP、FTP、POP3 和 IMAP 下载方向的报文进行病毒检测。其中，POP3 只支持下载方向
动作	设备可根据报文的应用层协议类型和传输方向来对其进行病毒检测，如果检测到病毒，则对此报文执行此处指定的动作。动作包括告警、阻断、重定向。IMAP 只支持告警动作
应用例外	默认情况下，设备基于应用层协议的防病毒动作对符合病毒特征的报文进行处理。当需要对某应用层协议上承载的某一具体应用采取不同的动作时，可以将此应用设置为应用例外。例如，对 HTTP 进行允许通过处理，但是需要对 HTTP 上承载的游戏类应用采取阻断动作，这时就可以把所有游戏类的应用设置为应用例外

续表

字 段	描 述
病毒例外	如果发现某类检测出病毒的报文被误报时,可以通过执行此命令把该报文对应的病毒特征设置为病毒例外。当后续再有检测出包含此病毒特征的报文通过时,设备将对其执行允许动作

14.7 URL 过滤配置

14.7.1 URL 过滤配置思路

URL 过滤功能的配置指导图如图 14-9 所示,配置指导图中主要介绍了配置 URL 过滤功能的主要方法和配置项,下面仅对关键步骤通过 Web 页面方式进行详细介绍。

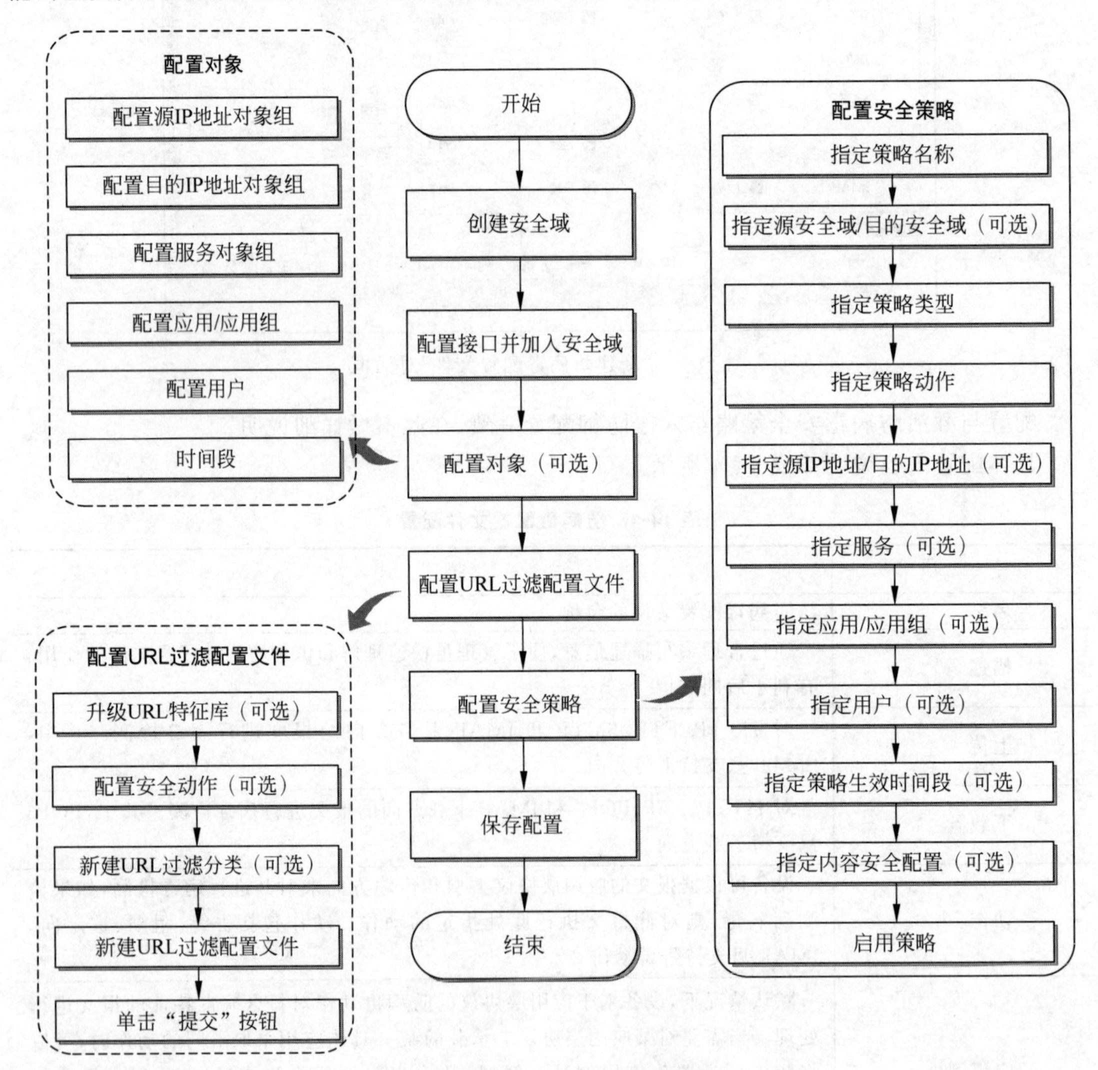

图 14-9 URL 过滤功能配置指导图

14.7.2　配置 URL 过滤分类

便于网络管理员对数目众多的 URL 过滤规则进行统一部署，URL 过滤模块提供了 URL 过滤分类功能，以便对具有相似特征的 URL 过滤规则进行归纳，以及为匹配这些规则的 URL 统一指定处理动作。每个 URL 过滤分类具有一个严重级别属性，该属性值表示对属于此过滤分类的 URL 的处理优先级，数值越大表示严重级别越高。

当 URL 特征库中预定义的 URL 过滤分类和 URL 过滤规则不能满足对 URL 的控制需求时，可以新建 URL 过滤分类，并在分类中创建 URL 过滤规则。每个 URL 过滤规则可以同时属于多个 URL 过滤分类。“新建自定义 URL 过滤分类”对话框如图 14-10 所示。

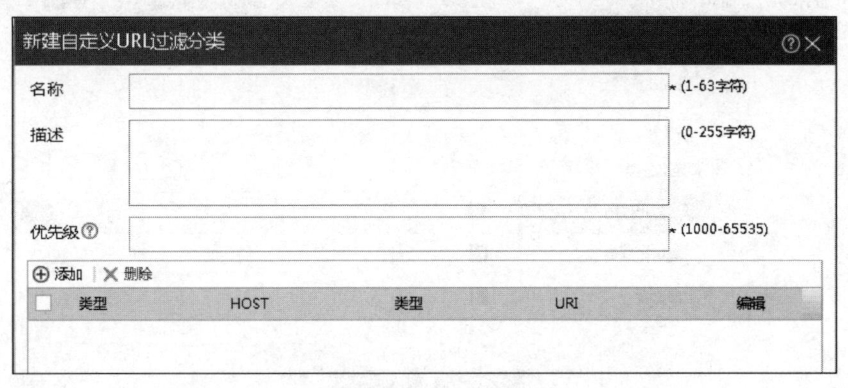

图 14-10　“新建自定义 URL 过滤分类”对话框

具体配置内容说明如表 14-5 所示。

表 14-5　自定义 URL 过滤分类配置

字　段	描　　述
名称	URL 分类的名称，不能以字符 Pre-开头，因为 Pre-是预定义的 URL 分类名称
描述	通过合理编写描述信息，便于网络管理员快速理解和识别 URL 分类的作用，有利于后期维护
优先级	URL 的严重级别属性，创建 URL 过滤分类时必须配置此参数，数值越大表示严重级别越高，且不同的 URL 过滤分类的严重级别不能相同
添加	为指定的 URL 过滤分类添加 URL 规则。主机名表示对 URL 中的主机名字段进行过滤，URI 表示对 URL 中的 URI 字段进行过滤；文本表示对主机名字段和 URI 字段进行精确匹配，正则表达式表示对主机名字段和 URI 字段进行模糊匹配

14.7.3　配置 URL 过滤配置文件

在一个 URL 过滤配置文件中可以开启云端查询功能，可以配置文件的默认动作，可以配置黑/白名单，也可以为不同的 URL 分类指定不同的动作。

若报文成功匹配的 URL 过滤规则同属于多个 URL 分类，则根据严重级别最高的 URL 过滤中指定的动作对此报文进行处理，且白名单的优先级高于黑名单的优先级。

“新建 URL 过滤配置文件”对话框如图 14-11 所示。

图 14-11 “新建 URL 过滤配置文件”对话框

具体配置内容说明如表 14-6 所示。

表 14-6 URL 过滤配置文件配置

字段	描述
名称	URL 过滤配置文件的名称
默认动作	当报文没有与 URL 过滤配置文件中的规则匹配成功时，设备将根据配置文件中配置的默认动作对此报文进行处理默认动作包括丢弃、允许、黑名单、重置和重定向
开启云端查询功能	在开启此功能后，若流经设备的 HTTP 报文中的 URL 与该 URL 过滤配置文件中的过滤规则匹配失败，则此 URL 将会被发向云端 URL 过滤分类服务器进行查询
记录日志	URL 过滤日志是为了满足网络管理员审计需求。在开启记录日志功能后，设备将对与 URL 过滤规则匹配成功的报文生成日志信息
白名单	若报文与白名单中的规则匹配成功，则直接允许此报文通过
黑名单	若报文与黑名单中的规则匹配成功，则直接丢弃此报文
URL 过滤分类	若报文成功匹配的 URL 过滤规则同属于多个 URL 过滤分类，则根据严重级别最高的 URL 过滤分类中指定的动作对此报文进行处理；若报文成功匹配的 URL 过滤规则只属于一个 URL 过滤分类，则根据该规则所属的 URL 过滤分类的动作对此报文进行处理。动作包括丢弃、允许、黑名单、重置、重定向和记录日志

14.7.4　URL 过滤配置示例

如图 14-12 所示，NGFW 作为安全网关部署在专网边界。通过配置 URL 过滤功能，实现以下需求。

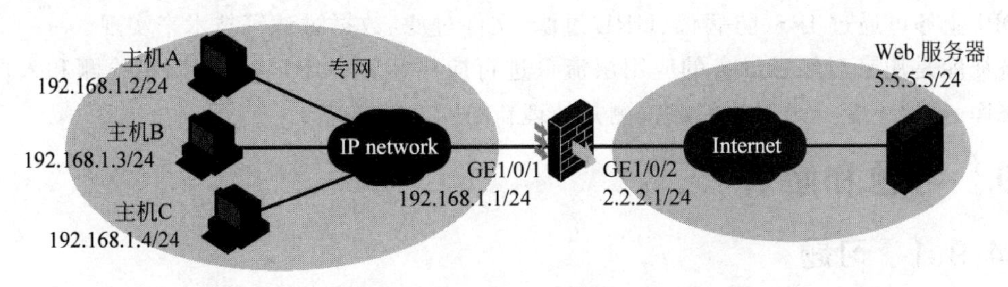

图 14-12　URL 过滤典型示例

（1）阻断 trust 域的主机访问 untrust 域的 Web 服务器上的 www.sina.com。

（2）配置 URL 过滤策略默认动作为允许和不记录日志，如图 14-13 所示。

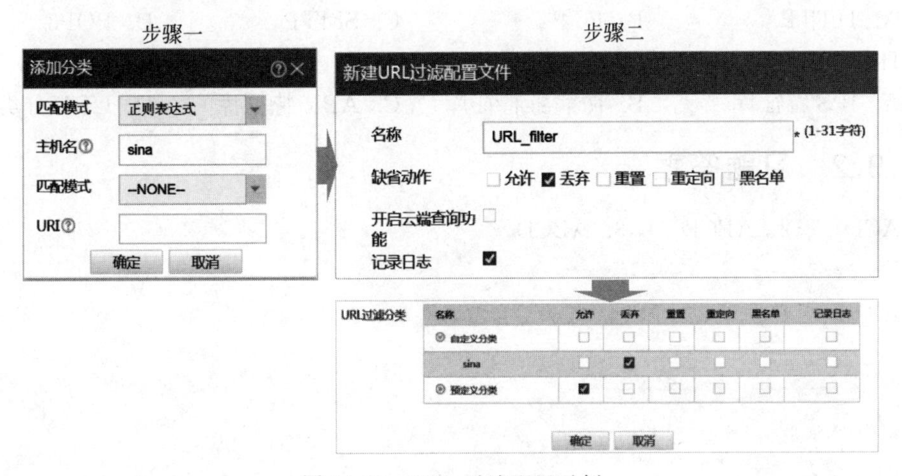

图 14-13　URL 过滤配置示例

该实例关键配置包括两部分。

（1）新建自定义 URL 分类，添加名为 sina 的 URL 分类，优先级为 2000，然后向名为 sina 的 URL 分类中添加一个 URL，配置如下。

① 匹配模式：正则表达式。

② 主机名：sina。

（2）新建 URL 过滤配置文件，创建名为 URL_filter 的 URL 过滤配置文件。

① 基础配置区域的配置如下。

- 名称：URL_filter。
- 默认动作：丢弃。
- 勾选记录日志的复选框。
- 其他配置项保持默认情况即可。

② 在 URL 过滤分类区域的配置如下。

- 自定义分类：sina 类的动作为丢弃。
- 预定义分类：动作为允许。

14.8 本章总结

传统防火墙是基于 TCP/IP 网络层和传输层的访问控制,防火墙深度报文检测技术(DPI)是基于应用层信息对流经设备的网络流量进行检测和控制的安全机制。

DPI 业务可通过 IPS、防病毒、URL 过滤、文件过滤、数据过滤等技术来实现。

特征库是用来对经过设备的应用层流量进行应用识别、URL 过滤、病毒检测和入侵防御的资源库,需要不断升级以便能够检测并处理新的安全威胁。

14.9 习题和解答

14.9.1 习题

1. 下列属于应用层常见的攻击有(　　)。

A. SQL 注入　　B. SYN flood 攻击　　C. 垃圾邮件　　D. 间谍软件

2. AV 功能支持的协议类型包括(　　)。

A. HTTP　　B. FTP　　C. SMTP　　D. POP3

3. H3C NGFW 的特征库包括(　　)。

A. IPS 特征库　　B. 防病毒特征库　　C. APR 特征库　　D. URL 分类特征库

14.9.2 习题答案

1. ACD　　2. ABCD　　3. ABCD

第15章

应用控制网关介绍

应用控制技术能对网络中的P2P/IM带宽滥用、网络游戏、炒股、网络视频、网络多媒体、非法网站访问等行为进行精细化识别和控制，保障网络关键应用和服务的带宽，对网络流量、用户上网行为进行深入分析与全面的审计，进而帮助用户全面了解网络应用模型和流量趋势，优化其带宽资源，为开展各项业务提供有力支撑。

全面的应用识别能力、精细化的流量管理功能和丰富的报表是H3C应用控制网关最显著的特点，但不仅限于此。本章主要介绍其应用过滤、带宽管理、日志报表和用户认证功能。

15.1 本章目标

学习完本章，应该能够达成以下目标。

(1) 了解应用控制技术的基本原理。

(2) 掌握应用过滤的配置。

(3) 掌握带宽管理的配置。

(4) 了解日志报表提供的信息。

(5) 了解用户认证的几种方式。

15.2 应用控制的技术背景

15.2.1 应用识别面临的挑战

当前互联网环境下，各类新的应用软件层出不穷，在极大地增强了人们对内容的需求的同时，也带来了新的、更复杂的网络安全风险。应用识别技术是目前各种应用安全防护的基础。

基于端口进行应用协议的识别是最为常用的手段。例如，发现某数据报文中源端口/目的端口为80，则认为是HTTP相关报文，交给HTTP分析引擎进行协议解码和攻击检测。但随着各种网络应用的逐步丰富，这种基于端口来识别报文所属协议类型的方法暴露出其存在的不足，例如，应用采用知名和随机端口号，只要其中一个端口可达即可通信。

为了应对固定端口进行协议识别的缺陷，在实际使用过程中，主要有DPI和DFI(deep flow inspection)两种技术。DPI，即深度报文检测，在进行分析报文头的基础上，结合不同的应用协议的“指纹”，来综合判断所属的应用；DFI，即深度流检测，是基于一种流量行为的应用识别技术。同时，应用方面也有反识别的技术，例如，采用网络质量体系要求(quality system review，QSR)加密和干扰技术防止报文内容被识别，或者是采用特征伪装，模拟HTTP/FTP等普通应用行为躲避识别。

面对日益复杂艰巨的挑战，应用识别技术一直都在不断地实践和不断的优化中。

15.2.2 带宽管理的必要性

宽带是能够满足人们感观所能感受到的各种媒体在网络上传输所需要的带宽，它是一个动态的、发展的概念。

宽带是信息化的基础设施和战略资源，而信息时代视频软件、聊天软件、社交软件等占用大量带宽的应用层出不穷，如何有效限制带宽滥用，成为我们需要面临的难题。

带宽保障不仅是简单的限速，而且需要对网络流量进行合理分配。传统出口无法精细化区分丰富多元的应用，而出口带宽是有限的，如何合理保障正常办公应用，禁止非办公业务，是互联网带宽管理的重要内容。

15.2.3 应用审计需求的爆发

除应用识别和带宽管理的迫切需求以外，后续的应用审计需求也日益增长，要求对各种上网行为提供全方面的行为监控和记录，同时，对历史数据进行分析，提供细粒度的网络应用审计管理。此外，不同的行业也有着不同的行业标准，例如：

（1）政府要求全方位识别用户内容级别行为日志，留存超过 90 天。

（2）教育行业等用户对于应用流控提出大量需求，包括带宽保障、带宽限制、带宽借用、IP 限速等。

（3）为了舆论安全，各类单位和公共上网场所要求进行外发内容过滤，阻断敏感内容外发和非法网站访问。

15.3 应用过滤

应用过滤是对于特定的应用对象、应用类或应用组对象，进行相应的行为控制。其中，策略基于应用对象和应用组对象进行了粗粒度的控制，本节主要描述应用对象、应用组对象的配置，以及如何通过应用过滤进行行为级别的细粒度控制。

15.3.1 应用识别概述

应用识别(application identify)是 ACG 的重要功能。借助应用识别功能，可以准确识别网络上正在运行的应用，应用流量的准确识别不但可洞悉整个网络的运行情况，而且可以针对具体需求做用户行为的准确管控，这在一定程度上既可保证业务流的高效运行，也可预防由于专网机器受到攻击而产生的威胁，同时，识别应用类型也是应用审计与应用流量控制的基础。

随着 P2P 应用的广泛流行和基于 Web 的应用的兴起，利用固定端口来区分应用类型的传统设备已不占优势。应用识别功能把对报文的协议解析、深度内容检测及关联分析结合起来，通过对大量实际环境中的流量的分析，总结出每种应用的流量模型，把对数据包的协议解析、深度内容检测和关系分析的结果综合起来，由决策引擎通过与流量模拟的匹配程度，智能地判定应用类型。

H3C ACG 设备能精确检测 115 网盘、电信通、盛大网盘、百度网盘、360 云盘、迅雷/Web 迅雷(Thunder/Web Thunder)、电骡(eMule)/电驴(eDonkey)、QQ、MSN、新浪 UC、阿里旺旺、新浪微博、腾讯微博、天涯论坛、猫扑论坛、微信、网络游戏、炒股软件、网络视频、网络多媒体等多种主流网络应用。支持 802.1Q、MPLS、QinQ 等特殊封装报文解析、多流关联及用户流量模型、分析实名身份管控定位到人，特征库支持实时升级及云端分析同步，为应用控制及审计提供有力支撑。

H3C ACG 设备采用了 DPI/DFI 融合识别技术，相对于传统的流控产品，控制力度更精细，控制层面不再局限在主程序，更能深入识别应用程序的子功能。例如，对新浪微博的控制力度不仅是登录动作，更是深入识别到注销、发表、评论、转发、关注、搜索等子功能，支持单应用高达 12 种行为动作控制、超过 800 种主流应用类别识别、近 60 种分类 URL 审计过滤、桌面及移动终端均可审计控制，提供最精细的控制功能。

H3C ACG 设备可根据不同用户权限实现精细授权，更可实现同一用户在不同时间、地点，访问相同目标对象，给予不同的内容及行为控制。例如，公司员工在专网访问业务服务器时，可以下载文件，但是禁止外发敏感内容邮件，以及发布非法信息；而在公网访问业务服务器时，禁止下载内部受限文件，对发送到内部的邮件、上传到内部的文件需要进行安全过滤。

H3C ACG 设备通过和 H3C 智能管理中心(intelligent management center，IMC)及第三方认证服务器对接，实现以人为核心、不同维度的便捷管理。并能在浏览、搜索、发布、邮件、文件传输等多途径控制的基础上，阻断敏感内容传输和高风险行为。

15.3.2　应用识别的技术原理

应用识别技术是指报文 payload 中可能会含有一些固定的 URL、banner 信息和版本信息，通过这些内容作为特征可以进行应用识别，此类应用主要用于识别 HTTP 等 payload 为明文的基于 TCP 的协议，例如，图 15-1 为 Yahoo message 的报文，协议特征为“YMSG”。

```
00000000  59 4d 53 47 00 0f 00 00  00 00 00 4c 00 00 00 00 YMSG.... ...L....
00000010  00 00 00 00                                       ....
    00000000  59 4d 53 47 00 00 00 00  00 00 00 4c 00 00 00 01 YMSG.... ...L....
    00000010  00 00 00 00                                       ....
00000014  59 4d 53 47 00 0f 00 00  00 0c 00 57 00 00 00 00 YMSG.... ...W....
00000024  00 00 00 00 31 c0 80 77  61 6e 6c 69 78 70 c0 80 ....1..w anlixp..
```

图 15-1　Yahoo message 的报文特征

报文内容审计是指对于提交表单类报文(常见如 HTTP POST 报文)，很多特征是使用明文传输数据，通过在 Cookie、msgbody 和 URL 中获取，可审计到用户名和内容，例如，图 15-2 为东方论坛发帖的标题和内容。

```
submitType=1&threadcategory=0&fid=581&tid=0&title=11111111&message=23131313131313132&anonymous=false&
noticePerm=0&attachments=%5B%5D&capture=&attentionUids=&typeid=0&selectedTagNames=&addtags=&grabHouse=0&
htmlon=0&iconid=0&postbytopictype=1&posttime=2013%2F11%2F13+10%3A51%3A27&topicsubmit=%E5%8F%91%E6%96%B0
%E4%88%88%E9%A2%98%wysuwyg=1&PollItemname=&multiple=on&visiblepool=&notifyPolice=0&sessionId=BazS8PyAXi
5qXETpOn5cECOBSLnGHtI6eKzdXpY%2F3DElIphEJtKQVIQdiCghEZE2tOUYs%2B66RBohjPcKBwXTaVIbEnwUYmGJfQ2v6v2o68%3D&
isOriginal=1&activityId=0&postSinaWeibo=0&postQqWeibo=0
```

图 15-2　东方论坛发帖的标题和内容

报文内容识别常用方式有应用动作识别和主动探测两种，下面以加密无固定内容的迅雷为例，简单介绍报文内容识别的过程，如图 15-3 所示。

(1) 根据报文的协议、大小、方向跟踪。

(2) 检测报文的首或尾固定占位符、长度信息和重复字节。

(3) 在怀疑某报文为迅雷后，获取该报文的目的 IP 地址/目的 IP 端口，主动构造类迅雷报文发起连接，如果该目的 IP 地址/目的 IP 端口响应报文，且符合迅雷响应报文的特征，则识别该条会话为迅雷。

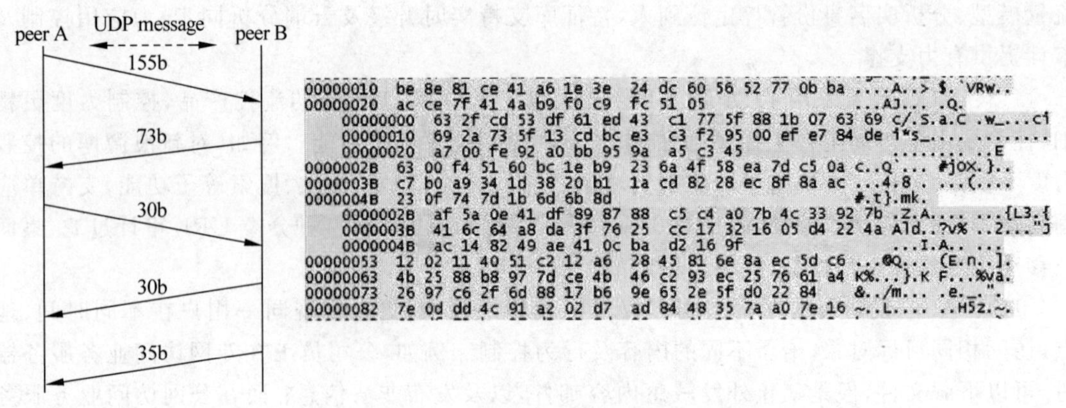

图 15-3 识别与探测迅雷报文

(4) 一旦跟踪到某个 IP 地址/IP 端口为迅雷,则在一定时间内将此 IP 地址/IP 端口定义为迅雷处理,在定时器超时后再重新识别。

应用程序有成百上千种,识别的过程并不是逐个匹配应用,否则识别效率过低。H3C ACG 网关设备采用了 DFA(deterministic finite automaton)算法,即确定有穷自动机:从一个状态通过一系列的事件转换到另一个状态,即 state→event→state,能实现高效匹配。

15.3.3 配置应用审计

ACG 产品的应用过滤和 URL 过滤功能均由 IPv4/IPv6 策略触发,需要新建策略,并保证匹配条件可以命中需要管理的上网流量,提交策略后在策略里配置应用过滤。

以 IPv4 策略配置为例,配置窗口中第一张表配置策略属性和匹配条件,如图 15-4 所示,参数说明如下。

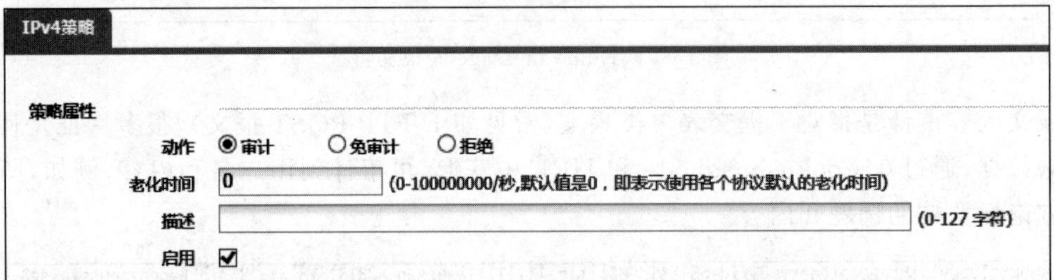

IPv4策略

策略属性

动作 ◉审计 ○免审计 ○拒绝

老化时间 0 (0-100000000/秒,默认值是0,即表示使用各个协议默认的老化时间)

描述 (0-127 字符)

启用 ☑

匹配条件

用户 any 选择用户

源接口/域 any 目的接口/域 any

源地址 any X 选择地址

目的地址 any X 选择地址

时间 always

服务 any 选择服务

应用 any X

图 15-4 应用审计配置:"IPv4 策略"

(1) "动作":行为可以选择审计、免审计和拒绝。审计,对匹配条件的会话进行应用审计;免审计,对匹配条件的会话免审计;拒绝,阻断命中匹配条件的会话。

(2)“老化时间”：基于策略的老化时间配置，默认情况下，老化时间为0，表示使用各个协议默认的老化时间。使用每一条安全策略对应一种业务，单独设置老化时间。

(3)“匹配条件”：元素匹配，在报文的特征命中匹配条件后，继续匹配应用过滤和URL过滤的table；否则匹配默认规则，默认动作可配置为permit或deny。

安全策略的第二张表用于配置应用过滤和审计，如图15-5所示，应用审计和URL审计都需要进行配置才能产生审计日志，默认情况下，配置没有默认规则。

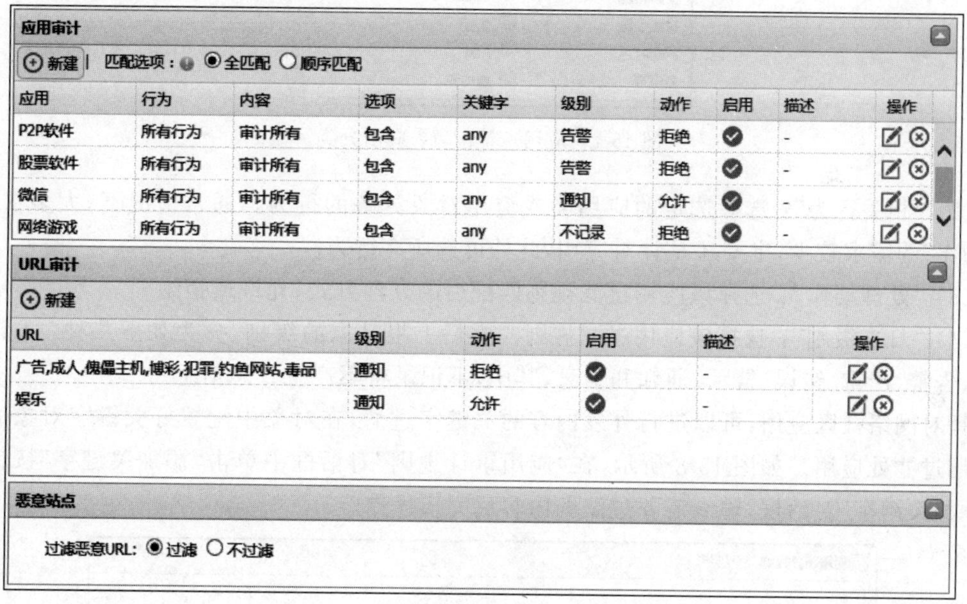

应用审计

新建 | 匹配选项：◉全匹配 ○顺序匹配

应用	行为	内容	选项	关键字	级别	动作	启用	描述	操作
P2P软件	所有行为	审计所有	包含	any	告警	拒绝	✔	-	
股票软件	所有行为	审计所有	包含	any	告警	拒绝	✔	-	
微信	所有行为	审计所有	包含	any	通知	允许	✔	-	
网络游戏	所有行为	审计所有	包含	any	不记录	拒绝	✔	-	

URL审计

新建

URL	级别	动作	启用	描述	操作
广告,成人,傀儡主机,博彩,犯罪,钓鱼网站,毒品	通知	拒绝	✔	-	
娱乐	通知	允许	✔	-	

恶意站点

过滤恶意URL：◉过滤 ○不过滤

图15-5　应用审计配置：“应用审计”

在“应用审计”选项组下单击“新建”按钮，弹出“应用审计规则”对话框，如图15-6所示，参数说明如下。

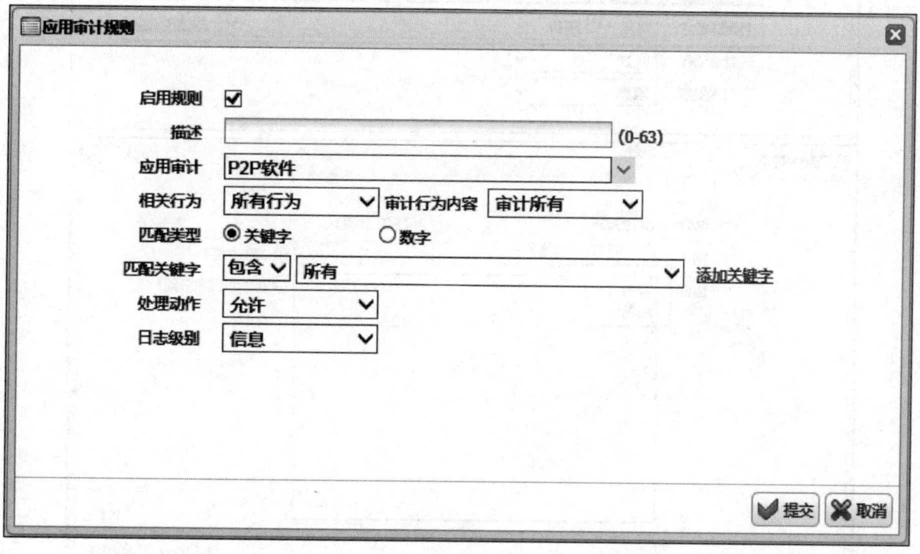

图15-6　应用审计配置：“应用审计规则”

(1)“应用审计”：选择被审计的应用或应用分类。图 15-7 所示是系统自定义应用分类，用户也可以自定义应用组。

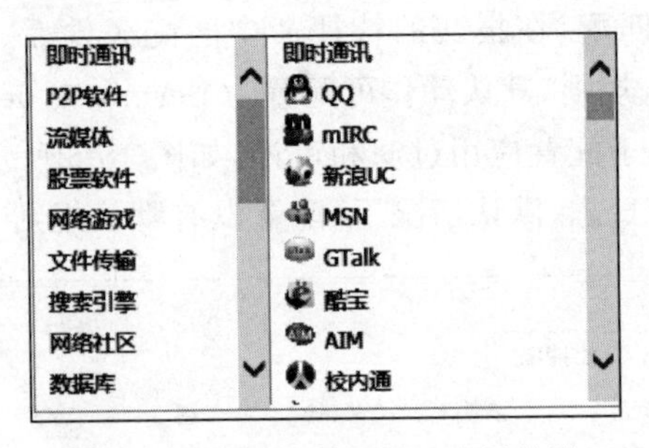

图 15-7 应用审计配置：应用分类

(2)“相关行为”：选择选定的应用类或应用对象具备的行为。通常情况下，大多数用户对“动作”的需求较少，主要还是针对应用，此处可选所有行为。

(3)“处理动作”：选择该应用过滤规则匹配后的处理方式，允许或拒绝。

(4)“日志级别”：选择该应用过滤规则匹配后上报日志的级别，分为如下几种：不记录、紧急、告警、严重、错误、警示、通知和信息，其中，不记录将不产生日志信息。

针对网络社区应用，可以进行外发内容的关键字过滤，在对象中配置好关键字对象后，可在应用过滤处应用。如图 15-8 所示，在“应用审计规则”对话框中单击“添加关键字”按钮，弹出“添加关键字”对话框，输入需要过滤的内容后完成操作。

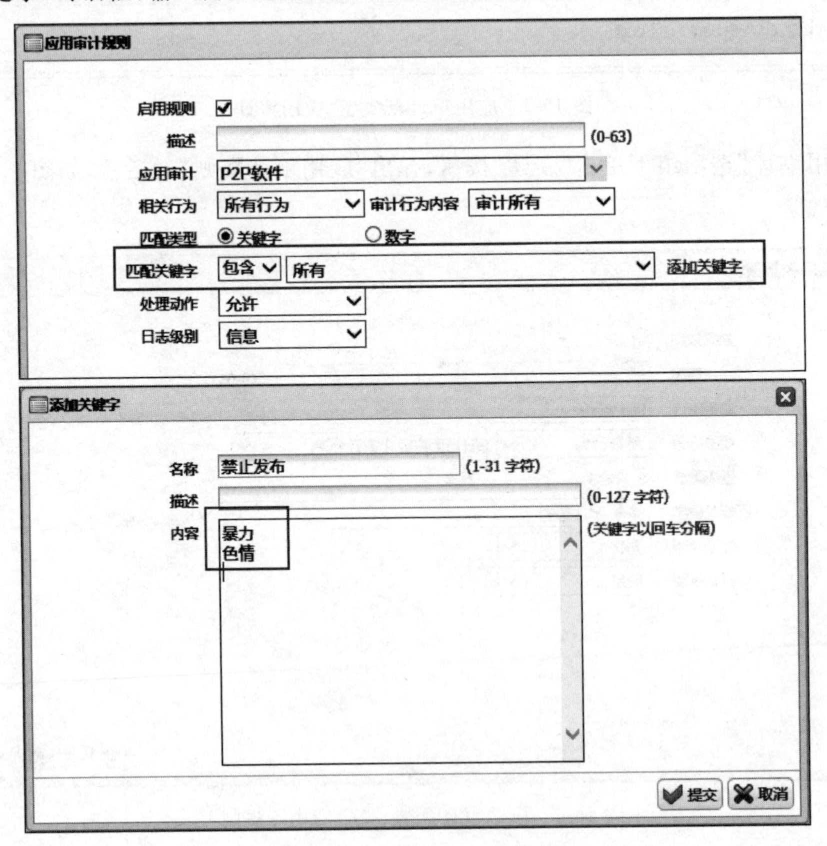

图 15-8 应用审计配置：关键字过滤

针对 URL 审计，可进行预定义 URL 和自定义 URL 的过滤配置。以预定义 URL 为例，如图 15-9 所示，勾选“启用规则”，“URL 分类”中勾选“任何”，“处理动作”选择“允许”，“日志级别”选择“信息”，单击“提交”按钮完成配置。

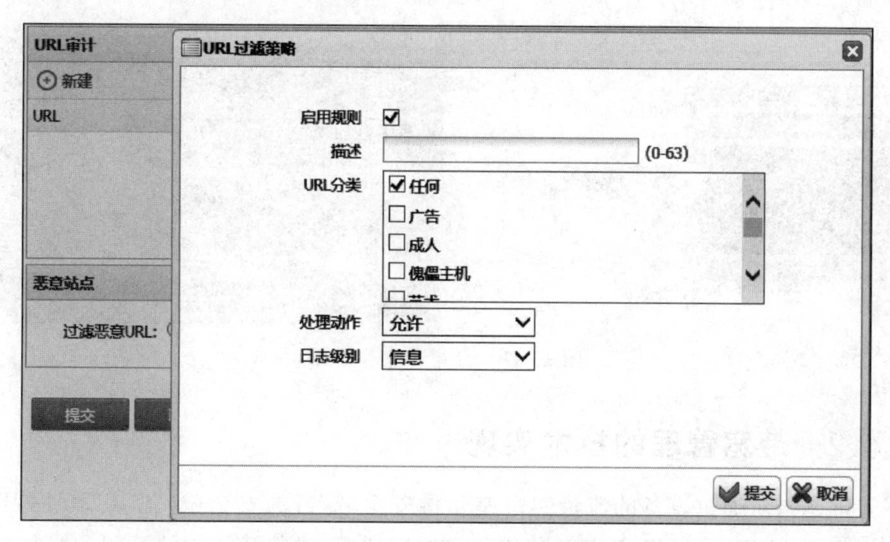

图 15-9　应用审计配置：URL 审计

ACG 应用控制网关在旁路部署时，一般仅做全部应用的审计，此时“应用审计”选择“所有应用”，“处理动作”选择“允许”，“日志级别”选择“信息”，如图 15-10 所示。

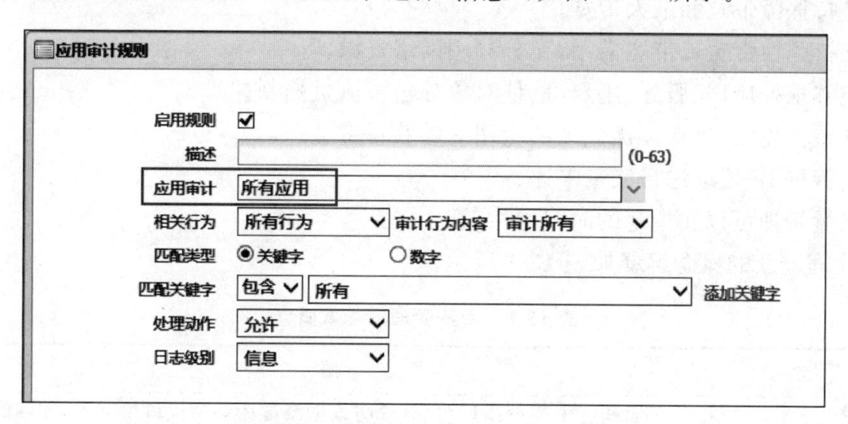

图 15-10　应用审计配置：全审计配置

15.4　带宽管理

15.4.1　带宽管理的应用场景

受现实条件的限制，无论是企业专网还是出接口带宽都是有上限的，随着企业业务类型及数据量的增加，经常会出现以下问题。

(1) 企业专网用户所需的带宽远大于从运营商租用的出口带宽，此时，网络出口就会出现带宽瓶颈的问题。

(2) 网络出口中 P2P 业务类型的数据流量消耗了绝大部分的带宽资源，导致企业的关键业务得不到带宽保证。

为了解决以上问题，可以在网络出口设备上部署带宽管理，如图15-11所示，在总带宽不变的前提下，针对不同的专网业务流量，应用不同的带宽策略规则，实现合理分配出口带宽和保证关键业务正常运行的目的。

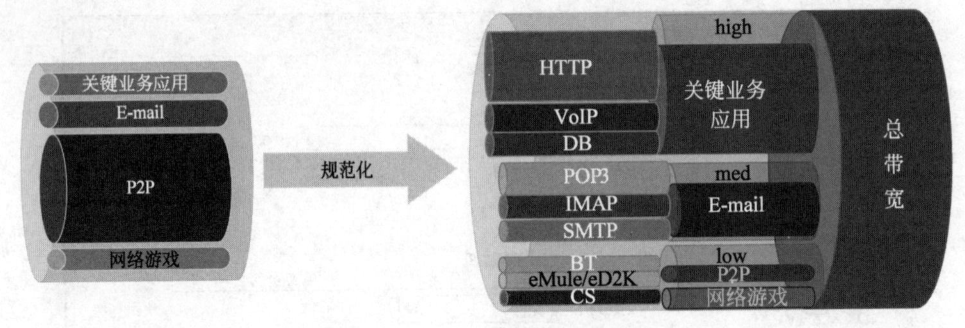

图15-11 带宽管理示意图

15.4.2 带宽管理的技术实现

带宽管理是指对通过设备的流量实现基于源安全域/目的安全域、源IP地址/目的IP地址、用户/用户组、应用/应用组、DSCP优先级和时间段等，进行精细化的管理和控制。

带宽管理具有以下特点。

(1) 使用线路和管道，实现层次化的流量管理。

(2) 支持保障带宽和最大带宽。

(3) 支持弹性带宽或带宽借用，充分利用网络资源。

(4) 能够根据应用、服务、用户、地址对象等进行流量控制。

(5) 支持优先级，确保高优先级的应用能够获得带宽。

(6) 支持按IP地址进行流量限速。

(7) 流量管理可以在指定的时间内生效。

带宽管理涉及的概念解释如表15-1所示。

表15-1 带宽管理的基本概念

概念	解释
线路	一般和一个物理接口对应，说明数据流量从哪个接口出或入，才匹配该线路
通道	根据应用、服务、用户、地址对象等，虚拟的控制带宽单元的概念
限制通道	根据接口、应用、服务、用户、地址对象等进行带宽限制的通道
惩罚通道	当用户接入网络超过指定的时长或流量限额时，进行惩罚的通道，只能在限额策略中引用
保障带宽	当网络繁忙时，需要保证使用的带宽
最大带宽	当网络空闲时，能够最大使用的带宽
默认通道	未匹配用户指定通道的流量，按照默认通道进行流量控制

如图15-12所示，H3C ACG设备支持超过4级通道带宽嵌套，支持基于地址、用户、服务、应用、时间等新五元组一体化策略的上、下行带宽及多优先级控制。提供32个虚拟线路、1024个带宽通道、4级流控，彻底告别陈旧的流控技术，精细化带宽管理。

智能流控技术可以将出口物理线路带宽划分为多个逻辑虚拟线路，在父线路内支持二次

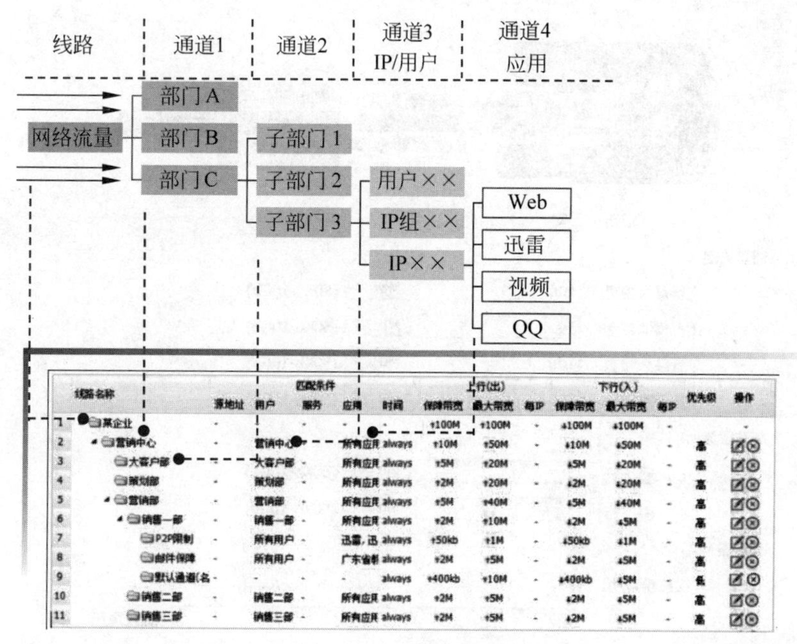

图 15-12　全局流量管控

划分,即将线路划分为带宽通道,从而达到多级流控。根据流量特征,智能识别应用和服务,然后,根据流量特性,识别出配置的虚拟线路和流控管道,计算出管道的带宽使用率,是否需要向父节点借用带宽等信息。在转发过程中,支持流量整形,在接口上缓存报文,并以比较均匀的速度发送出去,避免网络出现 burst(报文数据突发,其在通信领域中一般指在短时间内进行相对高带宽的数据传输),导致丢包。

线路绑定物理接口,通道基于物理线路设置流量控制策略,ACG 设备弹性控制通道带宽,网络闲时可突破最大带宽限制,并根据各通道带宽使用情况动态调整。

如图 15-13 所示,不同通道的流量控制基于不同优先级智能控制,优先级高的通道,就有更多的可能借用上级节点的带宽,共有高、中、低三个优先级。保障带宽是从总带宽中划分出一部分带宽为某种指定流量独享。保障带宽可以保证即使在网络繁忙时,指定流量也能够独占保证带宽。当网络中没有指定流量时,保障带宽部分也能被其他网络流量使用。

弹性带宽管理,可以使空闲通道不占用大量带宽、减少带宽的浪费,减少因空闲通道占用带宽,流量达到极限出现丢包现象。弹性带宽就是为了解决带宽浪费的问题,空闲通道会自动让出部分带宽给繁忙的通道。一旦空闲通道带宽不足,将自动抢占回借用出去的带宽。

以上可实现基于用户、应用等元素的最小带宽策略保障,有效提高带宽利用率,最大化客户投资利益。

如图 15-14 所示,带宽管理按照树形结构匹配,只要在某节点存在叶子节点的情况下,就会继续向下进行查找,直到查到叶子节点为止。4 级通道共四个节点,图中区分为 L1、L2、L3 和 L4。

一旦出现不匹配的情况,此处将会匹配父节点的默认通道,进行流量控制。所有子节点的带宽之和必须小于父节点的带宽。

当父节点带宽充足,而需要保障的通道带宽未达到时,其他通道可以借用此部分空余带宽,借用时以优先队列(priority queueing,PQ)的方式借用,即在高优先级抢到上限后,中优先级才能抢。当存在 N 个相同优先级抢占时,按照均分处理,每个通道平分 $1/N$ 的带宽。

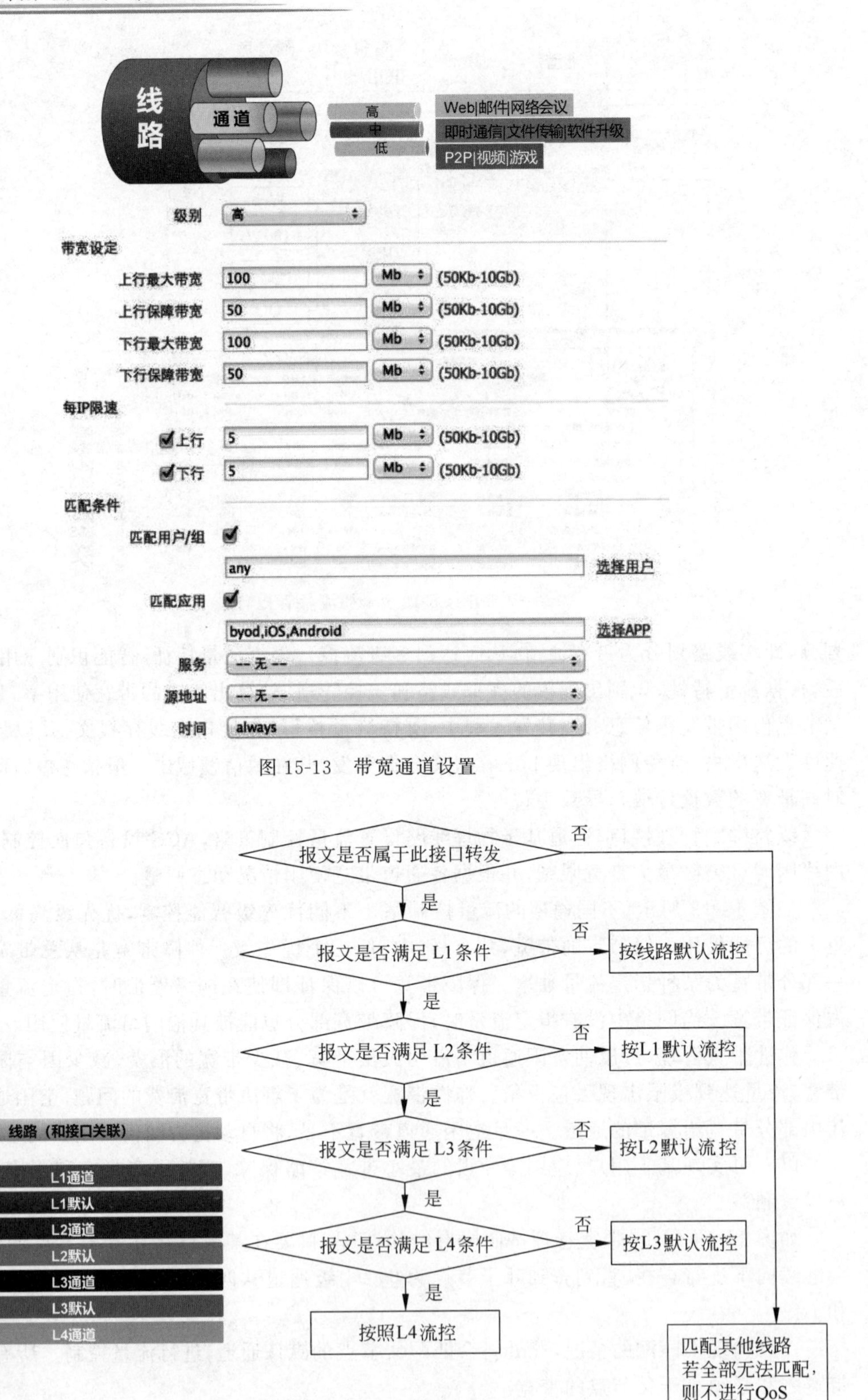

图 15-13 带宽通道设置

图 15-14 带宽管理匹配原理

15.4.3 配置带宽管理

配置带宽管理功能需要首选创建一条虚拟线路，并与网络接口绑定，“线路设置”标签如图 15-15 所示。

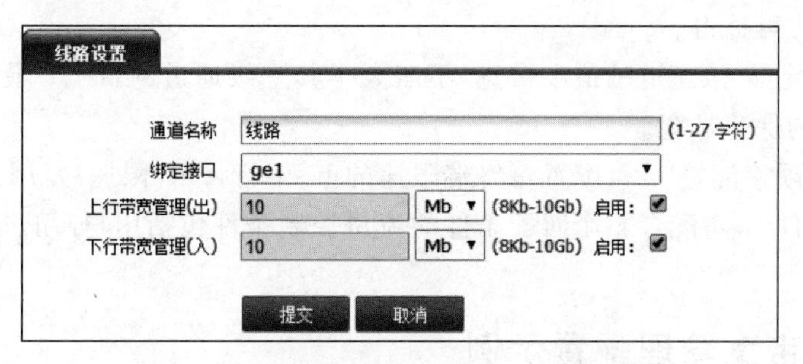

图 15-15 带宽管理配置:“线路设置”标签

(1)“通道名称”：通道的索引名。

(2)“绑定接口”：线路绑定的接口，一个接口仅能和一个线路绑定。

(3)“上行带宽管理(出)”：配置上行带宽，单位可以选择 Kb/Mb/Gb。

(4)“下行带宽管理(入)”：配置下行带宽，单位可以选择 Kb/Mb/Gb。

接着配置流控策略，切换到“流量控制”标签，选中线路，单击左上角的“新建”按钮，弹出“流量控制”对话框，如图 15-16 所示。

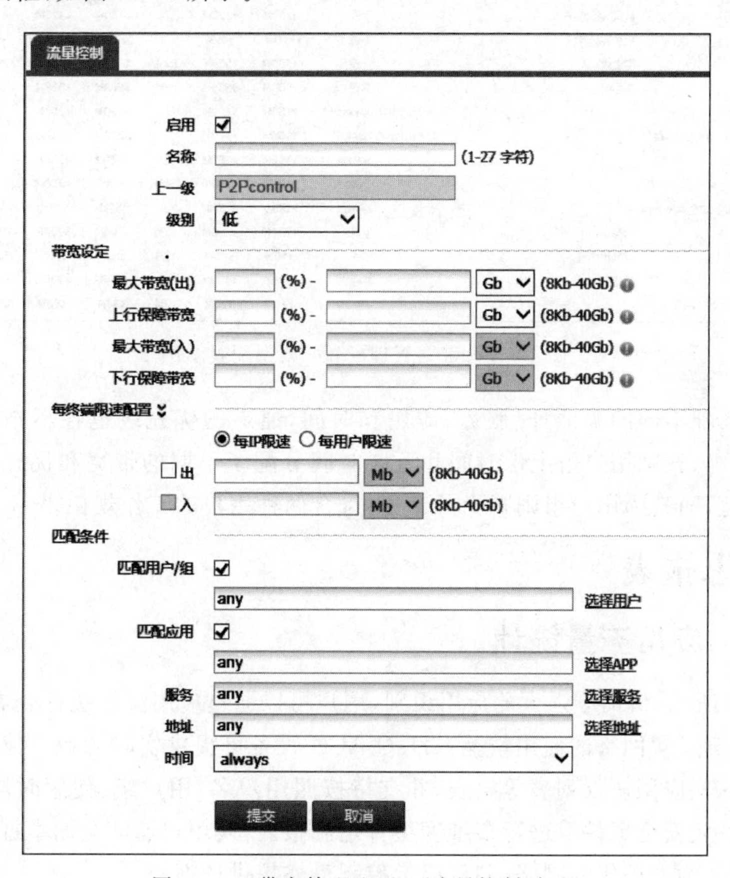

图 15-16 带宽管理配置：“流量控制”标签

(1)“上一级”：父管道或线路，通过配置上一级通道名称实现迭代，子节点的带宽不能超过父节点的带宽。

(2)“级别”：通道的优先级，优先级高的通道，就有更多可能借用上级节点的带宽，共有高、中、低3个优先级。在带宽借用时，高优先级的通道以PQ的方式贪婪地抢占带宽，直到其抢完后其他通道才可抢占。

(3)“带宽设定”：该通道的最大带宽，不能大于其上级通道的带宽；最大保障带宽，不能大于其上级通道的保障带宽。

(4)“每终端限速配置”：可配置每终端限速的上、下行每IP限速/每用户限速。

(5)“匹配条件”：可配置整个匹配条件的流量控制条件包括用户/用户组、应用、服务、地址和时间。

15.4.4 带宽管理配置示例

图15-17所示为一个带宽管理的典型配置示例，其中，L1通道为wan，下面有包括p2p、剩余时间高速通道、机房实验室机组等在内的9个L2通道，1个默认通道。L2通道xueshengzu中包括http_xiake、xueshengzu_streammedia等在内的4个L3通道，1个默认通道。

	线路名称	匹配条件					上行(出)			下行(入)			优先级	操作
		源地址	用户	服务	应用	时间	保障带宽	最大带宽	每IP	保障带宽	最大带宽	每IP		
1	wan	-	-	-	-	-	↑800M	↑800M	-	↓800M	↓800M	-		-
2	p2p	-	-	-	p2pgroup	上课下课	↑8M	↑8M	-	↓8M	↓8M	-	高	
3	剩余时间高速通道	any	-	-	-	空闲期	↑800M	↑800M	-	↓800M	↓800M	-	中	
4	机房实验室机组	机房实验室	-	-	-	上课	↑100M	↑120M	-	↓100M	↓120M	-	高	
5	jifangshiyanshi	机房实验室	-	-	-	下课	↑40M	↑40M	-	↓40M	↓40M	-	低	
6	学生组	学生组	-	-	-	上课	↑380M	↑550M	↑256kb	↓380M	↓550M	↓2M	中	
7	xueshengzu	学生组	-	-	-	下课	↑580M	↑580M	↑2M	↓580M	↓580M	↓2M	高	
8	http_xiake	-	-	-	网页浏览(H	always	↑150M	↑150M	-	↓200M	↓200M	-	高	
9	xueshengzu_streammedia	-	-	-	streammed	always	↑100M	↑160M	-	↓200M	↓200M	-	高	
10	xueshengzutcp	-	-	tcp	-	always	↑100M	↑100M	-	↓130M	↓130M	-	低	
11	xueshengzu_any	-	-	any	-	always	↑100M	↑200M	↑50kb	↓70M	↓300M	-	中	
12	默认通道(名称:def_xueshen	-	-	-	-	always	↑50kb	↑50kb	-	↓50kb	↓50kb	-	低	
13	教师用户组	教师用户组	-	-	-	上课	↑200M	↑200M	↑5M	↓200M	↓200M	↓10M	高	
14	jiaoshizu	教师用户组	-	-	-	下课	↑50M	↑80M	↑5M	↓80M	↓80M	↓5M	中	
15	设备组	设备组	-	-	-	always	↑100M	↑400M	-	↓100M	↓200M	-	高	
16	默认通道(名称:def_wan)	-	-	-	-	always	↑10M	↑10M	↑2M	↓30M	↓40M	↓2M	低	

图15-17 带宽管理配置：典型配置示例

每个通道匹配不同的源地址、服务、应用和时间，通道的优先级也各不相同。例如，学生组、机房实验室组、教师用户组上课时间和下课时间分配了不同的带宽和优先级，学生组下课时间增加了带宽，而教师用户组则减少了带宽，符合两种用户的工作规律。

15.5 日志报表

15.5.1 应用流量统计

如图15-18所示，借助于强大的应用识别，用户可以通过应用流量统计查看到网络中的应用流量组成，准确了解网络的使用情况。H3C ACG设备可提供实时的业务流量趋势图、流量分布图、用户列表、应用协议列表等报表，并支持按照用户名/用户组、使用时段、应用分类、应用协议、流量大小、安全事件等进行多维度组合定制报表，使用户能够全面掌握网络中的流量、应用和业务分布，为合理规划网络、制订流量控制策略提供依据。

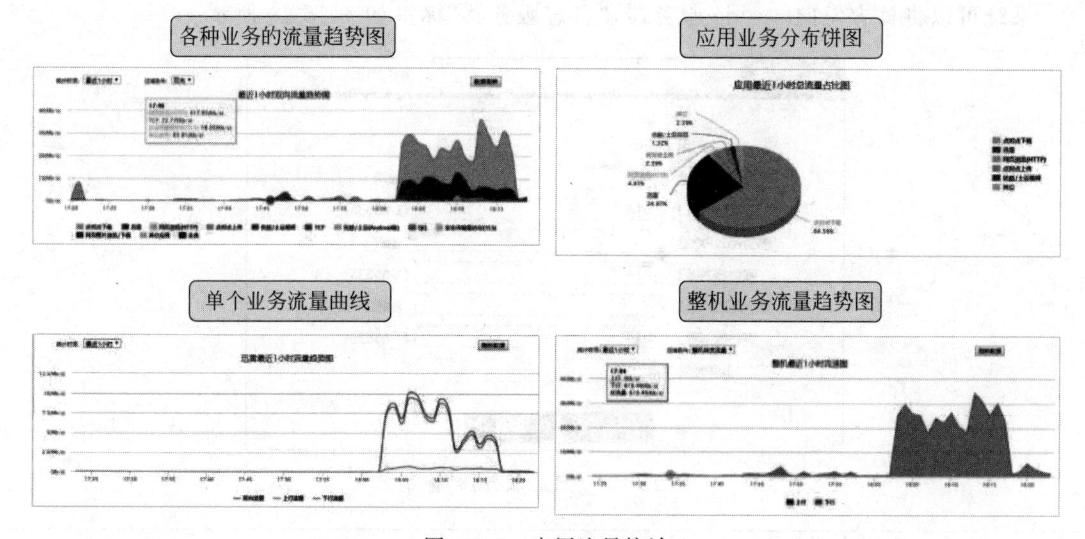

图 15-18 应用流量统计

15.5.2 日志的类型

日志功能记录并输出各种日志信息，包括系统日志、网站访问日志和应用审计日志等。其中，网站访问日志包括 URL 日志、恶意 URL 日志；应用审计日志包括 IM 聊天软件日志、社区日志、搜索引擎日志、邮件日志、文件传输日志、娱乐/股票日志和其他应用日志。

上述的日志信息由不同访问行为产生，如表 15-2 所示。

表 15-2 日志的类型

日志分类	日志名称	描述
网站访问日志	URL 日志	访问网站
	恶意 URL 日志	访问恶意网站
应用审计日志	IM 聊天软件日志	IM 即时通信信息，如 QQ、MSN 等
	社区日志	网络社区、微博、论坛等
	搜索引擎日志	搜索引擎产生的日志
	邮件日志	邮件信息
	文件传输日志	FTP 等文件传输产生的日志
	娱乐/股票日志	娱乐、股票等信息
	其他应用日志	其他类型的应用日志，如 P2P、网银等的使用

15.5.3 日志信息的输出

日志信息可以输出到不同的目的地，用户可以根据自己的需要指定。默认情况下，系统将日志记录在本地数据库中。

审计功能每秒会产生数以千计的审计记录。为了使这些审计记录能被快速地统计、浏览，目前，H3C ACG 使用的是比较成熟的 postgreSQL 数据库。大量的统计数据入库，对于磁盘的压力也是巨大的，如果不及时清理，则有可能造成磁盘耗尽，新的数据无法入库。系统对磁盘使用率设置了一个上限和一个下限，每分钟检查一次磁盘使用率，如果磁盘使用超过上限，则系统开始删除数据库中最先创建的表格，一直删除至磁盘使用率小于下限。

系统可以将日志发向 syslog 服务器,“日志服务器”标签如图 15-19 所示。

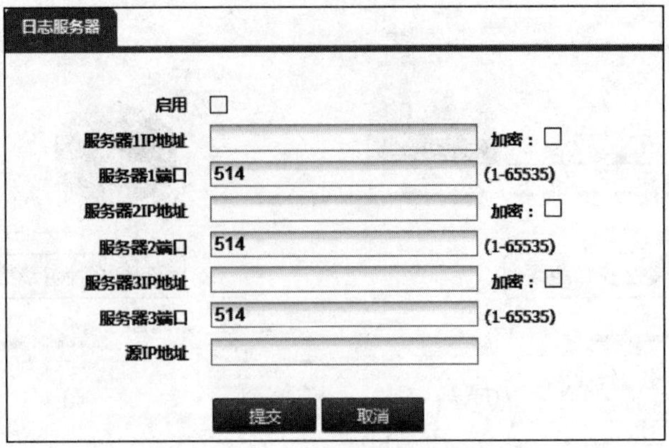

日志服务器

启用	☐	
服务器1IP地址		加密：☐
服务器1端口	514	(1-65535)
服务器2IP地址		加密：☐
服务器2端口	514	(1-65535)
服务器3IP地址		加密：☐
服务器3端口	514	(1-65535)
源IP地址		

提交　取消

图 15-19 “日志服务器”标签

注意

日志加密是为了防止在传输过程中泄露信息,和外置数据中心配合使用,在发送给标准的日志服务器时,不要启用日志加密。

15.5.4 日志查询

记录在本地数据库的日志,可以在 Web 页面查询,如图 15-20 所示。

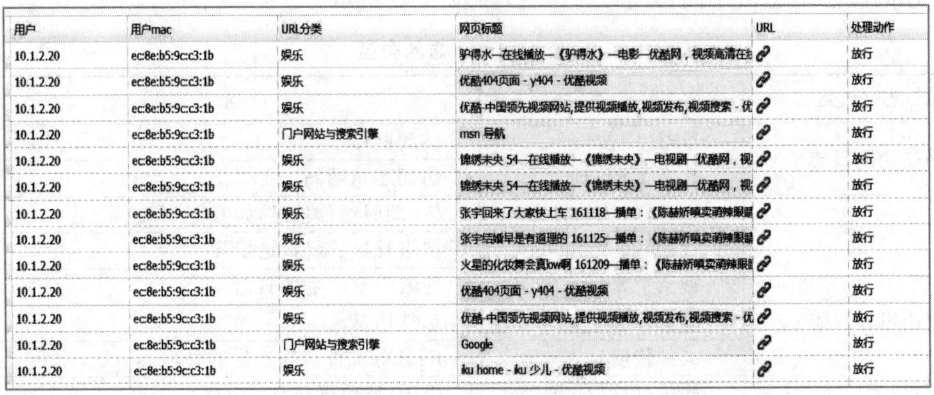

用户	用户mac	URL分类	网页标题	URL	处理动作
10.1.2.20	ec:8e:b5:9c:c3:1b	娱乐	驴得水—在线播放—《驴得水》—电影—优酷网，视频高清在线		放行
10.1.2.20	ec:8e:b5:9c:c3:1b	娱乐	优酷404页面 - y404 - 优酷视频		放行
10.1.2.20	ec:8e:b5:9c:c3:1b	娱乐	优酷-中国领先视频网站,提供视频播放,视频发布,视频搜索 - 优		放行
10.1.2.20	ec:8e:b5:9c:c3:1b	门户网站与搜索引擎	msn 导航		放行
10.1.2.20	ec:8e:b5:9c:c3:1b	娱乐	锦绣未央 54—在线播放—《锦绣未央》—电视剧—优酷网，视		放行
10.1.2.20	ec:8e:b5:9c:c3:1b	娱乐	锦绣未央 54—在线播放—《锦绣未央》—电视剧—优酷网，视		放行
10.1.2.20	ec:8e:b5:9c:c3:1b	娱乐	张宇回来了大家快上车 161118—播单：《陈赫娇嗔卖萌辣眼睛		放行
10.1.2.20	ec:8e:b5:9c:c3:1b	娱乐	张宇结婚早是有道理的 161125—播单：《陈赫娇嗔卖萌辣眼睛		放行
10.1.2.20	ec:8e:b5:9c:c3:1b	娱乐	火星的化妆舞会真low啊 161209—播单：《陈赫娇嗔卖萌辣眼睛		放行
10.1.2.20	ec:8e:b5:9c:c3:1b	娱乐	优酷404页面 - y404 - 优酷视频		放行
10.1.2.20	ec:8e:b5:9c:c3:1b	娱乐	优酷-中国领先视频网站,提供视频播放,视频发布,视频搜索 - 优		放行
10.1.2.20	ec:8e:b5:9c:c3:1b	门户网站与搜索引擎	Google		放行
10.1.2.20	ec:8e:b5:9c:c3:1b	娱乐	iku home - iku 少儿 - 优酷视频		放行

图 15-20 网站访问日志

15.6 用户和认证

15.6.1 用户分类

用户作为系统的一个重要资源,在安全策略、认证等功能上都会相应使用。根据用户的认证状态,可以将用户分为匿名用户、静态绑定用户、认证用户三类。根据不同的用户分类,可以采取不同的用户策略,不同用户分配不同权限,不再依托 IP 地址和接入位置。即使位置和上网设备发生变化,访问权限依然随行,便于监控和管理。

(1) 匿名用户：是指系统未有效识别出来的用户。匿名用户不用配置,系统自动将未识别的用户 IP 地址作为匿名用户的用户名。

(2) 静态绑定用户：是指系统根据静态配置识别出的用户。系统支持以字符分隔值(comma-separated values,CSV)文件的方式,将静态绑定用户批量导入和导出。

(3) 认证用户：是指根据系统配置,需要进行认证的用户。其中,认证方式支持本地用户数据库、RADIUS 服务器/服务器组、LDAP 服务器/服务器组的用户认证。

通过身份认证才能获得相应的授权。应用控制网关支持本地 Web 认证、第三方 portal 认证、扩展微信认证,满足多种业务环境需求,同时,也可实现多种认证方式混合使用。

通过用户组织结构可以清晰地将每个用户按照组织结构进行分类处理,方便管理和维护。属性组则是为每个用户附加一个或多个属性,这样可以通过属性组的方式将某一类用户进行管控。

(1) 组织结构组包括用户/用户组,用户组可以包括用户/用户组,支持 8 级层级,每个层级支持 1024 个节点。

(2) 属性组没有层级结构,全部属性组使用并列的形式。

(3) 同一用户在组织结构组中仅可出现一次。

(4) 属性组中相同用户可以同时存在于多个属性组。

15.6.2　用户管理配置

默认情况下,对于未经过认证的用户,如图 15-21 所示,以源 IP 地址作为元素进行用户识别,相关审计日志的用户都是用户的源 IP 地址,属于匿名用户组。

用户流量排名

	用户	用户组	上行	下行	总流速
1	192.168.4.183	匿名用户组	6.46 (Kb/s)	4.27 (Kb/s)	10.73 (Kb/s)
2	192.168.2.6	匿名用户组	386.40 (b/s)	0.00 (b/s)	386.40 (b/s)
3	192.168.2.80	匿名用户组	260.00 (b/s)	0.00 (b/s)	260.00 (b/s)
4	192.168.2.130	匿名用户组	187.20 (b/s)	0.00 (b/s)	187.20 (b/s)
5	192.168.2.191	匿名用户组	187.20 (b/s)	0.00 (b/s)	187.20 (b/s)
6	192.168.2.79	匿名用户组	187.20 (b/s)	0.00 (b/s)	187.20 (b/s)
7	192.168.2.210	匿名用户组	183.20 (b/s)	0.00 (b/s)	183.20 (b/s)
8	192.168.2.1	匿名用户组	54.40 (b/s)	0.00 (b/s)	54.40 (b/s)
9	192.168.2.72	匿名用户组	54.40 (b/s)	0.00 (b/s)	54.40 (b/s)

图 15-21　匿名用户

如图 15-22 所示,在认证用户较少的情况下,可以在设备本地创建用户,并进行认证。当用户的网络环境中使用的全部是固定地址时,可以在本地把用户和 IP 地址进行绑定,也可以实现审计的效果。

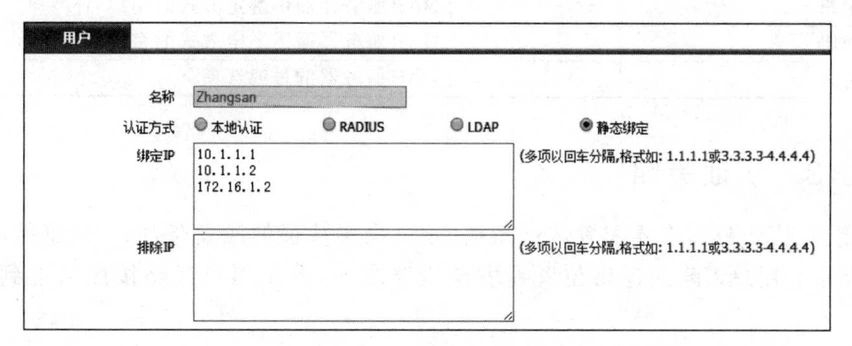

图 15-22　本地用户绑定 IP 地址

此外，可配合RADIUS服务器和LDAP服务器进行认证，先配置服务器相关信息，然后即可在用户处引用。通过Web页面配置认证服务器的方法如图15-23所示。

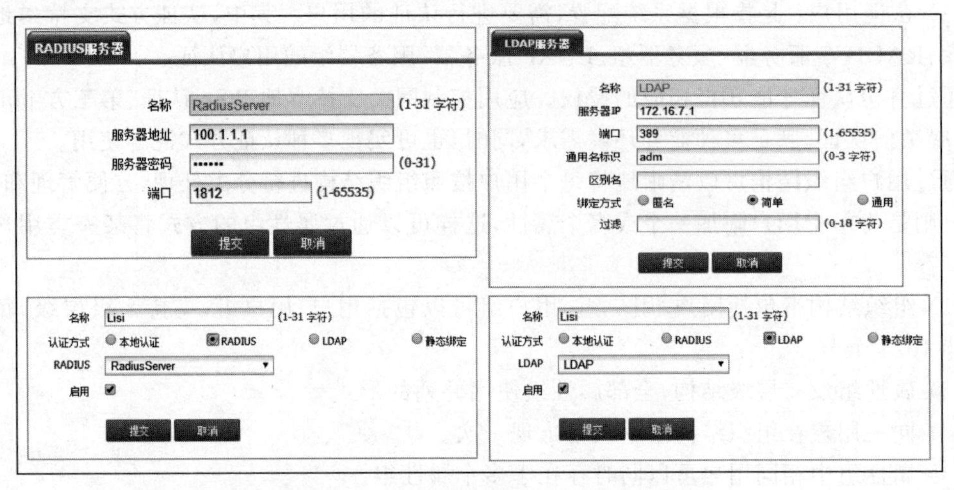

图15-23 配合服务器认证

其中，RADIUS服务器配置页面的详细说明如表15-3所示。

表15-3 RADIUS服务器配置页面的详细说明

项 目	说 明
名称	RADIUS服务器名称
服务器地址	RADIUS服务器地址
服务器密码	RADIUS服务器密码
端口	RADIUS服务器端口，默认为1812

LDAP服务器页面的详细说明如表15-4所示。

表15-4 LDAP服务器页面的详细说明

项 目	说 明
名称	LDAP服务器名称
服务器IP	LDAP服务器地址
端口	LDAP服务器端口，默认是389
通用名标识	LDAP服务器通用名标识
区别名	LDAP服务器区别名
用户	LDAP服务器通用绑定方式的用户名
密码	LDAP服务器通用绑定方式的密码
过滤	LDAP服务器的过滤选项

15.6.3 认证策略

在配置认证用户后，需要配置认证策略，定义命中认证的触发条件。“认证策略”标签如图15-24所示。用户策略的逻辑位置在安全策略之前，多条用户策略按照从上到下的顺序匹配。

“认证策略”页面的详细说明如表15-5所示。

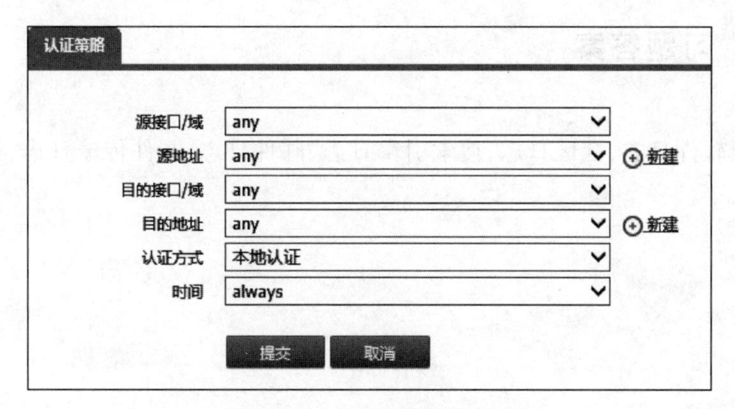

图 15-24　“认证策略”标签

表 15-5　“认证策略”页面的详细说明

项　　目	说　　明
源接口/域	流量的入接口
源地址	流量的源地址，单击右侧的“新建”按钮，可以创建新的地址对象或地址对象组
目的接口/域	流量的出接口
目的地址	流量的目的地址，单击右侧的“新建”按钮，可以创建新的地址对象或地址对象组
认证方式	认证方式包括本地认证、portal 认证、短信认证、免认证、微信认证
时间	用户策略的生效时间

15.7　本章总结

ACG(application control gateway)应用控制网关是防火墙中的一项重要功能，它可以帮助用户实现对网络流量的识别和控制，以进一步限制用户在网络中的行为，保护网络的安全和稳定。

ACG 结合 DPI 和 DFI 技术，更加关注的是用户的上网行为，包括用户访问的网站、应用程序、下载行为等，通过对这些行为的监管和限制，帮助网络管理员管理和保护网络资源。上网行为管理广泛应用于教育机构、企业、政府机构等场所。

15.8　习题和解答

15.8.1　习题

1. ACG 产品的应用过滤和 URL 过滤功能均由策略触发，需要新建策略，并保证匹配条件可以命中需要管理的上网流量，匹配条件包括(　　)。

A. 用户　　B. 地址　　C. 应用　　D. 动作

2. 日志功能记录并输出各种日志信息，包括系统日志、网站访问日志和应用审计日志等，其中，应用审计日志包括________。

3. ACG 支持本地 Web 认证、第三方 portal 认证、扩展微信认证，满足多种业务环境需求。配置多条认证策略，按照策略 ID 从小到大匹配。(　　)

A. 正确　　B. 错误

15.8.2　习题答案

1. ABC

2. IM聊天软件日志、社区日志、搜索引擎日志、邮件日志、文件传输日志、娱乐/股票日志和其他应用日志。

3. B

参 考 文 献

[1] 新华三认证，https://www.h3c.com/cn/.
[2] 新华三人才研学中心，https://www.h3c.com/cn/Training/.
[3] 产品文档中心-新华三集团-H3C，https://www.h3c.com/cn/Service/Document_Software/Document_Center/.
[4] HCLHub 社区，http://hclhub.h3c.com/home.